普通高等教育“十一五”国家级规划教材

物理学教程

（第四版）下册

马文蔚　解希顺　周雨青　编

中国教育出版传媒集团
高等教育出版社·北京

内容提要

本书是普通高等教育“十一五”国家级规划教材，在修订时参照了教育部高等学校大学物理课程教学指导委员会编制的《理工科类大学物理课程教学基本要求》(2023 年版)，涵盖了基本要求中的核心内容。本书在内容选取上采用压缩经典、简化近代，削枝强干、突出重点，减少理论论证、适当增加应用等方法，以适应不同院校和专业对大学物理课程的要求。同时考虑到应用型院校的特点和教学实际情况，本书在保证必要的训练的基础上，适当降低了例题和习题的难度。

本书分为上、下两册，上册内容包括力学、机械振动、机械波和热学，下册内容包括电磁学、光学和近代物理学。本书配有丰富的教学资源，包括电子教案、习题分析与解答、学习指导以及《物理学活页作业》《物理学原理在工程技术中的应用》(第四版)等。

本书可作为高等学校理工科非物理学类专业大学物理课程的教材或参考书，也可供文科相关专业选用和社会读者阅读。

图书在版编目（CIP）数据

物理学教程. 下册 / 马文蔚，解希顺，周雨青编
. -- 4 版. -- 北京 ：高等教育出版社，2023. 8（2024.12重印）
ISBN 978-7-04-060263-0

Ⅰ. ①物… Ⅱ. ①马… ②解… ③周… Ⅲ. ①物理学
-高等学校-教材 Ⅳ. ①O4

中国国家版本馆 CIP 数据核字(2023)第 052338 号

WULIXUE JIAOCHENG

策划编辑 张海雁　　责任编辑 张海雁　　封面设计 裴一丹　　版式设计 杜微言
责任绘图 于　博　　责任校对 刘娟娟　　责任印制 高　峰

出版发行	高等教育出版社	网　　址	http://www.hep.edu.cn
社　　址	北京市西城区德外大街 4 号		http://www.hep.com.cn
邮政编码	100120	网上订购	http://www.hepmall.com.cn
印　　刷	固安县铭成印刷有限公司		http://www.hepmall.com
开　　本	787 mm × 1092 mm　1/16		http://www.hepmall.cn
印　　张	19. 75	版　　次	1999 年 11 月第 1 版
字　　数	490 千字		2023 年 8 月第 4 版
购书热线	010 - 58581118	印　　次	2024 年 12 月第 3 次印刷
咨询电话	400 - 810 - 0598	定　　价	43.00 元

物 料 号　60263 - 00

电磁学、光学和近代物理学的量和单位

量		单位	
名称	符号	名称	符号
电荷[量]	q,Q	库仑	C
电场强度	E	伏特每米	$\mathrm{V\cdot m^{-1}}$
电容率	ε	法拉每米	$\mathrm{F\cdot m^{-1}}$
相对电容率	ε_r	—	1
电场强度通量	Φ_e	伏特米	$\mathrm{V\cdot m}$
电势能	E_p	焦耳	J
电势	V	伏特	V
电势差	U	伏特	V
电偶极矩	p	库仑米	$\mathrm{C\cdot m}$
电容	C	法拉	F
电极化强度	P	库仑每平方米	$\mathrm{C\cdot m^{-2}}$
电位移	D	库仑每平方米	$\mathrm{C\cdot m^{-2}}$
电流	I	安培	A
电流密度	j	安培每平方米	$\mathrm{A\cdot m^{-2}}$
电阻	R	欧姆	Ω
电阻率	ρ	欧姆米	$\Omega\cdot\mathrm{m}$
电动势	$\mathscr{E}$	伏特	V
磁感[应]强度	B	特斯拉	T
磁矩	m	安培平方米	$\mathrm{A\cdot m^2}$
磁化强度	M	安培每米	$\mathrm{A\cdot m^{-1}}$
磁导率	μ	亨利每米	$\mathrm{H\cdot m^{-1}}$
相对磁导率	μ_r	—	1
磁场强度	H	安培每米	$\mathrm{A\cdot m^{-1}}$
磁通量	Φ	韦伯	Wb
自感[系数]	L	亨利	H

续表

量		单位	
名称	符号	名称	符号
互感[系数]	M	亨利	H
位移电流	I_d	安培	A
折射率	n	—	1
物距	p	米	m
像距	p'	米	m
焦距	f	米	m
辐射出射度	M	瓦特每平方米	$W \cdot m^{-2}$
辐射能密度	w	焦耳每立方米	$J \cdot m^{-3}$
质子数	Z	—	1
中子数	N	—	1
核子数	A	—	1
主量子数	n	—	1
轨道角动量量子数	l	—	1
轨道角动量磁量子数	m_l	—	1
自旋角动量磁量子数	m_s	—	1

目录

第十六章 量子物理 ………………… 235

第九章　静　电　场

电磁运动是物质的又一种基本运动形式.电磁相互作用是自然界已知的四种基本相互作用之一,也是人们认识得较深入的一种相互作用.在日常生活和生产活动中,在对物质结构的深入认识过程中,我们都要涉及电磁运动.因此,理解和掌握电磁运动的基本规律,在理论上和实践上都有极重要的意义.

一般来说,运动电荷将同时激发电场和磁场,电场和磁场是相互关联的.但是,在某种情况下,例如当我们所研究的电荷相对某参考系静止时,电荷在这个参考系中就只激发电场,而无磁场.这个电场就是本章所要讨论的静电场.

本章的主要内容有:静电场的基本定律——库仑定律,静电场的两条基本定理——高斯定理和环路定理,描述静电场的两个基本物理量——电场强度和电势等.

预习自测题

9-1　电荷的量子化　电荷守恒定律

按照原子理论,在每个原子里,电子环绕由中子和质子组成的原子核运动,这些电子的状况可视为如图 9-1 所示的电子云.原子核的线度比电子云的线度要小得多.一般来说,原子核的线度约为 5×10^{-15} m,电子云的线度(即原子的直径)约为 2×10^{-10} m.这就是说,原子的线度约为原子核线度的 10^5 倍.原子中的中子不带电,质子带正电,电子带负电,质子与电子所具有的电荷量(简称电荷)的绝对值是相等的.在正常情况下,每个原子中的电子数与质子数相等,故物体呈电中性.若电子过多,则物体带负电;若电子不足,则物体带正电.

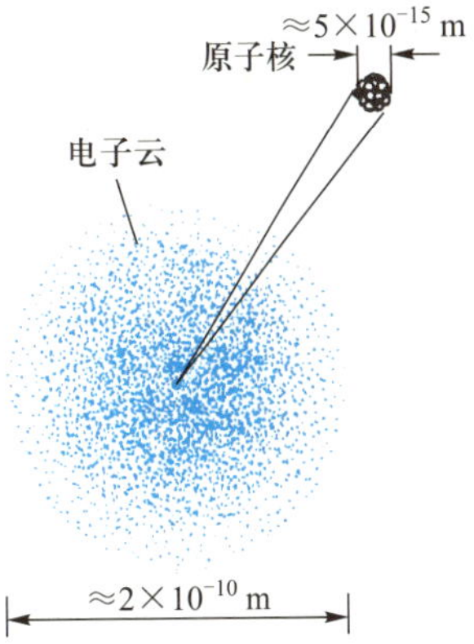

图 9-1　电子云

一、电荷的量子化

1897 年 J.J.汤姆孙从实验中测量阴极射线粒子的电荷与质量之比时，得出阴极射线粒子的电荷的绝对值与质量之比约为氢离子的 2 000 倍.这种粒子后来被称为电子.因此人们一般认为 J.J.汤姆孙是电子的发现者.电子的电荷的绝对值与质量之比称为电子的荷质比[1]（e/m_e）.通过数年努力，1913 年 R.A.密立根终于从实验中得出带电体的电荷是“$\pm e$”的整数倍的结论，即 $q=\pm ne$，n 为 1，2，3，….这是自然界存在不连续性（即量子化）的又一个例子.电荷的这种只能取离散的、不连续的量值的性质，叫做电荷的量子化.电子电荷的绝对值 e 称为元电荷，或称为电荷的量子.

电荷的单位名称为库仑，简称库，符号为 C，在通常的计算中，元电荷的近似值为

$$e=1.602\times10^{-19}\ \mathrm{C}$$

现在知道的自然界中的微观粒子，包括电子、质子、中子在内，已有几百种，其中带电粒子所具有的电荷或者是 $+e$、$-e$，或者是它们的整数倍.因此可以说，电荷量子化是一个普遍的量子化规则.量子化是近代物理学中的一个基本概念，当研究的范围达到原子线度大小时，很多物理量如角动量、能量等也都是量子化的.这些内容将在光的量子性、原子结构等章节中再加以介绍.

二、电荷守恒定律

前面已指出，在正常状态下，物体是电中性的，物体里正、负电荷的代数和为零.如果在一个系统中有两个电中性的物体，由于某些原因，使一些电子从一个物体移到另一个物体上，则前者带正电，后者带负电，不过两物体正、负电荷的代数和仍为零.总之，不管系统中的电荷如何迁移，系统的电荷的代数和保持不变，这就是电荷守恒定律.电荷守恒定律就像能量守恒定律、动量守恒定律和角动量守恒定律那样，也是自然界的基本守恒定律.无论是在宏观领域里，还是在原子、原子核和粒子范围内，电荷守恒定律都是成立的.

文档：普利斯特利的猜想

① 按 2019 年全国科学技术名词审定委员会公布的物理学名词，e/m_e 定名为电子的荷质比.

9-2 库仑定律

1785 年法国物理学家库仑用扭秤实验测定了两个带电球体之间相互作用的电力.库仑在实验的基础上发现了两个点电荷之间相互作用的规律,即库仑定律[①]."点电荷"是一个抽象的模型.当两带电体本身的线度 d 比问题中所涉及的距离 r 小得多,即 $d \ll r$ 时,带电体就可近似当成"点电荷".库仑定律的表述为:

在真空中,两个静止的点电荷之间的相互作用力,其大小与它们电荷的乘积成正比,与它们之间距离的二次方成反比;作用力的方向沿着两点电荷的连线,同号电荷相斥,异号电荷相吸.

库仑

库仑(Charles-Augustin de Coulomb,1736—1806),法国物理学家.他使用自己创制的扭秤发现了电荷间作用力的库仑定律.他还通过对滚动和滑动摩擦的实验研究,得出了摩擦定律.

文档:库仑

如图 9-2 所示,两个点电荷分别为 q_1 和 q_2,由电荷 q_1 指向电荷 q_2 的矢量用 $\boldsymbol{r}$ 表示.那么,电荷 q_2 受到电荷 q_1 的作用力 $\boldsymbol{F}$ 为

$$\boldsymbol{F}=\frac{1}{4\pi\varepsilon_0}\frac{q_1q_2}{r^2}\boldsymbol{e}_r \tag{9-1}$$

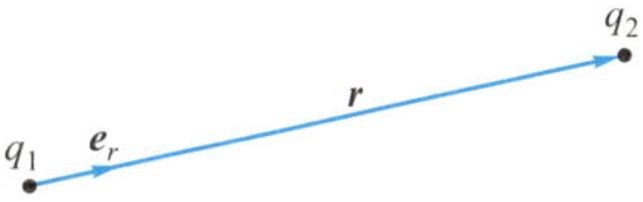

图 9-2 库仑定律

式中 $\boldsymbol{e}_r$ 为从电荷 q_1 指向电荷 q_2 的单位矢量,即 $\boldsymbol{e}_r=\boldsymbol{r}/r$.而 ε_0 叫做真空电容率[②],是电学中常用到的一个物理量.一般计算时,其值为

$$\begin{aligned}\varepsilon_0&=8.85\times10^{-12}\ \mathrm{C^2\cdot N^{-1}\cdot m^{-2}}\\&=8.85\times10^{-12}\ \mathrm{F\cdot m^{-1}}\end{aligned}$$ [③]

由上式可以看出,当 q_1 和 q_2 同号时,$q_1q_2>0$,q_2 受到斥力作用;当 q_1 和 q_2 异号时,$q_1q_2<0$,q_2 受到引力作用.静止电荷间的电作用力,又称为库仑力.应当指出,两静止点电荷之间的库仑力遵守牛顿第三定律.由于我们所研究的电荷或是静止,或是其速率非常小($v \ll c$),都属于低速运动的情况,所以牛顿第二定律以及由其所导出的结论,也都能适用于有库仑力作用的情形.

---

① 比库仑的扭秤实验早 12 年的 1773 年,英国物理学家卡文迪什(H.Cavendish,1731—1810)也得出了电荷间作用力的二次方反比定律,但卡文迪什没有发表,直到 1871 年才被麦克斯韦发现而公之于世.关于库仑定律中二次方指数的偏差,即 $2+\delta$ 中 δ 的准确值,则是自卡文迪什、库仑以来,迄今为止许多著名实验室仍在研究的一个课题.有关这方面的问题,读者如有兴趣可参阅郭奕玲编《大学物理中的著名实验》第 80—87 页(科学出版社,1994 年);马文蔚等编《物理学发展史上的里程碑》第 139—145 页(江苏科学技术出版社,1992 年).

② 2019 年全国科学技术名词审定委员会公布的物理学名词,ε_0 又称真空介电常量,其为不推荐用名.

③ 式中 F 是电容的单位名称法拉的符号.

库仑定律是静电学中最基本的实验定律,它奠定了静电学的基础.

9-3 电场强度

一、静电场

任何电荷在其周围都将激发起电场,电荷间的相互作用是通过电场对电荷的作用来实现的.场是一种特殊形态的物质,它和物质的另一种形态——实物一起,构成了物质世界非常丰富的图景.静电场存在于静止电荷的周围,并分布在一定的空间.处于静电场中的电荷要受到电场力的作用,并且当电荷在电场中运动时电场力也要对它做功.由这两方面的性质可分别引出描述电场性质的两个物理量——电场强度和电势.下面我们先介绍电场强度,电势则在第 9-6 节中介绍.

二、电场强度

为了表述电场对处于其中的电荷施以作用力的性质,我们把一个试验电荷 q_0放到电场中不同位置,观察电场对试验电荷 q_0的作用力的情况.试验电荷必须满足如下要求:①试验电荷必须是点电荷;②它的电荷量应足够小,以致把它放进电场中时对原有的电场几乎没有什么影响.为叙述方便,我们取试验电荷为正电荷($q_0>0$)①.

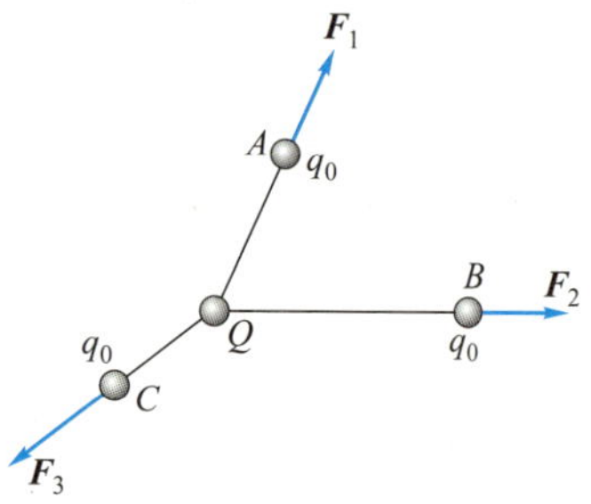

图 9-3 试验电荷在电场中不同位置受电场力的情况

如图 9-3 所示,在静止电荷 Q 周围的静电场中,先后将试验电荷 q_0放到电场中 A、B 和 C 三个不同的位置.我们发现,试验电荷 q_0在电场中不同位置所受到的电场力 $\boldsymbol{F}$ 的大小和方向均不相同.另一方面,就电场中某一点而言,试验电荷 q_0在该处所受的电场力 $\boldsymbol{F}$ 只与 q_0的大小有关;但 $\boldsymbol{F}$ 与 q_0之比,与 q_0无关,为一不变的矢量.显然,这个不变的矢量只与该处的电场有关,因此该矢量

① 试验电荷也可取负电荷,负试验电荷在电场中的受力方向与正试验电荷的受力方向相反.本书提到的试验电荷都指正试验电荷.

称为电场强度,用符号 $\boldsymbol{E}$ 表示,即

$$\boldsymbol{E}=\frac{\boldsymbol{F}}{q_0} \tag{9-2}$$

式(9-2)为电场强度的定义式.它表明,电场中某点处的电场强度 $\boldsymbol{E}$ 等于位于该点处的单位试验电荷所受的电场力.电场强度是空间位置的函数.由于我们取试验电荷为正电荷,所以 $\boldsymbol{E}$ 的方向与其所受力 $\boldsymbol{F}$ 的方向相同.

在国际单位制中,电场强度的单位为牛顿每库仑,符号为 $\mathrm{N\cdot C^{-1}}$;电场强度的单位亦为伏特每米,符号为 $\mathrm{V\cdot m^{-1}}$.本章第9-7节中将说明 $\mathrm{V\cdot m^{-1}}$ 与 $\mathrm{N\cdot C^{-1}}$ 是一样的.不过,$\mathrm{V\cdot m^{-1}}$ 比 $\mathrm{N\cdot C^{-1}}$ 使用得更普遍些.

应当指出,在已知电场强度分布的电场中,如果某点的电场强度为 $\boldsymbol{E}$,那么电荷 q 在该点所受的电场力为

$$\boldsymbol{F}=q\boldsymbol{E}$$

三、点电荷的电场强度

由库仑定律及电场强度定义式,我们可求得真空中点电荷周围电场的电场强度.

如图9-4(a)所示,在真空中,点电荷 Q 位于直角坐标系的原点 O,由原点 O 指向场点 P 的位矢为 $\boldsymbol{r}$.若把试验电荷 q_0 置于场点 P,则由库仑定律式(9-1)和电场强度定义式(9-2)可得,场点 P 处的电场强度为

$$\boldsymbol{E}=\frac{\boldsymbol{F}}{q_0}=\frac{1}{4\pi\varepsilon_0}\frac{Q}{r^2}\boldsymbol{e}_r \tag{9-3}$$

式中 $\boldsymbol{e}_r$ 为位矢 $\boldsymbol{r}$ 的单位矢量,即 $\boldsymbol{e}_r=\boldsymbol{r}/r$.上式是在真空中点电荷 Q 所激发的电场中,任意点 P 处的电场强度表示式.从式(9-3)可以看出,如果点电荷为正电荷(即 $Q>0$),那么 $\boldsymbol{E}$ 的方向与 $\boldsymbol{e}_r$ 的方向相同;若点电荷为负电荷(即 $Q<0$),则 $\boldsymbol{E}$ 的方向与 $\boldsymbol{e}_r$ 的方向相反[图9-4(b)].

从式(9-3)还可以看出,在真空中,若将正点电荷 Q 放在原点 O,并以 r 为半径作一球面,则球面上各处 $\boldsymbol{E}$ 的大小相等,$\boldsymbol{E}$ 的方向均沿径矢 $\boldsymbol{r}$,具有球对称性.故真空中点电荷的电场是非均匀场,但具有对称性,如图9-5所示.

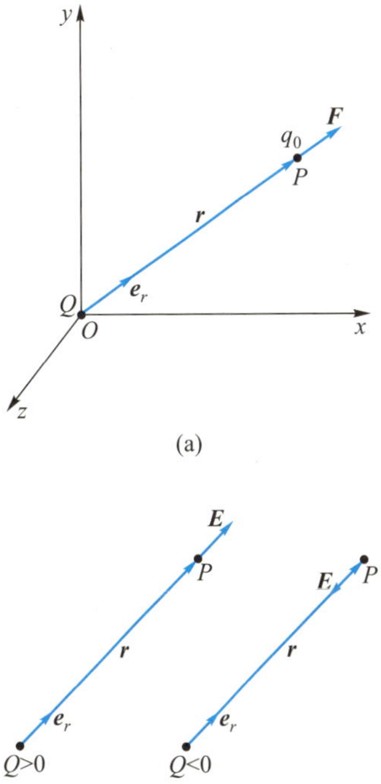

(b)

图9-4 点电荷的电场强度

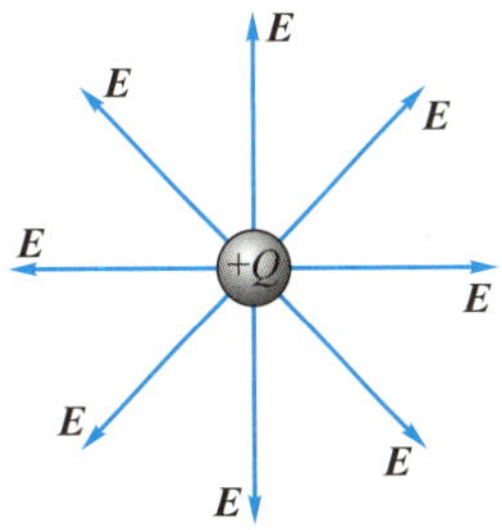

图9-5 点电荷的电场具有对称性

四、电场强度叠加原理

一般来说，空间可能存在由许多个点电荷组成的点电荷系，那么点电荷系的电场强度如何计算呢？下面我们从力的叠加原理引出电场强度的叠加原理.

设真空中一点电荷系由 Q_1、Q_2 和 Q_3 三个点电荷组成[图 9-6(a)]，在场点 P 处放置一试验电荷 q_0，且 Q_1、Q_2 和 Q_3 到点 P 的矢量分别为 $\boldsymbol{r}_1$、$\boldsymbol{r}_2$ 和 $\boldsymbol{r}_3$.若试验电荷 q_0 受到的 Q_1、Q_2 和 Q_3 的作用力分别为 $\boldsymbol{F}_1$、$\boldsymbol{F}_2$ 和 $\boldsymbol{F}_3$，则根据力的叠加原理可得作用在试验电荷 q_0 上的力 $\boldsymbol{F}$ 为

$$\boldsymbol{F}=\boldsymbol{F}_1+\boldsymbol{F}_2+\boldsymbol{F}_3$$

由库仑定律可知 $\boldsymbol{F}_1$、$\boldsymbol{F}_2$ 和 $\boldsymbol{F}_3$ 分别为

$$\boldsymbol{F}_1=\frac{1}{4\pi\varepsilon_0}\frac{q_0Q_1}{r_1^2}\boldsymbol{e}_1,\quad \boldsymbol{F}_2=\frac{1}{4\pi\varepsilon_0}\frac{q_0Q_2}{r_2^2}\boldsymbol{e}_2,$$

$$\boldsymbol{F}_3=\frac{1}{4\pi\varepsilon_0}\frac{q_0Q_3}{r_3^2}\boldsymbol{e}_3$$

式中 $\boldsymbol{e}_1$、$\boldsymbol{e}_2$ 和 $\boldsymbol{e}_3$ 分别为矢量 $\boldsymbol{r}_1$、$\boldsymbol{r}_2$ 和 $\boldsymbol{r}_3$ 的单位矢量.

另外，按照电场强度定义式(9-2)可得，点 P 处的电场强度为

$$\boldsymbol{E}=\frac{\boldsymbol{F}}{q_0}=\frac{\boldsymbol{F}_1}{q_0}+\frac{\boldsymbol{F}_2}{q_0}+\frac{\boldsymbol{F}_3}{q_0}$$

于是

$$\boldsymbol{E}=\frac{1}{4\pi\varepsilon_0}\frac{Q_1}{r_1^2}\boldsymbol{e}_1+\frac{1}{4\pi\varepsilon_0}\frac{Q_2}{r_2^2}\boldsymbol{e}_2+\frac{1}{4\pi\varepsilon_0}\frac{Q_3}{r_3^2}\boldsymbol{e}_3$$

式中等式右边第一项、第二项和第三项分别为 Q_1、Q_2 和 Q_3 各自存在时点 P 处的电场强度[图 9-6(b)]，即

$$\boldsymbol{E}_1=\frac{1}{4\pi\varepsilon_0}\frac{Q_1}{r_1^2}\boldsymbol{e}_1,\quad \boldsymbol{E}_2=\frac{1}{4\pi\varepsilon_0}\frac{Q_2}{r_2^2}\boldsymbol{e}_2,\quad \boldsymbol{E}_3=\frac{1}{4\pi\varepsilon_0}\frac{Q_3}{r_3^2}\boldsymbol{e}_3$$

于是有

$$\boldsymbol{E}=\boldsymbol{E}_1+\boldsymbol{E}_2+\boldsymbol{E}_3 \tag{9-4a}$$

式(9-4a)表明，三个点电荷在点 P 处激发的电场强度等于各个点电荷单独存在时该处电场强度的矢量和.上述结论虽是从三个

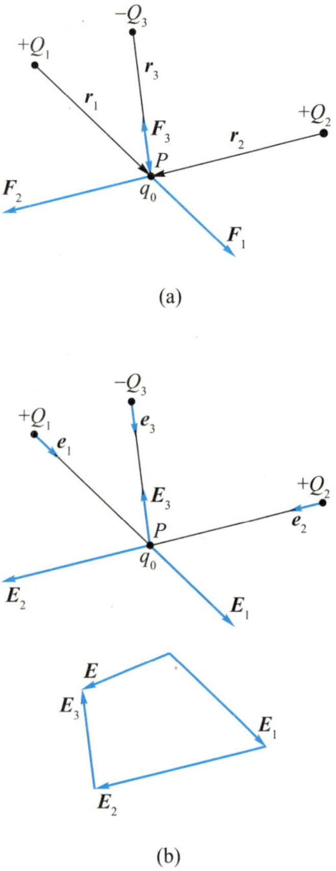

图 9-6　电场强度的叠加原理

点电荷组成的点电荷系得出的,但显然不难推广至由任意数目点电荷所组成的点电荷系,故可以得出普遍结论如下:点电荷系所激发的电场中某点处的电场强度等于各个点电荷单独存在时在该点处所激发的电场强度的矢量和.这就是电场强度的叠加原理,其数学表达式为

$$\boldsymbol{E}=\sum_{i=1}^{n}\boldsymbol{E}_i=\frac{1}{4\pi\varepsilon_0}\sum_{i=1}^{n}\frac{Q_i}{r_i^2}\boldsymbol{e}_i \tag{9-4b}$$

根据电场强度叠加原理,我们可以计算电荷连续分布的电荷系的电场强度.这只是计算电场强度的一种方法,还有其他的方法,以后我们再陆续介绍.

如图 9-7 所示,有一体积为 V,电荷连续分布的带电体,现在来计算点 P 处的电场强度.首先,我们在带电体上取一电荷元 $\mathrm{d}q$,其线度相对于 V 可视为无限小,从而我们可将 $\mathrm{d}q$ 作为一个点电荷对待.于是,$\mathrm{d}q$ 在点 P 处激发的电场强度为

$$\mathrm{d}\boldsymbol{E}=\frac{1}{4\pi\varepsilon_0}\frac{\mathrm{d}q}{r^2}\boldsymbol{e}_r$$

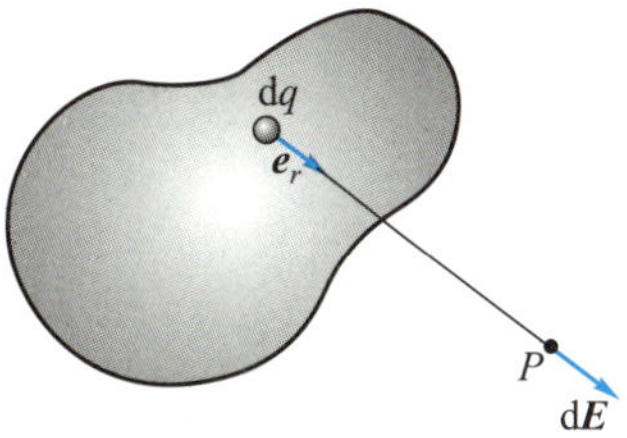

图 9-7 带电体的电场强度

式中 $\boldsymbol{e}_r$ 为由 $\mathrm{d}q$ 指向点 P 的单位矢量.其次,取各电荷元在点 P 处的电场强度,并求矢量积分.于是可得电荷系在点 P 处激发的电场强度为

$$\boldsymbol{E}=\int_V \mathrm{d}\boldsymbol{E}^{①}=\int_V\frac{1}{4\pi\varepsilon_0}\frac{\boldsymbol{e}_r}{r^2}\mathrm{d}q \tag{9-5}$$

若 $\mathrm{d}V$ 为电荷元 $\mathrm{d}q$ 的体积元,ρ 为其电荷体密度,则 $\mathrm{d}q=\rho\mathrm{d}V$.于是,式(9-5)亦可写成

$$\boldsymbol{E}=\int_V\frac{1}{4\pi\varepsilon_0}\frac{\rho\boldsymbol{e}_r}{r^2}\mathrm{d}V \tag{9-6a}$$

顺便指出,对于电荷连续分布的线带电体和面带电体来说,电荷元 $\mathrm{d}q$ 可分别表示为 $\mathrm{d}q=\lambda\mathrm{d}l$ 和 $\mathrm{d}q=\sigma\mathrm{d}S$,其中 λ 为电荷线密度,σ 为电荷面密度,则由式(9-5)可得它们的电场强度分别为

$$\boldsymbol{E}=\int_l\frac{1}{4\pi\varepsilon_0}\frac{\lambda\boldsymbol{e}_r}{r^2}\mathrm{d}l,\quad \boldsymbol{E}=\int_S\frac{1}{4\pi\varepsilon_0}\frac{\sigma\boldsymbol{e}_r}{r^2}\mathrm{d}S \tag{9-6b}$$

视频:场致发射显微镜

① 为简便计,本书的体积分用“$\int_V$”表示,面积分和线积分亦仿此.

例 1 电偶极子的电场强度

如图 9-8 所示，有两个电荷量相等、符号相反、相距为 r_0 的点电荷 $+q$ 和 $-q$，这两个点电荷构成的电荷系称为电偶极子. 从 $-q$ 指向 $+q$ 的矢量 $\boldsymbol{r}_0$ 为电偶极子的轴，$q\boldsymbol{r}_0$ 称为电偶极子的电偶极矩（简称电矩），用符号 $\boldsymbol{p}$ 表示，则有 $\boldsymbol{p}=q\boldsymbol{r}_0$. 求：(1) 电偶极子轴线延长线上一点的电场强度；(2) 电偶极子轴线中垂线上一点的电场强度.

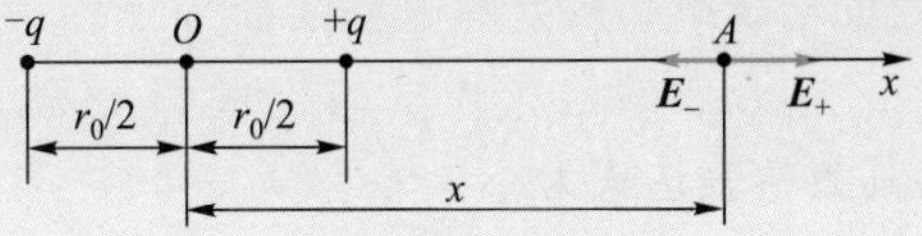

图 9-8

解 (1) 在图 9-8 中取电偶极子轴线的中点为坐标原点 O，沿极轴的延长线为 Ox 轴，轴上场点 A 距原点 O 的距离为 x. 由式(9-3)可得，点电荷 $+q$ 和 $-q$ 在场点 A 处激发的电场强度分别为

$$\boldsymbol{E}_+=\frac{1}{4\pi\varepsilon_0}\frac{q}{(x-r_0/2)^2}\boldsymbol{i},\quad \boldsymbol{E}_-=-\frac{1}{4\pi\varepsilon_0}\frac{q}{(x+r_0/2)^2}\boldsymbol{i}$$

式中，$\boldsymbol{i}$ 为沿 Ox 轴正方向的单位矢量. $\boldsymbol{E}_+$ 和 $\boldsymbol{E}_-$ 的方向都沿 Ox 轴，但方向相反. 由电场强度叠加原理可知，场点 A 处的电场强度为

$$\boldsymbol{E}=\boldsymbol{E}_++\boldsymbol{E}_-=\frac{q}{4\pi\varepsilon_0}\left[\frac{1}{(x-r_0/2)^2}-\frac{1}{(x+r_0/2)^2}\right]\boldsymbol{i}$$

化简后有

$$\boldsymbol{E}=\frac{q}{4\pi\varepsilon_0}\left[\frac{2xr_0}{(x^2-r_0^2/4)^2}\right]\boldsymbol{i}$$

当场点 A 到电偶极子的距离比电偶极子中 $-q$ 和 $+q$ 之间的距离大得多时，即 $x\gg r_0$ 时，上式中 $(x^2-r_0^2/4)\approx x^2$. 于是上式可写为

$$\boldsymbol{E}=\frac{1}{4\pi\varepsilon_0}\frac{2qr_0}{x^3}\boldsymbol{i}$$

由于电矩 $\boldsymbol{p}=q\boldsymbol{r}_0=qr_0\boldsymbol{i}$，所以上式为

$$\boldsymbol{E}=\frac{1}{4\pi\varepsilon_0}\frac{2\boldsymbol{p}}{x^3}$$

上式表明，在电偶极子轴线的延长线上，且 $x\gg r_0$ 的场点 A 处的电场强度 $\boldsymbol{E}$ 的大小与电偶极子的电矩大小 p 成正比，与电偶极子中点 O 到场点 A 的距离 x 的三次方成反比；电场强度 $\boldsymbol{E}$ 的方向与电矩 $\boldsymbol{p}$ 的方向相同.

(2) 以电偶极子轴线中点为坐标原点 O，并取 Ox 轴和 Oy 轴，如图 9-9 所示. 由式(9-3)可得，点

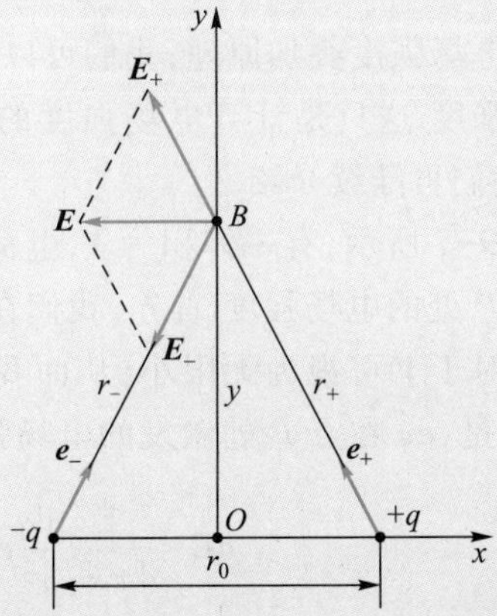

图 9-9

$$\boldsymbol{E}_+=\frac{1}{4\pi\varepsilon_0}\frac{q}{r_+^2}\boldsymbol{e}_+ \tag{1}$$

$$\boldsymbol{E}_-=-\frac{1}{4\pi\varepsilon_0}\frac{q}{r_-^2}\boldsymbol{e}_- \tag{2}$$

式中 r_+ 和 r_- 分别是 $+q$ 和 $-q$ 与场点 B 间的距离，$\boldsymbol{e}_+$ 和 $\boldsymbol{e}_-$ 分别是从 $+q$ 和 $-q$ 指向点 B 的单位矢量. 从图中可以看出 $r_-=r_+$，且令其为 r，则有

$$r_+=r_-=r=\sqrt{y^2+\left(\frac{r_0}{2}\right)^2} \tag{3}$$

而单位矢量 $\boldsymbol{e}_+=\boldsymbol{r}_+/r_+=\boldsymbol{r}_+/r$，其中 $\boldsymbol{r}_+$ 为

$$\boldsymbol{r}_+=\left(-\frac{r_0}{2}\boldsymbol{i}+y\boldsymbol{j}\right)$$

所以，单位矢量 $\boldsymbol{e}_+=(-r_0\boldsymbol{i}/2+y\boldsymbol{j})/r$，于是式(1)可写为

$$\boldsymbol{E}_+=\frac{1}{4\pi\varepsilon_0}\frac{q}{r^3}\left(y\boldsymbol{j}-\frac{r_0}{2}\boldsymbol{i}\right) \tag{4}$$

同时，$\boldsymbol{e}_-=(r_0\boldsymbol{i}/2+y\boldsymbol{j})/r$，所以式(2)可写为

电荷$+q$和$-q$在中垂线上场点B处激发的电场强度分别为

$$\boldsymbol{E}_- = -\frac{1}{4\pi\varepsilon_0}\frac{q}{r^3}\left(y\boldsymbol{j}+\frac{r_0}{2}\boldsymbol{i}\right) \qquad (5)$$

根据电场强度叠加原理，可得场点B处的电场强度为

$$\boldsymbol{E}=\boldsymbol{E}_+ + \boldsymbol{E}_- = \frac{1}{4\pi\varepsilon_0}\frac{q}{r^3}\left(y\boldsymbol{j}-\frac{r_0}{2}\boldsymbol{i}\right)-\frac{1}{4\pi\varepsilon_0}\frac{q}{r^3}\left(y\boldsymbol{j}+\frac{r_0}{2}\boldsymbol{i}\right)$$

即
$$\boldsymbol{E}=-\frac{1}{4\pi\varepsilon_0}\frac{qr_0\boldsymbol{i}}{r^3}$$

将式(3)代入上式，且已知$\boldsymbol{p}=qr_0\boldsymbol{i}$，故有

$$\boldsymbol{E}=-\frac{1}{4\pi\varepsilon_0}\frac{\boldsymbol{p}}{\left(y^2+\frac{r_0^2}{4}\right)^{3/2}}$$

当$y\gg r_0$时，$y^2+(r_0/2)^2\approx y^2$. 于是上式可写为

$$\boldsymbol{E}=-\frac{1}{4\pi\varepsilon_0}\frac{\boldsymbol{p}}{y^3}$$

上式表明，在电偶极子轴线的中垂线上，且$y\gg r_0$的场点B处的电场强度$\boldsymbol{E}$的大小与电矩大小p成正比，与电偶极子的中点O到场点B的距离y的三次方成反比；电场强度$\boldsymbol{E}$的方向与电矩$\boldsymbol{p}$的方向相反.

例 2 均匀带电圆环轴线上的电场强度

如图 9-10 所示，正电荷q均匀地分布在半径为R的圆环上. 计算在环的轴线上任一点P处的电场强度.

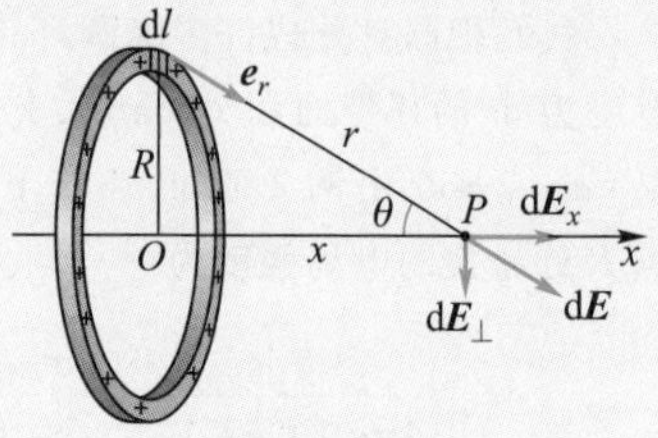

图 9-10

解 设圆环在如图所示的平面上，坐标原点与环心相重合，点P与环心O的距离为x. 由题意知圆环上的电荷是均匀分布的，故其电荷线密度$\lambda=q/2\pi R$. 在环上取线段元$\mathrm{d}l$，其电荷元$\mathrm{d}q=\lambda\mathrm{d}l$. 此电荷元在点$P$处激发的电场强度为

$$\mathrm{d}\boldsymbol{E}=\frac{1}{4\pi\varepsilon_0}\frac{\lambda\mathrm{d}l}{r^2}\boldsymbol{e}_r$$

由于电荷分布的对称性，圆环上各电荷元在点P处激发的电场强度$\mathrm{d}\boldsymbol{E}$的分布也具有对称性，且$\mathrm{d}\boldsymbol{E}$在垂直于x轴方向上的分量$\mathrm{d}E_\perp$将互相抵消；而各电荷元在点P处的电场强度$\boldsymbol{E}$沿x轴的分量$\mathrm{d}E_x$都具有相同的方向，且$\mathrm{d}E_x=\mathrm{d}E\cos\theta$，故点$P$处的电场强度为

$$E=\int_l \mathrm{d}E_x=\int_l \mathrm{d}E\cos\theta \qquad (1)$$

因为

$$\mathrm{d}E\cos\theta=\frac{1}{4\pi\varepsilon_0}\frac{\lambda\mathrm{d}l}{r^2}\frac{x}{r}=\frac{1}{4\pi\varepsilon_0}\frac{\lambda x}{(x^2+R^2)^{3/2}}\mathrm{d}l$$

代入式(1)，有

$$E=\frac{1}{4\pi\varepsilon_0}\frac{\lambda x}{(x^2+R^2)^{3/2}}\int_0^{2\pi R}\mathrm{d}l$$

所以

$$E=\frac{1}{4\pi\varepsilon_0}\frac{qx}{(x^2+R^2)^{3/2}} \qquad (2)$$

上式表明，均匀带电圆环在轴线上任意点处的电场强度，是该点距环心O的距离x的函数，即$E=E(x)$. 下面对几个特殊点处的情况作一些讨论.

(1) 若$x\gg R$，则$(x^2+R^2)^{3/2}\approx x^3$，这时有

$$E\approx\frac{1}{4\pi\varepsilon_0}\frac{q}{x^2} \qquad (3)$$

即在远离圆环的地方，可把带电圆环看成点电荷. 这正与我们在前面对点电荷的论述相一致.

(2) 若$x\approx 0$，则$E\approx 0$，这表明环心处的电场强度为零.

(3) 由$\mathrm{d}E/\mathrm{d}x=0$可求得电场强度极大的位置，故由

$$\frac{\mathrm{d}}{\mathrm{d}x}\left[\frac{1}{4\pi\varepsilon_0}\frac{qx}{(x^2+R^2)^{3/2}}\right]=0$$

得
$$x=\pm\frac{\sqrt{2}}{2}R \tag{4}$$

这表明，圆环轴线上具有最大电场强度的位置，位于原点 O 两侧的 $+\sqrt{2}R/2$ 和 $-\sqrt{2}R/2$ 处. 图 9-11 是带电圆环轴线上 E-x 的分布图线.

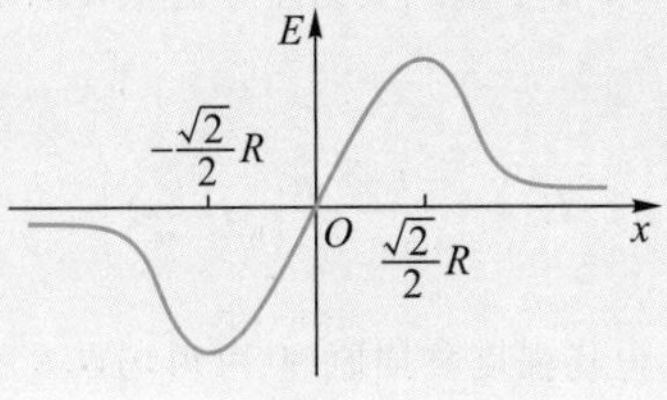

图 9-11

例 3 均匀带电薄圆盘轴线上的电场强度

如图 9-12 所示，有一半径为 R，电荷均匀分布的薄圆盘，其电荷面密度为 σ. 求通过盘心且垂直盘面的轴线上任意一点处的电场强度.

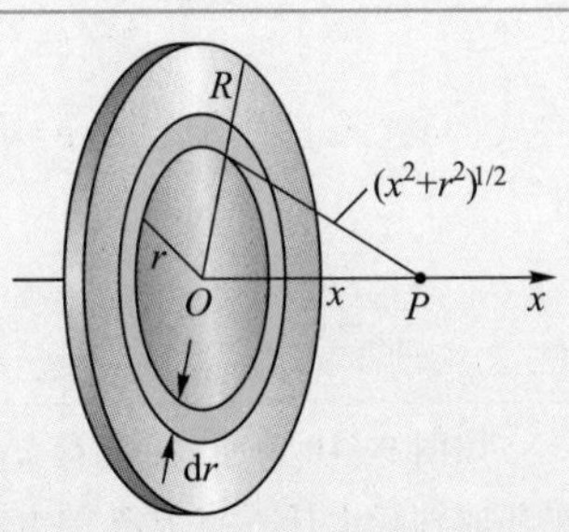

图 9-12

解 如图所示，取 Ox 轴通过盘心 O，并垂直于圆盘平面. 由于圆盘上的电荷分布是均匀的，所以圆盘上的电荷为 $q=\sigma\pi R^2$.

我们把圆盘分成许多细圆环带，其中半径为 r、宽度为 $\mathrm{d}r$ 的环带面积为 $2\pi r\mathrm{d}r$，此环带上的电荷为 $\mathrm{d}q=\sigma\cdot 2\pi r\mathrm{d}r$. 由例 2 可知，环带上的电荷在 x 轴上点 P 处激发的电场强度为

$$\mathrm{d}E_x=\frac{x\mathrm{d}q}{4\pi\varepsilon_0(x^2+r^2)^{3/2}}=\frac{\sigma}{2\varepsilon_0}\frac{xr\mathrm{d}r}{(x^2+r^2)^{3/2}}$$

由于圆盘上所有带电的环带在点 P 处的电场强度都沿 x 轴同一方向，所以由上式可得带电圆盘的轴线上点 P 处的电场强度为

$$E=\int\mathrm{d}E_x=\frac{\sigma x}{2\varepsilon_0}\int_0^R\frac{r\mathrm{d}r}{(x^2+r^2)^{3/2}}$$

积分后，得

$$E=\frac{\sigma x}{2\varepsilon_0}\left(\frac{1}{\sqrt{x^2}}-\frac{1}{\sqrt{x^2+R^2}}\right) \tag{1}$$

讨论：(1) 如果 $x\ll R$，那么带电圆盘可看作“无限大”的均匀带电平面，因为这时

$$\frac{1}{\sqrt{x^2}}-\frac{1}{\sqrt{x^2+R^2}}\approx\frac{1}{\sqrt{x^2}}$$

于是，由式(1)得

$$E=\frac{\sigma}{2\varepsilon_0} \tag{2}$$

上式表明，很大的均匀带电平面附近的电场强度 $\boldsymbol{E}$ 的值是一个常量，$\boldsymbol{E}$ 的方向与平面垂直. 因此，很大的均匀带电平面附近的电场可看作均匀电场.

(2) 如果 $x\gg R$，那么带电圆盘便可视为“点电荷”了，因为这时

$$\frac{1}{\sqrt{x^2}}-\frac{1}{\sqrt{x^2+R^2}}=\frac{1}{x}-\frac{1}{x(1+R^2/x^2)^{1/2}}$$
$$\approx\frac{1}{x}\left[1-\left(1-\frac{1}{2}\frac{R^2}{x^2}\right)\right]=\frac{R^2}{2x^3}$$

于是，由式(1)得

$$E=\frac{\sigma R^2}{4\varepsilon_0 x^2}=\frac{q}{4\pi\varepsilon_0 x^2}$$

9-4 电场强度通量 高斯定理

上一节我们研究了描述电场性质的一个重要物理量——电场强度，并从叠加原理出发讨论了点电荷系和带电体的电场强度. 为了更形象地描述电场，本节将在介绍电场线[①]的基础上，引进电场强度通量的概念，并导出静电场的重要定理——高斯定理.

一、电场线

图 9-13 是几种带电系统的电场线. 在电场线上每一点处电场强度 $\boldsymbol{E}$ 的方向沿着该点的切线，并以电场线箭头的指向表示电场强度的方向. 例如，在图9-13(a)、(b)所示的点电荷附近，电场线呈径向分布，电场线是从正电荷出发会聚于负电荷；图 9-13(d)是电偶极子的电场线，图中 M、N 两点处 $\boldsymbol{E}$ 的方向都与该点电场线的切线方向相同.

静电场的电场线有如下特点：①电场线总是始于正电荷，终止于负电荷，不形成闭合曲线；②任何两条电场线都不能相交，这是因为电场中每一点处的电场强度只能有一个确定的方向.

电场线不仅能表示电场强度的方向，而且电场线在空间的密度分布还能表示电场强度的大小. 若在某区域内，电场线的密度较大，则该处 $\boldsymbol{E}$ 也较强；若某区域电场线的密度较小，则该处 $\boldsymbol{E}$ 也较弱. 例如在图 9-13(a)和(b)中，点电荷附近的电场线密度就比远处的电场线密度要大些，则点电荷附近的 $\boldsymbol{E}$ 比远处的 $\boldsymbol{E}$ 要大些.

为了给出电场线密度和电场强度间的数量关系，我们对电场线的密度作如下规定：在电场中任一点，作一个面积元 $\mathrm{d}S$，并使它与该点处的 $\boldsymbol{E}$ 垂直(图 9-14)，由于 $\mathrm{d}S$ 很小，所以 $\mathrm{d}S$ 面上各点处的 $\boldsymbol{E}$ 可认为是相同的，则通过面积元 $\mathrm{d}S$ 的电场线数 $\mathrm{d}N$ 与该点处的 $\boldsymbol{E}$ 的大小有如下关系：

$$\mathrm{d}N = E\mathrm{d}S$$

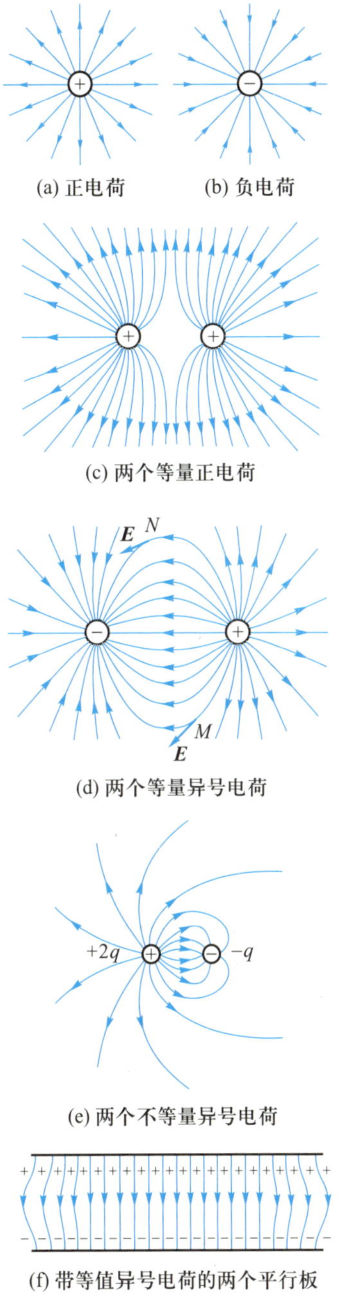

(a) 正电荷 (b) 负电荷
(c) 两个等量正电荷
(d) 两个等量异号电荷
(e) 两个不等量异号电荷
(f) 带等值异号电荷的两个平行板

图 9-13 几种典型电场的电场线分布图

① 电场线以前称为电力线. 按 2019 年全国科学技术名词审定委员会公布的物理学名词，电场线为规范用词. 力线名称最早是由英国实验物理学家法拉第提出的. 法拉第是第一位认识到场的物质性的科学家.

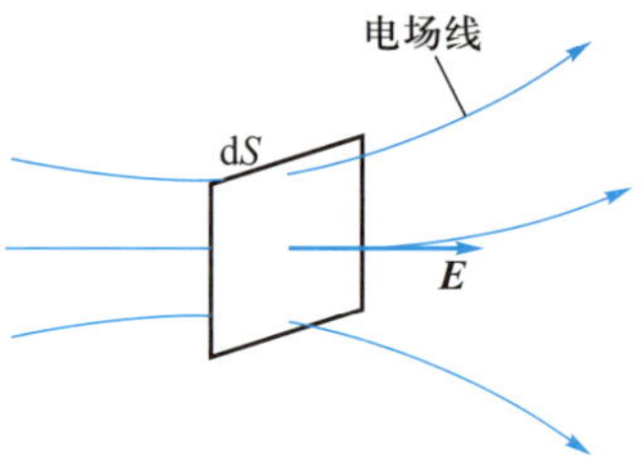

图 9-14 电场线密度与电场强度

或

$$\frac{\mathrm{d}N}{\mathrm{d}S}=E \tag{9-7}$$

这就是说，通过电场中某点垂直于 $\boldsymbol{E}$ 的单位面积的电场线数等于该点处电场强度 $\boldsymbol{E}$ 的大小.$\mathrm{d}N/\mathrm{d}S$ 也叫做电场线密度.

由图 9-13(f) 可以看出，带等值异号电荷的两平行板中间部分电场的电场线密度处处相等，而且方向一致.这表明电场中的 $\boldsymbol{E}$ 处处相同(方向处处一致，大小处处相等)，这种电场叫做匀强电场或均匀电场.而图 9-13 中其他几种电场都是非均匀电场.

虽然电场中并不存在电场线，但引入电场线概念可以形象地描绘出电场的总体情况，对于分析某些实际问题很有帮助.在研究某些复杂的电场时，如电子管内部的电场、高压电气设备附近的电场，我们常采用模拟的方法把它们的电场线画出来，这种方法是非常直观的.

二、电场强度通量

我们把通过电场中某一个面的电场线数，作为通过这个面的电场强度通量，用符号 Φ_e 表示.下面先讨论匀强电场中的电场强度通量 Φ_e.设在匀强电场中取一个平面 S，并使它和电场强度的方向垂直[图 9-15(a)].由于匀强电场的电场强度处处相等，所以电场线密度也应处处相等.这样，通过面 S 的电场强度通量为

$$\Phi_e=ES \tag{9-8}$$

如果平面 S 与匀强电场的 $\boldsymbol{E}$ 不垂直，那么面 S 在电场空间可取许多方位.为了把面 S 在电场中的大小和方位同时表示出来，我们引入面积矢量 $\boldsymbol{S}$，其大小为 S，其方向用单位法线矢量 $\boldsymbol{e}_n$ 来表示，则有 $\boldsymbol{S}=S\boldsymbol{e}_n$.在图9-15(b)中，$\boldsymbol{e}_n$ 与 $\boldsymbol{E}$ 之间的夹角为 θ.因此，这时通过面 S 的电场强度通量为

$$\Phi_e=ES\cos\theta \tag{9-9a}$$

由矢量标积的定义可知，$ES\cos\theta$ 为矢量 $\boldsymbol{E}$ 和 $\boldsymbol{S}$ 的标积，故上式可用矢量表示为

$$\Phi_e=\boldsymbol{E}\cdot\boldsymbol{S}=\boldsymbol{E}\cdot\boldsymbol{e}_n S \tag{9-9b}$$

如果电场是非匀强电场，并且面 S 是任意曲面[图 9-15(c)]，

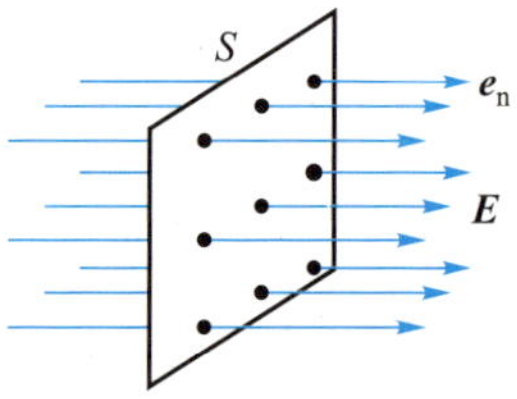

(a) $\Phi_e=ES$

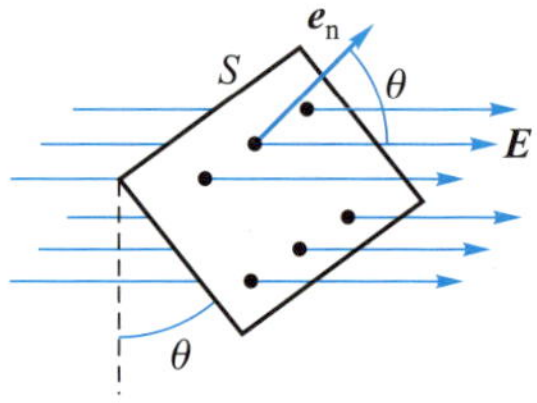

(b) $\Phi_e=\boldsymbol{E}\cdot\boldsymbol{S}$

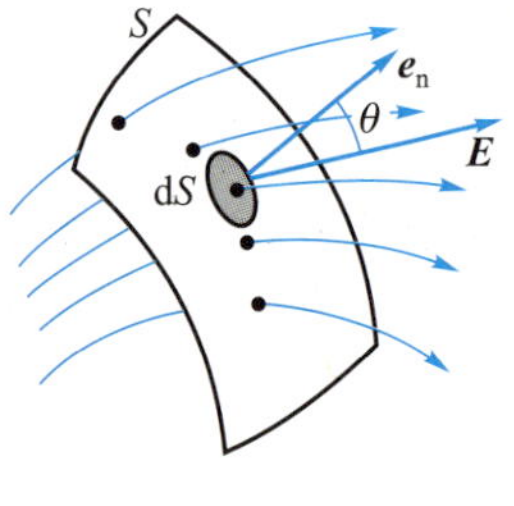

(c) $\Phi_e=\int_S \boldsymbol{E}\cdot\mathrm{d}\boldsymbol{S}$

图 9-15 电场强度通量的计算

那么可以把曲面分成无限多个面积元 $\mathrm{d}S$，每个面积元 $\mathrm{d}S$ 都可看成一个小平面，在面积元 $\mathrm{d}S$ 上，$\boldsymbol{E}$ 也处处相等.仿照上面的办法，若 $\boldsymbol{e}_n$ 为面积元 $\mathrm{d}S$ 的单位法线矢量，则 $\boldsymbol{e}_n\mathrm{d}S=\mathrm{d}\boldsymbol{S}$.若 $\boldsymbol{e}_n$ 与 $\boldsymbol{E}$ 成 θ 角，则通过面积元 $\mathrm{d}S$ 的电场强度通量为

$$\mathrm{d}\Phi_e=E\mathrm{d}S\cos\theta=\boldsymbol{E}\cdot\mathrm{d}\boldsymbol{S} \tag{9-10}$$

因此通过曲面 S 的电场强度通量 Φ_e，就等于通过曲面 S 上所有面积元 $\mathrm{d}S$ 的电场强度通量 $\mathrm{d}\Phi_e$ 的总和，即

$$\Phi_e=\int_S \mathrm{d}\Phi_e=\int_S E\cos\theta\mathrm{d}S=\int_S \boldsymbol{E}\cdot\mathrm{d}\boldsymbol{S} \tag{9-11}$$

式中“$\int_S$”表示对整个曲面 S 进行积分.

如果曲面是闭合曲面，那么式(9-11)中的曲面积分应换成对闭合曲面的积分，闭合曲面积分用“$\oint_S$”表示，故通过闭合曲面的电场强度通量为

$$\Phi_e=\oint_S E\cos\theta\mathrm{d}S=\oint_S \boldsymbol{E}\cdot\mathrm{d}\boldsymbol{S} \tag{9-12}$$

一般来说，通过闭合曲面的电场线，有些是“穿进”的，有些是“穿出”的.这也就是说，通过曲面上各个面积元的电场强度通量 $\mathrm{d}\Phi_e$ 有正、有负.为此规定：曲面上某点的法线矢量的方向是垂直指向曲面外侧的①.依照这个规定，如图9-16所示，在曲面的点 A 处，电场线从外穿进曲面里，$\theta>\pi/2$，所以 $\mathrm{d}\Phi_e$ 为负；在点 B 处，

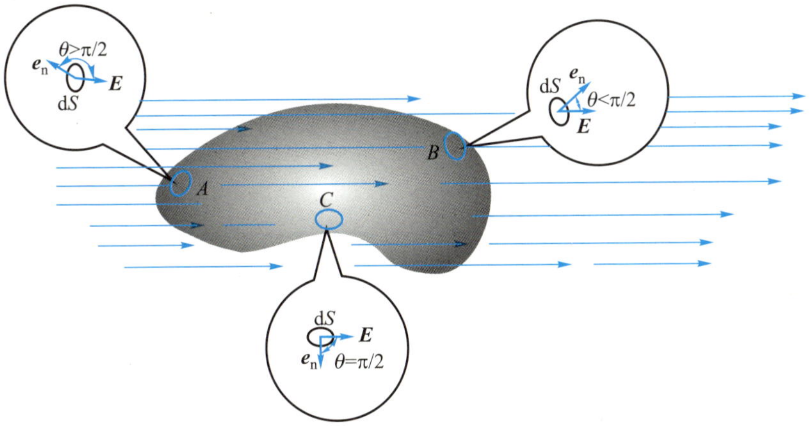

图 9-16 通过闭合曲面上不同地方面积元的电场强度通量正负的判别

① 我们知道，闭合曲面把空间分成两部分，即闭合曲面内和闭合曲面外.因此，闭合曲面上任意面积元 $\mathrm{d}S$ 的法线矢量，就有外法线矢量和内法线矢量之分.在研究诸如电场强度通量、高斯定理这类问题时，我们规定闭合曲面上面积元 $\mathrm{d}S$ 的外法线矢量为正法线矢量.

电场线从曲面里向外穿出，$\theta<\pi/2$，所以 $\mathrm{d}\Phi_e$ 为正；而在点 C 处，电场线与曲面相切，$\theta=\pi/2$，所以 $\mathrm{d}\Phi_e$ 为零.

例 1

如图 9-17 所示，有一个三棱柱体放在电场强度 $\boldsymbol{E}=200\boldsymbol{i}\ \mathrm{N\cdot C^{-1}}$ 的匀强电场中.求通过此三棱柱体的电场强度通量.

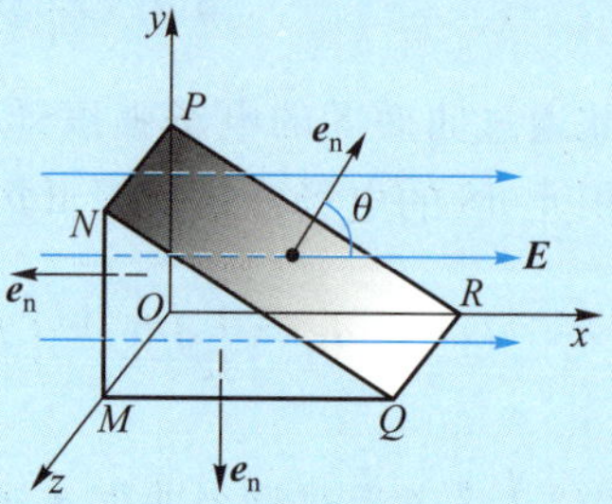

图 9-17

解 三棱柱体的表面为一闭合曲面，由 5 个平面构成.其中 $MNPOM$ 所围的面积为 S_1，$MNQM$ 和 $OPRO$ 所围的面积分别为 S_2 和 S_3，$MORQM$ 和 $NPRQN$ 所围的面积分别为 S_4 和 S_5.那么，在此匀强电场中通过 S_1、S_2、S_3、S_4 和 S_5 的电场强度通量分别为 Φ_{e1}、Φ_{e2}、Φ_{e3}、Φ_{e4} 和 Φ_{e5}，故通过闭合曲面的电场强度通量为

$$\Phi_e=\Phi_{e1}+\Phi_{e2}+\Phi_{e3}+\Phi_{e4}+\Phi_{e5}$$

由式(9-11)可求得通过 S_1 的电场强度通量为

$$\Phi_{e1}=\int_{S_1}\boldsymbol{E}\cdot\mathrm{d}\boldsymbol{S}$$

从图中可见，面 S_1 的正法线矢量 $\boldsymbol{e}_n$ 的方向与 $\boldsymbol{E}$ 的方向之间夹角为 π，故

$$\Phi_{e1}=ES_1\cos\pi=-ES_1$$

而面 S_2、S_3 和 S_4 的正法线矢量 $\boldsymbol{e}_n$ 均与 $\boldsymbol{E}$ 垂直，故

$$\Phi_{e2}=\Phi_{e3}=\Phi_{e4}=\int_S\boldsymbol{E}\cdot\mathrm{d}\boldsymbol{S}=0$$

对于面 S_5，其正法线矢量 $\boldsymbol{e}_n$ 与 $\boldsymbol{E}$ 的夹角 $0<\theta<\pi/2$，故

$$\Phi_{e5}=\int_{S_5}\boldsymbol{E}\cdot\mathrm{d}\boldsymbol{S}=E\cos\theta S_5$$

因为 $S_5\cos\theta=S_1$，所以

$$\Phi_5=ES_1$$

把它们代入有

$$\Phi_e=\Phi_{e1}+\Phi_{e2}+\Phi_{e3}+\Phi_{e4}+\Phi_{e5}=-ES_1+ES_1=0$$

上述结果表明，在匀强电场中穿入三棱柱体的电场线数与穿出三棱柱体的电场线数相等，即穿过闭合曲面（三棱柱体表面）的电场强度通量为零.

高斯

文档：静电学的数学研究

三、高斯定理

既然可以用电场线来形象地描述电荷所激发的电场，那么，对一定量的电荷来说，通过电场空间某一给定闭合曲面的电场线数也应是一定的.可见，这两者之间必有确定的关系.这就是著名的高斯定理.

高斯（Carl Friedrich Gauss，1777—1855），德国数学家、天文学家和物理学家.高斯在数学上建树颇丰，有“数学王子”的美称.他与另一位德国物理学家韦伯（Wilhelm Eduard Weber，1804—1891）制成了第一台有线电报机和建立了地磁观测台.高斯还创立了电磁学量的绝对单位制.

设真空中有一个正点电荷 q，被置于半径为 R 的球面中心处（图 9-18）．由点电荷电场强度公式（9-3）可知，球面上各点处电场强度 $\boldsymbol{E}$ 的大小均等于

$$E=\frac{1}{4\pi\varepsilon_0}\frac{q}{R^2}$$

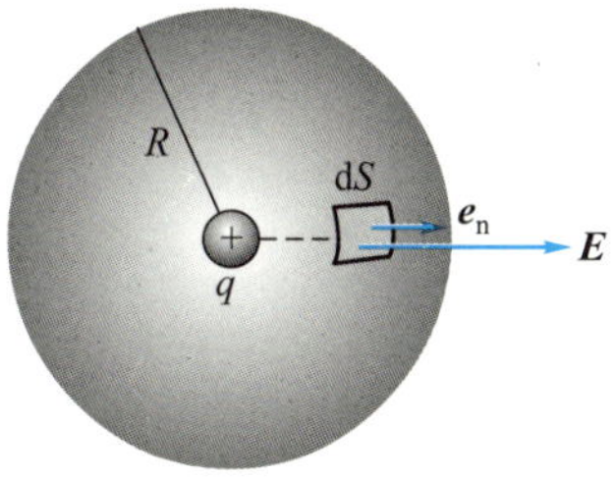

图 9-18 推导高斯定理用图

$\boldsymbol{E}$ 的方向则沿径矢方向向外．在球面上任取一面积元 $\mathrm{d}S$，其正单位法线矢量 $\boldsymbol{e}_n$ 与电场强度 $\boldsymbol{E}$ 的方向相同，即 $\boldsymbol{E}$ 与面积元 $\mathrm{d}\boldsymbol{S}$ 垂直．根据式（9-10），通过 $\mathrm{d}S$ 的电场强度通量为

$$\mathrm{d}\Phi_e=\boldsymbol{E}\cdot\mathrm{d}\boldsymbol{S}=E\mathrm{d}S=\frac{1}{4\pi\varepsilon_0}\frac{q}{R^2}\mathrm{d}S$$

于是通过整个球面的电场强度通量为

$$\Phi_e=\oint_S\mathrm{d}\Phi_e=\oint_S\boldsymbol{E}\cdot\mathrm{d}\boldsymbol{S}=\frac{1}{4\pi\varepsilon_0}\frac{q}{R^2}\oint_S\mathrm{d}S=\frac{1}{4\pi\varepsilon_0}\frac{q}{R^2}4\pi R^2$$

得

$$\Phi_e=\oint_S\boldsymbol{E}\cdot\mathrm{d}\boldsymbol{S}=\frac{q}{\varepsilon_0}\tag{9-13}$$

即通过球面的电场强度通量等于球面所包围的电荷 q 除以真空电容率．从电场线的观点看来，若 q 为正电荷，从 q 穿出球面的电场线数为 q/ε_0；若 q 为负电荷，则穿入球面并会聚于 q 的电场线数为 q/ε_0.

上面讨论的是一种很特殊的情况，包围点电荷的闭合曲面是以点电荷为球心的球面．如果包围点电荷的闭合曲面形状是任意的，那么可以证明[①]，穿过包围点电荷的任意闭合曲面的电场线数是不变的，式（9-13）仍能成立．这就是说，在点电荷 q 的电场中，通过包围 q 的闭合曲面的电场强度通量与闭合曲面的形状无关，其值都等于 q/ε_0．当 $q>0$ 时，$\Phi_e>0$，这表示电场线从闭合曲面内向外穿出，或者说电场线从正电荷发出；当 $q<0$ 时，$\Phi_e<0$，这表示电场线从外面穿进闭合曲面，或者说电场线会聚于负电荷.

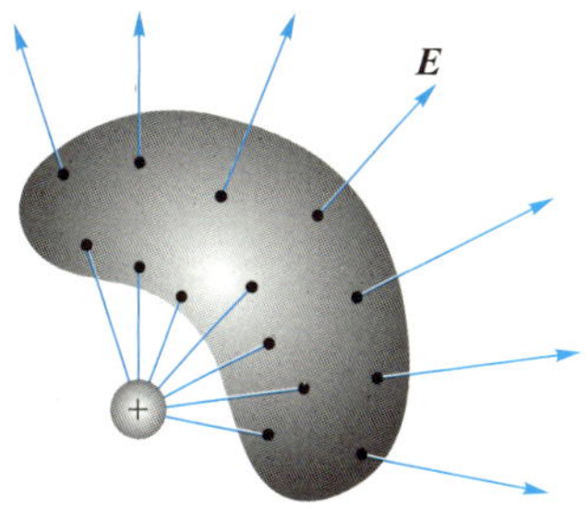

图 9-19 点电荷在闭合曲面之外

如果点电荷位于闭合曲面之外（图9-19），那么通过此闭合曲面的电场强度通量又将为多少呢？从图中可以看出，进入闭合曲面的电场线数与穿出闭合曲面的电场线数相等，故穿过闭合曲面的电场强度通量为零．由此不难推断，当在电场中所取的闭合曲面内不含有电荷，或者所含电荷的代数和为零时，穿过此闭合曲面的电场强度通量必为零，即

① 参阅马文蔚《物理学》（第七版）上册第五章第 5-3 节（高等教育出版社，2020 年）.

$$\Phi_{\mathrm{e}} = \oint_S \boldsymbol{E} \cdot \mathrm{d}\boldsymbol{S} = 0 \quad \text{（闭合曲面内不含净电荷）}$$

下面我们进一步讨论闭合曲面内含有任意电荷系时，穿过闭合曲面的电场强度通量.

我们已知任意电荷系可看作诸点电荷的集合体，而由电场强度的叠加原理知道，诸点电荷在电场空间某点处激发的电场强度应是各个点电荷在该点处激发的电场强度的矢量和，因此，穿过电场中任意闭合曲面的电场强度通量应为

$$\begin{aligned}\oint_S \boldsymbol{E} \cdot \mathrm{d}\boldsymbol{S} &= \oint \boldsymbol{E}_1 \cdot \mathrm{d}\boldsymbol{S} + \oint \boldsymbol{E}_2 \cdot \mathrm{d}\boldsymbol{S} + \cdots + \oint \boldsymbol{E}_n \cdot \mathrm{d}\boldsymbol{S} \\ &= \Phi_{\mathrm{e}1} + \Phi_{\mathrm{e}2} + \cdots + \Phi_{\mathrm{e}n}\end{aligned}$$

式中 $\Phi_{\mathrm{e}1}, \Phi_{\mathrm{e}2}, \cdots, \Phi_{\mathrm{e}n}$ 分别是电荷 $q_1, q_2, \cdots, q_n$ 各自激发的电场穿过闭合曲面的电场强度通量. 由上面的讨论已知，当电荷 q_i 在闭合曲面内时，电场强度通量 $\Phi_{\mathrm{e}i}>0$；当电荷 q_i 在闭合曲面外时，电场强度通量 $\Phi_{\mathrm{e}i}=0$. 所以，穿过闭合曲面的电场强度通量仅与闭合曲面内的电荷有关. 于是，有

$$\oint \boldsymbol{E} \cdot \mathrm{d}\boldsymbol{S} = \frac{1}{\varepsilon_0}\sum_{i=1}^{n} q_i^{\mathrm{in}} \tag{9-14}$$

式中 $\sum\limits_{i=1}^{n} q_i^{\mathrm{in}}$ 是闭合曲面内所含电荷的代数和. 式(9-14)表明：在真空静电场中，穿过任意闭合曲面的电场强度通量等于该闭合曲面所包围的所有电荷的代数和除以 ε_0. 这就是真空中静电场的高斯定理. 在高斯定理中，我们常把所选取的闭合曲面称为高斯面，因此，穿过任意高斯面的电场强度通量只与该高斯面所包围的电荷系有关，而与高斯面的形状无关，也与电荷系的电荷分布情况无关.

应当指出，虽然高斯定理是在库仑定律的基础上得出的，但库仑定律是由电荷间的作用反映静电场的性质，而高斯定理则是由场和场源电荷间的关系反映静电场的性质. 从场的研究方面来看，高斯定理比库仑定律更基本，应用范围更广. 库仑定律只适用于静电场，而高斯定理不但适用于静电场，而且对变化电场也是适用的，它是电磁场理论的基本方程之一. 关于这一点，我们将在第十二章中论述.

四、高斯定理应用举例

高斯定理的一个重要应用就是计算带电体所激发电场的电

场强度①.一般来说,高斯定理的数学表达式属于面积分,故在计算上比较复杂.但如果所论及的电场是均匀电场,或者电场的分布是对称的,这就为我们选取合适的闭合曲面提供了条件,从而使面积分变得简单易算.因此,分析电场的对称性是应用高斯定理求电场强度的一个十分重要的步骤,必须予以重视.下面举几个例子,说明如何应用高斯定理来计算对称分布的电场的电场强度.

例 2

设有一半径为 R,均匀带电荷量为 Q 的球面.求球面内部和外部任意点的电场强度.

解 电荷 Q 可近似认为均匀分布在半径为 R 的球面上.由于电荷分布是球对称的,所以 $\boldsymbol{E}$ 的分布也是球对称的.则在同一球面上,各点处 $\boldsymbol{E}$ 的大小相等,且 $\boldsymbol{E}$ 与球面上各处的面积元 $\mathrm{d}\boldsymbol{S}$ 相垂直.

取点 P 在如图 9-20(a)所示的球面内部,球心到点 P 的距离为 $r(r<R)$,以 r 为半径作的球面——高斯面内没有电荷,即 $\sum q=0$.由高斯定理式(9-14)可得

$$\oint_S \boldsymbol{E}\cdot\mathrm{d}\boldsymbol{S}=E\cdot 4\pi r^2=0$$

有

$$E=0 \quad (r<R) \qquad (1)$$

上式表明,均匀带电球面内部的电场强度为零.

如图 9-20(b)所示,以球心到球面外部点 P 的距离 $r(r>R)$ 为半径作一球面,显然点 P 在此球面上.电场强度 $\boldsymbol{E}$ 在此球面上的分布是对称的,故可取此球面为高斯面,它所包围的电荷为 Q.由高斯定理式(9-14)可得

$$\oint_S \boldsymbol{E}\cdot\mathrm{d}\boldsymbol{S}=E\cdot 4\pi r^2=\frac{Q}{\varepsilon_0}$$

于是点 P 处的电场强度为

$$E=\frac{1}{4\pi\varepsilon_0}\frac{Q}{r^2} \quad (r>R) \qquad (2)$$

上式表明,均匀带电球面在其外部激发的电场,与等量电荷全部集中在球心时激发的电场相同.

由式(1)和式(2)可作如图 9-20(c)所示的 $E-r$ 曲线.从曲线上可以看出,球面内$(r<R)$的 E 为零,球面外$(r>R)$的 E 与 r^2 成反比,球面处$(r=R)$的电场强度有跃变.

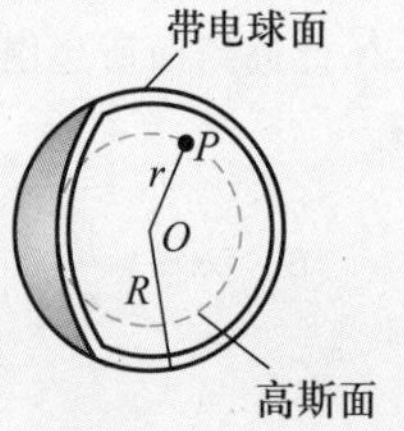

(a) 高斯面在带电球面内部,$\Sigma q=0$

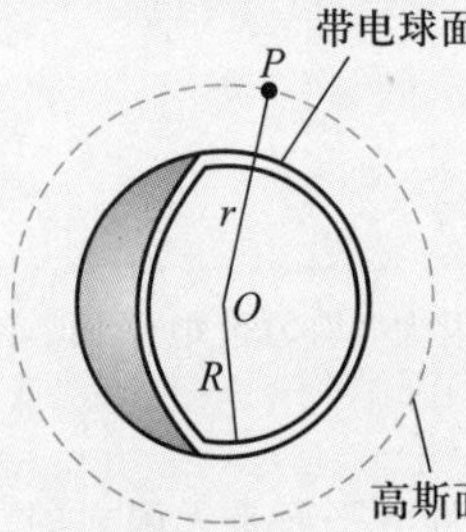

(b) 高斯面在带电球面外部,$\Sigma q=Q$

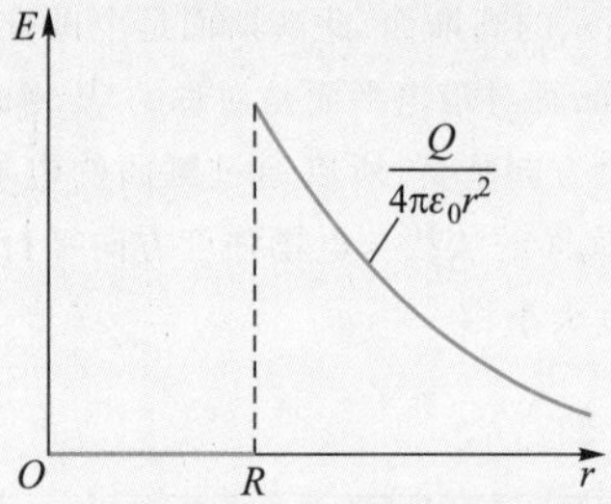

(c) 均匀带电球面的E随r的变化曲线

图 9-20

① 高斯定理还有其他方面的应用,如在第十章中将用之以讨论静电平衡时导体的电荷分布和电场强度分布等.

例 3

设有一无限长①均匀带电直线，单位长度上的电荷（即电荷线密度）为 λ.求距离该直线 r 处的电场强度.

解 由于带电直线无限长，且电荷分布是均匀的，所以其电场强度 $\boldsymbol{E}$ 沿垂直于该直线的径矢方向，而且在与直线等距离各点处的 $\boldsymbol{E}$ 的大小相等.这就是说，无限长均匀带电直线的电场是轴对称的.如图 9-21 所示，直线沿 Oz 轴放置，点 P 在 Oxy 平面上，距 Oz 轴为 r.我们取以 Oz 轴为轴线的正圆柱面为高斯面，它的高度为 h，底面半径为 r.由于 $\boldsymbol{E}$ 的方向与上、下底面的法线垂直，所以通过圆柱两个底面的电场强度通量为零，而通过圆柱侧面的电场强度通量为 $E\cdot 2\pi rh$.又，此高斯面所包围的电荷为 λh.则根据高斯定理有

$$E\cdot 2\pi rh=\frac{\lambda h}{\varepsilon_0}$$

由此可得

$$E=\frac{\lambda}{2\pi\varepsilon_0 r}$$

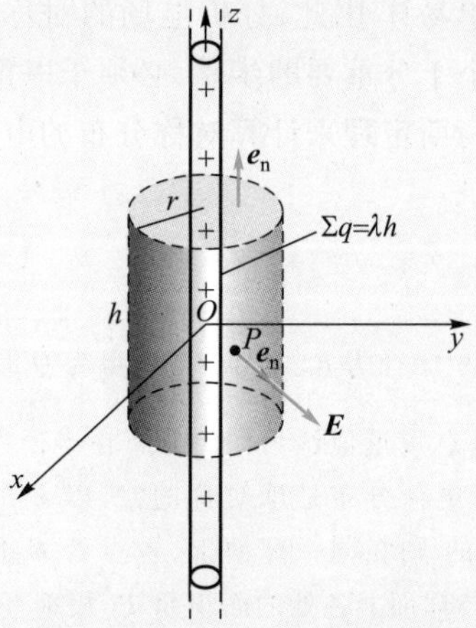

图 9-21

即无限长均匀带电直线外一点处的电场强度，与该点到带电直线的垂直距离 r 成反比，与电荷线密度 λ 成正比.

例 4

设有一无限大①均匀带电平面，单位面积上的电荷（即电荷面密度）为 σ.求距离该平面 r 处的电场强度.

解 由于均匀带电平面是无限大的，带电平面两侧附近的电场具有对称性，所以带电平面两侧的电场强度方向垂直于该平面[图 9-22(a)].取如图 9-22(b)所示的高斯面，此高斯面是个圆柱面，它穿过带电平面，且对带电平面是对称的.其侧面的法线与电场强度方向垂直，所以通过侧面的电场强度通量为零.而底面的法线与电场强度方向平行，且底面上电场强度大小相等，所以通过两底面的电场强度通量各为 ES，此处 S 是底面的面积.已知带电平面的电荷面密度为 σ，则根据高斯定理有

$$2ES=\frac{\sigma S}{\varepsilon_0}$$

得

$$E=\frac{\sigma}{2\varepsilon_0}$$

① 实际上并不存在数学意义上的“无限长”直线、“无限大”平面.但是，如果在一长为 l 的直线中部或在某平面中部附近有一点 P，点 P 到直线（或平面）的垂直距离 r 远小于线长（或平面的线度），即 $l\gg r$，那么从点 P 来看，直线的两端似乎都向无限远处延伸，也看不到平面的边.在这种情况下，直线可看作是“无限长”的，平面可看作是“无限大”的.因此所谓“无限长”直线或“无限大”平面都是抽象的物理模型，只有当场点很接近带电直线（或平面）时，才能把直线（或平面）当成“无限长”直线（或“无限大”平面）来处理.

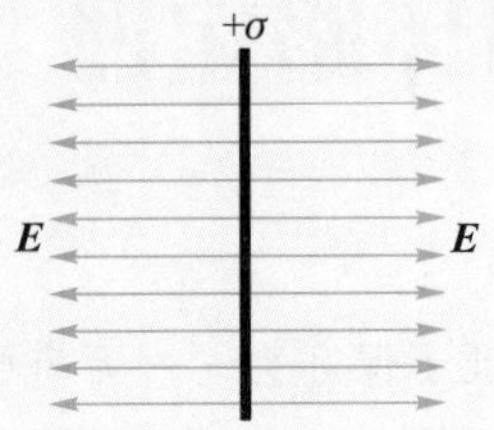

(a)

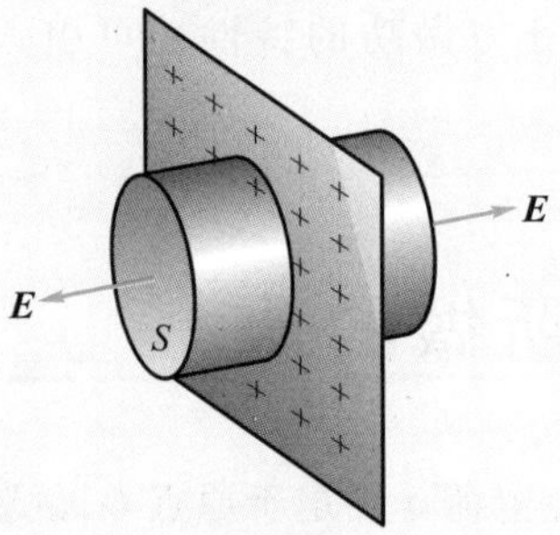

(b)

图 9-22

上式表明,无限大均匀带电平面的 $\boldsymbol{E}$ 与场点到平面的距离无关,而且 $\boldsymbol{E}$ 的方向与带电平面垂直.无限大带电平面两侧的电场为均匀电场.

利用上述结果,我们可求得两带等量异号电荷的无限大平行平面之间的电场强度.

设两带等量异号电荷的无限大平行平面 A 和 B 的电荷面密度分别为 $+\sigma$ 和 $-\sigma$.由上面的讨论知道,平面 A 和 B 所建立的电场强度分别为 $\boldsymbol{E}_A$ 和 $\boldsymbol{E}_B$,它们的大小相等,均为 $\sigma/2\varepsilon_0$;而它们的方向,在两个平面之间是相同的,在两平面之外则相反,如图 9-23(a)所示.利用电场强度叠加原理,两均匀带电平面的电场强度 $\boldsymbol{E}$ 可看成两均匀带电平面各自的 $\boldsymbol{E}_A$ 和 $\boldsymbol{E}_B$ 的矢量和.

由图 9-23(a)可得两均匀带电平面之外的电场强度为

$$\boldsymbol{E}=\boldsymbol{E}_A+\boldsymbol{E}_B=0$$

而两均匀带电平面之间的电场强度 $\boldsymbol{E}$ 的大小为

$$E=\frac{\sigma}{2\varepsilon_0}+\frac{\sigma}{2\varepsilon_0}=\frac{\sigma}{\varepsilon_0}$$

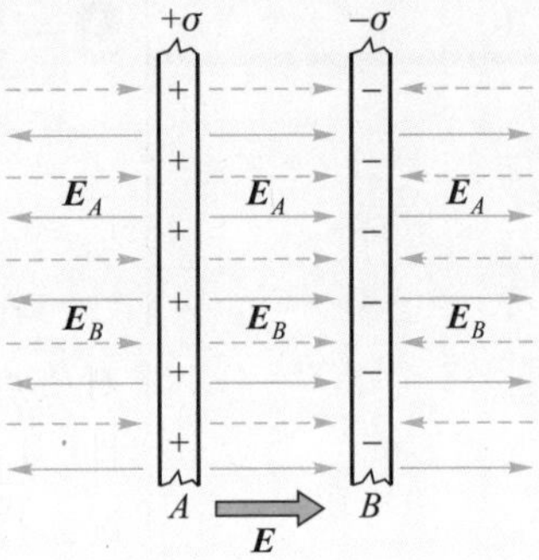

(a)

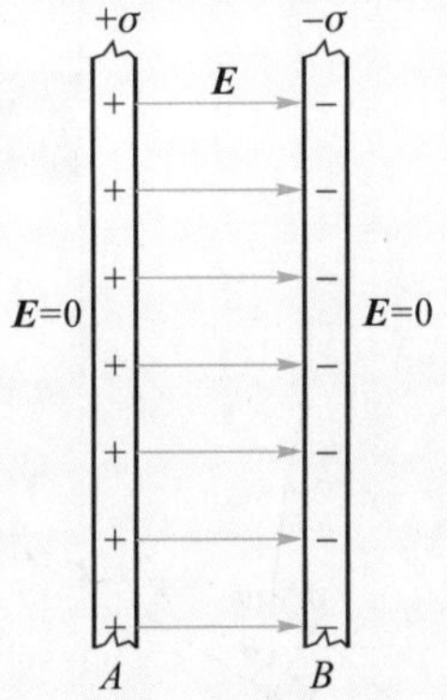

(b)

图 9-23 两无限大均匀带电平面的电场

图(a)中 ——→ 为面 A 建立的电场强度;

------→ 为面 B 建立的电场强度

图(b)中 ——→ 为两平行带电平面的合电场强度

$\boldsymbol{E}$ 的方向由带正电的平面指向带负电的平面.由上述结果可以看出,两无限大均匀带电平面之间的电场是均匀电场.在实用中,人们常把两带电平面之间的距离 d 取得很小,使它比平面的线度小得多.平行平板电容器就是这样设计的,故平行平板电容器内的电场可视为均匀电场.请参阅第十章第 10-4 节例 1.

从上面所举的几个例子以及其他类似的问题可以看出,在应用高斯定理求电场强度时,高斯面上的电场分布必须具有对称性.只有在这种情况下,我们才能用高斯定理较简便地求得电场强度.

9-5 静电场的环路定理 电势能

在牛顿力学中,我们曾论证了保守力——万有引力和弹性力对质点做功只与起始和终了位置有关,而与路径无关这一重要特性,并由此引入相应的势能概念.那么静电场力——库仑力的情况怎样呢?是否也具有保守力做功的特性而可引入电势能的概念?

一、静电场力所做的功

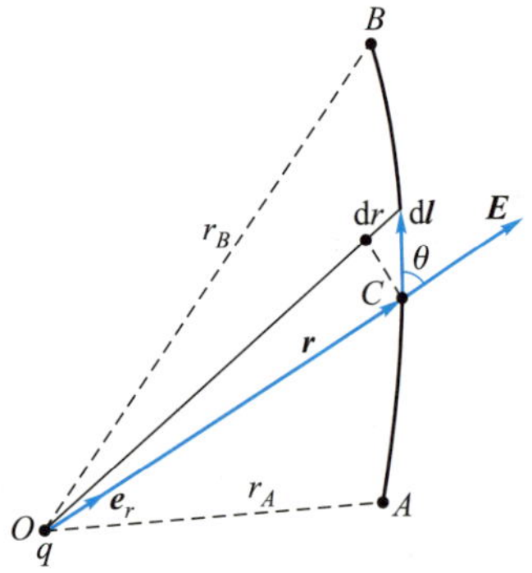

图 9-24 非匀强电场中电场力所做的功

如图 9-24 所示,一正点电荷 q 固定于原点 O,试验电荷 q_0在 q 的电场中由点 A 沿任意路径 ACB 到达点 B.在路径上的点 C 处取位移元 $\mathrm{d}\boldsymbol{l}$,从原点 O 到点 C 的位矢为 $\boldsymbol{r}$.电场力对 q_0所做的元功为

$$\mathrm{d}W=q_0\boldsymbol{E}\cdot\mathrm{d}\boldsymbol{l}$$

已知点电荷的电场强度为

$$\boldsymbol{E}=\frac{1}{4\pi\varepsilon_0}\frac{q}{r^2}\boldsymbol{e}_r$$

式中 $\boldsymbol{e}_r$为沿位矢的单位矢量,于是元功可写为

$$\mathrm{d}W=\frac{1}{4\pi\varepsilon_0}\frac{qq_0}{r^2}\boldsymbol{e}_r\cdot\mathrm{d}\boldsymbol{l}$$

从图 9-24 中可以看出,$\boldsymbol{e}_r\cdot\mathrm{d}\boldsymbol{l}=\mathrm{d}l\cos\theta=\mathrm{d}r$,式中 θ 是 $\boldsymbol{E}$ 与 $\mathrm{d}\boldsymbol{l}$ 之间的夹角.所以上式可写成

$$\mathrm{d}W=\frac{1}{4\pi\varepsilon_0}\frac{qq_0}{r^2}\mathrm{d}r$$

于是,在试验电荷 q_0从点 A 移至点 B 的过程中,电场力所做的功为

$$W=\int\mathrm{d}W=\frac{qq_0}{4\pi\varepsilon_0}\int_{r_A}^{r_B}\frac{\mathrm{d}r}{r^2}=\frac{qq_0}{4\pi\varepsilon_0}\left(\frac{1}{r_A}-\frac{1}{r_B}\right)\qquad(9-15)$$

式中 r_A和 r_B分别为试验电荷移动时的起点和终点与点电荷 q 的

距离.上式表明,在点电荷 q 的非匀强电场中,电场力对试验电荷 q_0所做的功,只与其移动时的起始和终了位置有关,而与所经历的路径无关.

任意带电体都可看作由许多点电荷组成的点电荷系.由电场强度叠加原理已知,点电荷系的电场强度 $\boldsymbol{E}$ 为各点电荷电场强度的叠加,即 $\boldsymbol{E}=\boldsymbol{E}_1+\boldsymbol{E}_2+\cdots$,因此任意点电荷系的电场力对试验电荷 q_0所做的功,等于组成该点电荷系的各点电荷的电场力所做的功的代数和,即

$$W=q_0\int_l \boldsymbol{E}\cdot \mathrm{d}\boldsymbol{l}=q_0\int_l \boldsymbol{E}_1\cdot \mathrm{d}\boldsymbol{l}+q_0\int_l \boldsymbol{E}_2\cdot \mathrm{d}\boldsymbol{l}+\cdots$$

上式中每一项都与路径无关,所以它们的代数和也必然与路径无关.由此得出如下结论:一试验电荷 q_0在静电场中从一点沿任意路径运动到另一点时,静电场力对它所做的功,仅与试验电荷 q_0及路径的起点和终点的位置有关,而与该路径的形状无关.

应当指出,在静电场中,电场力对试验电荷做功与路径无关是静电场的一个重要性质,这与万有引力和弹性力做功的特点是一样的①.

二、静电场的环路定理

由上述静电场力做功与路径无关这一特点出发,我们可以得出静电场的另一重要定理——静电场的环路定理.

如图 9-25 所示,设试验电荷 q_0在静电场中运动,经历的闭合路径为 $ABCDA$,则电场力做的功为

$$W=q_0\oint_l \boldsymbol{E}\cdot \mathrm{d}\boldsymbol{l}=q_0\int_{ABC}\boldsymbol{E}\cdot \mathrm{d}\boldsymbol{l}+q_0\int_{CDA}\boldsymbol{E}\cdot \mathrm{d}\boldsymbol{l} \qquad (9-16)$$

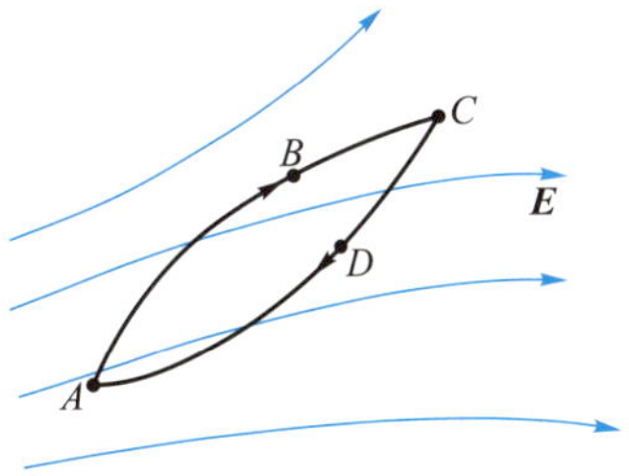

图 9-25 q_0沿闭合路径移动一周电场力做的功为零

由于

$$\int_{CDA}\boldsymbol{E}\cdot \mathrm{d}\boldsymbol{l}=-\int_{ADC}\boldsymbol{E}\cdot \mathrm{d}\boldsymbol{l}$$

而且电场力做的功与路径无关,即

$$q_0\int_{ADC}\boldsymbol{E}\cdot \mathrm{d}\boldsymbol{l}=q_0\int_{ABC}\boldsymbol{E}\cdot \mathrm{d}\boldsymbol{l}$$

所以,把它们代入式(9-16)得

① 静电场力与万有引力的性质有许多相似之处,类比可知,与万有引力一样,静电场力也是保守力.

$$q_0\oint_l \boldsymbol{E}\cdot \mathrm{d}\boldsymbol{l}=q_0\int_{ABC}\boldsymbol{E}\cdot \mathrm{d}\boldsymbol{l}-q_0\int_{ADC}\boldsymbol{E}\cdot \mathrm{d}\boldsymbol{l}=0$$

在上式中，由于 q_0 不为零，所以上式成立的条件必须为

$$\oint_l \boldsymbol{E}\cdot \mathrm{d}\boldsymbol{l}=0 \tag{9-17}$$

上式表明，在静电场中，电场强度 $\boldsymbol{E}$ 沿任意闭合路径的线积分为零. $\boldsymbol{E}$ 沿任意闭合路径的线积分又叫做 $\boldsymbol{E}$ 的环流，故上式也表明，在静电场中电场强度 $\boldsymbol{E}$ 的环流为零，这叫做静电场的环路定理. 与高斯定理一样，它也是描述静电场性质的一个重要定理.

至此，我们明白了静电场力与万有引力、弹性力一样，也都是保守力；静电场也是保守场.

三、电势能

在力学中，由于重力、弹性力这一类保守力具有做功与路径无关的特点，我们曾引进重力势能和弹性势能. 从上面的讨论中我们知道，静电场力也是保守力，它对试验电荷所做的功也具有与路径无关的特点，因此我们也可以引进相应的势能.

与物体在重力场中具有重力势能，并且可以用重力势能的改变量来量度重力所做的功一样，我们可以认为，电荷在静电场中的一定位置上具有一定的电势能，这个电势能是属于电荷-电场系统的，而静电场力对电荷所做的功就等于电荷电势能改变量的负值. 如果以 E_{pA}①和 E_{pB} 分别表示试验电荷 q_0 在电场中点 A 和点 B 处的电势能，那么试验电荷从点 A 移动到点 B，静电场力对它做的功为

$$W_{AB}=E_{pA}-E_{pB}=-(E_{pB}-E_{pA})$$

或

$$q_0\int_{AB}\boldsymbol{E}\cdot \mathrm{d}\boldsymbol{l}=E_{pA}-E_{pB}=-(E_{pB}-E_{pA}) \tag{9-18}$$

电势能也和重力势能一样，是一个相对的量. 在重力场中，要决定物体在某点的重力势能，就必须先选择一个势能为零的参考点，与此相似，要决定电荷在电场中某一点的电势能，也必须先选

① 按照国家标准《量和单位》的规定，电势能的符号用 E_p 表示，电场强度用符号 E 表示，请读者注意区别.

择一个电势能参考点，并设该点的电势能为零.这个参考点的选择是任意的，处理问题时怎样方便就怎样选取.在式(9-18)中，若选 q_0在点 B 处的电势能为零，即 $E_{pB}=0$，则有

$$E_{pA}=q_0\int_{AB}\boldsymbol{E}\cdot\mathrm{d}\boldsymbol{l}\quad(E_{pB}=0) \tag{9-19}$$

这表明，试验电荷 q_0在电场中某点处的电势能，在数值上就等于把它从该点移到零电势能处静电场力所做的功.

在国际单位制中，电势能的单位名称是焦耳，符号为 J.

9-6 电势

一、电势

电势是描述静电场性质的另一个重要物理量.在式(9-18)中，如果取

$$V_A=E_{pA}/q_0,\quad V_B=E_{pB}/q_0$$

V_A和 V_B分别称为点 A 和点 B 的电势，那么式(9-18)可写成

$$V_A=\int_{AB}\boldsymbol{E}\cdot\mathrm{d}\boldsymbol{l}+V_B \tag{9-20}$$

从上式可以看出，电场中点 A 的电势 V_A在数值上等于将单位正试验电荷从点 A 移至点 B 时，电场力所做的功 $\int_{AB}\boldsymbol{E}\cdot\mathrm{d}\boldsymbol{l}$ 与点 B 的电势 V_B之和.因此，要确定点 A 的电势，不仅要知道将单位正试验电荷从点 A 移至点 B 时电场力所做的功，而且要知道点 B 的电势.点 B 的电势 V_B常称为参考电势.原则上参考电势 V_B可取任意值.但是为方便起见，对电荷分布在有限空间的情况来说，通常取点 B 在无限远处，并令无限远处的电势能和电势为零，即 $E_{pB}=0$，$V_B=0$.于是，电场中点 A 的电势为

$$V_A=\int_{A\infty}\boldsymbol{E}\cdot\mathrm{d}\boldsymbol{l} \tag{9-21}$$

上式表明，电场中某一点 A 的电势 V_A，在数值上等于把单位正试验电荷从点 A 移至无限远处时，静电场力所做的功.上式亦可

写成

$$V_A = -\int_{\infty A} \boldsymbol{E} \cdot \mathrm{d}\boldsymbol{l}$$

这样,电场中某一点 A 的电势,在数值上也等于把单位正试验电荷从无限远处移至点 A 时,静电场力所做的功的负值.

电势是一个标量,它的单位名称是伏特,简称伏,符号为 V①.

电场中点 A 和点 B 两点间的电势差用符号 U_{AB} 表示.式(9-20)可写成

$$U_{AB} = V_A - V_B = -(V_B - V_A) = \int_{AB} \boldsymbol{E} \cdot \mathrm{d}\boldsymbol{l} \qquad (9-22)$$

这就是说,静电场中 A、B 两点的电势差 U_{AB},在数值上等于把单位正试验电荷从点 A 移至点 B 时,静电场力做的功.因此,如果知道了 A、B 两点间的电势差 U_{AB},就可以很方便地求得把电荷 q 从点 A 移至点 B 时,静电场力所做的功 W_{AB},即

$$W_{AB} = q\int_{AB} \boldsymbol{E} \cdot \mathrm{d}\boldsymbol{l} = qU_{AB} = q(V_A - V_B) = -q(V_B - V_A) \qquad (9-23)$$

把上式与式(9-18)相比较,可得

$$W_{AB} = E_{pA} - E_{pB} = q(V_A - V_B) = -q(V_B - V_A)$$

顺便指出,在原子物理学、核物理学中,电子、质子等粒子能量的单位常用电子伏(eV).1 eV 表示电子通过 1 V 电势差时所获得的能量.电子伏与焦耳间的关系为

$$1\ \mathrm{eV} = 1.602 \times 10^{-19}\ \mathrm{J}$$

应当指出,电场中某一点的电势值与电势为零的参考点的选取有关,而电场中任意两点间的电势差与电势为零的参考点的选取无关.式(9-21)所表述的电势,是选取无限远处作为电势为零的参考点的.

2018 年启用送电的准东—皖南±1 100 kV 特高压直流输电系统是目前世界上电压等级最高、输送距离最远的直流输电系统

2008 年投入运行的长治—荆门 1 000 kV 交流输电系统是目前世界上电压等级最高的交流输电系统

① 伏特这个单位名称,是为纪念意大利物理学家伏打(A.Volta,1745—1827)而命名的.他对电流的早期研究作出了重要贡献,率先提出了电的接触学说,发现了由两种不同的第一类导体(金属)和第二类导体(电解液)构成的最初电源,并由此发明了伏打电堆和伏打电池,成功地实现了将化学能转化为电能.他的发明成为后一段时期内获得稳定电流的唯一手段,为后来的一些关键性实验(如奥斯特电流磁效应实验和法拉第电磁感应实验等)提供了必需的电源.

表 9-1 几种常见的电势差			
生物电	10^{-3} V	特高压交流输电	已达 1.0×10^{6} V
汽车电源	12 V	特高压直流输电	已达 1.1×10^{6} V
家用电源	110 V 或 220 V	闪电	$10^{8}\sim10^{9}$ V

从表 9-1 中可见，生物电的电势差仅为 10^{-3} V，医学上的心电图测量的基本原理是：通过测量心脏活动引起的人体体表不同部位的微小电势差随时间的变化情况，来检测心脏功能等是否异常.

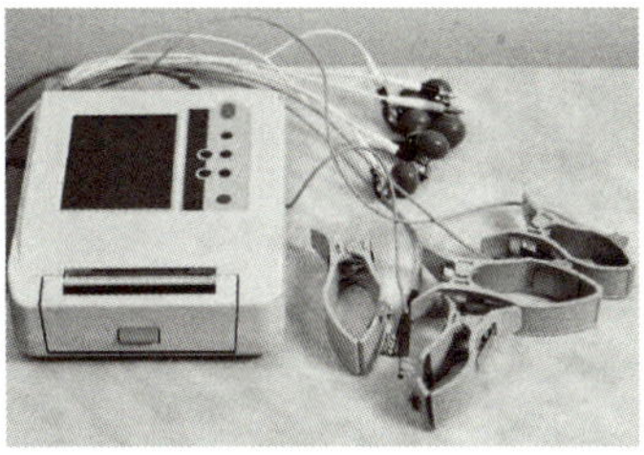

心电图测量仪

在实用中，人们常取大地的电势为零.这样，任何导体接地后，我们就认为它的电势也为零.如果某点相对于大地的电势差为 380 V，那么该点的电势值就为 380 V.在电子仪器中，人们常取机壳或公共地线的电势为零，各点的电势值就等于它们与公共地线（或机壳）之间的电势差；只要测出这些电势差的值，我们就很容易判定仪器工作是否正常.

二、点电荷电场的电势

设在点电荷 q 的电场中，点 P 距点电荷 q 的距离为 r.由式（9-21）和式（9-3）可得点 P 的电势为

$$V_P = \int_{r\infty} \boldsymbol{E} \cdot \mathrm{d}\boldsymbol{l} = \frac{q}{4\pi\varepsilon_0}\frac{1}{r} \qquad (9\text{-}24)$$

上式表明，当 $q>0$ 时，电场中各点的电势都是正值，随 r 的增加而减小；当 $q<0$ 时，电场中各点的电势都是负值，而在无限远处的电势虽为零，但电势却最高.

电势是标量，故对分布在有限区域中由各个电荷构成的电荷系来说，电场中某点的电势可逐一利用式（9-24）计算后，再求代数和而得.

三、电势的叠加原理

如图 9-26 所示，真空中有一点电荷系，各电荷分别为 q_1，q_2，…，q_i，…，q_n，其中有的是正电荷，有的是负电荷.这个点电荷系所激发的电场中点 A 的电势如何计算呢？

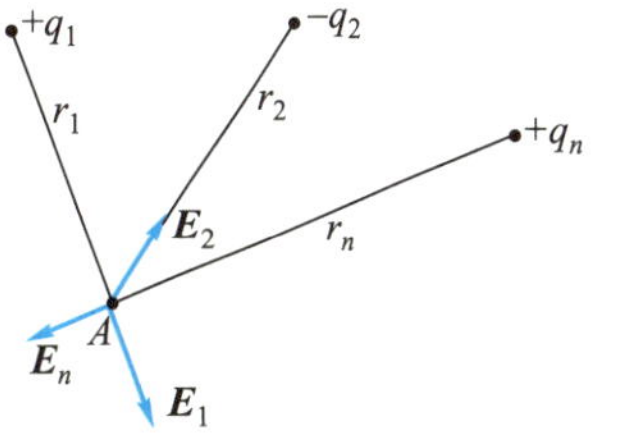

图 9-26 讨论电势叠加原理用图

我们从电场强度叠加原理知道，点电荷系的电场中点 A 的电

场强度 $\boldsymbol{E}$,等于各个点电荷单独存在时在该点激发的电场强度的矢量和,即

$$\boldsymbol{E}=\boldsymbol{E}_1+\boldsymbol{E}_2+\cdots+\boldsymbol{E}_i+\cdots+\boldsymbol{E}_n$$

于是,根据电势的定义式(9-21)可得,点电荷系电场中点 A 的电势为

$$\begin{aligned}V_A&=\int_{A\infty}\boldsymbol{E}\cdot\mathrm{d}\boldsymbol{l}\\&=\int_{A\infty}\boldsymbol{E}_1\cdot\mathrm{d}\boldsymbol{l}+\int_{A\infty}\boldsymbol{E}_2\cdot\mathrm{d}\boldsymbol{l}+\cdots+\int_{A\infty}\boldsymbol{E}_i\cdot\mathrm{d}\boldsymbol{l}+\cdots+\int_{A\infty}\boldsymbol{E}_n\cdot\mathrm{d}\boldsymbol{l}\\&=V_1+V_2+\cdots+V_i+\cdots+V_n\end{aligned}$$

式中 $V_1,V_2,\cdots,V_i,\cdots,V_n$ 分别为点电荷 $q_1,q_2,\cdots,q_i,\cdots,q_n$ 独立激发的电场中点 A 的电势.由点电荷电势的计算公式(9-24),上式可写成

$$V_A=\sum_{i=1}^{n}\frac{1}{4\pi\varepsilon_0}\frac{q_i}{r_i} \tag{9-25}$$

上式表明,点电荷系所激发的电场中某点的电势,等于各点电荷单独存在时在该点激发的电场的电势的代数和.这一结论叫做静电场的电势叠加原理.式(9-25)是它的数学表达式.

如图 9-27 所示,若一带电体上的电荷是连续分布的,则可把它分成无限多个电荷元,电荷元 $\mathrm{d}q$ 激发的电场中点 A 的电势为

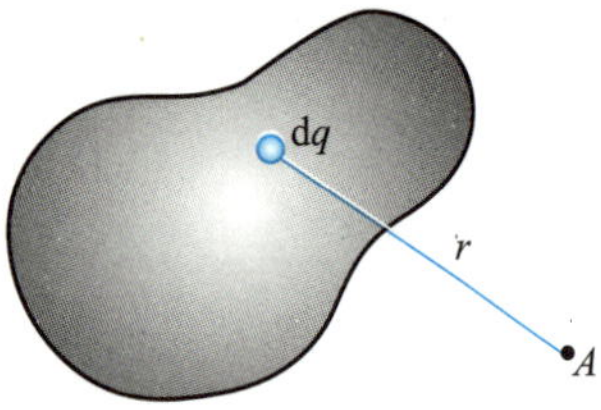

图 9-27 电荷连续分布带电体的电势

$$\mathrm{d}V=\frac{1}{4\pi\varepsilon_0}\frac{\mathrm{d}q}{r}$$

而该点的电势为这些电荷元激发的电势的叠加,即

$$V=\frac{1}{4\pi\varepsilon_0}\int\frac{\mathrm{d}q}{r} \tag{9-26}$$

把式(9-26)和式(9-5)相比可以看出,求电势的积分是一个标量积分,而求电场强度的积分是一个矢量积分.因此一般来说,求电势要比求电场强度简便一些.

在真空中,当电荷系的电荷分布已知时,计算电势的方法有两种.

(1) 利用式(9-20)

$$V_A=\int_{AB}\boldsymbol{E}\cdot\mathrm{d}\boldsymbol{l}+V_B$$

式中 V_B 为参考点 B 的电势.应用上式求电势时,应注意参考点的选取,只有电荷分布在有限空间里,才能选无限远处的电势为零

$(V_\infty=0)$；还应注意，在积分路径上 $\boldsymbol{E}$ 的函数表达式必须是已知的.

（2）利用式(9-26)所表达的点电荷电势的叠加原理，即

$$V=\frac{1}{4\pi\varepsilon_0}\int\frac{\mathrm{d}q}{r}$$

运用此方法求电势时，电荷的分布应该是已知的.

下面举几个用上述两种方法计算电势的例子，供大家分析比较.

例 1

如图 9-28 所示，正电荷 q 均匀地分布在半径为 R 的细圆环上.试计算在环的轴线上与环心 O 相距为 x 处点 P 的电势.

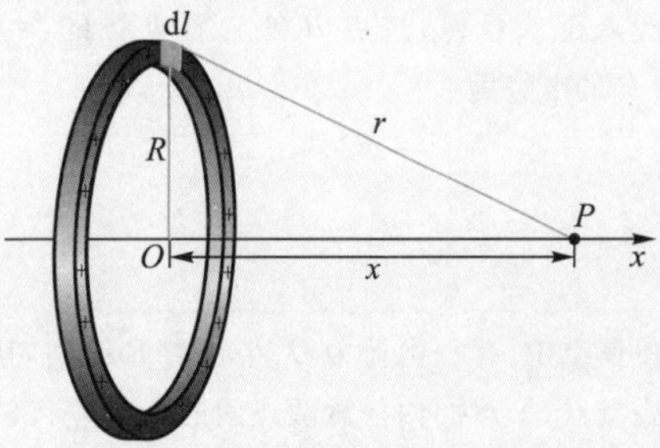

图 9-28

解 如图 9-28 所示，设圆环处于通过圆环中心 O 且与 Ox 轴相垂直的平面上.在圆环上取一电荷元 $\mathrm{d}q$，圆环的电荷线密度为 λ，故有 $\mathrm{d}q=\lambda\mathrm{d}l=\frac{q}{2\pi R}\mathrm{d}l$.把它代入式(9-26)，有

$$V_P=\frac{1}{4\pi\varepsilon_0}\int_l\frac{q}{2\pi R}\frac{1}{r}\mathrm{d}l=\frac{1}{4\pi\varepsilon_0}\frac{q}{r}$$
$$=\frac{1}{4\pi\varepsilon_0}\frac{q}{\sqrt{x^2+R^2}}$$

图 9-29 给出了 Ox 轴上的电势 V 随坐标 x 而变化的曲线.

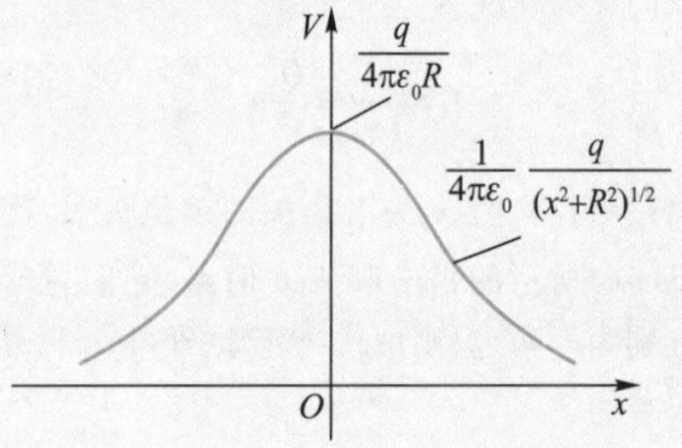

图 9-29

例 2

计算"无限长"均匀带电直线的电势.在第 9-4 节的例 3 中，我们曾用高斯定理计算了电荷线密度为 λ 的"无限长"均匀带电直线的电场强度.这里我们来计算该带电直线的电势.

解 由式(9-20)

$$V_A=\int_{AB}\boldsymbol{E}\cdot\mathrm{d}\boldsymbol{l}+V_B$$

知道，要确定电场中点 A 的电势，必须要选定参考点 B 的电势 V_B.对于电荷分布在有限空间的情况，如带电球壳、电偶极子等，我们常选取"无限远"处为参考点，并令该处的电势为零，这种选取方法也是符合实际的.但是，对"无限长"带电直线所激发的电场，是否仍能选取"无限远"处为零电势的参考点呢？显然这是不能允许的.因为我们既不能使带电直线延伸至"无限远"处的同时，又把"无限远"处选定为电势为零的参考点，所以必须另选零电势的

参考点.从原则上来说,除“无限远”处外,其他地方都可选.但就本题而言,可选取图 9-30 中距点 O 为 r_B的点 B 处为零电势的参考点,即 $V_B=0$,则点 P 的电势为

$$V_P=\int_r^{r_B}\boldsymbol{E}\cdot \mathrm{d}\boldsymbol{r}$$

由第 9-4 节的例 3 已知,“无限长”均匀带电直线的电场强度为

$$\boldsymbol{E}=\frac{\lambda}{2\pi\varepsilon_0 r}\boldsymbol{e}_r$$

把它代入上式可得,选点 B 处为零电势的参考点时,点 P 的电势为

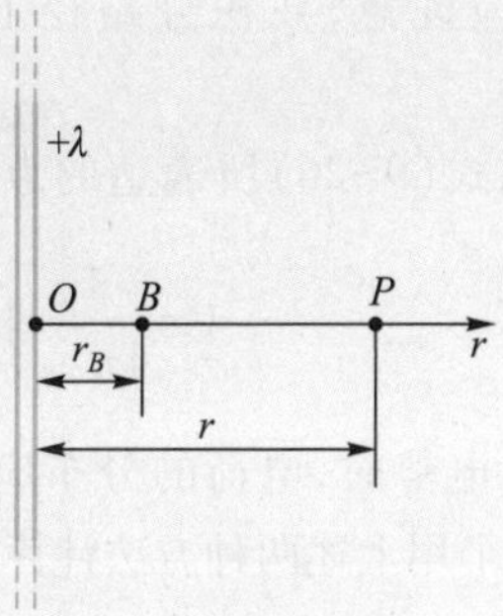

图 9-30

$$V_P=\int_r^{r_B}\boldsymbol{E}\cdot \mathrm{d}\boldsymbol{l}=\frac{\lambda}{2\pi\varepsilon_0}\int_r^{r_B}\frac{\mathrm{d}r}{r}=\frac{\lambda}{2\pi\varepsilon_0}\ln\frac{r_B}{r}\quad (V_B=0)$$

例 3

在真空中,有一电荷为 Q,半径为 R 的均匀带电球面,其电荷是面分布的.试求:(1) 球面外任意两点间的电势差;(2) 球面内任意两点间的电势差;(3) 球面外任意点的电势;(4) 球面内任意点的电势.

解 (1) 由第 9-4 节的例 2 已知,均匀带电球面外任意点的电场强度为

$$\boldsymbol{E}=\frac{1}{4\pi\varepsilon_0}\frac{Q}{r^2}\boldsymbol{e}_r \tag{1}$$

其方向是沿径矢的,$\boldsymbol{e}_r$为沿径矢的单位矢量.若在如图 9-31(a)所示的径向取 A、B 两点,它们与球心的距离分别为 r_A 和 r_B,则由式(9-22)可得 A、B 两点间的电势差为

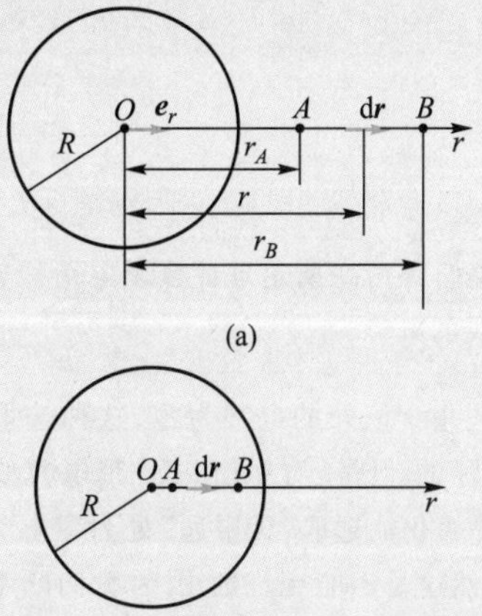

图 9-31

$$V_A-V_B=\int_{r_A}^{r_B}\boldsymbol{E}\cdot \mathrm{d}\boldsymbol{r}$$

从图 9-31(a)中可见 $\mathrm{d}\boldsymbol{r}=\mathrm{d}r\boldsymbol{e}_r$,把式(1)代入上式,得

$$V_A-V_B=\frac{Q}{4\pi\varepsilon_0}\int_{r_A}^{r_B}\frac{\mathrm{d}r}{r^2}\boldsymbol{e}_r\cdot\boldsymbol{e}_r=\frac{Q}{4\pi\varepsilon_0}\int_{r_A}^{r_B}\frac{\mathrm{d}r}{r^2}$$

$$=\frac{Q}{4\pi\varepsilon_0}\left(\frac{1}{r_A}-\frac{1}{r_B}\right) \tag{2}$$

上式表明,均匀带电球面外任意两点间的电势差,与球面上电荷全部集中于球心时该两点的电势差是一样的.

(2) 由第 9-4 节的例 2 已知,均匀带电球面内任意点的电场强度为

$$\boldsymbol{E}=0 \tag{3}$$

故由式(9-22)可得,如图 9-31(b)所示的球面内 A、B 两点间的电势差为

$$V_A-V_B=\int_{r_A}^{r_B}\boldsymbol{E}\cdot \mathrm{d}\boldsymbol{r}=0 \tag{4}$$

上式表明,带电球面内各处的电势均相等,球面为一等势面.至于这个等电势的值,下面将给出.

(3) 若取 $r_B \to \infty$ 时，$V_\infty = 0$，则由式(2)可得，均匀带电球面外任意点的电势为

$$V(r)=\frac{Q}{4\pi\varepsilon_0 r}\quad (r\geqslant R) \tag{5}$$

上式表明，均匀带电球面外任意点的电势，与球面上电荷全部集中于球心时的电势是一样的.

(4) 由于带电球面为一等势面，所以球面内各处的电势与球面上的电势相等. 由式(5)可得球面上的电势为

$$V(R)=\frac{Q}{4\pi\varepsilon_0 R}$$

则球面内任意点的电势 V_{in} 为

$$V_{in}=V(R)=\frac{Q}{4\pi\varepsilon_0 R} \tag{6}$$

由式(5)和式(6)可得均匀带电球面内、外的电势分布曲线，如图 9-32 所示.

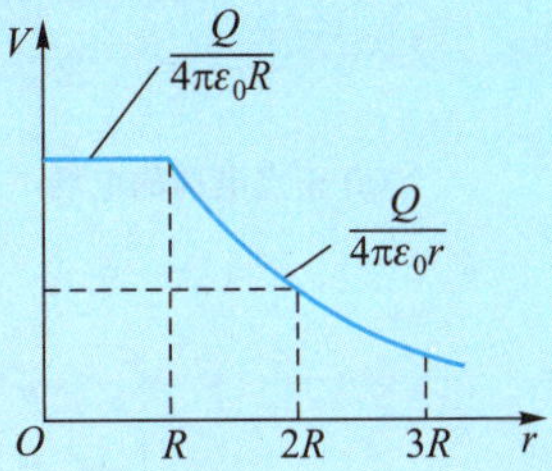

图 9-32

9-7 电场强度与电势的微分关系

一、等势面

前面，我们曾用电场线来形象地描绘电场中电场强度的分布. 这里，我们将用等势面来形象地描绘电场中电势的分布，并指出两者之间的联系.

电场中电势相等的点所构成的面，叫做等势面. 在电场中，电荷 q 沿等势面运动时，电场力对电荷不做功，即 $q\boldsymbol{E}\cdot \mathrm{d}\boldsymbol{l}=0$. 由于 q、$\boldsymbol{E}$ 和 $\mathrm{d}\boldsymbol{l}$ 均不为零，所以上式成立的条件是：电场强度 $\boldsymbol{E}$ 必须与 $\mathrm{d}\boldsymbol{l}$ 垂直，即某点的电场强度与通过该点的等势面垂直.

前面曾用电场线的疏密程度来表示电场的强弱，这里我们也可以用等势面的疏密程度来表示电场的强弱. 为此，我们对等势面的疏密作这样的规定：电场中任意两个相邻等势面之间的电势差都相等. 根据这样的规定，图 9-33 示出了一些典型电场的等势面和电场线的图形. 图中实线代表电场线，虚线代表等势面. 从图中可以看出，等势面越密的地方，电场强度也越大，这一点将在下面证明.

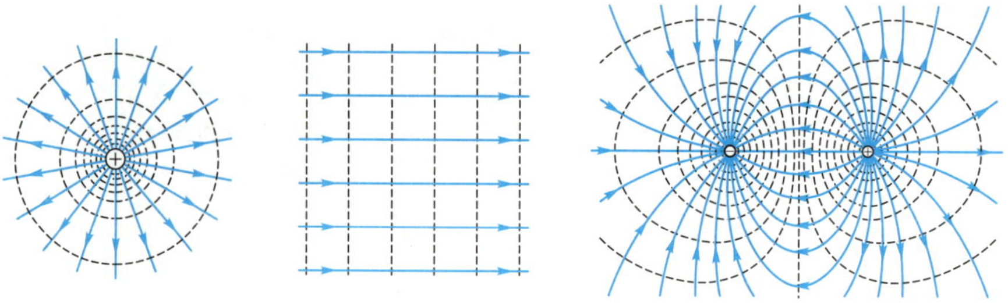

(a) 正点电荷的电场　　(b) 均匀电场　　(c) 两个等量异号点电荷的电场

图 9-33　电场线与等势面

在实用中,由于电势差易于测量,所以我们常常是先测出电场中等电势的各点,并把这些点连起来,画出电场的等势面,再根据某点的电场强度与通过该点的等势面相垂直的特点而画出电场线,从而对电场有较全面的定性的直观了解.

*二、电场强度与电势的微分关系

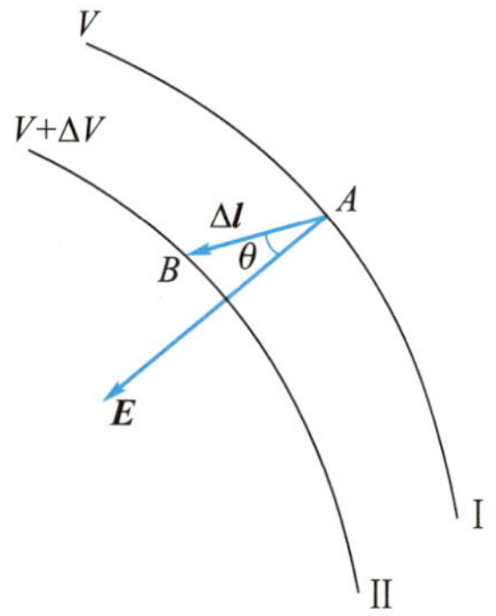

图 9-34　**E** 和 V 的关系

如图 9-34 所示,设想在静电场中有两个靠得很近的等势面 Ⅰ 和 Ⅱ,它们的电势分别为 V 和 $V+\Delta V$.在两等势面上分别取点 A 和点 B,这两点非常靠近,间距为 Δl,因此它们之间的电场强度 $\boldsymbol{E}$ 可以认为是不变的.设 $\Delta \boldsymbol{l}$ 与 $\boldsymbol{E}$ 之间的夹角为 θ,则将单位正电荷由点 A 移至点 B,由式(9-22)得电场力所做的功为

$$-(V_B-V_A)=\boldsymbol{E}\cdot\Delta\boldsymbol{l}=E\Delta l\cos\theta$$

因为 $-(V_B-V_A)=-\Delta V$,电场强度 $\boldsymbol{E}$ 在 $\Delta \boldsymbol{l}$ 上的分量为 $E\cos\theta=E_l$,所以有

$$-\Delta V=E_l\Delta l$$

或

$$E_l=-\frac{\Delta V}{\Delta l} \qquad (9-27)$$

式中 $\Delta V/\Delta l$ 为沿 $\Delta \boldsymbol{l}$ 方向的电势的变化率.式中的负号表明,当 $\Delta V/\Delta l<0$ 时,$E_l>0$,即沿着电场强度的方向,电势由高到低;逆着电场强度的方向,电势由低到高.还应指出,根据式(9-27),电场强度的单位也常用伏特每米($V\cdot m^{-1}$)表示.

从式(9-27)可以看出,在等势面差值 ΔV 一定的情况下,等势面密集处的电场强度大,等势面稀疏处的电场强度小.因此,从等势面的分布可以定性地看出电场的强弱分布情况.

若把 Δl 取得极小,则 $\Delta V/\Delta l$ 的极限值可写作

$$\lim_{\Delta l\to 0}\frac{\Delta V}{\Delta l}=\frac{\mathrm{d}V}{\mathrm{d}l}$$

于是，式(9-27)可写为

$$E_l=-\frac{\mathrm{d}V}{\mathrm{d}l} \tag{9-28}$$

$\mathrm{d}V/\mathrm{d}l$ 是沿 $\boldsymbol{l}$ 方向的电势的变化率.式(9-28)表明，电场中某一点的电场强度沿任一方向的分量，等于沿该方向的电势变化率的负值.这就是电场强度与电势的微分关系.

应当指出，电势 V 是标量，与矢量 $\boldsymbol{E}$ 相比，V 比较容易计算，因此在实际计算时，常是先计算电势 V，然后再用式(9-28)来求出电场强度 $\boldsymbol{E}$.

例

用电场强度与电势的微分关系，求均匀带电细圆环轴线上一点的电场强度.

解 在第 9-6 节的例 1 中，我们已求得 x 轴上点 P 的电势为

$$V=\frac{1}{4\pi\varepsilon_0}\frac{q}{(x^2+R^2)^{1/2}}$$

式中 R 为细圆环的半径.由式(9-28)可得点 P 的电场强度为

$$E=E_x=-\frac{\mathrm{d}V}{\mathrm{d}x}=-\frac{\mathrm{d}}{\mathrm{d}x}\left[\frac{1}{4\pi\varepsilon_0}\frac{q}{(x^2+R^2)^{1/2}}\right]$$

$$=\frac{1}{4\pi\varepsilon_0}\frac{qx}{(x^2+R^2)^{3/2}}$$

这个结果虽与第 9-3 节的例 2 的计算结果相同，但计算过程要简便得多.

复习自测题

问题

9-1 请比较库仑定律和万有引力定律，它们有哪些相似之处，又有哪些不同之处？假想地球绕太阳的运动是靠库仑力维持的，且地球与太阳所带电荷大小相等，符号相反，那么该电荷的值是多少？

9-2 设电荷均匀分布在一空心的球面上，若把另一点电荷放在球心上，则这个电荷能处于平衡状态吗？若把它放在偏离球心的位置上，则又将如何呢？

9-3 在电场中某一点的电场强度定义为 $\boldsymbol{E}=\dfrac{\boldsymbol{F}}{q_0}$. 若该点没有试验电荷，则该点的电场强度又如何？为什么？

9-4 我们分别介绍了静电场的库仑力的叠加原理和电场强度的叠加原理，这两个叠加原理是彼此独

立没有联系的吗？

9-5 有两个相距为 r 的同号点电荷 q 和 $2q$，在它们激发的电场中，电场强度 $\boldsymbol{E}=0$ 的场点在何处？若上述两点电荷为异号电荷 $+q$ 和 $-2q$，则 $\boldsymbol{E}=0$ 的点又在何处？

9-6 电场线能相交吗？为什么？

9-7 如果穿过一曲面的电场强度通量 $\Phi_e=0$，那么，能否说此曲面上每一点的电场强度 $\boldsymbol{E}$ 也必为零呢？

9-8 若穿过一闭合曲面的电场强度通量不为零，则在此闭合曲面上每一点的电场强度是否一定都不为零？

9-9 一点电荷放在球形高斯面的球心处．试讨论下列情形中电场强度通量的变化情况：(1) 此球形高斯面被一与它相切的正方体表面所代替；(2) 点电荷离开球心，但仍在球内；(3) 另一个电荷放在球面外；(4) 另一个电荷放在球面内．

9-10 高斯定理 $\oint_S \boldsymbol{E}\cdot \mathrm{d}\boldsymbol{S}=\sum q/\varepsilon_0$ 中的 $\boldsymbol{E}$ 是由下述情况中哪些电荷所激发的？(1) 高斯面内的电荷；(2) 高斯面外的电荷；(3) 高斯面内外的所有电荷．试解释之．

9-11 在高斯定理 $\oint_S \boldsymbol{E}\cdot \mathrm{d}\boldsymbol{S}=\sum q/\varepsilon_0$ 中，$\sum q$ 是下列情况中的哪种？(1) 高斯面内的电荷；(2) 高斯面外的电荷；(3) 高斯面内外的所有电荷．

9-12 下列几个带电体能否用高斯定理来计算电场强度？为什么？作为近似计算，应如何考虑呢？(1) 电偶极子；(2) 长为 l 的均匀带电直线；(3) 半径为 R 的均匀带电圆盘．

9-13 电荷 q 从电场中的点 A 移到点 B，若使点 B 的电势比点 A 的电势低，而电荷在点 B 的电势能又比在点 A 的电势能大，这可能吗？试说明之．

9-14 当我们认为地球的电势为零时，是否意味着地球没有净电荷呢？

9-15 在雷雨季节，两带正、负电荷的云团间的电势差可达 10^{10} V，在它们之间产生的闪电可通过 30 C的电荷．请问在此过程中闪电所消耗的电能相当于 10 kW 发电机在多长时间里发出的电能？

9-16 已知“无限长”带电直线的电场强度为 $E(r)=\dfrac{1}{2\pi\varepsilon_0}\dfrac{\lambda}{r}$．我们能否利用

$$V_A=\int_{A\infty}\boldsymbol{E}\cdot \mathrm{d}\boldsymbol{l}+V_\infty$$

并使无限远处的电势为零（$V_\infty=0$），来计算“无限长”带电直线附近点 A 的电势？

9-17 在电场中，电场强度为零的点，电势是否一定为零？电势为零的点，电场强度是否一定为零？试举例说明．

9-18 在电场中，若有两点的电势差为零，在两点间选一路径，则在这路径上，电场强度也处处为零吗？试说明之．

9-19 两等势面能相交吗？

习题

9-1 电荷面密度均为 σ 的两块“无限大”均匀带电的平行平板如图(a)所示放置，其周围空间各点的电场强度 $\boldsymbol{E}$（设电场强度方向向右为正、向左为负）随位置坐标 x 变化的关系曲线为图(b)中的(　　)．

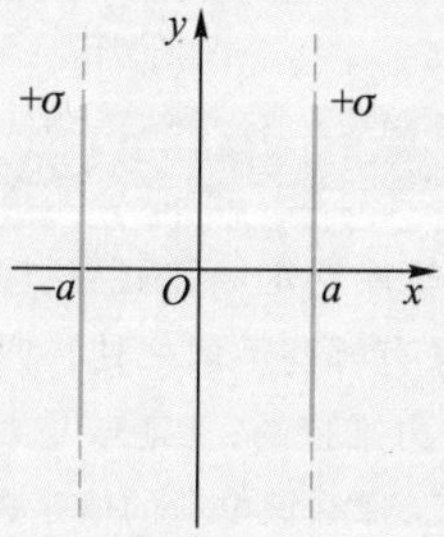

(a)

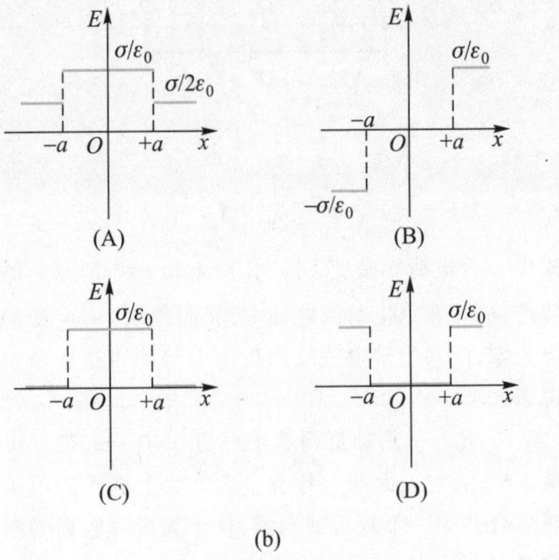

习题 9-1 图

9-2　下列说法正确的是(　　).

(A) 闭合曲面上各点的电场强度都为零时,曲面内一定没有电荷

(B) 闭合曲面上各点的电场强度都为零时,曲面内电荷的代数和必定为零

(C) 闭合曲面的电场强度通量为零时,曲面上各点的电场强度必定为零

(D) 闭合曲面的电场强度通量不为零时,曲面上任意一点的电场强度都不可能为零

9-3　下列说法正确的是(　　).

(A) 电场强度为零的点,电势也一定为零

(B) 电场强度不为零的点,电势也一定不为零

(C) 电势为零的点,电场强度也一定为零

(D) 电势在某一区域内为常量,则电场强度在该区域内必定为零

9-4　在一个带负电的带电棒附近有一个电偶极子,其电偶极矩 $\boldsymbol{p}$ 的方向如图所示.当电偶极子被释放后,该电偶极子将(　　).

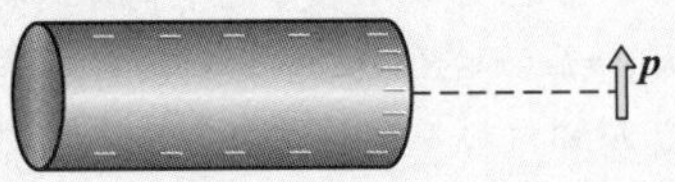

习题 9-4 图

(A) 沿逆时针方向旋转至电偶极矩 $\boldsymbol{p}$ 水平指向棒尖端而停止

(B) 沿逆时针方向旋转至电偶极矩 $\boldsymbol{p}$ 水平指向棒尖端,同时沿电场线方向朝着棒尖端移动

(C) 沿逆时针方向旋转至电偶极矩 $\boldsymbol{p}$ 水平指向棒尖端,同时逆电场线方向远离棒尖端移动

(D) 沿顺时针方向旋转至电偶极矩 $\boldsymbol{p}$ 水平方向沿棒尖端朝外,同时沿电场线方向朝着棒尖端移动

9-5　精密实验表明,电子和质子的电荷绝对值与元电荷差值的范围不会超过 $\pm10^{-21}e$,而中子电荷与零差值的范围也不会超过 $\pm10^{-21}e$.从最极端的情况考虑,一个由 8 个电子、8 个质子和 8 个中子构成的氧原子所带的最大可能净电荷是多少?若将原子视作质点,试比较两个氧原子间的库仑力和万有引力的大小.

9-6　1964 年,盖耳曼等人提出粒子是由更基本的夸克构成的,中子就是由一个带 $2e/3$ 的上夸克和两个带 $-e/3$ 的下夸克构成的.若将夸克作为经典粒子处理(夸克线度约为 10^{-20} m),中子内的两个下夸克之间相距 2.60×10^{-15} m,求它们之间的相互作用力.

9-7　点电荷分布如图所示,试求点 P 处的电场强度.

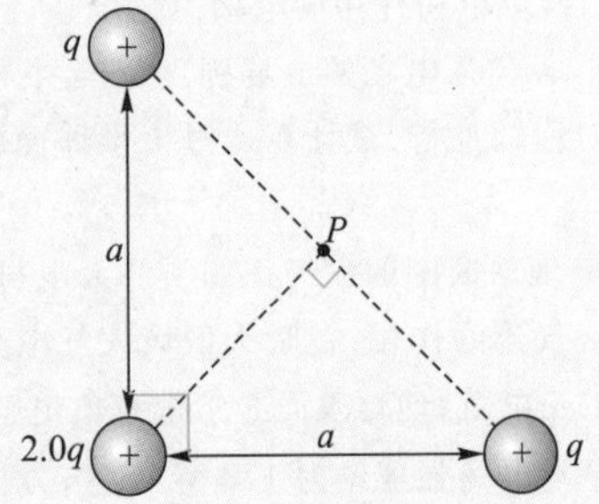

习题 9-7 图

9-8　水分子(H_2O)中氧原子和氢原子的等效电荷中心如图所示.假设氧原子和氢原子的等效电荷中心间距为 r_0,试计算在分子的对称轴线上,距分子较远处的电场强度.

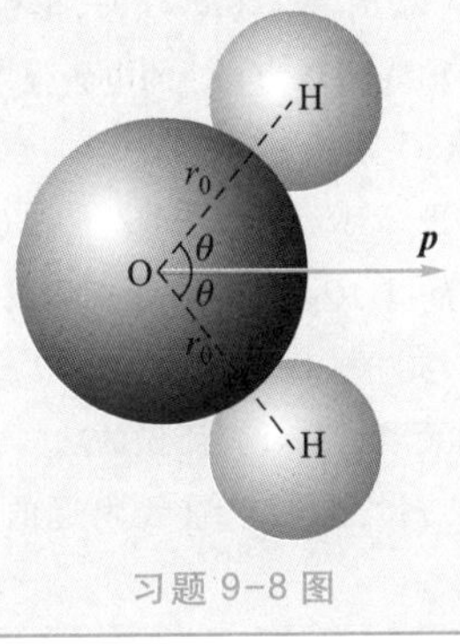

习题 9-8 图

9-9 若电荷 Q 均匀地分布在长为 L 的细棒上，求证：(1) 在棒的延长线，且与棒中心距离为 r 处的电场强度为

$$E=\frac{1}{\pi\varepsilon_0}\frac{Q}{4r^2-L^2}$$

(2) 在棒的垂直平分线上，且与棒距离为 r 处的电场强度为

$$E=\frac{1}{2\pi\varepsilon_0 r}\frac{Q}{\sqrt{4r^2+L^2}}$$

若棒为无限长(即 $L\to\infty$)，试将结果与“无限长”均匀带电直线的电场强度相比较.

9-10 一半径为 R 的半球壳均匀地带有电荷，电荷面密度为 σ.求球心处电场强度的大小.

9-11 两条“无限长”平行直线相距为 r，均匀带有等量异号电荷，电荷线密度为 λ.(1) 求两直线构成的平面上任意一点的电场强度(设该点到其中一直线的垂直距离为 x)；(2) 求一条直线上单位长度直线受到另一条直线上电荷作用的电场力.

9-12 设匀强电场的电场强度 $\boldsymbol{E}$ 与半径为 R 的半球面的对称轴平行，试计算通过该半球面的电场强度通量.

9-13 地球周围的大气犹如一部大电机，由于雷雨云和大气气流的作用，在晴天区域大气电离层总是带有大量的正电荷，地球表面必然带有负电荷.晴天大气电场的平均电场强度约为 120 $\mathrm{V\cdot m^{-1}}$，方向指向地面.试求地球表面单位面积所带的电荷(以每平方厘米的电子数表示).

9-14 设在半径为 R 的球体内电荷均匀分布，电荷体密度为 ρ.求带电球体内外的电场分布.

9-15 两个带有等量异号电荷的无限长同轴圆柱面，半径分别为 R_1 和 R_2 ($R_1<R_2$)，单位长度所带的电荷为 λ.求与轴线距离为 r 处的电场强度：(1) $r<R_1$，(2) $R_1<r<R_2$，(3) $r>R_2$.

9-16 如图所示，三个点电荷 Q_1、Q_2、Q_3 沿一条直线等间距分布，且 $Q_1=Q_3=Q$.已知其中任意一个点电荷所受合力均为零，求在固定 Q_1、Q_3 的情况下，将 Q_2 从点 O 移到无限远处外力所做的功.

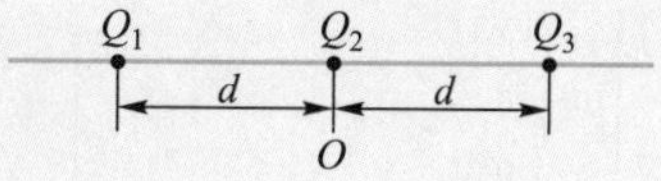

习题 9-16 图

9-17 已知均匀带电直线附近的电场强度近似为

$$\boldsymbol{E}=\frac{\lambda}{2\pi\varepsilon_0 r}\boldsymbol{e}_r$$

式中 λ 为电荷线密度.(1) 求 $r=r_1$ 和 $r=r_2$ 两点间的电势差；(2) 在点电荷的电场中，我们曾取 $r\to\infty$ 处的电势为零，问均匀带电直线附近的电势能否这样取？试说明之.

9-18 一个球形雨滴半径为 0.40 mm，带有电荷量 1.6 pC，它表面的电势有多大？两个这样的雨滴相遇后合并为一个较大的雨滴，这个大雨滴表面的电势又是多大？

9-19 电荷面密度分别为 $+\sigma$ 和 $-\sigma$ 的两块“无限大”均匀带电的平行平板，如图所示放置.取坐标原点 O 为零电势点，求空间各点的电势分布，并画出电势随位置坐标 x 变化的关系曲线.

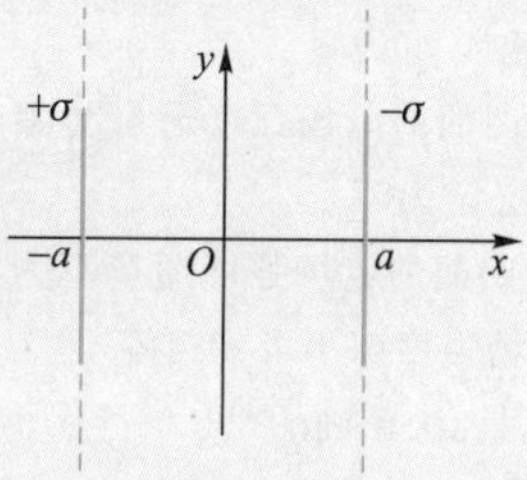

习题 9-19 图

9-20 两个同心球面的半径分别为 R_1 和 R_2，各自带有电荷 Q_1 和 Q_2.(1) 求各区域的电势分布，并画出电势分布曲线；(2) 求两球面的电势差.

9-21 一半径为 R 的“无限长”带电细棒，其内部的电荷均匀分布，电荷体密度为 ρ.现取棒表面为零电势，求空间的电势分布，并画出电势分布曲线.

9-22 设半径为 R 的球体内电荷球对称分布，电荷体密度为 $\rho=kr\,(r\leqslant R)$，式中 k 为常量.试求球体内、外电场强度 $\boldsymbol{E}$ 和电势 V 的分布.

9-23 一个半径为 R，电荷面密度为 $\sigma(r)$ 的带电圆盘，若 $\sigma(r)=kr$ (其中 $k>0$，$0\leqslant r\leqslant R$，r 为离圆盘中心的距离)，求圆盘中心处的电势.

9-24 一圆盘半径为 $R=3.00\times10^{-2}$ m，圆盘均匀带电，电荷面密度为 $\sigma=2.00\times10^{-5}\ \mathrm{C\cdot m^{-2}}$.(1) 求轴线

上的电势分布；(2) 根据电场强度和电势的微分关系求电场分布；(3) 计算离盘心 30.0 cm 处的电势和电场强度.

9-25　两个同长的同轴圆柱面（$R_1=3.00\times10^{-2}$ m，$R_2=0.10$ m），带有等量异号的电荷，两者间的电势差为 450 V.求：(1) 圆柱面单位长度所带的电荷；(2) $r=0.05$ m 处的电场强度.

9-26　轻原子核（如氢及其同位素氘、氚的原子核）结合成为较重原子核的过程叫做核聚变.核聚变可以释放出巨大的能量.例如四个氢原子核（质子）结合成一个氦原子核（α 粒子）时，可以释放出 25.9 MeV 的能量.即

$$4{}_1^1\mathrm{H}\rightarrow{}_2^4\mathrm{He}+2{}_1^0\mathrm{e}+25.9\ \mathrm{MeV}$$

这类聚变反应提供了太阳发光、发热的能源.如果我们能够在地球上实现核聚变，就能获得丰富的廉价清洁能源.但是要实现核聚变难度相当大，只有在极高的温度和压强下，原子热运动的速率非常大时，才能使原子核相碰而结合，故核聚变又称热核反应.试估算：(1) 一个质子（${}_1^1\mathrm{H}$）以怎样的动能（用 eV 表示）才能从很远处到达与另一个质子相接触的距离？(2) 平均热运动动能达到此值时，气体温度有多高（质子的平均半径约为 1.0×10^{-15} m）？

9-27　在一次典型的闪电中，两个放电点间的电势差约为 10^9 V，被迁移的电荷约为30 C.(1) 若释放出来的能量都用来使 0 ℃的冰熔化成 0 ℃的水，则可熔化多少冰？（冰的熔化热 $L=3.34\times10^5\ \mathrm{J\cdot kg^{-1}}$.）(2) 假设每一个家庭 1 年消耗的能量为 3 000 kW · h，则可为多少个家庭提供 1 年的能量消耗？

9-28　已知水分子的电偶极矩为 $p=6.17\times10^{-30}$ C · m，则该水分子在电场强度为 $E=1.0\times10^5\ \mathrm{V\cdot m^{-1}}$ 的电场中所受力矩的最大值是多少？

9-29　电子束焊接机中的电子枪如图所示，K 为阴极，A 为阳极.阴极发射的电子在阴极和阳极间电场加速下聚集成细束，以极高的速率穿过阳极上的小孔，射到被焊接的金属间，使两块金属熔化在一起.已知两极间电压为 $U_{AK}=2.5\times10^4$ V，并设电子从阴极发射时的初速度为零，求：(1) 电子到达被焊接金属时具有的动能；(2) 电子射到金属上时的速度.

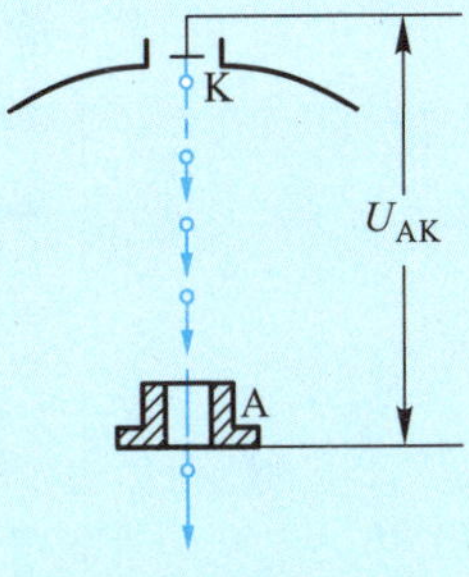

习题 9-29 图

第九章习题答案

第十章　静电场中的导体与电介质

预习自测题

在上一章中，我们讨论了真空中的静电场.实际上，在静电场中总有导体或电介质(也叫绝缘体)存在，而且静电的应用也都要涉及导体和电介质对电场的影响.

本章主要内容有：导体的静电平衡条件，静电场中导体的电学性质，电介质的极化现象和相对电容率 ε_r 的物理意义，有电介质时的高斯定理，电容器及其连接，电场的能量等，最后还将介绍静电的一些应用.由此可以看到，本章所讨论的问题，不仅在理论上有重大意义，使我们对静电场的认识更加深入，而且在应用上也有重大意义.

10-1　静电场中的导体

一、静电平衡条件

金属导体由大量带负电的自由电子和带正电的晶格构成.当金属导体不带电或者不受外电场影响时，导体中的自由电子只作微观的无规则热运动，而没有宏观的定向运动.若把金属导体放在外电场中，导体中的自由电子在作无规则热运动的同时，还将在电场力作用下作宏观定向运动，从而使导体中的电荷重新分布.这个现象叫做静电感应现象.在电场中，导体电荷重新分布的过程一直延续到导体内部的电场强度等于零，即 $\boldsymbol{E}=0$ 时为止.这时，导体内没有电荷作定向运动，导体处于静电平衡状态.

在静电平衡时，不仅导体内部没有电荷作定向运动，导体表面也没有电荷作定向运动，这就要求导体表面电场强度的方向应与表面垂直.若导体表面处电场强度的方向与导体表面不垂直，则电场强度沿表面将有切向分量，自由电子受到与该切向分量相应的电场力的作用，将沿表面运动，这样就不是静电平衡状态了.所以，当导体处于静电平衡状态时，必须满足以下两个条件：

(1) 导体内部任意一点处的电场强度为零；

(2) 导体表面处电场强度的方向，都与导体表面垂直.

导体的静电平衡条件也可以用电势来表述.由于在静电平衡时，导体内部的电场强度为零，所以，若在导体内取任意两点 A 和 B，则这两点间的电势差 U 为零，即

$$U=\int_{AB}\boldsymbol{E}\cdot\mathrm{d}\boldsymbol{l}=0$$

这表明，在静电平衡时，导体内任意两点的电势是相等的.至于导体的表面，由于在静电平衡时，导体表面的电场强度 $\boldsymbol{E}$ 与表面垂直，电场强度沿表面的分量，即 $\boldsymbol{E}$ 的切向分量 E_t 为零，所以导体表面上任意两点间的电势差亦应为零.故在静电平衡时，导体表面为一等势面.不言而喻，在导体静电平衡时，导体内部与导体表面的电势是相等的，否则就仍会发生电荷的定向运动.总之，当导体处于静电平衡时，导体上的电势处处相等，导体为一等势体.

游戏：静电感应

二、静电平衡时导体上电荷的分布

在静电平衡时，带电导体的电荷分布可运用高斯定理来进行讨论.如图10-1所示，有一带电导体处于静电平衡状态.由于在静电平衡时，导体内的 $\boldsymbol{E}$ 为零，所以通过导体内任意高斯面的电场强度通量亦必为零，即

$$\oint_S\boldsymbol{E}\cdot\mathrm{d}\boldsymbol{S}=0$$

于是根据高斯定理，此高斯面内所包围的电荷的代数和必然为零.因为高斯面是任意作出的，所以可得到如下结论：在静电平衡时，导体所带的电荷只能分布在导体的表面上，导体内没有净电荷.

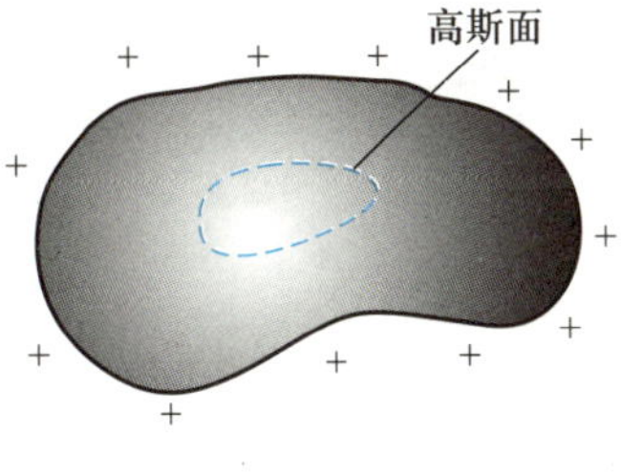

图 10-1 带电导体的电荷分布在导体表面上

如果一空腔导体带有电荷（图 10-2），那么这些电荷在空腔导体的内外表面上如何分布呢？若在导体内取高斯面 S，由于在静电平衡时，导体内的电场强度为零，所以有

$$\oint_S\boldsymbol{E}\cdot\mathrm{d}\boldsymbol{S}=\frac{\sum q_i}{\varepsilon_0}=0$$

这说明在空腔的内表面上没有净电荷.然而在空腔内表面的不同

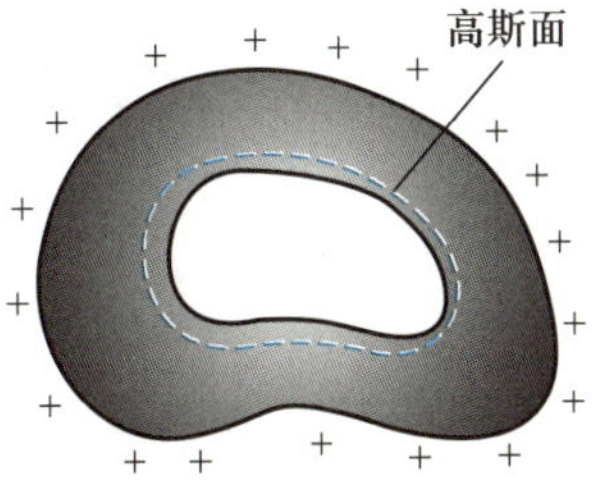

图 10-2 带电空腔导体的电荷只分布在导体外表面上

部位是否有可能出现符号相反的正、负电荷，且同时使内表面上的净电荷为零呢？由静电平衡条件可知，空腔内表面不会出现任何形式的分布电荷．电荷只能全部分布在空腔导体的外表面上．请读者试用静电平衡条件给予说明．

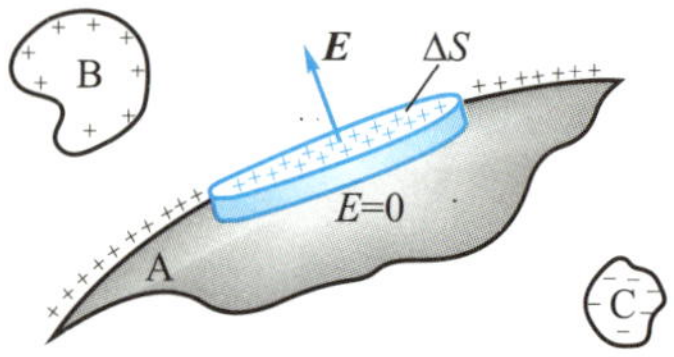

图 10-3　带电导体表面邻近处的电场强度与电荷面密度的关系

下面讨论带电导体表面的电荷面密度与其邻近处电场强度的关系．如图 10-3 所示，设空间有 A、B、C 等许多导体处于静电平衡状态．在导体 A 表面上取一圆形面积元 ΔS，当 ΔS 足够小时，ΔS 上的电荷分布可看作是均匀的，其电荷面密度为 σ，于是 ΔS 上的电荷为 $\Delta q=\sigma\Delta S$．以面积元 ΔS 为底面作一如图 10-3 所示的扁圆柱形高斯面，下底面处于导体 A 内部．由于导体内电场强度为零，所以通过下底面的电场强度通量为零；在侧面上，电场强度要么为零，要么方向与侧面的法线垂直，所以通过侧面的电场强度通量也为零；只有在上底面上，电场强度 $\boldsymbol{E}$ 与 ΔS 垂直，所以通过上底面的电场强度通量为 $E\Delta S$，这也就是通过扁圆柱形高斯面的电场强度通量．由于此高斯面包围的电荷为 $\sigma\Delta S$，所以，根据高斯定理有

$$\oint_S \boldsymbol{E}\cdot \mathrm{d}\boldsymbol{S}=E\Delta S=\frac{\sigma\Delta S}{\varepsilon_0}$$

得

$$E=\frac{\sigma}{\varepsilon_0} \tag{10-1}$$

上式表明，带电导体处于静电平衡时，导体表面之外非常邻近表面处的电场强度 $\boldsymbol{E}$，其数值与该处电荷面密度 σ 成正比，其方向与导体表面垂直．当表面带正电时，$\boldsymbol{E}$ 的方向垂直表面向外；当表面带负电时，$\boldsymbol{E}$ 的方向则垂直表面指向导体．

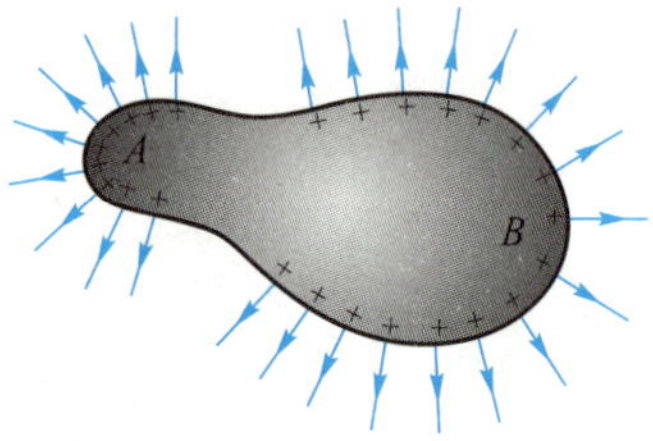

图 10-4　带电导体表面曲率半径较小处附近的电场要强些

式（10-1）只给出导体表面的电荷面密度与表面附近的电场强度之间的关系．至于带电导体达到静电平衡后导体表面的电荷是如何分布的，则是一个复杂问题，定量研究是很困难的，因为导体表面的电荷分布不仅与导体本身的形状有关，而且与导体周围的环境有关．即使对于孤立导体，其表面电荷面密度 σ 与曲率半径 ρ 之间也不存在单一的函数关系．实验表明，如把一定量的电荷放到如图 10-4 所示的非球形导体上，当到达静电平衡时，导体虽为一等势体，导体表面为一等势面，但在点 A 附近，曲率半径较小，其电荷面密度和电场强度的值较大；而在点 B 附近，曲率半径较大，其电荷面密度和电场强度的值较小．图 10-5 给出带有等量异号电荷的一个非球形导体和一块平板导体的电场线图像．从图中可以看出，曲率半径较小的带电导体表面附近，电场线密集，电场较强，尖端附近的电场最强．

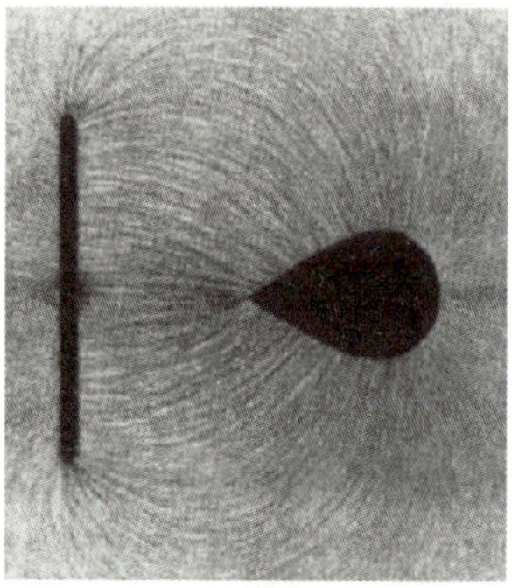

图 10-5　带电导体尖端附近的电场最强

带电尖端附近的电场强度特别大,可使尖端附近的空气发生电离而成为导体.在电场不过分强的情况下,带电尖端经由电离化的空气而放电的过程,是比较平稳地无声息地进行的;但在电场很强的情况下,放电就会以暴烈的火花放电的形式出现,并在短暂的时间内释放出大量的能量.这两种形式的放电现象就是所谓的尖端放电现象.例如,在阴雨潮湿天气时人们常可在高压输电线表面附近看到淡蓝色的辉光(电晕),就是一种平稳的尖端放电现象.

视频:尖端放电

尖端放电会使电能白白损耗,还会干扰精密测量和通信.因此在许多高压电气设备中,所有金属元件都应避免带有尖棱,最好做成球形,并使导体表面尽量光滑而平坦,这都是为了避免尖端放电的产生.然而尖端放电也有很广的用途,在本章第 10-6 节中还将作一点介绍.

三、静电屏蔽

在静电场中,因导体的存在使某些特定的区域不受电场影响的现象称为静电屏蔽.怎样才能实现静电屏蔽呢?在如图 10-6 所示的静电场中,放置一个空腔导体.由前面的讨论可知,在静电平衡时,由静电感应产生的感应电荷只分布在导体的外表面上,导体内和空腔中的电场强度处处为零.这就是说,空腔中的整个区域都将不受外电场的影响.这时空腔导体内部的电势处处相等,其构成一个等势体.

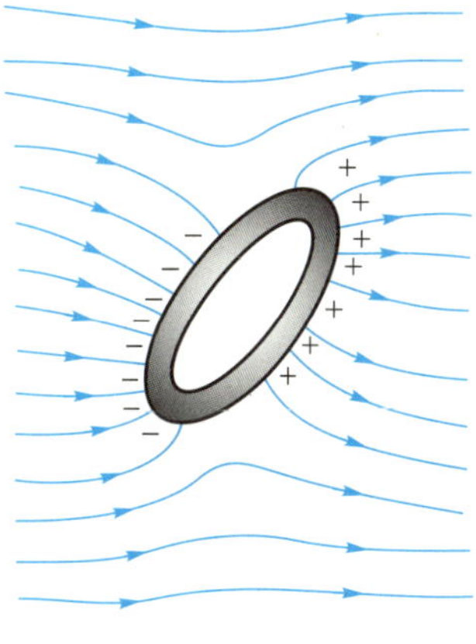

图 10-6 空腔导体屏蔽外电场

此外,我们有时还需要屏蔽电荷激发的电场对外界的影响.这时可采用如图 10-7 所示的办法,在电荷外面放置一个外表面接地的空腔导体.这就使得导体外表面所产生的感应正电荷与从地上来的负电荷中和,从而使空腔导体外表面不带电,这样,接地的空腔导体内的电荷激发的电场对导体外就不会产生任何影响了.

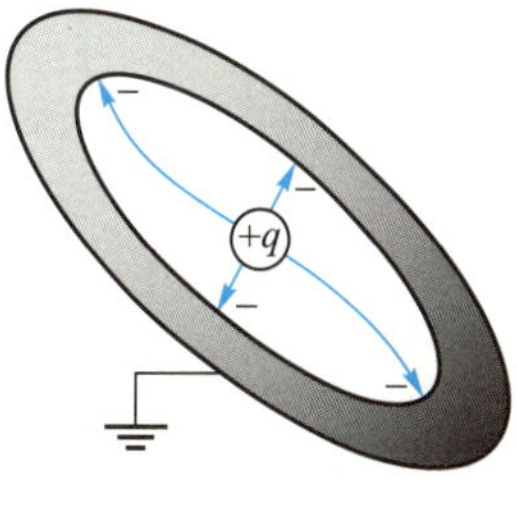

图 10-7 接地空腔导体屏蔽内电场

综上所述,空腔导体(无论接地与否)将使腔内部空间不受外电场的影响,而接地空腔导体将使外部空间不受空腔内的电场的影响.这就是空腔导体的静电屏蔽作用.

在实际工作中,人们常用编织得相当紧密的金属网来代替金属壳体.例如,高压设备周围的金属网,校测电子仪器的金属网屏蔽室都能起到静电屏蔽的作用.

利用静电平衡条件下空腔导体是等势体以及静电屏蔽的原理,人们可在高压输电线路上进行带电维修和检测等工作.我们设想若工作人员没有采取防护措施登上数十米高的铁塔,接近特高压直流输电线(如 800 kV)时,人体通过铁塔与大地相连接,人

检修人员身穿屏蔽服在 800 kV 特高压输电线上检修

视频：点电荷与电中性的金属之间的静电力都是吸引力吗？

体与高压线间有非常大的电势差，因而它们之间存在很强的电场，电场能使人体周围的空气电离而放电，从而危及人身安全.然而，利用空腔导体能屏蔽外电场的原理，工作人员穿上用细铜丝（或导电纤维）和纤维编织成的导电性能良好的工作服（通常也叫屏蔽服、均压服），使之构成一导体网壳.这就相当于把人体置于空腔导体内部，使电场不能深入到人体，从而保证了工作人员的人身安全.即使在工作人员接触电线的瞬间，放电也只在手套与电线之间发生.之后，人体与电线便有了相同的电势，检修人员就可以在不停电的情况下，安全地、自由地在特高压输电线上工作了.此外，若输电线中通过的是交流电，则在输电线周围存在很强的交变电磁场，但这个电磁场所产生的感应电流也只在屏蔽服上流过，从而也能避免感应电流对人体的危害.

10-2 静电场中的电介质

静电场与物质的相互作用，既表现在静电场对物质的影响，也表现在物质对静电场的影响.前一节我们主要讨论了静电场中的导体对电场的影响，这一节我们将着重讨论电介质对静电场的影响.首先我们从实验出发讨论电介质对电场强度的影响，然后再讨论电介质的极化机理、无极分子和有极分子以及极化电荷等概念.

一、电介质对电场的影响 相对电容率

从第九章的图 9-23 已知，面积为 S、相距为 d 的两平行平板各带有等量异号的电荷，若两板间为真空，则两板间的电场强度为 $E_0=\sigma/\varepsilon_0$，此处 σ 为板上的电荷面密度.现若维持两板上的电荷不变，并在两板间充满均匀的电介质，则从实验测得两板间电介质中的电场强度 E 仅是两板间为真空时电场强度 E_0 的 $1/\varepsilon_r$（此处 $\varepsilon_r>1$），即

$$E=\frac{E_0}{\varepsilon_r} \tag{10-2}$$

式中 ε_r 叫做电介质的相对电容率. 相对电容率 ε_r 与真空电容率 ε_0 的乘积叫做电容率① ε，即 $\varepsilon=\varepsilon_0\varepsilon_r$.

二、电介质的极化

从物质的微观结构可知，金属中存在自由电子. 它们在外电场作用下可在金属中作定向运动；而在构成电介质的分子中，电子和原子核结合得非常紧密，电子处于被束缚状态. 因此，在电介质中几乎不存在自由电子（或正离子）. 当把电介质放到外电场中时，电介质中的电子等带电粒子，也只能在电场力作用下作微观的相对位移. 只有在击穿②的情形下，电介质中的一些电子才被解除束缚而作宏观定向运动，使电介质丧失绝缘性. 这就是电介质和导体在电学性能上的主要差别.

电介质可分成两类：有些材料，如氢、甲烷、石蜡、聚苯乙烯等，它们的分子正、负电荷中心在无外电场时是重合的，这种分子叫做无极分子（图 10-8）；有些材料，如水、有机玻璃、纤维素、聚氯乙烯等，即使在外电场不存在时，它们的分子正、负电荷中心也是不重合的，这种分子相当于一个有着固有电偶极矩的电偶极子，叫做有极分子（图 10-9）. 表 10-1 列出几种分子的电偶极矩.

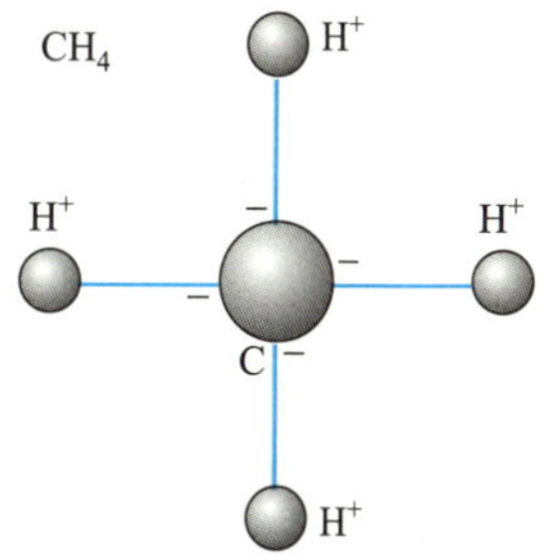

图 10-8 甲烷分子正、负电荷中心重合

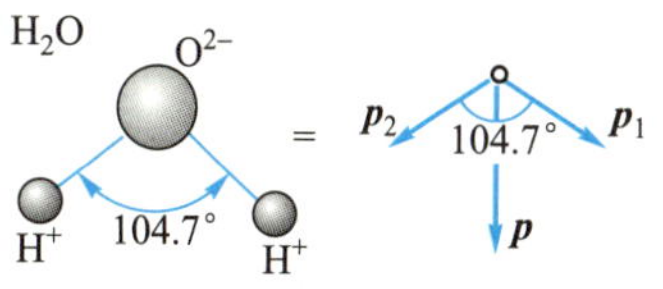

图 10-9 水分子正、负电荷中心不重合，相当于一个电偶极子

表 10-1 几种分子的电偶极矩

分子	电偶极矩/ (10^{-30} C·m)
HCl	3.43
CO	0.40
H_2O	6.20
SO_2	5.30
NH_3	5.0
CO_2, H_2, CCl_4	0

1. 无极分子

如图 10-10(a)、(b) 所示，在外电场 $\boldsymbol{E}$ 的作用下，无极分子中的正、负电荷将偏离原来的位置，正、负电荷中心将产生相对位移 $\boldsymbol{r}_0$，位移的大小与电场强度的大小有关. 这时，每个分子可以看作一个电偶极子[图 10-10(c)]. 电偶极子的电偶极矩 $\boldsymbol{p}$ 的方向和外电场 $\boldsymbol{E}$ 的方向将大体一致[图 10-10(d)]，这种电偶极矩叫做诱导电偶极矩. 这样，在同一种电介质内，如果密度是均匀的，那么任一小体积内所含有的异号电荷数量相等，即电荷体密度仍然保持为零. 但在电介质与外电场垂直的两个表面上却分别出现正电荷和负电荷[图 10-10(e)]. 必须注意，这种正电荷或负电荷是不能用诸如接地之类的导电方法使它们脱离电介质中原子核的束缚而单独存在的，所以我们把它们叫做极化电荷或束缚电荷，以与自由电荷相区别. 在撤去外电场后，无极分子的正、负电

① 按 2019 年全国科学技术名词审定委员会公布的物理学名词，ε、ε_0 和 ε_r 分别又称介电常量、真空介电常量和相对介电常量，这些名称均为不推荐用名.

② 击穿是指在强电场作用下，电介质内部产生破坏性的放电，并出现电阻下降、电流增大的现象.

荷中心一般又将重合而恢复原状，极化现象也随之消失①.

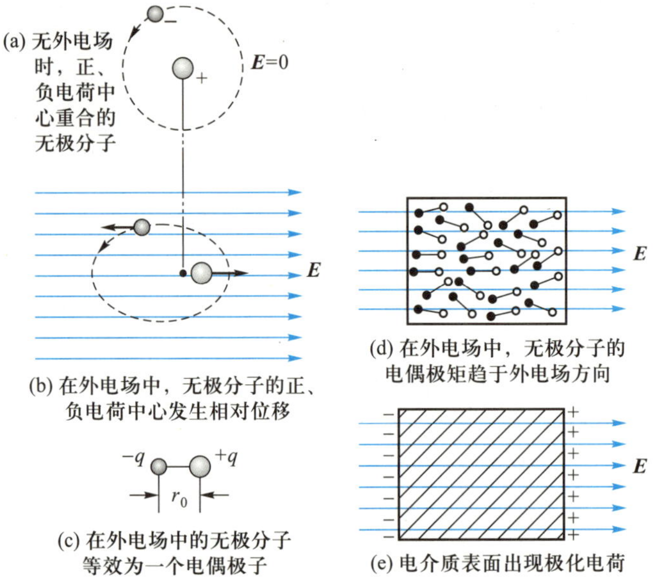
(a) 无外电场时，正、负电荷中心重合的无极分子
E=0
E
(b) 在外电场中，无极分子的正、负电荷中心发生相对位移
−q
+q
r_0
(c) 在外电场中的无极分子等效为一个电偶极子
E
(d) 在外电场中，无极分子的电偶极矩趋于外电场方向
E
(e) 电介质表面出现极化电荷

图 10-10 无极分子电介质的极化

2. 有极分子

对于由有极分子构成的电介质来说，产生极化的过程则与上述无极分子构成的电介质的极化过程有所不同.虽然每个分子都可当作一个电偶极子，并有一定的固有电偶极矩，但在没有外电场的情况下，由于分子的热运动，电介质中各电偶极子的电偶极矩的排列是无序的，所以电介质对外不呈现电性[图 10-11(a)].在有外电场作用的情况下，电偶极子都要受到力矩的作用.在该力矩的作用下，电介质中各电偶极子的电偶极矩将转向外电场的方向[图 10-11(b)].然而，由于分子的热运动，各电偶极矩并不能十分整齐地依照外电场的方向排列起来[图 10-11(c)].尽管如此，对整个电介质来说，如果电介质是均匀的，则在其表面上也还是有极化电荷出现的[图 10-11(d)].当撤去外电场时，由于分子的热运动，这些电偶极子的电偶极矩的排列又将变成无序状态了.

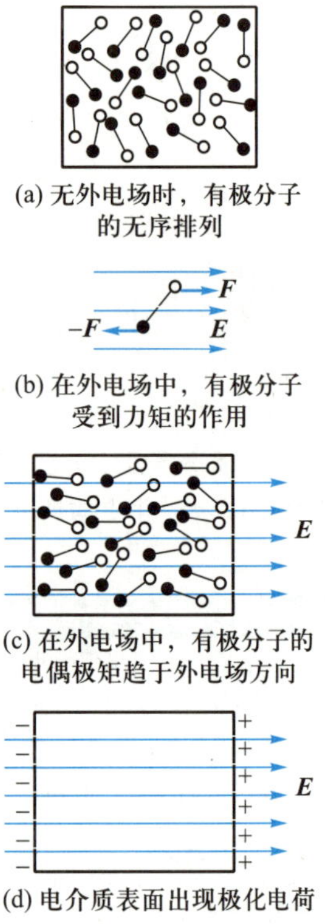
(a) 无外电场时，有极分子的无序排列
F
−F
E
(b) 在外电场中，有极分子受到力矩的作用
E
(c) 在外电场中，有极分子的电偶极矩趋于外电场方向
E
(d) 电介质表面出现极化电荷

图 10-11 有极分子电介质的极化

综上所述，在静电场中，虽然不同电介质极化的微观机理不尽相同，但是在宏观上，都表现为在电介质表面上出现极化面电荷.这种在外电场作用下，电介质表面产生极化电荷的现象，叫做

① 有些材料(如有机薄膜)在撤去外电场后，极化仍有保留，这些材料称为驻极体，可参阅马文蔚等主编《物理学原理在工程技术中的应用》(第四版)之“驻极体传声器”(高等教育出版社，2015 年).

驻极体传声器

电介质的极化现象.但是,对不均匀电介质来说,不仅在表面会出现极化面电荷,而且在内部还会出现极化体电荷.因此,在一般情况下,只要我们不去更深入地讨论电介质的极化机理,就不需要把这两类电介质分开讨论.

3. 电晕现象①

前文提到,在潮湿或阴雨天的日子里,高压输电线(如 220 kV、550 kV 等)附近,我们常可看到有淡蓝色辉光的放电现象,这称为电晕现象.关于电晕现象的产生可作如下定性解释.阴雨天气的大气中存在着较多的水分子,水分子是具有固有电偶极矩的有极分子.此外,由第 9-4 节的例 3 可知,长直输电线附近的电场是非均匀电场.水分子在此非均匀电场的作用下,一方面要使其固有电偶极矩转向外电场方向,同时还要向输电线移动,从而凝聚在输电线的表面上形成细小的水滴.由于重力和电场力的共同作用,水滴的形状会变长并出现尖端.而带电水滴的尖端附近的电场强度特别大,可使大气中的气体分子电离,以致形成放电现象.这就是在阴雨天我们常看到高压输电线附近有淡蓝色辉光,即电晕现象的原因.

此外,值得一提的是,微波炉加热食品的原理与食品中的水分子密切相关.

文档:微波炉的加热原理

三、电介质中的电场强度 极化电荷与自由电荷的关系

上面已经指出,电介质极化后会产生极化电荷.显然,这对原来的电场要产生影响.如图 10-12 所示,在极板面积为 S,板间相距为 d 的两平行平板之间,放入均匀电介质,两极板上自由电荷面密度分别为 $\pm\sigma_0$.在放入电介质以前,自由电荷在极板间激发的电场强度 $\boldsymbol{E}_0$ 的值为 $E_0=\sigma_0/\varepsilon_0$.当两极板间充满电介质后,若两极板上的 $\pm\sigma_0$ 保持不变,则电介质由于极化,就在它的两个垂直于 $\boldsymbol{E}_0$ 的表面上分别出现正、负极化电荷,其电荷面密度为 σ'.极化电荷建立的电场强度 $\boldsymbol{E}'$ 的值为 $E'=\sigma'/\varepsilon_0$.从图中可以看出,电介质

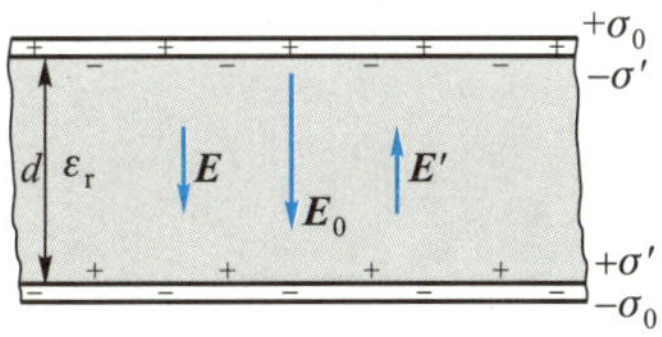

图 10-12 电介质中的电场强度 $\boldsymbol{E}$ 是自由电荷电场强度 $\boldsymbol{E}_0$ 与极化电荷电场强度 $\boldsymbol{E}'$ 的叠加

① 可参阅马文蔚等主编《物理学原理在工程技术中的应用》(第四版)之“高压输电线的电晕放电”(高等教育出版社,2015 年).

高压输电线的电晕放电

中的电场强度 $\boldsymbol{E}$ 应为

$$\boldsymbol{E}=\boldsymbol{E}_0+\boldsymbol{E}'$$

考虑到 $\boldsymbol{E}'$ 的方向与 $\boldsymbol{E}_0$ 的方向相反，以及 E 与 E_0 的关系式（10-2），可得电介质中电场强度 $\boldsymbol{E}$ 的值为

$$E=E_0-E'=\frac{E_0}{\varepsilon_r}$$

有

$$E'=\frac{\varepsilon_r-1}{\varepsilon_r}E_0 \tag{10-3}$$

从而可得

$$\sigma'=\frac{\varepsilon_r-1}{\varepsilon_r}\sigma_0 \tag{10-4a}$$

由于 $Q_0=\sigma_0 S, Q'=\sigma' S$，故上式亦可写成

$$Q'=\frac{\varepsilon_r-1}{\varepsilon_r}Q_0 \tag{10-4b}$$

因为电介质的 ε_r 是大于 1 的，所以由式（10-4a）可知，σ' 总比 σ_0 要小.

由于 $\sigma_0=\varepsilon_0 E_0$ 和 $E=E_0/\varepsilon_r$，式（10-4a）可写成

$$\sigma'=(\varepsilon_r-1)\varepsilon_0 E \tag{10-5}$$

顺便指出，上面讨论的是电介质在静电场中极化的情形. 在交变电场中，情形就有些不同. 以有极分子为例，由于电偶极子的转向需要时间，在外电场变化频率较低时，电偶极子还来得及跟上电场的变化而不断转向，故 ε_r 的值和在恒定电场下的值相比差别不大. 但当频率大到某一程度时，电偶极子就来不及跟随电场方向的改变而转向，这时相对电容率 ε_r 就要减小. 因此在高频条件下，电介质的相对电容率 ε_r 是与外电场的频率 f 有关的.

10-3 电位移 有电介质时的高斯定理

上一章我们只研究了真空中静电场的高斯定理. 当静电场中有电介质时，在高斯面内不仅会有自由电荷，而且还会有极化电

荷.这时,高斯定理应有些什么变化呢?

我们仍以两平行带电平板中充满电介质为例来进行讨论.在如图 10-13 所示的情形中,取一闭合的正柱面作为高斯面,高斯面的两端面与极板平行,其中一个端面在电介质内,端面的面积为 S.设极板上的自由电荷面密度为 σ_0,电介质表面上的极化电荷面密度为 σ'.对此高斯面,由高斯定理得

$$\oint_S \boldsymbol{E}\cdot \mathrm{d}\boldsymbol{S}=\frac{1}{\varepsilon_0}(Q_0-Q') \tag{10-6}$$

式中 $Q_0=\sigma_0 S$ 和 $Q'=\sigma' S$.我们不希望在式(10-6)中出现极化电荷,由式(10-4b)可知 $Q_0-Q'=Q_0/\varepsilon_r$,把它代入上式得

$$\oint_S \boldsymbol{E}\cdot \mathrm{d}\boldsymbol{S}=\frac{Q_0}{\varepsilon_0\varepsilon_r}$$

或

$$\oint_S \varepsilon_0\varepsilon_r \boldsymbol{E}\cdot \mathrm{d}\boldsymbol{S}=Q_0 \tag{10-7a}$$

现在不妨令

$$\boldsymbol{D}=\varepsilon_0\varepsilon_r\boldsymbol{E}=\varepsilon\boldsymbol{E} \tag{10-8}$$

式中 $\varepsilon_0\varepsilon_r=\varepsilon$,为电介质的电容率.那么式(10-7a)可写成

$$\oint_S \boldsymbol{D}\cdot \mathrm{d}\boldsymbol{S}=Q_0 \tag{10-7b}$$

式中 $\boldsymbol{D}$ 称为电位移,它的单位为 $\mathrm{C\cdot m^{-2}}$.而 $\oint_S \boldsymbol{D}\cdot \mathrm{d}\boldsymbol{S}$ 是通过任意闭合曲面 S 的电位移通量.

式(10-7b)虽是从两平行带电平板间充有电介质这一情形得出的,但可以证明在一般情况下它也是正确的.因此,有电介质时的高斯定理可叙述为:在静电场中,通过任意闭合曲面的电位移通量等于该闭合曲面内所包围的自由电荷的代数和,其数学表达式为

$$\oint_S \boldsymbol{D}\cdot \mathrm{d}\boldsymbol{S}=\sum_{i=1}^{n} Q_{0i} \tag{10-9}$$

由上式可见,通过闭合曲面的电位移通量只和闭合曲面内的自由电荷有关.

在电场中放入电介质以后,电介质中电场强度的分布既和自由电荷分布有关,又和极化电荷分布有关,而极化电荷分布常是很复杂的.现在引入电位移这一物理量后,有电介质时的高斯定

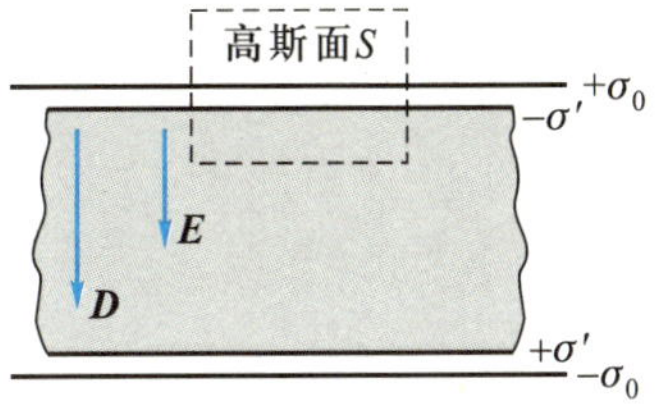

图 10-13 有电介质时的高斯定理

理的数学表达式(10-9)中只有自由电荷一项,因此用式(10-9)来处理电介质中电场的问题就比较简单.但要注意,从表述有电介质时的电场规律来说,$\boldsymbol{D}$ 只是一个辅助矢量.在我们的教学范围内,描述电场基本性质的物理量仍是电场强度 $\boldsymbol{E}$ 和电势 V.若把一试验电荷 q_0放到电场中去,则决定它受力的是电场强度 $\boldsymbol{E}$,而不是电位移 $\boldsymbol{D}$.

例

图 10-14 所示由半径为 R_1的长直圆柱导体和同轴的半径为 R_2的薄圆筒导体组成,在长直圆柱与薄圆筒之间充以相对电容率为 ε_r的电介质.设长直圆柱和薄圆筒沿轴线方向的电荷线密度分别为$+\lambda$ 和$-\lambda$.求:(1) 电介质中的电场强度和电位移;(2) 电介质内、外表面的极化电荷面密度.

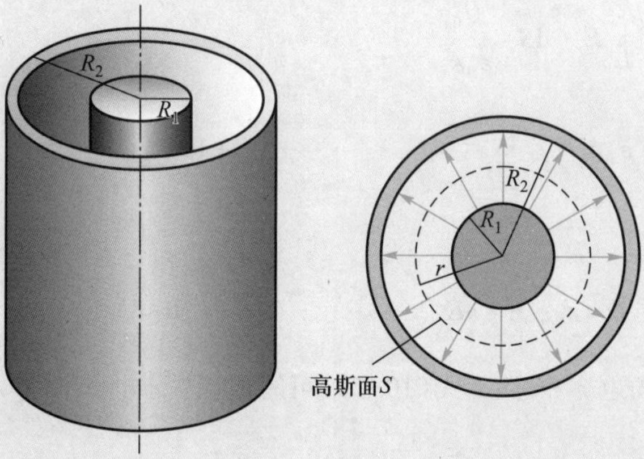

图 10-14

解 (1) 由于电荷分布是均匀对称的,所以电介质中的电场也是柱对称的,电场强度的方向沿柱面的径矢方向.作一与圆柱体同轴的柱形高斯面,其半径为 $r(R_1<r<R_2)$,长为 l.因为电介质中的电位移 $\boldsymbol{D}$ 与柱形高斯面的两底面的法线垂直,所以通过两底面的电位移通量为零.根据有电介质时的高斯定理,有

$$\oint_S \boldsymbol{D}\cdot \mathrm{d}\boldsymbol{S}=\lambda l$$

即

$$D\cdot 2\pi rl=\lambda l$$

则电位移为

$$D=\frac{\lambda}{2\pi r}$$

由 $E=D/\varepsilon_0\varepsilon_r$得,电介质中的电场强度为

$$E=\frac{\lambda}{2\pi\varepsilon_0\varepsilon_r r}\quad (R_1<r<R_2)\qquad (1)$$

(2) 由式(1)可知,电介质两表面处的电场强度分别为

$$E_1=\frac{\lambda}{2\pi\varepsilon_0\varepsilon_r R_1}\quad (r=R_1)$$

和

$$E_2=\frac{\lambda}{2\pi\varepsilon_0\varepsilon_r R_2}\quad (r=R_2)$$

所以由式(10-5)可得,电介质两表面的极化电荷面密度的绝对值分别为

$$\sigma_1'=(\varepsilon_r-1)\varepsilon_0 E_1=(\varepsilon_r-1)\frac{\lambda}{2\pi\varepsilon_r R_1}$$

$$\sigma_2'=(\varepsilon_r-1)\varepsilon_0 E_2=(\varepsilon_r-1)\frac{\lambda}{2\pi\varepsilon_r R_2}$$

10-4 电容

一、电容器 电容

如图 10-15 所示，我们通常把两个能够带有等值异号电荷的导体所组成的系统，叫做电容器. 导体称为极板或电极. 当两极板 A、B 之间的电势差为 U 时，两极板所带的电荷分别为 $+Q$ 和 $-Q$. 电容器极板上电荷 Q 与两极板间的电势差 U 的比值，定义为电容器的电容 C，即

$$C=\frac{Q}{U} \tag{10-10}$$

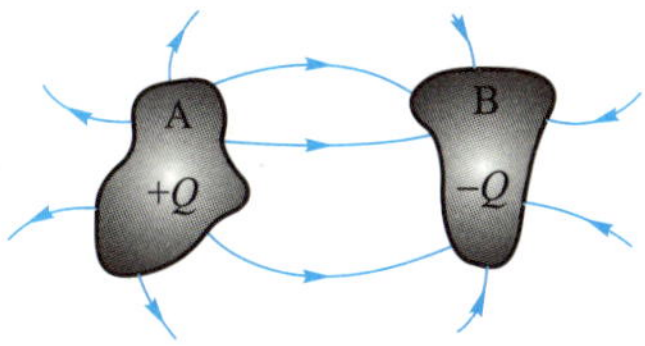

图 10-15 电容器

在国际单位制中，电容的单位名称是法拉，符号为 F. 在实际应用中，常用微法（μF）、皮法（pF）等作为电容的单位，$1\ \mathrm{F}=10^6\ \mu\mathrm{F}=10^{12}\ \mathrm{pF}$.

根据不同需要，电容器的形状以及电容器内所填充的电介质也不同. 表10-2列出了一些常见电介质的相对电容率. 从表中可以看出，除空气的相对电容率近似等于 1 外，其他电介质的相对电容率均大于 1. 像乙烯、丙烯等材料，其柔软性好，可卷成体积不大的圆柱形，因此它们是制造一般常用电容器的好材料. 此外像钛酸锶钡，其相对电容率可达 10^4，它们可用于制造电容大、体积小的电容器，从而有助于实现电子设备的小型化.

表 10-2 一些常见电介质的相对电容率和击穿场强（室温）

电介质	相对电容率 ε_r	击穿场强 $E_b/(10^3\ \mathrm{V\cdot mm^{-1}})$
真空	1	—
空气（0 ℃）	1.000 59	3
水（20 ℃）	80.2	—
变压器油	2.2~2.5	12
纸	3.7	5~14
聚四氟乙烯	2.1	60
聚乙烯	2.26	50
氯丁橡胶	6.60	10~20
硼硅酸玻璃	5~10	10~50
云母	5.4	160
陶瓷	6	4~25
二氧化钛	173	6
钛酸锶	约 230	8
钛酸锶钡	约 10^4	5~30

至此，大家可以看到，电容器的电容不仅依赖于电容器的形状，而且还和极板间电介质的相对电容率有关.当极板上加一定的电压时，极板间就有一定的电场强度，电压越大，电场强度也越大.当电场强度增大到某一最大值 E_b时，电介质中的分子发生电离，从而使电介质失去绝缘性，这时我们就说电介质被击穿了.电介质能承受的最大电场强度 E_b称为电介质的击穿场强（也称介电强度），此时两极板间的电压称为击穿电压 U_b.对于平行平板电容器来说，击穿场强 E_b与击穿电压 U_b之间的关系为

文档：球形电极间的击穿电压

$$E_b=\frac{U_b}{d} \tag{10-11}$$

式中 d 为两极板间的距离.表 10-2 列出了一些电介质的击穿场强.电介质被击穿的因素十分复杂，它与材料的物质结构、杂质缺陷、电极形状、电压和环境等因素有关，一般由实验测定.

电容器是现代电工技术和电子技术中的重要元件，其大小、形状不一，种类繁多，有大到比人还高的巨型电容器，也有小到肉眼无法看见的微型电容器.在超大规模集成电路中，1 cm^2中可以容纳数以万计的电容器，而随着纳米材料的发展，更微小的电容器已经出现，电子技术正日益向微型化发展.同时，电容器的大型化也日趋成熟，人们利用高功率电容器已获得高强度的脉冲激光束，为实现人工控制热核聚变的美好前景提供了条件.

电容器不仅可贮存电荷，以后将看到它还可贮存能量.下面举例介绍几种常见电容器电容的计算.

例 1 平行平板电容器

如图 10-16 所示，平行平板电容器由两个彼此靠得很近的平行极板 A、B 所组成，两极板的面积均为 S，两极板的间距为 d，两极板间充满相对电容率为 ε_r的电介质.求此平行平板电容器的电容.

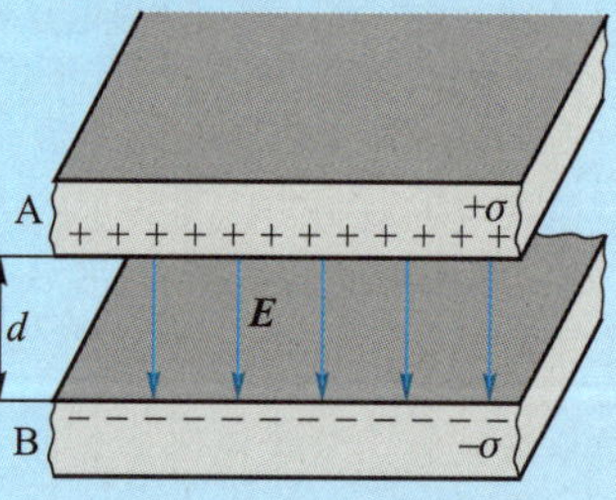

图 10-16 平行平板电容器

解 设两极板 A、B 分别带有$+Q$ 和$-Q$ 的电荷，极板上的电荷面密度为 $\sigma=Q/S$.因为极板间的距离 d 比起极板的线度要小得多，使边缘附近不均匀电场所导致的误差完全可以略去，所以两极板间的电场可视为均匀电场.由有电介质时的高斯定理可得极板间的电位移和电场强度，即由

$$\oint_S \boldsymbol{D}\cdot \mathrm{d}\boldsymbol{S}=\sigma S$$

得

$$D=\sigma,\quad E=\frac{\sigma}{\varepsilon_0\varepsilon_r}=\frac{Q}{\varepsilon_0\varepsilon_r S}$$

则极板间的电势差为

$$U=\int_{AB}\boldsymbol{E}\cdot\mathrm{d}\boldsymbol{l}=Ed=\frac{Qd}{\varepsilon_0\varepsilon_r S}$$

于是，由电容器电容的定义式(10-10)可得，平行平板电容器的电容为

$$C=\frac{Q}{U}=\frac{\varepsilon_0\varepsilon_r S}{d}$$

可见平行平板电容器的电容与极板面积成正比，与电介质的相对电容率成正比，与极板间的距离成反比. 显然，通过增加极板面积来加大电容是有限制的. 通常的做法是，改变电容器的形状(如圆柱形电容器)和结构，以及寻找合适的高相对电容率的电介质材料，或者把电容器组合起来等.

例 2 圆柱形电容器

如图 10-17 所示，圆柱形电容器由半径分别为 R_A 和 R_B 的两个同轴圆柱导体面 A 和 B 所组成，且圆柱面的长度 l 比半径 R_B 大得多. 两圆柱面之间充满相对电容率为 ε_r 的电介质. 求此圆柱形电容器的电容.

解 因为 $l \gg R_B$，所以可把 A、B 两圆柱面间的电场看成无限长圆柱面的电场. 设内、外圆柱面各带有 $+Q$ 和 $-Q$ 的电荷，则沿轴线方向的电荷线密度 $\lambda=Q/l$. 由本章第 10-3 节例题已知，两圆柱面之间距圆柱的轴线为 r 处的电场强度 $\boldsymbol{E}$ 的大小为

$$E=\frac{\lambda}{2\pi\varepsilon_0\varepsilon_r r}=\frac{Q}{2\pi\varepsilon_0\varepsilon_r l}\frac{1}{r}$$

电场强度 $\boldsymbol{E}$ 的方向垂直于圆柱面轴线. 则两圆柱面间的电势差为

$$U=\int_l \boldsymbol{E}\cdot\mathrm{d}\boldsymbol{r}=\int_{R_A}^{R_B}\frac{Q}{2\pi\varepsilon_0\varepsilon_r l}\frac{\mathrm{d}r}{r}=\frac{Q}{2\pi\varepsilon_0\varepsilon_r l}\ln\frac{R_B}{R_A}$$

根据式(10-10)可得，圆柱形电容器的电容为

$$C=\frac{Q}{U}=\frac{2\pi\varepsilon_0\varepsilon_r l}{\ln\frac{R_B}{R_A}} \qquad (1)$$

可见，圆柱面越长，电容 C 越大；两圆柱面的间隙越小，电容 C 也越大. 如果以 d 表示两圆柱面的间隙，有 $d+R_A=R_B$. 当 $d \ll R_A$ 时，有

$$\ln\frac{R_B}{R_A}=\ln\frac{R_A+d}{R_A}\approx\frac{d}{R_A}$$

于是式(1)可写成

$$C\approx\frac{2\pi\varepsilon_0\varepsilon_r lR_A}{d}$$

式中 $2\pi R_A l$ 为圆柱面的侧面积 S，则上式又可写成

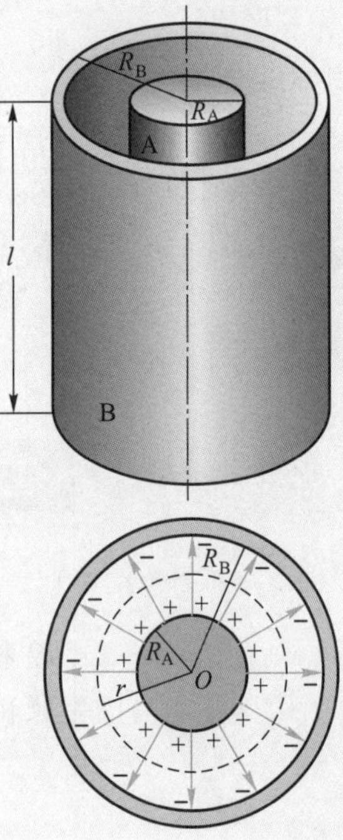

图 10-17 圆柱形电容器

$$C\approx\frac{\varepsilon_0\varepsilon_r S}{d}$$

此即本节例 1 的平行平板电容器的电容. 可见，当两圆柱面的间隙远小于圆柱面半径，即 $d \ll R_A$ 时，圆柱形电容器可当作平行平板电容器.

图 10-18 是一种传输视频信号的同轴电缆，其中心铜线与网状导电层构成圆柱形电容器.

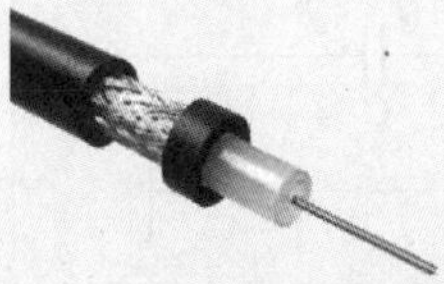

图 10-18 同轴电缆

例 3 球形电容器

如图 10-19 所示，球形电容器是半径分别为 R_1 和 R_2 的两个同心导体球壳所组成，两球壳间充满相对电容率为 ε_r 的电介质. 求此球形电容器的电容.

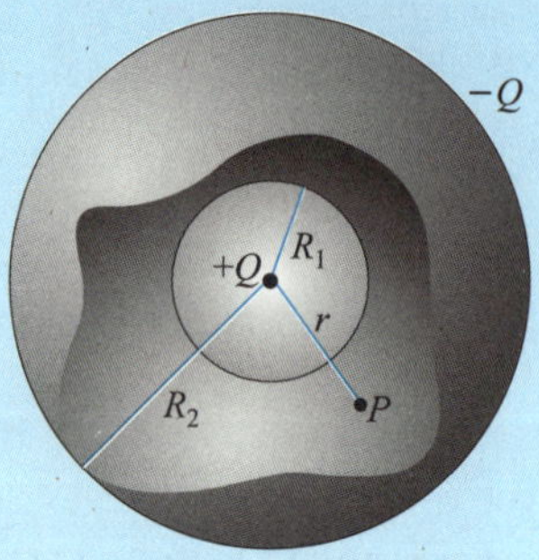

图 10-19 球形电容器

解 设内球带正电（+Q），外球带负电（-Q），内、外球壳之间的电势差为 U. 由有电介质时的高斯定理可得，两球壳之间点 P 处的电场强度为

$$\boldsymbol{E}=\frac{Q}{4\pi\varepsilon_0\varepsilon_r r^2}\boldsymbol{e}_r \quad (R_1<r<R_2)$$

则两球壳之间的电势差为

$$U=\int_l \boldsymbol{E}\cdot \mathrm{d}\boldsymbol{l}=\frac{Q}{4\pi\varepsilon_0\varepsilon_r}\int_{R_1}^{R_2}\frac{\mathrm{d}r}{r^2}=\frac{Q}{4\pi\varepsilon_0\varepsilon_r}\left(\frac{1}{R_1}-\frac{1}{R_2}\right)$$

于是，由电容器电容的定义式（10-10）可得，球形电容器的电容为

$$C=\frac{Q}{U}=4\pi\varepsilon_0\varepsilon_r\left(\frac{R_1R_2}{R_2-R_1}\right)$$

二、电容器的并联和串联

在实际的电路设计和使用中，我们常需要把一些电容器组合起来. 电容器最基本的组合方式是并联和串联. 下面讨论电容器并联和串联的等效电容的计算方法.

1. 电容器的并联

如图 10-20 所示，将两个电容器 C_1、C_2 的极板一一对应地连接起来，这种连接叫做并联. 若将它们接在电压为 U 的电路上，则 C_1、C_2 上的电荷分别为 Q_1、Q_2. 根据式（10-10）有

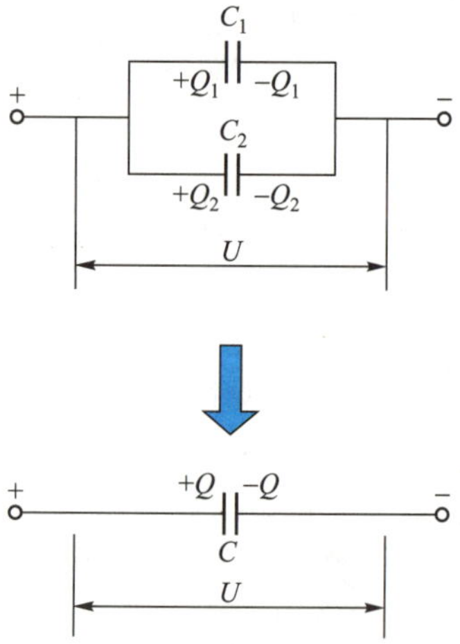

图 10-20 C_1 和 C_2 两个电容器并联，C 为它们的等效电容

$$Q_1=C_1U, \quad Q_2=C_2U$$

两电容器上总电荷 Q 为

$$Q=Q_1+Q_2=(C_1+C_2)U$$

若用一个电容器来等效地代替这两个电容器，使它在所加电压为 U 时，所带的电荷也为 Q，则这个等效电容器的电容为

$$C=\frac{Q}{U}$$

把它与前式相比较可得

$$C=C_1+C_2 \quad (10-12)$$

这说明，当几个电容器并联时，其等效电容等于这几个电容器的电容之和.

可见，并联电容器组的等效电容比电容器组中任何一个电容器的电容都要大，但各个电容器上的电压却是相等的.

2. 电容器的串联

如图 10-21 所示，将两个电容器的极板首尾相连接，这种连接叫做串联.若加在串联电容器组上的电压为 U，则两端的极板分别带有 $+Q$ 和 $-Q$ 的电荷.由于静电感应，虚线框内的两块极板所带的电荷分别为 $-Q$ 和 $+Q$.这就是说，串联电容器组中每个电容器极板上所带的电荷是相等的.根据式(10-10)可得每个电容器的电压为

$$U_1=\frac{Q}{C_1}, \quad U_2=\frac{Q}{C_2}$$

而总电压 U 为各个电容器上的电压 U_1、U_2 之和，即

$$U=U_1+U_2=\left(\frac{1}{C_1}+\frac{1}{C_2}\right)Q$$

若用一个电容为 C 的电容器来等效地代替串联电容器组，使它在所加电压为 U 时，所带的电荷也为 Q，则有

$$U=\frac{Q}{C}$$

把它与前式相比较可得

$$\frac{1}{C}=\frac{1}{C_1}+\frac{1}{C_2} \quad (10-13)$$

这说明，串联电容器组等效电容的倒数等于电容器组中各个电容器电容的倒数之和.

如果把式(10-13)改写为

$$C=\frac{C_1C_2}{C_1+C_2}$$

容易看出，串联电容器组的等效电容比电容器组中任何一个电容器的电容都小，但每一个电容器上的电压却小于总电压.

请读者思考，为何要采用电容器串联形式使总电容变小呢？

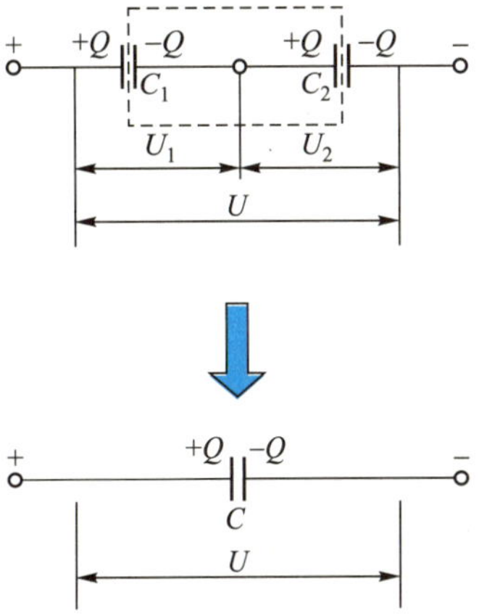

图 10-21 C_1 和 C_2 两个电容器串联，C 为它们的等效电容

*三、触摸屏的基本工作原理

图 10-22 可折叠手机

现在，手机、平板电脑等大多采用电容式的触摸屏.图 10-22 是一部华为可折叠手机，其屏幕后面有两层导电薄膜，膜上均匀分布着很多网格状的电极，每一对电极构成一个电容.当手指触摸屏上某处时，相当于在该处连接了一个电容.由此引起的变化就会被电路检测到，并由芯片判断出位置，进而完成你所需要的操作.冬天戴手套的时候，如果手套是绝缘的，那么由于手套一般较厚，手指与手机内导电薄膜之间形成的电容太小(电容两极板之间的距离大了)，其影响难以被电路检测到，所以触摸屏这时就不能正常工作了.而手机贴膜虽然也是绝缘的，但是因为很薄，只是相当于在手指与手机内导电薄膜之间增加了一层薄薄的介质，所以不影响使用.这就是触摸屏的基本工作原理.

10-5 静电场的能量 能量密度

这一节讨论静电场的能量.我们将以平行平板电容器的带电过程为例，讨论通过外力做功把其他形式的能量转化为电能的机理.在带电过程中，平板电容器内建立起了电场，从而我们可导出电场能量的计算公式.

一、电容器的电能

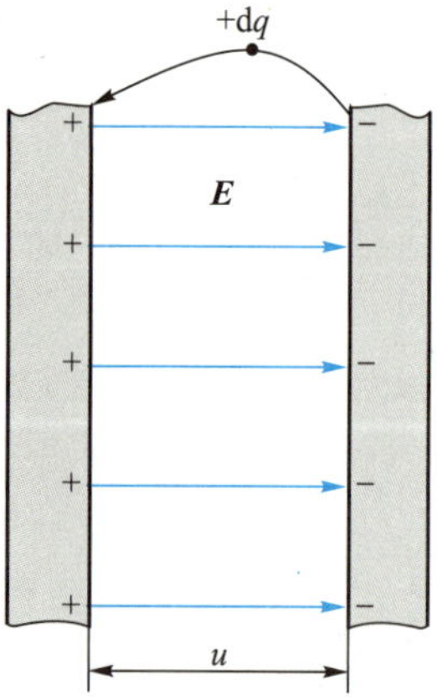

图 10-23 把电荷+dq 从带负电极板移到带正电极板，外力做的功为 d$W=u$dq

如图 10-23 所示，有一电容为 C 的平行平板电容器正处于充电过程中，设在某时刻两极板之间的电势差为 u，此时若继续把电荷+dq 从带负电的极板移到带正电的极板，则外力因克服静电场力而需做的功为

$$\mathrm{d}W=u\mathrm{d}q=\frac{1}{C}q\mathrm{d}q$$

当电容器两极板的电势差为 U，且极板上分别带有$\pm Q$ 的电荷时，外力做的总功为

$$W=\frac{1}{C}\int_0^Q q\mathrm{d}q=\frac{Q^2}{2C}=\frac{1}{2}QU=\frac{1}{2}CU^2 \qquad (10-14\mathrm{a})$$

我们知道，功是能量变化的量度，这功将使电容器的能量增加，也

就是说电容器贮存了电能 W_e[1].于是有

$$W_e=\frac{1}{2}\frac{Q^2}{C}=\frac{1}{2}QU=\frac{1}{2}CU^2 \qquad (10-14b)$$

从上述讨论可见,在电容器的带电过程中,外力通过克服静电场力做功,把非静电能转化为电容器的电能了.

二、静电场的能量 能量密度

电容器的能量贮存在哪里呢?我们仍以平行平板电容器为例进行讨论.

对于极板面积为 S、间距为 d 的平板电容器,若不计边缘效应,则电场所占有的空间体积为 Sd,于是此电容器贮存的能量也可以写成

$$W_e=\frac{1}{2}CU^2=\frac{1}{2}\frac{\varepsilon S}{d}(Ed)^2=\frac{1}{2}\varepsilon E^2Sd \qquad (10-15)$$

式(10-14a)和式(10-15)的物理意义是不同的.式(10-14a)表明,电容器之所以贮存有能量,是因为在外力作用下电荷 Q 从一个极板移至另一极板,因此电容器能量的携带者是电荷.而式(10-15)却表明,在外力做功的情况下,原来没有电场的电容器的两极板间建立起了有确定电场强度的静电场,因此电容器能量的携带者应当是电场.我们知道,静电场总是伴随着静止电荷而产生,所以在静电学范围内,上述两种观点是等效的,没有区别.但对于变化的电磁场来说,情况就不如此了.我们知道电磁波是变化的电场和磁场在空间的传播.电磁波不仅含有电场能量 W_e 而且含有磁场能量 W_m.理论和实验都已确认,在电磁波的传播过程中,并没有电荷伴随着传播,所以不能说电磁波能量的携带者是电荷,而只能说电磁波能量的携带者是电场和磁场.因此如果某一空间具有电场,那么该空间就具有电场能量.电场强度是描述电场性质的物理量,电场的能量应以电场强度来表述.基于上述理由,我们说式(10-15)比式(10-14)更具有普遍的意义.

① 前面章节中能量的符号为 E.在电磁学中,由于电场强度的符号为 E,所以为区分起见,电场能量的符号取 W_e,后面章节中磁场能量的符号取 W_m.

单位体积电场所具有的电场能量为

$$w_e=\frac{1}{2}\varepsilon E^2 \tag{10-16}$$

式中 w_e 叫做电场的能量密度.式(10-16)表明,电场的能量密度与电场强度的二次方成正比.电场强度越大的区域,电场的能量密度也越大.式(10-16)虽然是从平板电容器这个特例中求得的,但可以证明,对于任意电场,这个结论也是正确的.

我们知道,物质与运动是不可分的,凡是物质都在运动,都具有能量.电场具有能量表明,电场确是一种物质.

例

如图 10-24 所示,球形电容器的内、外半径分别为 R_1 和 R_2,所带电荷分别为 $\pm Q$.若在两球壳间充以电容率为 ε 的电介质,问此电容器贮存的电场能量为多少?

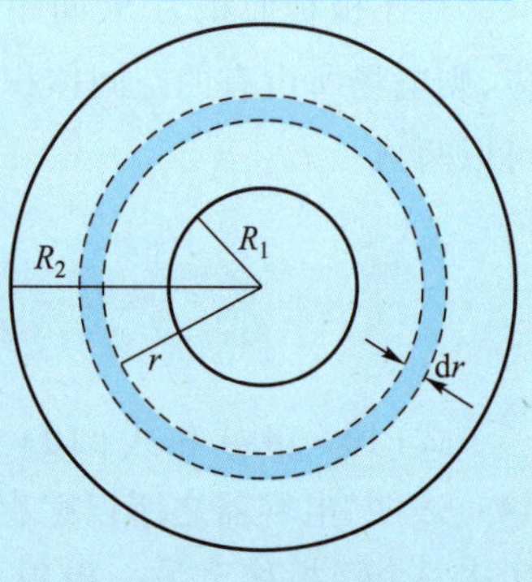

图 10-24

解 若球形电容器极板上的电荷是均匀分布的,则两球壳间电场亦是对称分布的.由高斯定理可求得,两球壳间的电场强度为

$$\boldsymbol{E}=\frac{1}{4\pi\varepsilon}\frac{Q}{r^2}\boldsymbol{e}_r \quad (R_1<r<R_2)$$

故两球壳间的电场能量密度为

$$w_e=\frac{1}{2}\varepsilon E^2=\frac{Q^2}{32\pi^2\varepsilon r^4}$$

取半径为 r、厚为 dr 的球壳,其体积元为 $dV=4\pi r^2dr$.在此体积元内电场的能量为

$$dW_e=w_e dV=\frac{Q^2}{8\pi\varepsilon r^2}dr$$

故两球壳间电场的总能量为

$$W_e=\int dW_e=\frac{Q^2}{8\pi\varepsilon}\int_{R_1}^{R_2}\frac{dr}{r^2}=\frac{Q^2}{8\pi\varepsilon}\left(\frac{1}{R_1}-\frac{1}{R_2}\right)$$

$$=\frac{1}{2}\frac{Q^2}{4\pi\varepsilon\dfrac{R_2R_1}{R_2-R_1}}$$

此外,由第 10-4 节的例 3 已知,球形电容器的电容为 $C=4\pi\varepsilon[R_1R_2/(R_2-R_1)]$.因此由电容器贮存电能的式子(10-14a)

$$W_e=\frac{1}{2}\frac{Q^2}{C}$$

也能得到相同的答案.然而大家应明了,电容器的能量是贮存于电容器内的电场之中的.

如果 $R_2\to\infty$,此带电系统即一半径为 R_1、所带电荷为 Q 的球形孤立导体.由上述答案可知,它激发的电场所贮存的能量为

$$W_e=\frac{Q^2}{8\pi\varepsilon R_1}$$

*10-6 静电的应用[①]

一、范德格拉夫静电起电机

静电加速器是加速质子、α 粒子、电子等带电粒子的一种装置，静电加速器的电压可高达数百万伏，它主要是靠静电起电机产生的.静电起电机最常用的一种是 1931 年由美国物理学家范德格拉夫（R. J. van de Graaff, 1901—1967）研制出来的，故亦称范德格拉夫静电起电机.图 10-25 是静电起电机的工作原理图.图中金属球壳 A 是起电机的高压电极，它由绝缘支柱 C 支撑着.球壳内和绝缘支柱底部装有一对转轴 D 和 D′，转轴上装有传送电荷的输电带（绝缘带 B），并由电动机驱使它们转动.在输电带附近装有一排针尖 E（喷电针尖），而针尖与直流高压电源的正极相接，且相对地面的电压高达几万伏，故而在喷电针尖 E 附近电场很强，使气体发生电离，产生尖端放电现象.在强电场作用下，带正电的电荷从喷电针尖飞向输电带 B，并附着在输电带上随输电带一起向上运动.当输电带 B 上的正电荷进入金属球壳 A 时，遇到一排与金属球壳相连的针尖 F（刮电针尖），因静电感应使刮电针尖 F 带负电，同时使球壳 A 带正电并分布在球壳的外表面上.由于针尖 F 附近电场很强，产生尖端放电使刮电针尖上的负电荷与输电带上的正电荷中和，因而使输电带 B 恢复到不带电的状态而向下运动. 就这样，随着输电带的不断运转，金属球壳外表面所积累的正电荷越来越多，其对地的电压也就越来越高，成为高压正电极.同样道理，若喷电针尖 E 与直流高压电源的负极相接，则将使金属球壳成为高压负电极.不同极性的高压电极，可分别用来加速不同电性的带电粒子.

由于尖端放电、漏电、电晕等，金属球壳的对地电压不可能很高，即使把金属球壳放到有几个大气压的氮气中，其对地电压也只能达到数百万伏.

如果在金属球壳内放一离子源，离子将被加速而成为高能离子束.近代范德格拉夫静电加速器可将氮和氧的离子加速到具有 100 MeV 的动能.目前静电加速器除用于核物理的研究外，在医学、化学、生物学和材料的辐射处理等方面都有广泛的应用.

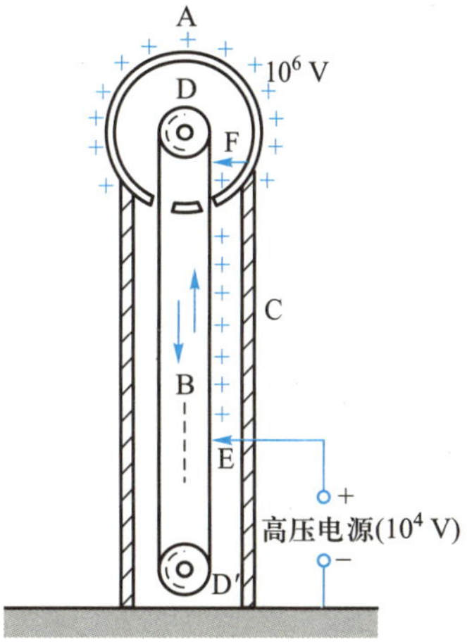

图 10-25 范德格拉夫静电起电机原理图

手抚范德格拉夫静电起电机圆球的男孩头发竖立了起来，为了安全，他们手拉手站在厚厚的橡胶地板上

① 静电的应用很广泛，本节仅介绍几例.读者如有兴趣可参阅马文蔚等主编《物理学原理在工程技术中的应用》（第四版）之“静电除尘器”“静电透镜”“电器接地与危险区域”等（高等教育出版社，2015 年）.

静电除尘器 静电透镜 电器接地与危险区域

二、静电除尘

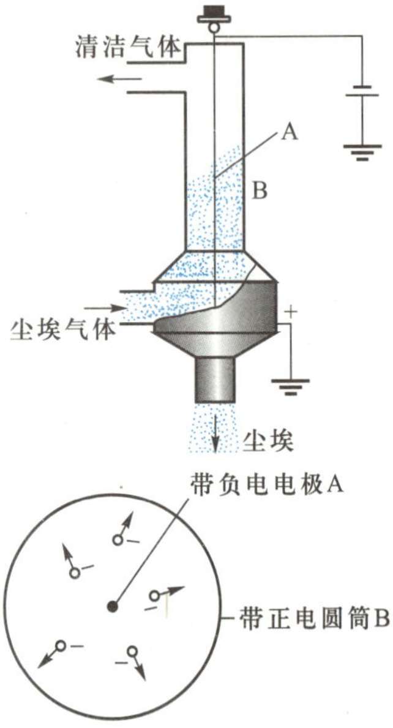

图 10-26 静电除尘装置示意图

图 10-26 是一种静电除尘装置示意图.它主要由一只金属圆筒 B 和一根悬挂在圆筒轴线上的多角形的金属细棒 A 所组成.其工作原理如下:圆筒 B 接地,金属细棒 A 接高压负极(一般有几万伏),于是在圆筒 B 和金属棒 A 之间形成很强的径向对称的电场.在细棒附近电场最强,它能使气体电离,产生自由电子和带正电的离子.正离子被吸引到带负电的细棒 A 上并被中和,而自由电子则被吸引向带正电的圆筒 B.电子在向圆筒 B 运动的过程中与尘埃粒子相碰,使尘埃带负电.在电场力作用下,带负电的尘埃被吸引到圆筒上,并黏附在那里.定期清理圆筒可将尘埃聚集起来并予以处理.在烟道中采用这种装置能净化气流,减少尘埃对大气的污染,还可以从这些尘埃中回收许多重要的原料,如从发电厂的煤尘中可提取半导体材料锗以及橡胶工业所需的炭黑等.因此说,用静电除尘的效益是很高的,可以一举数得.

顺便说一下 N95 口罩(图 10-27)的静电吸附功能.在预防新冠病毒感染等情况下,许多人选择佩戴 N95 口罩.该种口罩内含一种具有静电吸附功能的熔喷布,在生产时人们通过静电高压装置使其带电.这样,N95 口罩就比普通口罩更容易吸附细小灰尘等.而随着使用时间加长,这种吸附过滤作用就会减弱,所以使用一定时间后人们需要及时更换.

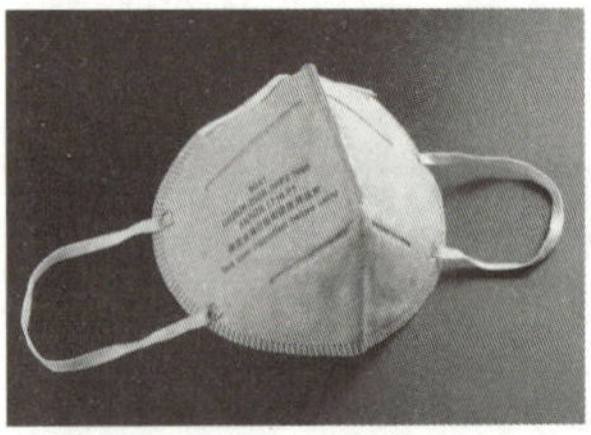

图 10-27 N95 口罩

三、静电分离

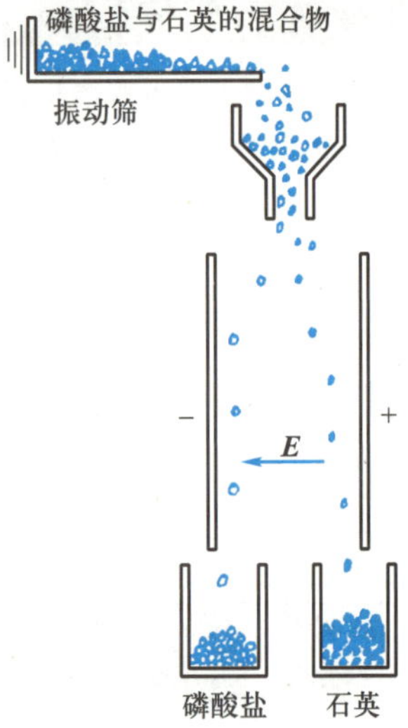

图 10-28 静电力作用使矿石分离

图 10-28 是一种分离矿石的装置示意图,它可以将粉碎后的石英和磷酸盐的混合物分开来.当混合物从料斗落入振动筛后,混合物在振动筛中不断地来回振动,石英与磷酸盐彼此不断地发生摩擦,从而使石英颗粒带负电,磷酸盐颗粒带正电,然后它们从如图所示的电场中下落.由于它们所受的电场力方向相反,所以它们彼此分隔开来,从而达到分离的目的.我们可作一估算:如电场强度 $E=5\times10^{5}\ \mathrm{V\cdot m^{-1}}$,石英颗粒和磷酸盐颗粒的荷质比 (q/m) 为 $10^{-5}\ \mathrm{C\cdot kg^{-1}}$,若欲使它们分开的距离不小于20 cm,则它们在电场中下落的垂直距离至少是多少?

设想石英和磷酸盐颗粒进入电场时的初速度很小,可略去不计.它们在进入电场范围后,将受到重力和电场力的作用,且电场力与重力方向垂直.由以上条件可得如下方程:

$$x=\frac{1}{2}at^{2},\quad y=\frac{1}{2}gt^{2}$$

式中 $a=qE/m$.解以上两式得

$$y=\frac{gx}{(q/m)E}$$

代入所设数值,有

$$y=\frac{9.8\times0.2}{10^{-5}\times5\times10^{5}}\ \text{m}=0.392\ \text{m}\approx0.4\ \text{m}$$

即矿石在电场中至少要竖直下落 0.4 m.

复习自测题

问题

10-1 如果有一半径为 r、所带电荷为 q 的小导体球,与另一不带电的且与地绝缘的大球相接触,设想大球的半径 $R>>r$,那么接触后,小球是否还带电?它们的电荷面密度孰大孰小?

10-2 有人说:"某一高压输电线的电压有 500 kV,因此你不可与之接触."这句话是对还是不对?维修工人在高压输电线上是如何工作的呢?

10-3 在第 10-6 节中,两小孩手拉手地用手抚摸具有数十万伏的范德格拉夫静电起电机的金属球外壳.他们的头发都竖立起来,却又安然无恙.这时小孩对地的电势差有多少?他们为何能安然无恙呢?

10-4 在高压电气设备周围,人们常围上一接地的金属栅网,以保证栅网外的人身安全.试说明其道理.

10-5 设想在绝缘支柱上放置一闭合的金属球壳,球壳内有一人.当球壳带电并且电荷越来越多时,他观察到的球壳表面的电荷面密度、球壳内的场强是怎样的?当一个带有跟球壳相异电荷的巨大带电体移近球壳时,此人又将观察到什么现象?此人处在球壳内是否安全?

10-6 为避免雷击,人们需在高层建筑物的顶端装置避雷针,并用导线将它与地相连接.如果此导线断了,那么此避雷针还能起到避雷作用吗?

10-7 电介质的极化现象和导体的静电感应现象有些什么区别?

10-8 有人说:"由电容的定义式 $C=Q/U$ 可知,电容器的电容与极板上的电荷成正比."对这个说法,你有何评论?

10-9 在下列情况下,平行平板电容器的电势差、电荷、电场强度和所贮存的能量将如何变化?(1) 断开电源,并使极板间距加倍,此时极板间为真空;(2) 断开电源,并使极板间充满相对电容率为 $\varepsilon_r=2.5$ 的油;(3) 保持电源与电容器两极相连,使极板间距加倍,此时极板间为真空;(4) 保持电源与电容器两极相连,使极板间充满相对电容率为 $\varepsilon_r=2.5$ 的油.

10-10 一平行平板电容器被一电源充电后,将电源断开,然后将一厚度为两极板间距一半的金属板放在两极板之间.试问下述各量如何变化?(1) 电容;(2) 极板上面电荷;(3) 极板间的电势差;(4) 极板间的电场强度;(5) 电场的能量.

10-11 如果圆柱形电容器的内半径增大,并使两柱面之间的距离减小为原来的一半,那么此电容器的电容是否增大为原来的两倍?

10-12 (1) 一个带电的金属球壳里充满了均匀电介质,外面是真空,此球壳的电势是否等于 $\dfrac{1}{4\pi\varepsilon_0}\dfrac{Q}{\varepsilon_r R}$?为什么?(2) 若球壳内为真空,球壳外是无限大均匀电介质,则这时球壳的电势为多少?Q 为球壳上的自由电荷,R 为球壳半径,ε_r 为介质的相对电容率.

10-13 把两个电容分别为 C_1 和 C_2 的电容器串联后进行充电,然后断开电源,把它们改成并联,问它们的电能是增加还是减少?为什么?

习题

10-1 将一个带正电的带电体 A 从远处移到一个不带电的导体 B 附近，导体 B 的电势将(   ).

(A) 升高 (B) 降低

(C) 不会发生变化 (D) 无法确定

10-2 将一个带负电的物体 M 靠近一个不带电的导体 N，N 的左端感应出正电荷，右端感应出负电荷，如图所示.若将导体 N 的左端接地，则(   ).

(A) N 上的负电荷入地

(B) N 上的正电荷入地

(C) N 上的所有电荷入地

(D) N 上的所有感应电荷入地

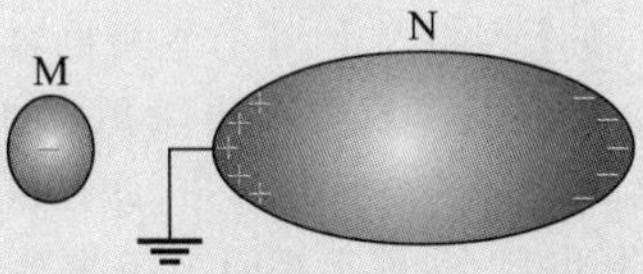

习题 10-2 图

10-3 如图所示，将一个电荷量为 q 的点电荷放在一个半径为 R 的不带电的导体球附近，点电荷距导体球球心为 d.设无限远处为零电势，则在导体球球心 O 有(   ).

(A) $E=0, V=\dfrac{q}{4\pi\varepsilon_0 d}$

(B) $E=\dfrac{q}{4\pi\varepsilon_0 d^2}, V=\dfrac{q}{4\pi\varepsilon_0 d}$

(C) $E=0, V=0$

(D) $E=\dfrac{q}{4\pi\varepsilon_0 d^2}, V=\dfrac{q}{4\pi\varepsilon_0 R}$

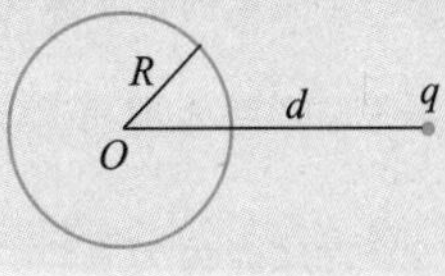

习题 10-3 图

10-4 根据有电介质时的高斯定理，在电介质中电位移矢量对任意一个闭合曲面的通量积分等于这个曲面所包围自由电荷的代数和.下列推论正确的是(   ).

(A) 若电位移矢量对任意一个闭合曲面的通量积分等于零，则曲面内一定没有自由电荷

(B) 若电位移矢量对任意一个闭合曲面的通量积分等于零，则曲面内电荷的代数和一定等于零

(C) 若电位移矢量对任意一个闭合曲面的通量积分不等于零，则曲面内一定有极化电荷

(D) 有介质时的高斯定理表明电位移矢量仅仅与自由电荷的分布有关

(E) 介质中的电位移矢量与自由电荷和极化电荷的分布有关

10-5 对于各向同性的均匀电介质，下列概念正确的是(   ).

(A) 电介质充满整个电场并且自由电荷的分布不发生变化时，介质中的电场强度一定等于没有电介质时该点电场强度的 $1/\varepsilon_r$

(B) 电介质中的电场强度一定等于没有介质时该点电场强度的 $1/\varepsilon_r$

(C) 电介质充满整个电场时，电介质中的电场强度一定等于没有电介质时该点电场强度的 $1/\varepsilon_r$

(D) 电介质中的电场强度一定等于没有介质时该点电场强度的 ε_r 倍

10-6 不带电的导体球 A 含有两个球形空腔，两空腔中心分别有一个点电荷 q_b、q_c，导体球外距导体球较远的 r 处还有一个点电荷 q_d，如图所示.试求点电荷 q_b、q_c、q_d 各自受到的电场力.

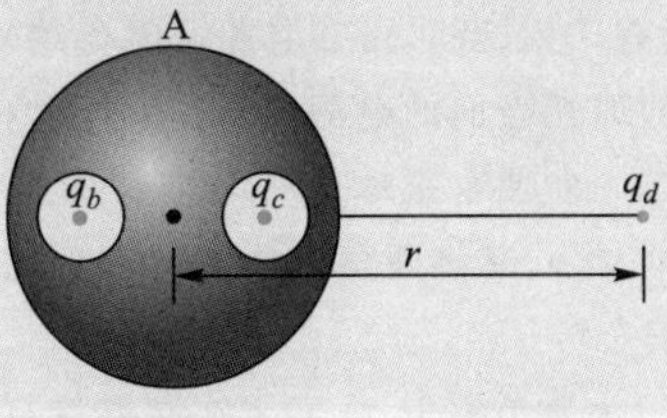

习题 10-6 图

10-7 一个真空二极管，其主要构件是一个半径为 $R_1=5.0\times10^{-4}$ m 的圆柱形阴极和一个套在阴极外、半径为 $R_2=4.5\times10^{-3}$ m 的同轴圆筒形阳极.阳极电势比阴极电势高 300 V，阴极与阳极的长均为 $L=2.5\times10^{-2}$ m.假设电子从阴极射出时的初速度为零，求：

(1) 该电子到达阳极时所具有的动能和速率;(2) 电子刚从阴极射出时所受的电场力.

10-8 一导体球半径为 R_1,外罩一半径为 R_2 的同心薄导体球壳,外球壳所带总电荷为 Q,而内球的电势为 V_0.求此系统的电势和电场分布.

10-9 一根半径为 a 的长直导线外面套有内半径为 b 的同轴导体圆筒,内外导体间相互绝缘.已知导线的电势为 V,圆筒接地且电势为零.试求导线与圆筒间的电场强度以及圆筒上的电荷线密度.

10-10 一对面积均为 S 的平行导体板带等量异号电荷$\pm Q$,两导体板间距为 d.若在两导体板中间平行地插入一块厚度为 $d/2$ 的导体板,如图所示,则两导体板间的电势差变为原来的多少倍?

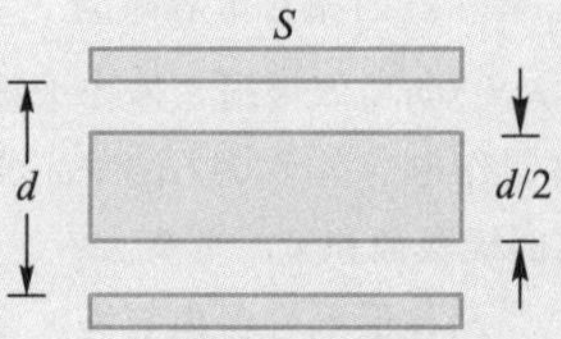

习题 10-10 图

10-11 一片二氧化钛晶片,其面积为 1.0 cm^2,厚度为 0.10 mm,平行平板电容器的两极板紧贴在晶片两侧.(1) 求电容器的电容;(2) 电容器两极板加上 12 V 电压时,极板上的电荷为多少?此时自由电荷和极化电荷的面密度各为多少?(3) 求电容器内的电场强度.

10-12 如图所示,半径为 $R=0.10$ m 的导体球带有电荷 $Q=1.0\times10^{-8}$ C. 导体外有两层均匀介质,一层介质的 $\varepsilon_r=5.0$,厚度为 $d=0.10$ m;另一层介质为空气,充满其余空间.求:(1) 离球心 O 为 $r=5$ cm, 15 cm, 25 cm处的 $\boldsymbol{D}$ 和 $\boldsymbol{E}$;(2) 离球心 O 为 $r=5$ cm, 15 cm, 25 cm处的 V;(3) 极化电荷面密度 σ'.

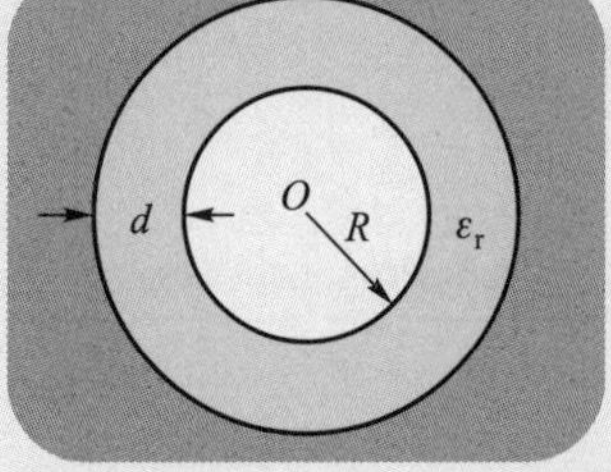

习题 10-12 图

10-13 人体的某些细胞壁两侧带有等量的异号电荷.设某细胞壁厚为 $d=5.2\times10^{-9}$ m,两表面所带电荷面密度为$\pm5.2\times10^{-3}\ C\cdot m^{-2}$,内表面为正电荷.如果细胞壁物质的相对电容率为 6.0,求:(1) 细胞壁内的电场强度;(2) 细胞壁两表面间的电势差.

10-14 在习题 10-10 中,假如插入的是一块同样厚度、相对电容率为 ε_r 的电介质板,结果又将如何?

10-15 地球和电离层可当作一个球形电容器,它们之间相距约 100 km,试估算地球-电离层系统的电容.设地球与电离层之间为真空.

10-16 两根输电线的半径为 3.26 mm,两输电线中心相距 0.50 m.输电线位于地面上空很高处,因而大地影响可以忽略.求输电线单位长度的电容.

10-17 电容式计算机键盘的每一个键下面连接一小块金属片,金属片与底板上的另一块金属片间保持一定空气间隙,构成一小电容器(如图所示).当按下按键时电容发生变化,并通过与之相连的电子线路向计算机发出相应的信号.设金属片面积为 50.0 mm^2,两金属片之间的距离是 0.600 mm.如果电路能检测出的电容变化量是 0.250 pF,那么按键需要按下多大的距离才能给出必要的信号?

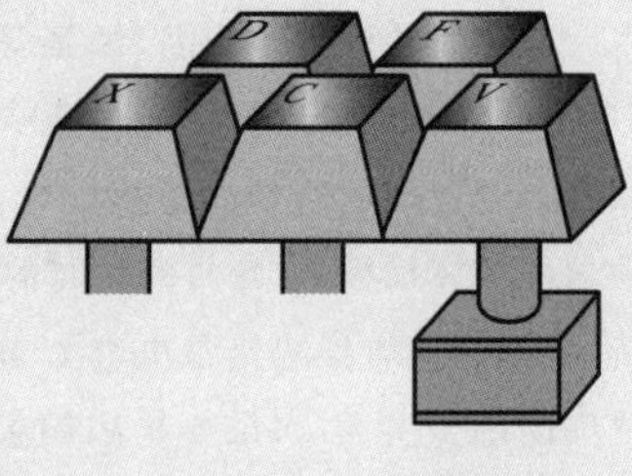

习题 10-17 图

10-18 人体细胞膜的外表面和内表面分别带有正、负电荷. 设一球形细胞膜的厚度为 5.0 nm,细胞膜的相对电容率为 5.4,内、外表面的电荷面密度为$\mp5.0\times10^{-4}\ C\cdot m^{-2}$,细胞的半径为 1.0×10^{-5} m.求:(1) 细胞膜内部的电场强度;(2) 该细胞膜的电容.

10-19 如图所示,在点 A 和点 B 之间有五个电容器,其连接如图所示.(1) 求 A、B 两点之间的等效电容;(2) 若 A、B 两点之间的电势差为 12 V,求 U_{AC}、U_{CD} 和 U_{DB}.

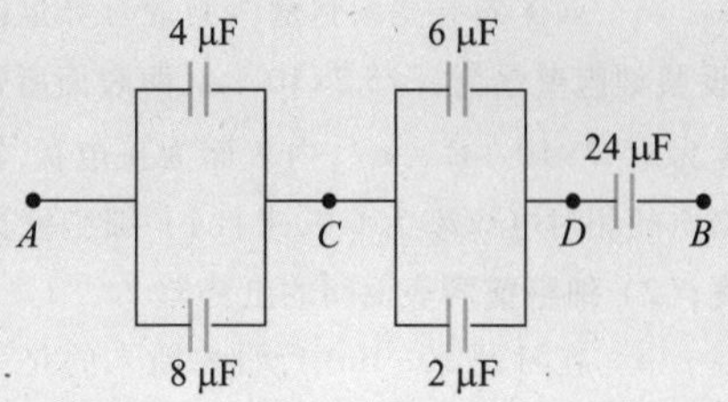

习题 10-19 图

10-20 如图所示,一空气平板电容器的极板面积为 S,间距为 d.现将该电容器接到电压为 U 的电源上充电.当(1) 充足电后,(2) 然后平行插入一块面积相同、厚度为 $\delta(\delta<d)$、相对电容率为 ε_r 的电介质板,(3) 将上述电介质板换为大小相同的导体板时,分别求极板上的电荷 Q、极板间的电场强度 E 和电容器的电容 C.

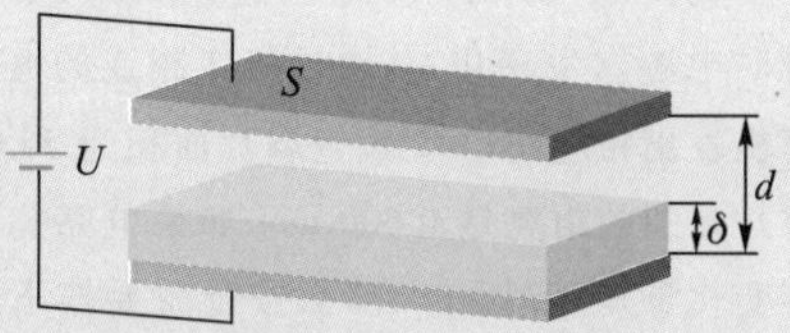

习题 10-20 图

10-21 为了实时检测纺织品、纸张等材料的厚度(待测材料可视作相对电容率为 ε_r 的电介质),通常在生产流水线上设置如图所示的传感装置,其中 A、B 为平板电容器的导体极板,d_0 为两极板间的距离.试说明检测原理,并推导出直接测量量电容 C 与间接测量量厚度 d 之间的函数关系.如果要检测铜板等金属材料的厚度,结果又将如何?

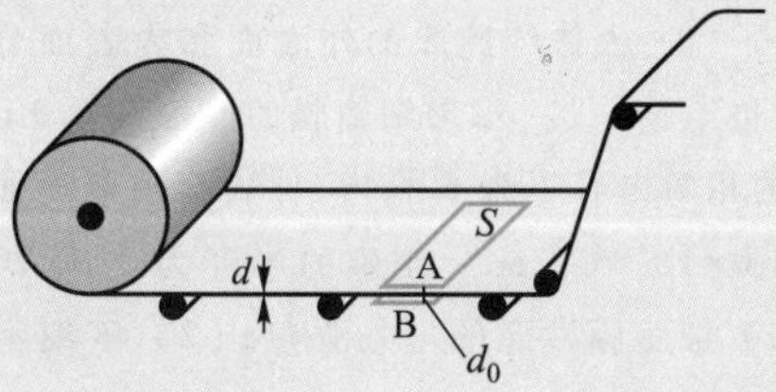

习题 10-21 图

10-22 一电容为 0.50 μF 的平行平板电容器,两极板间被厚度为 0.01 mm 的聚四氟乙烯薄膜所隔开.求:(1) 该电容器的额定电压;(2) 电容器贮存的最大能量.

10-23 半径为 0.10 cm 的长直导线外面套有内半径为 1.0 cm 的同轴导体圆筒,导线与圆筒间为空气,略去边缘效应.求:(1) 导线表面的最大电荷面密度;(2) 沿轴线单位长度的最大电场能量.

10-24 一空气平板电容器,空气层厚为 1.5 cm,两极板间电压为 40 kV,该电容器会被击穿吗?现将一厚度为 0.30 cm 的玻璃板插入此电容器,并与两极板平行.若该玻璃的相对电容率 $\varepsilon_r=7.0$,击穿电场强度为 $10\ \mathrm{MV\cdot m^{-1}}$,则此时电容器会被击穿吗?

10-25 某介质的相对电容率为 $\varepsilon_r=2.8$,击穿电场强度为 $18\ \mathrm{MV\cdot m^{-1}}$.如果用它来作平板电容器的电介质,那么要制作电容为 0.047 μF,而耐压为 4.0 kV 的电容器,它的极板面积至少要多大?

10-26 一圆柱形电容器内充满 $\varepsilon_r=7.0$ 的玻璃,其内、外半径分别为 $R_1=2.0$ cm 和 $R_2=2.3$ cm.已知玻璃的击穿场强为 $E_b=100$ kV/cm,试问该电容器的最大耐压为多少?

10-27 设想电子是球形的,其静止能量 m_0c^2 来自它的静电能量.电子电荷不同的分布模型会得出不同的电子半径,现分别假设:(1) 电子电荷均匀分布在球面上;(2) 电子电荷均匀分布在球体内.试估算电子的半径.(电子静止质量为 $m_0=9.11\times10^{-31}$ kg,真空中光速为 $c=3.0\times10^8\ \mathrm{m\cdot s^{-1}}$,电子电荷量为 $-e=-1.602\times10^{-19}$ C.)

10-28 一空气平板电容器的极板面积为 S,间距为 d,充电至带电荷 Q 后与电源断开,然后用外力缓缓地将两极板间距拉开到 $2d$.求:(1) 电容器能量的改变;(2) 在此过程中外力所做的功,并讨论此过程中的功能转化关系.

第十章习题答案

第十一章　恒定磁场

预习自测题

奥斯特

文档：奥斯特

人们发现磁现象要比发现电现象早得多.早在公元前数百年，古籍中就有了磁石(Fe_3O_4)能吸铁的记述.我国东汉时期的王充指出古代的“司南勺”是个指南器，并在11世纪的《武经总要》(成书于1044年)中叙述了制造指南针的方法.12世纪初，我国已将指南针用于航海船上.指南针传入欧洲则是12世纪末(1190年)了.

奥斯特(Hans Christian Oersted，1777—1851)，丹麦物理学家.他深信自然界不同现象之间是相互联系的.从这个思想出发，他发现了电流对磁针的作用，从而导致了19世纪中叶电磁理论的统一和发展.法拉第对奥斯特的发现评论：“奥斯特的发现打开了科学领域中一扇黑暗的大门.”

1820年以前，人们虽曾在自然现象中观察到闪电能使钢针磁化或使磁针退磁等现象，但没能把电现象与磁现象联系起来.因此，长期以来，人们普遍认为电现象和磁现象是互不相关的.在电磁学发展史上，1820年是取得光辉成就的一年.丹麦物理学家奥斯特崇尚康德①的各种自然现象是相互关联的学说，他认为闪电过后钢针被磁化绝非偶然现象，他还认为电流流过导体既然能产生热效应、化学效应，为什么不能产生磁效应呢.为此，他从1807年到1820年间，用了近13年的时间，寻找电流对磁针的作用，但因方法不对而未获结果.直到1820年4月的一次实验，他终于发现在通电直导线附近的小磁针确有偏转.不久，他又发现磁铁也可使通电导线发生偏转.奥斯特的电流与磁体间相互作用的实验于同年7月21日以论文的形式发表后，在欧洲物理学界引起了极大的关注.特别是法国物理学家的工作，将奥斯特的发现推进到了新的更高阶段.同年9月4日安培得知奥斯特的实验后，于9月18日进而发现圆电流与磁针有相似的作用，于9月25日又报告了两平行通电直导线间和两圆电流间也都存在相互作用，安培还发现了直电流附近小磁针取向的右手螺旋定则，而所

① 康德(Immanuel Kant，1724—1804)，德国哲学家.他提倡各种自然现象是相互联系的学说.这个学说对当时欧洲的一些科学工作者很有影响.

有这些都是在一个星期里完成的.这一年的 12 月毕奥和萨伐尔① 发表了长直载流导线所激发的磁场正比于电流 I,而反比于与导线的垂直距离 r 的实验结果.虽然不久在这个实验的基础上,拉普拉斯②和安培又分别得出了电流元磁场的公式,但由于主要的实验工作是毕奥和萨伐尔完成的,所以通常就称该公式为毕奥-萨伐尔定律.法国物理学家关于电流磁效应的实验和理论研究成果传到了英国以后,英国同行备受鼓舞.法拉第认为既然“电能生磁”,那么“磁也应能生电”.从 1821 年开始,法拉第就从事“磁变电”的研究,直到 1831 年 8 月才发现了电磁感应现象,从而为现代电磁理论和现代电工学的建立和发展奠定了基础.

本章着重讨论恒定电流(或相对参考系以恒定速度运动的电荷)激发磁场的规律和性质.主要内容有:恒定电流的电流密度,电源的电动势;描述磁场的物理量——磁感强度 $\boldsymbol{B}$;电流激发磁场的规律——毕奥-萨伐尔定律;反映磁场性质的基本定理——磁场的高斯定理和安培环路定理;以及磁场对运动电荷的作用力——洛伦兹力和磁场对电流的作用力——安培力;磁场中的磁介质等.

11-1 恒定电流 电流密度

虽然金属导体中的自由电子总是在不停地作无规则热运动,但它们沿任意方向运动的概率是相等的,因此导体在静电平衡时,其内部的电场强度 $\boldsymbol{E}=\boldsymbol{0}$,这时导体内没有电荷作定向运动,因而导体内不能形成电流.然而,如果在导体两端加上电势差(即电压),就可使导体内出现电场,这样导体内的自由电子除作热运动外,还要在电场力作用下作宏观的定向运动,从而形成了电流.

总而言之,电流是由大量电荷作定向运动形成的.一般来说,电荷的携带者可以是自由电子、质子、正负离子,这些带电粒子亦称为载流子.由带电粒子定向运动形成的电流叫做传导电流.而带电物体作机械运动时形成的电流叫做运流电流.

在金属导体内,载流子是自由电子,它作定向移动的方向是从低电势到高电势.但在历史上,人们把正电荷从高电势向低电势移动的方向规定为电流的方向,因此电流的方向与负电荷的移

① 毕奥(J.B.Biot,1774—1862)和萨伐尔(F.Savart,1791—1841)均为法国物理学家.

② 拉普拉斯(Pierre Simon M.de Laplace,1749—1827)是法国数学家和天文学家.

动方向恰好相反.

如图 11-1 所示，在截面为 S 的一段导体中，有正电荷从左向右运动.若在时间间隔 $\mathrm{d}t$ 内，通过截面 S 的电荷为 $\mathrm{d}q$，则在导体中的电流 I 为通过截面 S 的电荷随时间的变化率，即

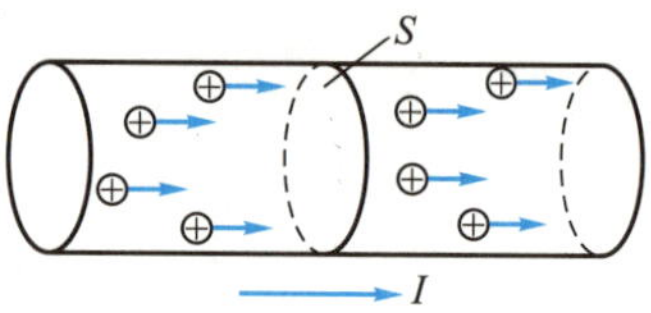

图 11-1 导体中的电流

$$I=\frac{\mathrm{d}q}{\mathrm{d}t} \tag{11-1}$$

如果导体中的电流不随时间而变化，这种电流叫做恒定电流.

电流 I 的单位名称为安培①，其符号为 A，$1\ \mathrm{A}=1\ \mathrm{C}\cdot\mathrm{s}^{-1}$.常用的电流单位还有 mA 和 μA：

$$1\ \mu\mathrm{A}=10^{-3}\ \mathrm{mA}=10^{-6}\ \mathrm{A}$$

应当指出，电流是标量，不是矢量.虽然人们在实际应用中常说“电流的方向”，但这只是指一群“正电荷的流向”而已.

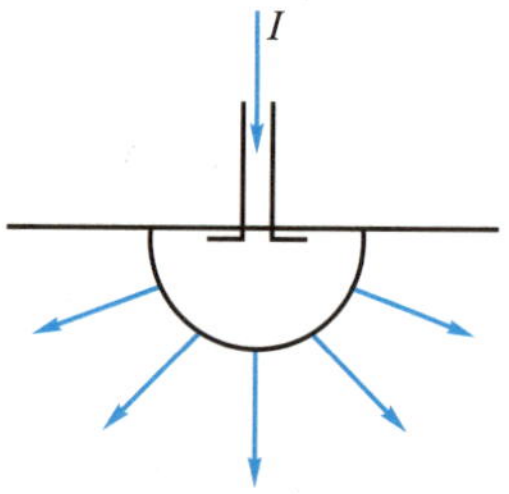

图 11-2 半球形电极附近导体(大地)中电流的分布.靠近电极，电流线的密度大；远离电极，电流线的密度小；各点的电流线方向也不尽相同.

当电流在大块导体中流动时，导体内各处的电流分布一般是不均匀的.图 11-2 为半球形接地电极，图中仿照画电场线的方法用带有箭头的线段标示电流的方向，称之为电流线，电流线的密度表示电流的大小.从图中可以看到，在半球形电极附近的导体中，电流的分布是不均匀的.

为了细致地描述导体内各点电流分布的情况，引入一个新的物理量——电流密度 $\boldsymbol{j}$.电流密度是矢量，电流密度的方向和大小规定如下：导体中任意一点电流密度 $\boldsymbol{j}$ 的方向为该点正电荷的运动方向；$\boldsymbol{j}$ 的大小等于在单位时间内通过该点附近垂直于正电荷运动方向的单位面积的电荷.

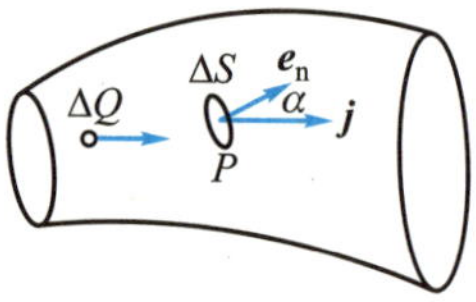

图 11-3 电流密度

如图 11-3 所示，设想在导体中点 P 处取一面积元 $\Delta\boldsymbol{S}$，并使 $\Delta\boldsymbol{S}$ 的单位法线矢量 $\boldsymbol{e}_n$ 与正电荷的运动方向(即电流密度 $\boldsymbol{j}$ 的方向)间成 α 角.若在时间间隔 Δt 内有正电荷 ΔQ 通过面积元 ΔS，则按上述规定可得，点 P 处电流密度的大小为

$$j=\frac{\Delta Q}{\Delta t\Delta S\cos\alpha}=\frac{\Delta I}{\Delta S\cos\alpha} \tag{11-2}$$

式中 $\Delta S\cos\alpha$ 为面积元 ΔS 在垂直于电流密度方向上的投影.则上式可写成

$$\Delta I=\boldsymbol{j}\cdot\Delta\boldsymbol{S} \tag{11-3a}$$

通过导体任一有限截面 S 的电流为

① 电流的单位名称是为纪念法国物理学家安培(André-Marie Ampère，1775—1836)对电磁学的贡献而命名的.

$$I=\int_S \boldsymbol{j}\cdot \mathrm{d}\boldsymbol{S} \tag{11-3b}$$

下面我们来简略讨论金属导体中的电流和电流密度与自由电子的数密度和漂移速度之间的关系.

从导电机制来看,金属中存在着大量的自由电子和正离子.正离子构成金属的晶格,而自由电子在晶格间作无规则的热运动,并不断地与晶格相碰撞.所以在通常情况下,电子不作有规则的定向运动,因而导体中没有电流形成.当导体两端存在电势差时,在导体的内部就有电场存在,这时自由电子受到电场力的作用,沿着与电场强度 $\boldsymbol{E}$ 相反的方向相对于晶格作定向运动.这时,自由电子除了作热运动而外,还作定向运动.我们把自由电子在电场力作用下产生的定向运动的平均速度叫漂移速度,用符号 $\boldsymbol{v}_\mathrm{d}$ 表示.正是由于漂移速度的存在,导体中才形成宏观电流.漂移速度 $\boldsymbol{v}_\mathrm{d}$ 的大小也叫漂移速率.

如图 11-4 所示,设导体中自由电子的数密度为 n,每个电子的漂移速度均为 $\boldsymbol{v}_\mathrm{d}$.在导体内取一面积元 ΔS,且 ΔS 与 $\boldsymbol{v}_\mathrm{d}$ 垂直.于是在时间间隔 Δt 内,在任一长为 $v_\mathrm{d}\Delta t$、截面积为 ΔS 的柱体里的自由电子都要通过截面积 ΔS,即有 $nv_\mathrm{d}\Delta t\Delta S$ 个电子通过 ΔS.考虑到每个电子电荷的绝对值为 e,故在时间间隔 Δt 内通过 ΔS 的电荷为 $\Delta q=env_\mathrm{d}\Delta t\Delta S$.由式(11-1)和式(11-2)可得,导体中 ΔS 处的电流和电流密度分别为

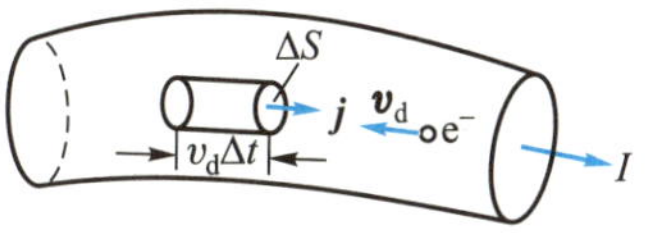

图 11-4 电流与电子漂移速度的关系

$$\Delta I=env_\mathrm{d}\Delta S \tag{11-4}$$

和

$$j=env_\mathrm{d} \tag{11-5}$$

上述两式均表明,金属导体中的电流和电流密度均与自由电子数密度和自由电子的漂移速率成正比.

式(11-4)和式(11-5)对一般导体或半导体也适用,只不过把电子电荷的绝对值换成载流子的电荷 q,把自由电子的漂移速率换成载流子的平均定向运动速率 v 就可以了.

例

(1) 设每个铜原子贡献一个自由电子,问铜导线中自由电子的数密度是多少?

(2) 在一般家用线路中,允许的电流最大值为 15 A,铜导线的半径为 0.81 mm.试问在这种情况下,自由电子的漂移速率是多少?

(3) 若铜导线中电流密度是均匀的,则电流密度的大小是多少?

解 (1) 设 ρ 表示铜的质量密度，$\rho = 8.95\times10^3\ \mathrm{kg\cdot m^{-3}}$，$M$ 表示铜的摩尔质量，$M = 63.5\times10^{-3}\ \mathrm{kg\cdot mol^{-1}}$，$N_A$ 表示阿伏伽德罗常量，那么铜导线内自由电子的数密度为

$$n=\frac{N_A\rho}{M}=8.48\times10^{28}\ \mathrm{m^{-3}}$$

(2) 由式(11-4)可得，自由电子的漂移速率为

$$v_d=\frac{I}{enS}=5.36\times10^{-4}\ \mathrm{m\cdot s^{-1}}\approx2\ \mathrm{m\cdot h^{-1}}$$

显然，自由电子的漂移速率比蜗牛的爬行速率还要略小一点.

(3) 电流密度的大小为

$$j=\frac{I}{S}=7.28\times10^6\ \mathrm{A\cdot m^{-2}}$$

11-2 电源 电动势

上一节曾指出，只要在导体两端维持恒定的电势差，导体中就会有恒定的电流流过.怎样才能维持恒定的电势差呢？

在如图 11-5(a) 所示的导电回路中，若开始时极板 A 和 B 分别带有正、负电荷，则 A、B 之间有电势差，这时导线中有电场.在电场力作用下，正电荷从极板 A 通过导线移至极板 B，并与极板 B 上的负电荷中和，直至两极板间的电势差消失.

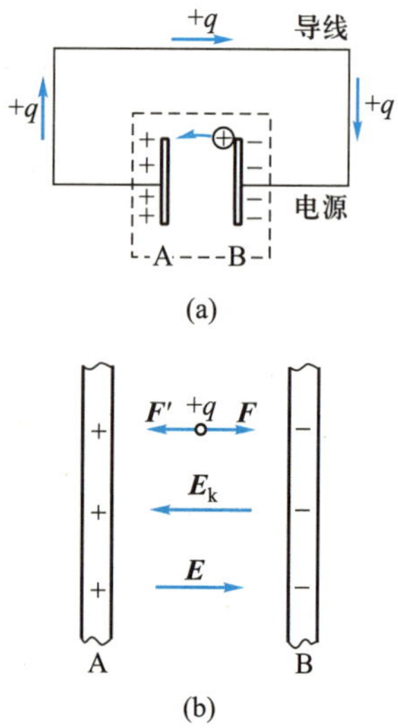

图 11-5 电源内的非静电力把正电荷从负极板移至正极板

但是，如果我们能把正电荷从负极板 B，沿着两极板间另一路径移至正极板 A 上，并使两极板维持正、负电荷量不变，那么两极板间就有恒定的电势差，导线中也就有恒定的电流通过.显然，要把正电荷从极板 B 移至极板 A 必须有非静电力 $\boldsymbol{F}'$ 作用才行.这种能提供非静电力的装置称为电源.在电源内部，非静电力 $\boldsymbol{F}'$ 克服静电力 $\boldsymbol{F}$ 对正电荷做功，才能使正电荷从极板 B 经电源内部输送到极板 A 上去[图 11-5(b)].可见，电源中非静电力 $\boldsymbol{F}'$ 的做功过程，就是把其他形式的能量转化为电能的过程.

为了表述不同电源转化能量的能力，人们引入了电动势这一物理量.我们定义单位正电荷绕闭合回路一周时，非静电力所做的功为电源的电动势.如果以 $\boldsymbol{E}_k$ 表示非静电电场强度①，W 表示非静电力所做的功，$\mathscr{E}$ 表示电源电动势，那么由上述电动势的定义，有

$$\mathscr{E}=\frac{W}{q}=\oint\boldsymbol{E}_k\cdot\mathrm{d}\boldsymbol{l}\qquad(11-6)$$

① 非静电电场强度 $\boldsymbol{E}_k$ 是一种等效说法，它是指作用在单位正电荷上的非静电力.在电源内部，$\boldsymbol{E}_k$ 的方向与静电电场强度 $\boldsymbol{E}$ 的方向相反.

考虑到在如图 11-5(a)所示的闭合回路中，外电路的导线中只存在静电场，没有非静电场；非静电电场强度 $\boldsymbol{E}_{\mathrm{k}}$ 只存在于电源内部，故在外电路上有

$$\int_{外} \boldsymbol{E}_{\mathrm{k}} \cdot \mathrm{d}\boldsymbol{l}=0$$

这样，式(11-6)可改写为

$$\mathscr{E}=\oint_{l} \boldsymbol{E}_{\mathrm{k}} \cdot \mathrm{d}\boldsymbol{l}=\int_{内} \boldsymbol{E}_{\mathrm{k}} \cdot \mathrm{d}\boldsymbol{l} \qquad (11-7)$$

式(11-7)表示电源电动势的大小等于把单位正电荷从负极经电源内部移至正极时非静电力所做的功.

电动势虽不是矢量，但为了便于判断在电流通过时非静电力是做正功还是做负功(也就是电源是放电，还是被充电)，我们通常把电源内部电势升高的方向，即从负极经电源内部到正极的方向，规定为电动势的方向.电动势的单位和电势的单位相同.

电源电动势的大小只取决于电源本身的性质.一定的电源具有一定的电动势，而与外电路无关.

11-3 磁场 磁感强度

从静电场的研究中我们已经知道，在静止电荷周围的空间存在着电场，静止电荷间的相互作用是通过电场来传递的.电流间(包括运动电荷间)的相互作用也是通过场来传递的，这种场称为磁场.磁场是存在于运动电荷周围空间除电场以外的一种特殊物质，磁场对位于其中的运动电荷有力的作用.因此，运动电荷与运动电荷之间、电流与电流之间、电流(或运动电荷)与磁铁之间的相互作用，都可以看成是它们中任意一个所激发的磁场对另一个施加的作用力.

在静电学中，为了考察空间某处是否有电场存在，可以在该处放一静止试验电荷 q_0，若 q_0 受到力 $\boldsymbol{F}$ 的作用，我们就可以说该处存在电场，并以电场强度 $\boldsymbol{E}=\boldsymbol{F}/q_0$ 来定量地描述该处的电场.与此类似，我们将从磁场对运动电荷的作用力，引出磁感强度 $\boldsymbol{B}$ 来定量地描述磁场.但是，磁场作用在运动电荷上的力不仅与电荷量的大小有关，而且还与电荷运动速度的大小及方向有关.所以，磁场作用在运动电荷上的力比电场作用在静止电荷上的力要复杂得多.因此，对 $\boldsymbol{B}$ 的定义比对 $\boldsymbol{E}$ 的定义也要复杂些.下面我们以

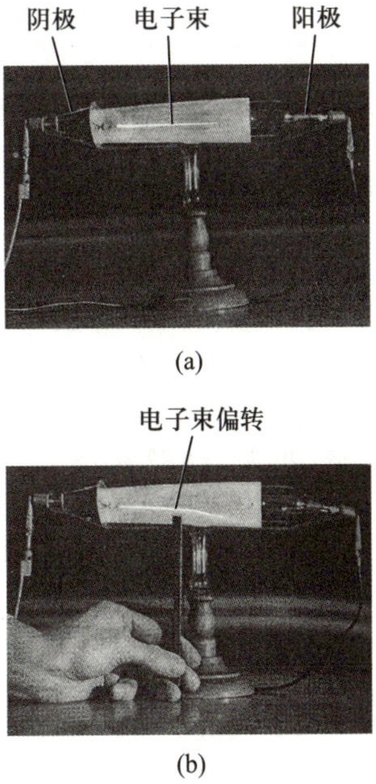

图 11-6 运动电荷在磁场中的运动情况

运动电荷在磁场力的作用下发生偏转这一事实为对象，进行分析研究.

图 11-6(a)为一阴极射线管，当阴极和阳极之间有一定的电压时，从阴极射出一束沿水平方向运动的电子束.若电子束所经过的区域没有外磁场，电子束将沿水平方向运动[图 11-6(a)].若将一条形磁铁的 N 极靠近电子束，则电子束的路径将发生弯曲[图 11-6(b)]，这表明电子受到磁场力的作用.

进一步的实验发现，电荷在磁场中运动时，它所受的磁场力不仅与电荷的量值及正负有关，而且还与电荷运动速度的大小和方向有关.依此，我们可定义磁感强度① $\boldsymbol{B}$ 的方向和大小.

(1) 如图 11-7(a)所示，电荷 $+q$ 以速度 $\boldsymbol{v}$ 沿 Oy 轴正向经过磁场中某特定点，它不受磁场力作用(即 $F=0$).若把小磁针放在此特定点上，小磁针静止时其 N 极的指向亦沿 Oy 轴正向.我们规定此方向为磁感强度 $\boldsymbol{B}$ 的方向.不过应当指出，电荷 $+q$ 以速度 $\boldsymbol{v}$ 沿 Oy 轴负向运动且经过磁场中同一特定点时，它也不受磁场力作用，为何不以此方向作为 $\boldsymbol{B}$ 的方向呢？这是运动电荷在磁场中所受的磁场力 $\boldsymbol{F}$ 与 $\boldsymbol{v}\times\boldsymbol{B}$ 的方向相同的缘故[见式(11-9)].

(2) 当正电荷经过磁场中某点的速度 $\boldsymbol{v}$ 的方向与磁感强度 $\boldsymbol{B}$ 的方向垂直时[图 11-7(b)]，它所受的磁场力 $F_{\perp}$ 最大，且 $F_{\perp}$ 与乘积 qv 成正比.显然，若电荷经过此处的速率不同，则 $F_{\perp}$ 值也不同；然而，对磁场中某一定点来说，比值 $F_{\perp}/qv$ 却必是一定的.这种比值在磁场中不同位置处有不同的量值，它如实地反映了磁场的空间分布.我们把这个比值规定为磁场中某点的磁感强度 $\boldsymbol{B}$ 的大小，即

$$B=\frac{F_{\perp}}{qv} \tag{11-8}$$

这就如同用 $E=F/q_0$ 来描述电场的强弱一样，现在我们用 $B=F_{\perp}/qv$ 来描述磁场的强弱.

显然，磁场力 $\boldsymbol{F}$ 既与运动电荷的速度 $\boldsymbol{v}$ 垂直，又与磁感强度 $\boldsymbol{B}$ 垂直，且相互构成右手螺旋关系，故它们间的矢量关系式可写成

$$\boldsymbol{F}=q\boldsymbol{v}\times\boldsymbol{B} \tag{11-9}$$

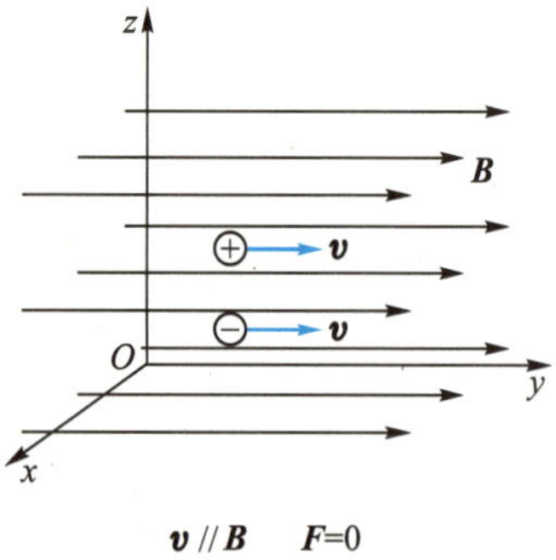

(a) 电荷的运动方向与磁场方向一致时，电荷所受的磁场力为零

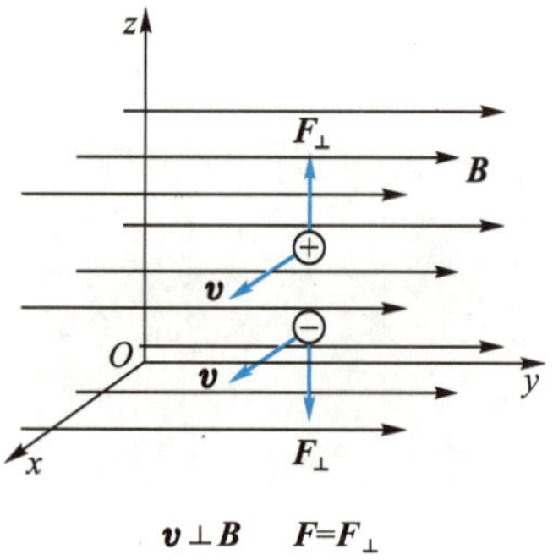

(b) 电荷的运动方向与磁场方向垂直时，电荷所受的磁场力最大

图 11-7 运动电荷在磁场中所受的磁场力与电荷的符号及运动方向有关

① 表述磁场强弱的物理量，名称似以用“磁场强度”为最好，但由于历史等方面的原因，现在一般都用“磁感[应]强度”这个名称来表述.

如果 $\boldsymbol{v}$ 与 $\boldsymbol{B}$ 之间的夹角为 θ，那么 $\boldsymbol{F}$ 的大小为 $F=qvB\sin\theta$. 显然，当 $\theta=0$ 或 π，即 $\boldsymbol{v}/\!/\boldsymbol{B}$ 时，$\boldsymbol{F}=\boldsymbol{0}$；当 $\theta=\pi/2$，即 $\boldsymbol{v}\perp\boldsymbol{B}$ 时，$\boldsymbol{F}=\boldsymbol{F}_{\perp}$. 最后还需指出，对正电荷（$q>0$）来说，$\boldsymbol{F}$ 的方向与 $\boldsymbol{v}\times\boldsymbol{B}$ 的方向相同；而对负电荷（$q<0$）来说，$\boldsymbol{F}$ 的方向与 $\boldsymbol{v}\times\boldsymbol{B}$ 的方向相反.

在国际单位制中，B 的单位是 $\mathrm{N\cdot s\cdot C^{-1}\cdot m^{-1}}$ 或 $\mathrm{N\cdot A^{-1}\cdot m^{-1}}$，其专门名称叫做特斯拉①，符号为 T，即

$$1\ \mathrm{T}=1\ \mathrm{N\cdot A^{-1}\cdot m^{-1}}$$

表 11-1 列出了自然界中的一些磁场的近似值.

表 11-1 自然界中的一些磁场的近似值

中子星的磁场	10^{8} T	地球两极附近的磁场	6×10^{-5} T
超导电磁铁的磁场	5~40 T	太阳在地球轨道处的磁场	3×10^{-9} T
大型电磁铁的磁场	1~2 T	人体的磁场	10^{-12} T
地球赤道附近的磁场	3×10^{-5} T	木星的磁场	地球磁场的 20 倍

顺便指出，如果磁场中某一区域内各点的磁感强度 $\boldsymbol{B}$ 都相同，即该区域内各点的 $\boldsymbol{B}$ 方向一致、大小相等，那么该区域内的磁场就叫做均匀磁场. 不符合上述情况的磁场就是非均匀磁场. 长直密绕螺线管内中部的磁场，就是常见的均匀磁场.

11-4 毕奥-萨伐尔定律

这一节我们将介绍恒定电流激发磁场的规律. 恒定电流的磁场亦称为静磁场或恒定磁场. 在静磁场中，任意一点的磁感强度 $\boldsymbol{B}$ 仅是空间坐标的函数，而与时间无关.

一、毕奥-萨伐尔定律

在静电场中计算任意带电体在某点的电场强度 $\boldsymbol{E}$ 时，我们曾把带电体先分成无限多个电荷元 $\mathrm{d}q$，求出每个电荷元在该点

① 特斯拉（Nikola Tesla，1856—1943），美籍克罗地亚电气工程师. 他于 1888 年发明旋转磁场，并于 1889—1890 年研制成交流发电机，此后还研制成多相发电机、电动机、变压器以及输变电系统. 他对人类广泛而安全地进入电气化时代，作出了杰出贡献. 为此，1956 年国际电气技术学会以特斯拉作为磁感强度单位的名称. 至于特斯拉对人类进入电气化时代的贡献，将在第十二章第 12-1 节中予以简介.

的电场强度 d$\boldsymbol{E}$，而所有电荷元在该点的 d$\boldsymbol{E}$ 的叠加，即此带电体在该点的电场强度 $\boldsymbol{E}$. 现在对于载流导线来说，可以仿此思路，我们把流过某一线元矢量 d$\boldsymbol{l}$ 的电流 I 与 d$\boldsymbol{l}$ 的乘积 Id$\boldsymbol{l}$ 称为电流元，而且把电流元中电流的流向就作为线元矢量的方向. 那么，我们就可以把一载流导线看成是由许多个电流元 Id$\boldsymbol{l}$ 连接而成的. 这样，载流导线在磁场中某点所激发的磁感强度 $\boldsymbol{B}$，就是这导线的所有电流元在该点所激发的 d$\boldsymbol{B}$ 的叠加. 那么，电流元 Id$\boldsymbol{l}$ 与它所激发的磁感强度 d$\boldsymbol{B}$ 之间的关系如何呢？

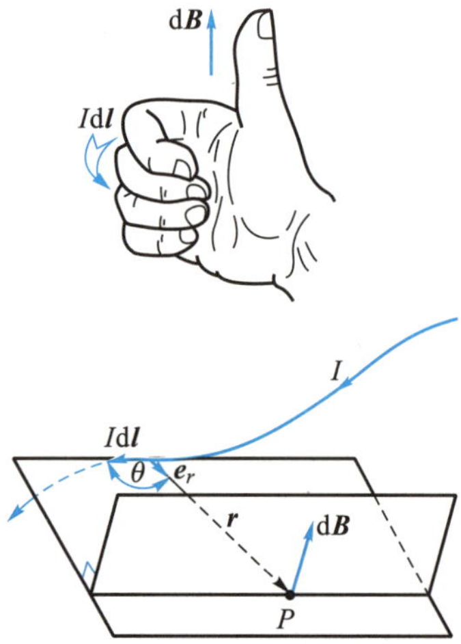

图 11-8 电流元的磁感强度的方向

如图 11-8 所示，载流导线上有一电流元 Id$\boldsymbol{l}$，在真空中某点 P 处的磁感强度 d$\boldsymbol{B}$ 的大小，与电流元的大小 Idl 成正比，与电流元 Id$\boldsymbol{l}$ 和其到点 P 的位矢 $\boldsymbol{r}$ 间的夹角 θ 的正弦成正比，并与电流元到点 P 的距离 r 的二次方成反比，即

$$\mathrm{d}B=\frac{\mu_0}{4\pi}\frac{I\mathrm{d}l\sin\theta}{r^2} \qquad (11\text{-}10\mathrm{a})$$

式中 μ_0 叫做真空磁导率，其值为 $\mu_0=4\pi\times10^{-7}\ \mathrm{N\cdot A^{-2}}$. 而 d$\boldsymbol{B}$ 的方向垂直于 d$\boldsymbol{l}$ 和 $\boldsymbol{r}$ 所组成的平面，并沿矢积 d$\boldsymbol{l}\times\boldsymbol{r}$ 的方向，即由 Id$\boldsymbol{l}$ 经小于 180°的角转向 $\boldsymbol{r}$ 时的右螺旋前进方向(图 11-8).

若用矢量式表示，则有

$$\mathrm{d}\boldsymbol{B}=\frac{\mu_0}{4\pi}\frac{I\mathrm{d}\boldsymbol{l}\times\boldsymbol{e}_r}{r^2} \qquad (11\text{-}10\mathrm{b})$$

式中 $\boldsymbol{e}_r$ 为沿位矢 $\boldsymbol{r}$ 的单位矢量. 式(11-10)就是毕奥-萨伐尔定律. 由于 $\boldsymbol{e}_r=\boldsymbol{r}/r$，所以毕奥-萨伐尔定律也可以写成

$$\mathrm{d}\boldsymbol{B}=\frac{\mu_0}{4\pi}\frac{I\mathrm{d}\boldsymbol{l}\times\boldsymbol{r}}{r^3} \qquad (11\text{-}10\mathrm{c})$$

文档：毕奥

这样，任意载流导线在点 P 处的磁感强度 $\boldsymbol{B}$ 可以由式(11-10)求得：

$$\boldsymbol{B}=\int\mathrm{d}\boldsymbol{B}=\int\frac{\mu_0 I}{4\pi}\frac{\mathrm{d}\boldsymbol{l}\times\boldsymbol{e}_r}{r^2}=\frac{\mu_0 I}{4\pi}\int\frac{\mathrm{d}\boldsymbol{l}\times\boldsymbol{e}_r}{r^2} \qquad (11\text{-}11)$$

文档：萨伐尔

本章的前言曾指出，毕奥-萨伐尔定律虽是以毕奥和萨伐尔的实验为基础，又由拉普拉斯和安培经过科学抽象得到的，但它不能由实验直接证明，然而由这个定律出发得出的结果都很好地和实验相符合. 此外，还应当指出，导体中的电流是由导体中大量自由电子作定向运动形成的，因此可以认为，电流激起的磁场其

实是由运动电荷所激起的.因而运动电荷所激起的磁场的磁感强度可由毕奥-萨伐尔定律求得①.下面应用毕奥-萨伐尔定律来讨论几种载流导体所激起的磁场.

视频:毕奥-萨伐尔定律的来龙去脉

二、毕奥-萨伐尔定律应用举例

例 1　载流长直导线的磁场

如图 11-9 所示,在真空中有一通有电流 I 的长直导线 CD,试求此长直导线附近任意点 P 处的磁感强度 $\boldsymbol{B}$.已知点 P 与长直导线间的垂直距离为 r_0.

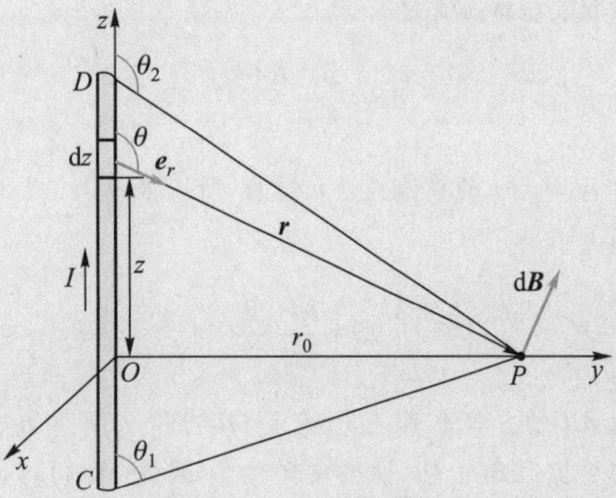

图 11-9

解　选取如图所示的坐标系,其中 Oy 轴通过点 P,Oz 轴沿载流长直导线 CD.在载流长直导线上取一电流元 $I\mathrm{d}z$,根据毕奥-萨伐尔定律,此电流元在点 P 所激起的磁感强度 $\mathrm{d}\boldsymbol{B}$ 的大小为

$$\mathrm{d}B=\frac{\mu_0}{4\pi}\frac{I\mathrm{d}z\sin\theta}{r^2}$$

式中 θ 为电流元 $I\mathrm{d}z$ 与位矢 $\boldsymbol{r}$ 之间的夹角.$\mathrm{d}\boldsymbol{B}$ 的方向垂直于 $I\mathrm{d}z$ 与 $\boldsymbol{r}$ 所组成的平面(即 Oyz 平面),沿 Ox 轴负方向.从图中可以看出,长直导线上各个电流元的 $\mathrm{d}\boldsymbol{B}$ 的方向都相同.因此点 P 处的磁感强度 $\boldsymbol{B}$ 的大小就等于各个电流元在该点的磁感强度之和,用积分表示,有

$$B=\int\mathrm{d}B=\frac{\mu_0}{4\pi}\int_{CD}\frac{I\mathrm{d}z\sin\theta}{r^2}\tag{1}$$

从图中可以看出,z、r 和 θ 之间有如下关系:

$$z=-r_0\cot\theta,\quad r=r_0/\sin\theta$$

于是,$\mathrm{d}z=r_0\mathrm{d}\theta/\sin^2\theta$,因此式(1)可写成

$$B=\frac{\mu_0 I}{4\pi r_0}\int_{\theta_1}^{\theta_2}\sin\theta\mathrm{d}\theta$$

式中 θ_1 和 θ_2 分别是长直导线的始点 C 和终点 D 处电流流向与该处到点 P 的位矢 $\boldsymbol{r}$ 间的夹角(图11-9).由上式的积分得

$$B=\frac{\mu_0 I}{4\pi r_0}(\cos\theta_1-\cos\theta_2)\tag{2}$$

如果载流长直导线可视为"无限长"直导线,那么可近似取 $\theta_1=0,\theta_2=\pi$.这样由式(2)可得

$$B=\frac{\mu_0 I}{2\pi r_0}\tag{3}$$

这就是"无限长"载流直导线附近的磁感强度,它表明,磁感强度与电流 I 成正比,与场点到导线的垂直距离 r_0 成反比.可以指出,上述结论与毕奥-萨伐尔早期的实验结果是一致的.

① 参阅马文蔚《物理学》(第七版)上册第七章第 7-4 节之"运动电荷的磁场"(高等教育出版社,2020 年).

例 2　载流圆形导线轴线上的磁场

如图 11-10 所示，在真空中有一半径为 R 的圆形导线，通过的电流为 I，通常称之为圆电流. 试求通过圆心并垂直于圆形导线平面的轴线上任意点 P 处的磁感强度.

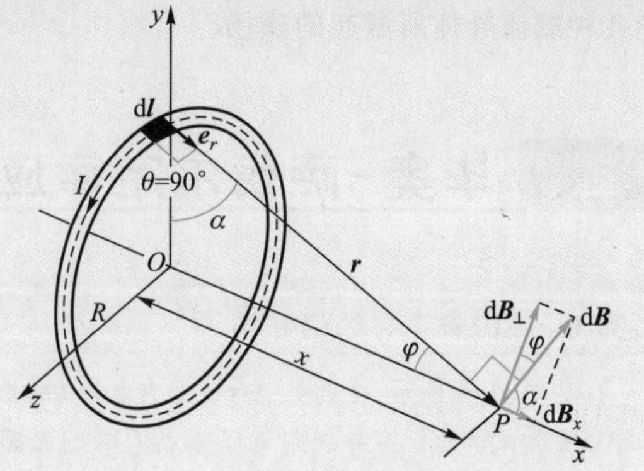

图 11-10

解　选取如图所示的坐标系，其中 Ox 轴通过圆心 O，并垂直于圆形导线平面. 在圆形导线上任取一电流元 $I\mathrm{d}\boldsymbol{l}$，该电流元到点 P 的位矢为 $\boldsymbol{r}$，它在点 P 所激起的磁感强度为

$$\mathrm{d}\boldsymbol{B}=\frac{\mu_0}{4\pi}\frac{I\mathrm{d}\boldsymbol{l}\times\boldsymbol{e}_r}{r^2}$$

由于 $\mathrm{d}\boldsymbol{l}$ 与 $\boldsymbol{r}$ 的单位矢量 $\boldsymbol{e}_r$ 垂直，所以 $\theta=90°$，则 $\mathrm{d}\boldsymbol{B}$ 的大小为

$$\mathrm{d}B=\frac{\mu_0}{4\pi}\frac{I\mathrm{d}l}{r^2}$$

而 $\mathrm{d}\boldsymbol{B}$ 的方向垂直于电流元 $I\mathrm{d}\boldsymbol{l}$ 与位矢 $\boldsymbol{r}$ 所组成的平面，$\mathrm{d}\boldsymbol{B}$ 与 Ox 轴的夹角为 α. 因此，我们可以把 $\mathrm{d}\boldsymbol{B}$ 分解成两个分量：一是沿 Ox 轴的分量 $\mathrm{d}B_x=\mathrm{d}B\cos\alpha$；另一是垂直于 Ox 轴的分量 $\mathrm{d}B_\perp=\mathrm{d}B\sin\alpha$. 考虑到圆形导线上任一直径两端的电流元对 Ox 轴的对称性，所有电流元在点 P 处的磁感强度的分量 $\mathrm{d}B_\perp$ 的总和应等于零. 因此，点 P 处的磁感强度的大小为

$$B=\int_l \mathrm{d}B_x=\int_l \mathrm{d}B\cos\alpha=\int_l \frac{\mu_0}{4\pi}\frac{I\mathrm{d}l}{r^2}\cos\alpha$$

由于 $\cos\alpha=R/r$，且对给定点 P 来说，r、I 和 R 都是常量，所以有

$$B=\frac{\mu_0}{4\pi}\frac{IR}{r^3}\int_0^{2\pi R}\mathrm{d}l=\frac{\mu_0}{2}\frac{R^2I}{r^3}=\frac{\mu_0}{2}\frac{R^2I}{(R^2+x^2)^{3/2}} \tag{1}$$

$\boldsymbol{B}$ 的方向垂直于圆形导线平面并沿 Ox 轴正向.

由式(1)可以看出，当 $x=0$ 时，圆心点 O 处的磁感强度 $\boldsymbol{B}$ 的大小为

$$B=\frac{\mu_0}{2}\frac{I}{R} \tag{2}$$

$\boldsymbol{B}$ 的方向垂直于圆形导线平面并沿 Ox 轴正向.

若 $x \gg R$，即场点 P 在远离原点 O 的 Ox 轴上，则 $(R^2+x^2)^{3/2}\approx x^3$. 由式(1)可得

$$B=\frac{\mu_0 IR^2}{2x^3}$$

圆电流的面积为 $S=\pi R^2$，则上式可写成

$$B=\frac{\mu_0}{2\pi}\frac{IS}{x^3} \tag{3}$$

三、磁矩

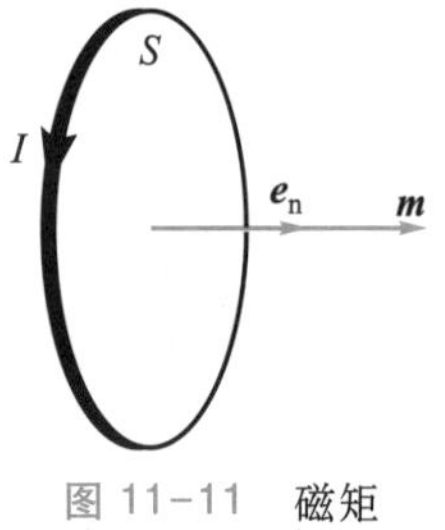

图 11-11　磁矩

在静电场中，我们曾讨论过电偶极子的电场，并引入电矩 $\boldsymbol{p}$ 这一物理量. 与此相似，我们将引入磁矩 $\boldsymbol{m}$ 来描述载流线圈的性质. 如图 11-11 所示，一圆电流的面积为 S，通过的电流为 I，$\boldsymbol{e}_n$ 为圆电流平面的正法向单位矢量，它与电流 I 的流向遵守右手螺旋

定则，即右手四指顺着电流流动方向弯曲时，大拇指的指向为圆电流平面正法向单位矢量 $\boldsymbol{e}_n$ 的方向．我们定义圆电流的磁矩 $\boldsymbol{m}$ 为

$$\boldsymbol{m}=IS\boldsymbol{e}_n \tag{11-12}$$

$\boldsymbol{m}$ 的方向与正法向单位矢量 $\boldsymbol{e}_n$ 的方向相同，$\boldsymbol{m}$ 的大小为 IS．应当指出，上式对任意形状的平面载流线圈都是适用的．

AR：磁场测定仪

考虑到圆电流磁矩的矢量关系 $\boldsymbol{m}=IS\boldsymbol{e}_n$，例 2 中圆电流的磁感强度式(3)可写成如下矢量形式：

$$\boldsymbol{B}=\frac{\mu_0}{2\pi}\frac{\boldsymbol{m}}{x^3}=\frac{\mu_0}{2\pi}\frac{m}{x^3}\boldsymbol{e}_n$$

例 3 载流直螺线管内部的磁场

如图 11-12 所示，有一长为 l、半径为 R 的载流密绕直螺线管，螺线管的总匝数为 N，通有电流 I．设螺线管放在真空中，求管内轴线上任意点 P 处的磁感强度．

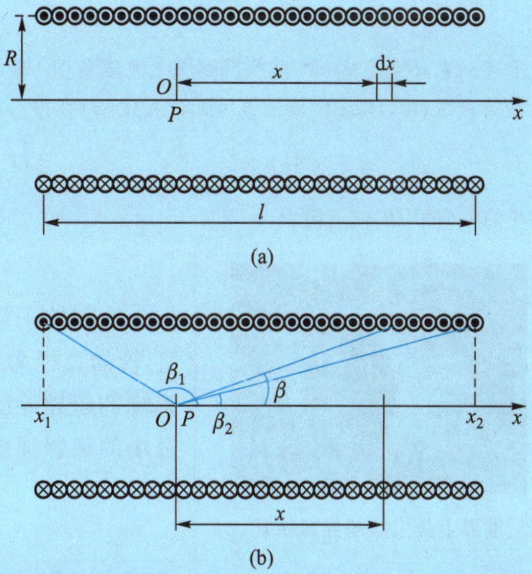

图 11-12

解 由于直螺线管上线圈是密绕的，所以每匝线圈上的电流可近似当作闭合的圆电流．于是，轴线上任意点 P 处的磁感强度 $\boldsymbol{B}$，可以认为是 N 个圆电流在该点各自激发的磁感强度的叠加．现取图(a)中轴线上的点 P 为坐标原点 O，并以轴线为 Ox 轴．在螺线管上取长为 $\mathrm{d}x$ 的一小段，则匝数为 $\frac{N}{l}\mathrm{d}x$，其中 $\frac{N}{l}=n$ 为单位长度的匝数．这一小段螺线管相当于通有电流为 $In\mathrm{d}x$ 的圆形线圈．利用例 2 中的式(1)可得，它们在 Ox 轴上点 P 处的磁感强度大小为

$$\mathrm{d}B=\frac{\mu_0}{2}\frac{R^2In\mathrm{d}x}{(R^2+x^2)^{3/2}} \tag{1}$$

$\mathrm{d}\boldsymbol{B}$ 的方向沿 Ox 轴正向．考虑到螺线管上各圆形线圈在 Ox 轴上点 P 所激发的磁感强度的方向相同，均沿 Ox 轴正向，所以整个载流直螺线管在点 P 处的磁感强度，应为各圆形线圈在该点处的磁感强度之和，即

$$B=\int\mathrm{d}B=\frac{\mu_0nI}{2}\int_{x_1}^{x_2}\frac{R^2\mathrm{d}x}{(R^2+x^2)^{3/2}} \tag{2}$$

为便于积分，用角变量 β 替换 x，β 为点 P 到圆形线圈的连线与 Ox 轴之间的夹角．从图(b)中可以看出

$$x=R\cot\beta,\quad (R^2+x^2)=R^2(1+\cot^2\beta)=R^2\csc^2\beta$$

及

$$\mathrm{d}x=-R\csc^2\beta\mathrm{d}\beta$$

把它们代入式(2)，得

$$B=-\frac{\mu_0nI}{2}\int_{\beta_1}^{\beta_2}\frac{R^3\csc^2\beta\mathrm{d}\beta}{R^3\csc^3\beta}=-\frac{\mu_0nI}{2}\int_{\beta_1}^{\beta_2}\sin\beta\mathrm{d}\beta$$

积分有

$$B=\frac{\mu_0 nI}{2}(\cos\beta_2-\cos\beta_1) \qquad (3)$$

β_1和β_2的几何意义见图(b).

下面讨论几种特殊情况.

(1) 若点 P 处于管内轴线上的中点,在这种情况下,$\beta_1=\pi-\beta_2$,$\cos\beta_1=-\cos\beta_2$,而 $\cos\beta_2=\frac{l/2}{\sqrt{(l/2)^2+R^2}}$.由式(3)可得

$$B=\mu_0 nI\cos\beta_2=\frac{\mu_0 nI}{2}\frac{l}{(l^2/4+R^2)^{1/2}}$$

若 $l\gg R$,即直螺线管可看作是很细又很长的"无限长"的螺线管,则由上式可得,管内轴线上中点处的磁感强度的大小为

$$B=\mu_0 nI$$

上述结果还可由式(3)直接得到.对"无限长"的螺线管来说,可以取 $\beta_1=\pi$ 及 $\beta_2=0$,代入式(3)亦得

$$B=\mu_0 nI \qquad (4)$$

$\boldsymbol{B}$ 的方向沿 Ox 轴正向.

(2) 若点 P 处于半"无限长"的载流螺线管的一端,则 $\beta_1=\frac{\pi}{2}$,$\beta_2=0$,或者 $\beta_1=\pi$,$\beta_2=\pi/2$,由式(3)可得,螺线管一端的磁感强度的大小均为

$$B=\frac{1}{2}\mu_0 nI \qquad (5)$$

比较上述结果可以看出,半"无限长"的螺线管轴线上端点的磁感强度只有管内轴线上中点的磁感强度的一半.

图 11-13 给出了直螺线管内轴线上磁感强度的分布.从图中可以看出,载流密绕直螺线管内轴线上中部附近的磁场完全可以视为均匀磁场.

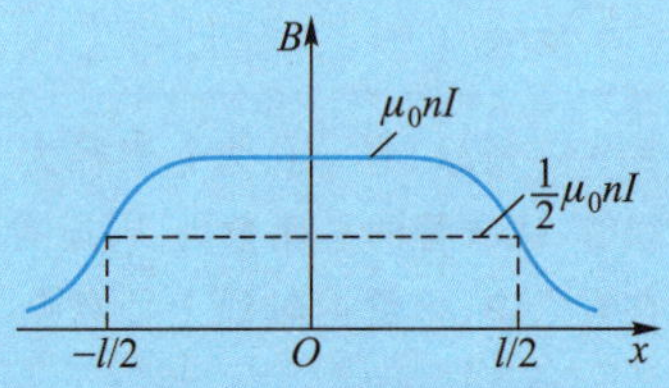

图 11-13

世界上最大的超导螺线管

欧洲核子研究组织(CERN)有一个世界上最大的超导螺线管.管的直径为 6 m,长为 13 m,总质量超过 10 000 吨.螺线管上缠绕的超导导线总长达 1 947 km,可通以 56 kA 的电流,产生的磁场的磁感强度高达 4 T,用于 μ 子探测.

11-5 磁通量 磁场的高斯定理

一、磁感线

为了形象地反映磁场的分布情况,就像在静电场中用电场线来表示静电场分布那样,我们将用一些设想的曲线来表示磁场分布.我们知道,给定磁场中某一点磁感强度 $\boldsymbol{B}$ 的大小和方向都是确定的,因此,我们规定曲线上每一点的切线方向就是该点的磁感强度 $\boldsymbol{B}$ 的方向,而曲线的疏密程度则表示该点磁感强度 $\boldsymbol{B}$ 的

大小.这样的曲线叫做磁感线或 **B** 线.磁感线是人为地画出来的，磁场中并非真的有这种线.

磁场中的磁感线可借助小磁针或铁屑显示出来.如果在垂直于载流长直导线的玻璃板上撒上一些铁屑,这些铁屑将被磁场磁化,可以当作一些细小的磁针[图 11-14(a)],那么它们在磁场中会形成如图 11-14(b)所示的分布图样.由载流长直导线的磁感线图样可以看出,磁感线的回转方向和电流方向之间的关系遵从右手螺旋定则,即用右手握住导线,使大拇指伸直并指向电流方向,这时其他四指弯曲的方向就是磁感线的回转方向[图 11-14(c)].

图 11-15 是载流圆形导线和载流长直螺线管的磁感线图形.它们的磁感线方向也可由右手螺旋定则来确定.不过这时要用右手握住螺线管(或圆形导线),使四指弯曲的方向沿着电流方向,而伸直大拇指的指向就是螺线管内(或圆形导线中心处)磁感线的方向.

由上述几种典型的载流导线磁感线的图形可以看出,磁感线具有如下特性.

(1) 由于磁场中某点的磁场方向是确定的,所以磁场中的磁感线不会相交.磁感线的这一特性和电场线是一样的.

(2) 载流导线周围的磁感线都是围绕电流的闭合曲线,没有起点,也没有终点.磁感线的这个特性和静电场中的电场线不同,静电场中的电场线起始于正电荷,终止于负电荷.

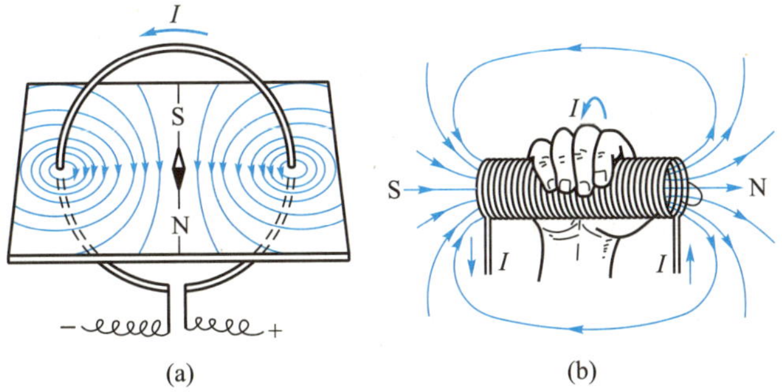

图 11-15 载流圆形导线和载流长直螺线管的磁感线

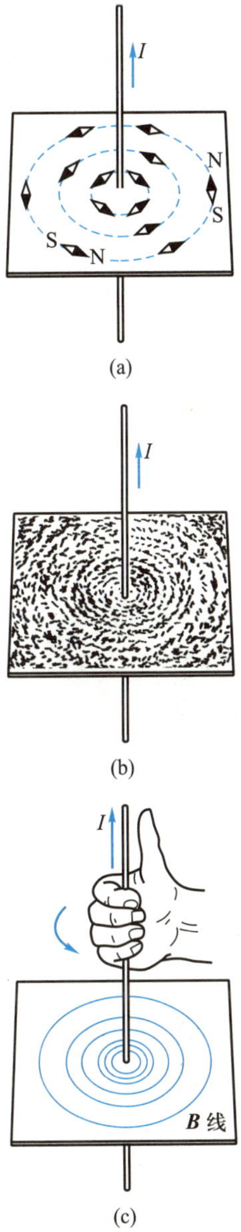

图 11-14 载流长直导线的磁感线

二、磁通量 磁场的高斯定理

为了使磁感线不但能表示磁场方向,而且能描述磁场的强弱,像静电场中规定电场线的密度那样,我们对磁感线的密度规定如下:磁场中某点处垂直于 **B** 矢量的单位面积上通过的磁感线数目(磁感线密度)等于该点 **B** 的值.因此,B 大的地方,磁感线就密集；B 小的地方，磁感线就稀疏.对均匀磁场来说，磁场中的磁感线相互平行，各处的磁感线密度相等；对非均匀磁场来说，磁感线相互不平行，各处的磁感线密度不相等.

通过磁场中某一曲面的磁感线数叫做通过此曲面的磁通量，用符号 Φ 表示.

如图 11-16(a)所示，在磁感强度为 $\boldsymbol{B}$ 的均匀磁场中，取一面积矢量 $\boldsymbol{S}$，其大小为 S，其方向用它的法向单位矢量 $\boldsymbol{e}_n$ 来表示，有 $\boldsymbol{S}=S\boldsymbol{e}_n$，在图中 $\boldsymbol{e}_n$ 与 $\boldsymbol{B}$ 之间的夹角为 θ.按照磁通量的定义，通过面积 S 的磁通量为

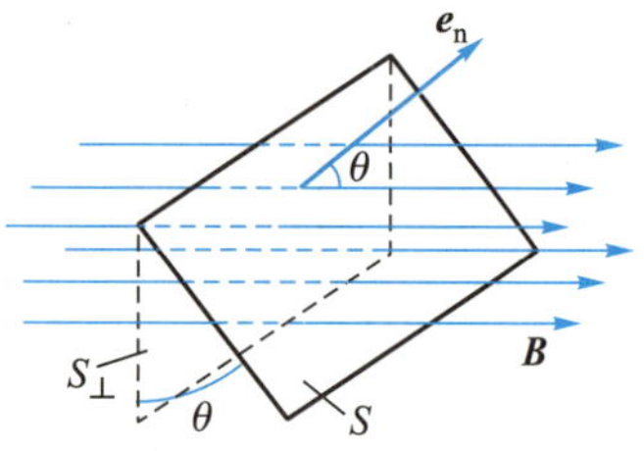

(a)

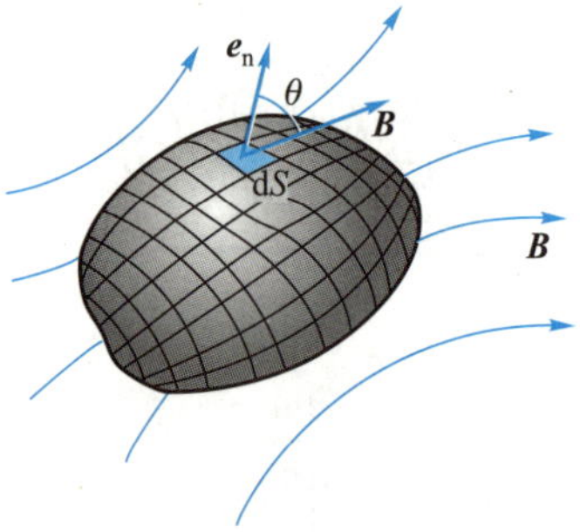

(b)

图 11-16 磁通量

$$\Phi=BS\cos\theta \tag{11-13a}$$

用矢量来表示，上式可写为

$$\Phi=\boldsymbol{B}\cdot\boldsymbol{S}=\boldsymbol{B}\cdot\boldsymbol{e}_n S \tag{11-13b}$$

在非均匀磁场中，通过任意曲面的磁通量怎样计算呢？

在如图 11-16(b)所示的曲面上取一面积元矢量 $\mathrm{d}\boldsymbol{S}$，它所在处的磁感强度 $\boldsymbol{B}$ 与法向单位矢量 $\boldsymbol{e}_n$ 之间的夹角为 θ，则通过面积元 $\mathrm{d}\boldsymbol{S}$ 的磁通量为

$$\mathrm{d}\Phi=B\mathrm{d}S\cos\theta=\boldsymbol{B}\cdot\mathrm{d}\boldsymbol{S}$$

而通过某一有限曲面的磁通量 Φ 就等于通过这些面积元 $\mathrm{d}\boldsymbol{S}$ 的磁通量 $\mathrm{d}\Phi$ 的总和，即

$$\Phi=\int_S \mathrm{d}\Phi=\int_S B\cos\theta\mathrm{d}S=\int_S \boldsymbol{B}\cdot\mathrm{d}\boldsymbol{S} \tag{11-14}$$

对于闭合曲面来说，人们规定其正法向单位矢量 $\boldsymbol{e}_n$ 的方向垂直于曲面向外.依照这个规定，当磁感线从曲面内穿出时($\theta<\pi/2$，$\cos\theta>0$)，磁通量是正的；而当磁感线从曲面外穿入时($\theta>\pi/2$，$\cos\theta<0$)，磁通量是负的.由于磁感线是闭合的，对任一闭合曲面来说，有多少条磁感线进入闭合曲面，就一定有多少条磁感线穿出闭合曲面.也就是说，通过任意闭合曲面的磁通量必等于零，即

$$\oint_S B\cos\theta\mathrm{d}S=0$$

或

$$\oint_S \boldsymbol{B}\cdot\mathrm{d}\boldsymbol{S}=0 \tag{11-15}$$

上述结论也叫做磁场的高斯定理，它是描述磁场性质的重要定理之一.虽然式(11-15)和静电场的高斯定理$\left(\oint_S \boldsymbol{E}\cdot\mathrm{d}\boldsymbol{S}=\sum q/\varepsilon_0\right)$

文档：磁单极子简介

在形式上相似,但两者有着本质上的区别.通过任意闭合曲面的电场强度通量可以不为零,而通过任意闭合曲面的磁通量必为零.

在国际单位制中,B 的单位是特斯拉(T),S 的单位是平方米(m^2),Φ 的单位名称为韦伯①,符号为 Wb,则有

$$1\ \mathrm{Wb}=1\ \mathrm{T}\times 1\ \mathrm{m}^2$$

11-6 安培环路定理

一、安培环路定理

在第九章中,我们在静电场的环路定理中曾指出:电场线是有头有尾的,电场强度 $\boldsymbol{E}$ 沿任意闭合路径的积分等于零,即 $\oint_l \boldsymbol{E}\cdot \mathrm{d}\boldsymbol{l}=0$,这是静电场的一个重要特征.那么,磁场中的磁感强度 $\boldsymbol{B}$ 沿任意闭合路径的积分 $\oint_l \boldsymbol{B}\cdot \mathrm{d}\boldsymbol{l}$ 又如何呢?

下面先研究真空中一无限长载流直导线的磁场.如图 11-17 所示,取一平面 S 与载流直导线垂直,并以这平面与导线的交点 O 为圆心,在平面上作一半径为 R 的圆.由第 11-4 节中例 1 的式(3)可知,在这圆周上任意一点的磁感强度 $\boldsymbol{B}$ 的大小均为 $B=\mu_0 I/2\pi R$.若选定圆周的绕向为逆时针方向,则圆周上每一点 $\boldsymbol{B}$ 的方向与线元 $\mathrm{d}\boldsymbol{l}$ 的方向相同,即 $\boldsymbol{B}$ 与 $\mathrm{d}\boldsymbol{l}$ 之间的夹角 $\theta=0°$.这样,$\boldsymbol{B}$ 沿着上述圆周的积分为

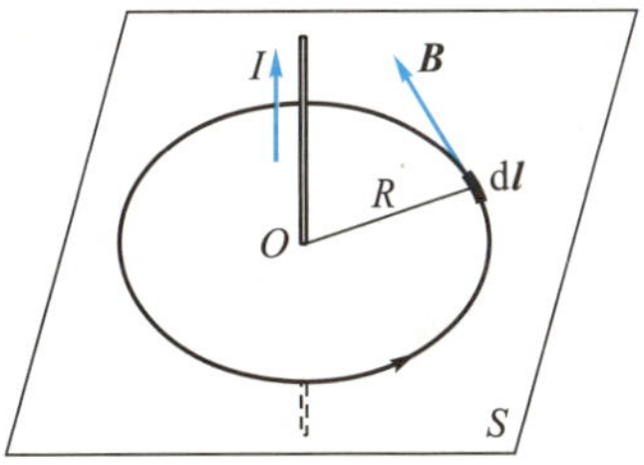

图 11-17 无限长载流直导线 $\boldsymbol{B}$ 的环流

$$\oint_l \boldsymbol{B}\cdot \mathrm{d}\boldsymbol{l}=\oint_l B\cos\theta \mathrm{d}l=\oint_l \frac{\mu_0 I}{2\pi R}\mathrm{d}l=\frac{\mu_0 I}{2\pi R}\oint_l \mathrm{d}l$$

上式右端的积分值为圆周的周长 $2\pi R$,所以

$$\oint_l \boldsymbol{B}\cdot \mathrm{d}\boldsymbol{l}=\mu_0 I \tag{11-16a}$$

上式表明,在恒定磁场中,磁感强度 $\boldsymbol{B}$ 沿闭合路径的线积分,等于此闭合路径所包围的电流与真空磁导率的乘积.$\boldsymbol{B}$ 沿闭合路径

① 韦伯(W.E.Weber,1804—1891),德国物理学家.他与高斯合作于 1833 年制成第一台有线电报机,1834 年又一起组织了磁学联合会,并创建了地磁观测网.

的线积分又叫做 $\boldsymbol{B}$ 的环流.

应当指出,在式(11-16a)中,积分回路 l 的绕行方向与电流的流向呈右手螺旋的关系.若绕行方向不变,而电流反向,则

$$\oint_l \boldsymbol{B}\cdot \mathrm{d}\boldsymbol{l}=-\mu_0 I=\mu_0(-I)$$

这时可以认为,对逆时针绕行的回路 l 来讲,电流是负的.

式(11-16a)是从特例得出的.如果 $\boldsymbol{B}$ 的环流是沿任意闭合路径,而且其中不止一个电流,那么也可以证明:在真空的恒定磁场中,磁感强度 $\boldsymbol{B}$ 沿任一闭合路径的积分(即 $\boldsymbol{B}$ 的环流)的值,等于 μ_0 乘以该闭合路径所包围的各电流的代数和,即

$$\oint_l \boldsymbol{B}\cdot \mathrm{d}\boldsymbol{l}=\mu_0\sum_{i=1}^{n} I_i \qquad (11-16\mathrm{b})$$

这就是真空中磁场的环路定理,也称为安培环路定理.它是电流与磁场之间的基本规律之一.在式(11-16b)中,若电流流向与积分路径呈右螺旋关系,则电流取正值,反之则取负值.

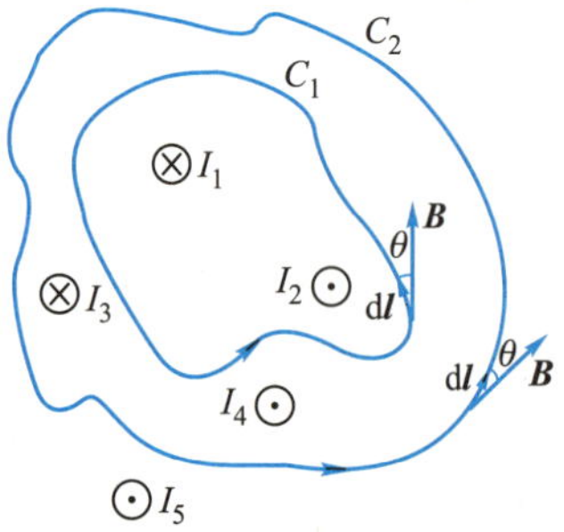

图 11-18 安培环路定理

如图 11-18 所示①,有两个闭合路径 C_1 和 C_2 在纸平面内,垂直于纸平面的电流分别为 I_1、I_2、I_3、I_4 和 I_5.于是对闭合路径 C_1,$\boldsymbol{B}$ 的环流为

$$\oint \boldsymbol{B}\cdot \mathrm{d}\boldsymbol{l}=\mu_0(I_2-I_1)$$

而对闭合回路 C_2,$\boldsymbol{B}$ 的环流为

$$\oint \boldsymbol{B}\cdot \mathrm{d}\boldsymbol{l}=\mu_0(I_2+I_4-I_1-I_3)$$

安培

安培(André-Marie Ampère, 1775—1836),法国物理学家,对数学和化学也有贡献.他在电磁理论的建立和发展方面建树颇丰.1820 年 9 月他提出了物质磁性起源的分子电流假设,并在 1821—1825 年精巧实验的基础上导出两电流元间相互作用力的公式,这个公式为毕奥-萨伐尔定律和安培力公式之结合.

文档:安培

由式(11-16b)可以看出,不管闭合路径外面的电流如何分布,只要闭合路径没有包围电流,或者所包围电流的代数和等于零,就总有 $\oint_l \boldsymbol{B}\cdot \mathrm{d}\boldsymbol{l}=0$.但是,应当注意,$\boldsymbol{B}$ 的环流为零一般并不意味着闭合路径上各点的磁感强度都为零.

由安培环路定理还可以看出,由于磁场中 $\boldsymbol{B}$ 的环流一般不等于零,所以,恒定磁场的基本性质与静电场是不同的.静电场是

① 符号⊗表示电流流向垂直纸面向里,符号⊙表示电流流向垂直纸面向外.

保守场，磁场是涡旋场.

用静电场中高斯定理可以求得电荷对称分布时的电场强度. 同样，我们可以应用恒定磁场中的安培环路定理来求某些对称性分布电流的磁感强度. 把真空中磁场的安培环路定理和真空中静电场的高斯定理对照列出，就不难明白这一点了.

磁场的安培环路定理 $\oint_l \boldsymbol{B}\cdot \mathrm{d}\boldsymbol{l}=\mu_0\sum_{i=1}^{n} I_i$

静电场的高斯定理 $\oint_S \boldsymbol{E}\cdot \mathrm{d}\boldsymbol{S}=\sum_{i=1}^{n}\frac{q_i}{\varepsilon_0}$

二、安培环路定理应用举例

例 1 载流螺绕环内的磁场

图 11-19(a) 为一螺绕环，环内为真空. 环上均匀地密绕有 N 匝线圈，线圈中的电流为 I. 由于环上的线圈绕得很密集，所以环外的磁场很微弱，可以略去不计，磁场几乎全部集中在螺绕环内. 此时，呈对称性分布的电流使磁场也具有对称性，环内的磁感线形成同心圆，且同一圆周上各点的磁感强度 $\boldsymbol{B}$ 的大小相等，方向沿圆周的切向. 求载流螺绕环内中心线上任意点处的磁感强度.

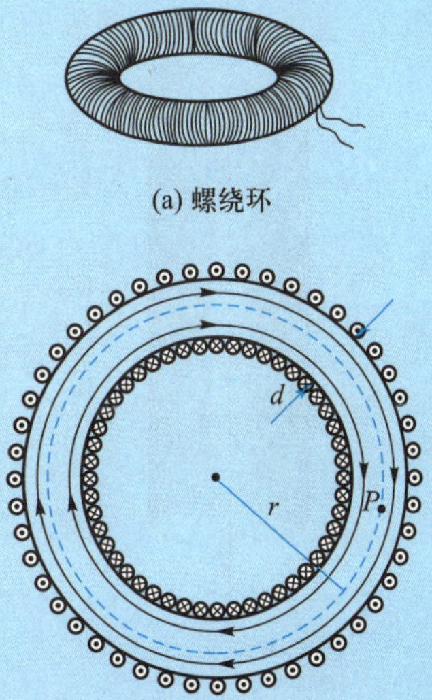

(a) 螺绕环

(b) 螺绕环内的磁场

图 11-19

解 现通过环内点 P，以半径 r 作一圆形闭合路径 [图 11-19(b)]. 显然闭合路径上各点的磁感强度方向都和闭合路径相切，各点的磁感强度大小都相等，并且圆形闭合路径内电流的流向和此圆形闭合路径构成右螺旋关系. 这样，根据安培环路定理有

$$\oint_l \boldsymbol{B}\cdot \mathrm{d}\boldsymbol{l}=B\cdot 2\pi r=\mu_0 NI$$

可得

$$B=\frac{\mu_0 NI}{2\pi r}$$

从上式可以看出，螺绕环内的横截面上各点的磁感强度是不同的. 如果 L 表示螺绕环中心线所在的圆形闭合路径的长度，那么，螺绕环中心线上任意点处的磁感强度为

$$B=\mu_0\frac{NI}{L}=\mu_0 nI$$

式中 n 为环上单位长度线圈的匝数. 当螺绕环中心线的直径比线圈的直径大得多，即 $2r\gg d$ 时，环内的磁场可看成是均匀的，环内任意点处的磁感强度均可用上式表示.

例 2　无限长载流圆柱体的磁场

在第 11-4 节中，我们用毕奥-萨伐尔定律计算了无限长载流直导线的磁场，当时认为通过导线的电流是线电流，而实际上，导线都有一定的半径，流过导线的电流是分布在整个截面内的. 求无限长载流圆柱体内外任意点处的磁感强度.

解　设在半径为 R 的圆柱形导体中，电流沿轴向流动，且电流在截面上的分布是均匀的. 如果圆柱形导体很长，那么在导体的中部，磁场的分布可视为是对称的. 下面先用安培环路定理来求圆柱体外的磁感强度①.

如图 11-20 所示，设点 P 离圆柱体轴线的垂直距离为 r，且 $r>R$. 通过点 P 作半径为 r 的圆，圆面与圆柱体的轴线垂直. 由于对称性，在以 r 为半径的圆周上，磁感强度 $\boldsymbol{B}$ 的大小相等，方向都沿圆的切线方向，故 $\boldsymbol{B}\cdot \mathrm{d}\boldsymbol{l}=B\mathrm{d}l$. 于是，根据安培环路定理有

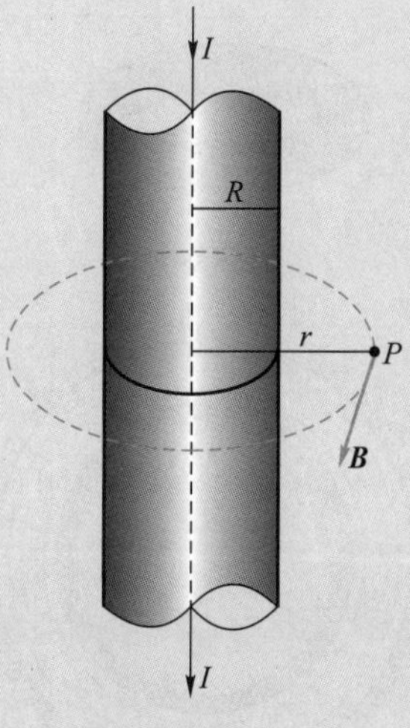

图 11-20

$$\oint_l \boldsymbol{B}\cdot \mathrm{d}\boldsymbol{l}=\oint_l B\mathrm{d}l=B\oint_l \mathrm{d}l=B\cdot 2\pi r=\mu_0 I$$

由此得

$$B=\frac{\mu_0 I}{2\pi r}\quad (r>R)$$

把上式与无限长载流直导线的磁场相比较可以看出，无限长载流圆柱体外的磁感强度与无限长载流直导线的磁感强度是相同的.

现在来求圆柱体内距轴线垂直距离为 r 处($r<R$)的磁感强度. 如图 11-21 所示，通过点 P 作半径为 r 的圆，圆面与圆柱体的轴线垂直. 由于对称性，圆周上各点 $\boldsymbol{B}$ 的大小相等，方向均与圆周相切. 于是，根据安培环路定理有

$$\oint_l \boldsymbol{B}\cdot \mathrm{d}\boldsymbol{l}=B\cdot 2\pi r=\mu_0\sum I_i$$

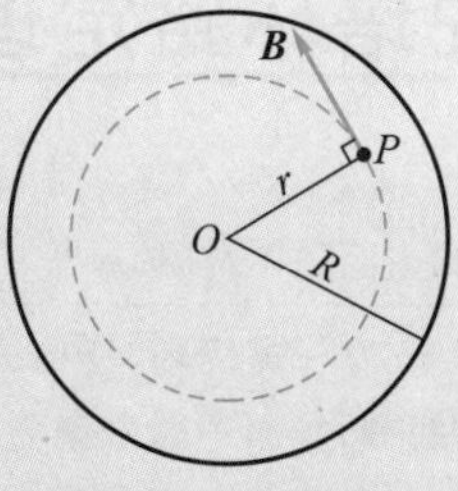

图 11-21

式中 $\sum I_i$ 是以 r 为半径的圆所包围的电流. 如果在圆柱体内电流密度是均匀的，即 $j=I/\pi R^2$，那么，通过截面积 πr^2 的电流 $\sum I_i=j\pi r^2=Ir^2/R^2$. 于是上式可写为

$$\oint_l \boldsymbol{B}\cdot \mathrm{d}\boldsymbol{l}=B\cdot 2\pi r=\mu_0\frac{Ir^2}{R^2}$$

由此得

$$B=\frac{\mu_0 Ir}{2\pi R^2}\quad (r<R)$$

由上述结果可得图 11-22 所示的图线，它给出了 $\boldsymbol{B}$ 的大小随 r 变化的情形.

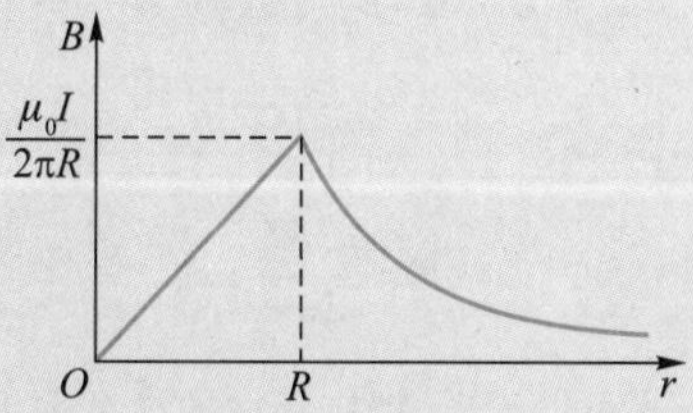

图 11-22

① 在本章第 11-9 节的表 11-2 中，我们可以看到，铝、铜这类金属导体的磁化率是很小的，因此在一般情况下，它们因磁化而产生的附加磁场比电流的磁场弱得多，这类导体的磁化效应可略去不计.

11-7 带电粒子在磁场中的运动

前面介绍了电流激发磁场的毕奥-萨伐尔定律，以及磁场的两个基本定理：磁场的高斯定理和安培环路定理.这一节将介绍带电粒子在磁场中所受的力——洛伦兹力，以及带电粒子在电场和磁场中运动的一些例子.通过这些例子，我们可以了解电磁学的一些基本原理在科学技术中的应用.

一、带电粒子在磁场中所受的力

从静电场的讨论中我们知道，若电场中点 P 的电场强度为 $\boldsymbol{E}$，则处于该点的电荷为 $+q$ 的带电粒子所受的电场力为

$$\boldsymbol{F}_{\mathrm{e}}=q\boldsymbol{E}$$

如图 11-23 所示，若点 P 处的磁感强度为 $\boldsymbol{B}$，且电荷为 $+q$ 的带电粒子以速度 $\boldsymbol{v}$ 通过点 P，则由式(11-9)可知，作用在带电粒子上的磁场力为

$$\boldsymbol{F}_{\mathrm{m}}=q\boldsymbol{v}\times\boldsymbol{B} \tag{11-17}$$

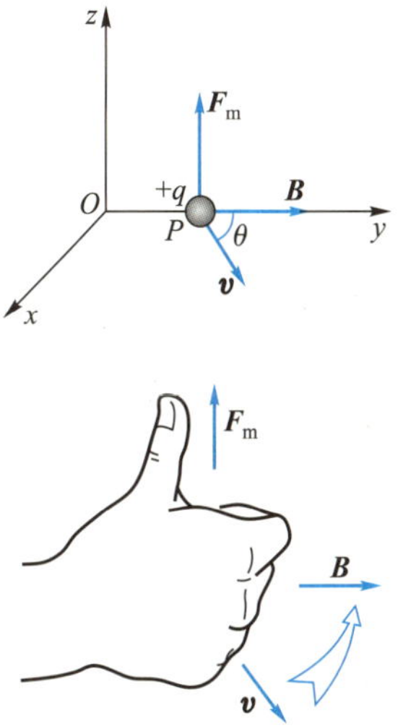

图 11-23 洛伦兹力

式中 $\boldsymbol{F}_{\mathrm{m}}$ 叫做洛伦兹力.洛伦兹力 $\boldsymbol{F}_{\mathrm{m}}$ 的方向垂直于运动电荷的速度 $\boldsymbol{v}$ 和磁感强度 $\boldsymbol{B}$ 所组成的平面，且符合右手螺旋定则：即以右手四指由 $\boldsymbol{v}$ 经小于 180°的角弯向 $\boldsymbol{B}$，此时，拇指的指向就是正电荷所受洛伦兹力的方向.由式(11-17)还可以看出，当电荷为 $+q$ 时，$\boldsymbol{F}_{\mathrm{m}}$ 的方向与 $\boldsymbol{v}\times\boldsymbol{B}$ 的方向相同；当电荷为 $-q$ 时，$\boldsymbol{F}_{\mathrm{m}}$ 的方向则与 $\boldsymbol{v}\times\boldsymbol{B}$ 的方向相反.

在普遍的情况下，若带电粒子既在电场又在磁场中运动，则作用在带电粒子上的力应为电场力 $q\boldsymbol{E}$ 和洛伦兹力① $q\boldsymbol{v}\times\boldsymbol{B}$ 之和，即

$$\boldsymbol{F}=q\boldsymbol{E}+q\boldsymbol{v}\times\boldsymbol{B}$$

① 一般我们也称 $\boldsymbol{F}=q\boldsymbol{E}+q\boldsymbol{v}\times\boldsymbol{B}$ 为洛伦兹力，而将最早由洛伦兹提出的 $\boldsymbol{F}_{\mathrm{m}}=q\boldsymbol{v}\times\boldsymbol{B}$ 称为磁场力.本书中我们仍称 $q\boldsymbol{v}\times\boldsymbol{B}$ 为洛伦兹力.

二、带电粒子在磁场中的运动举例

1. 回旋半径和回旋频率

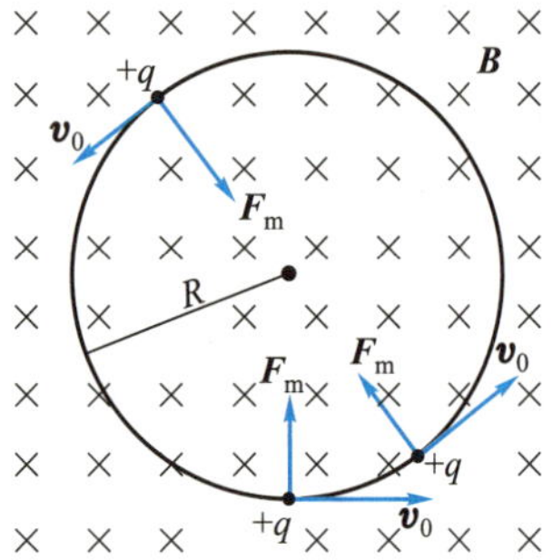

图 11-24 带电粒子的 $\boldsymbol{v}_0$ 与 $\boldsymbol{B}$ 垂直时的运动

设电荷为$+q$，质量为 m 的带电粒子，以初速度 $\boldsymbol{v}_0$ 进入磁感强度为 $\boldsymbol{B}$ 的均匀磁场中，且 $\boldsymbol{v}_0$与 $\boldsymbol{B}$ 垂直，如图 11-24 所示①. 若略去重力作用，则作用在带电粒子上的力仅为洛伦兹力 $\boldsymbol{F}_m$，其大小为 $F_m=qv_0B$，而 $\boldsymbol{F}_m$ 的方向垂直于 $\boldsymbol{v}_0$与 $\boldsymbol{B}$ 所构成的平面. 因此，带电粒子进入磁场后将以速率 v_0 作匀速圆周运动. 根据牛顿第二定律，有

$$qv_0B=m\frac{v_0^2}{R}$$

式中 R 为带电粒子作匀速圆周运动的轨道半径，也称回旋半径. 由上式可得

$$R=\frac{mv_0}{qB} \tag{11-18}$$

上式表明，回旋半径 R 与带电粒子速度 $\boldsymbol{v}_0$的大小成正比，与磁感强度 $\boldsymbol{B}$ 的大小成反比.

粒子运行一周所需要的时间叫做回旋周期，用符号 T 表示，即

$$T=\frac{2\pi R}{v_0}=\frac{2\pi m}{qB} \tag{11-19a}$$

粒子单位时间内所运行的圈数叫做回旋频率，用符号 f 表示，即

$$f=\frac{1}{T}=\frac{qB}{2\pi m} \tag{11-19b}$$

由上面可以看出，回旋频率 f 与粒子的速率无关，但回旋半径 R 与粒子的速率有关，速率越大的粒子，其回旋半径也越大.

应当指出，以上种种结论只适用于带电粒子速度远小于光速的非相对论情形. 若带电粒子的速度接近于光速，则上述公式虽然仍可沿用，但粒子的质量 m 不再为常量，而是随速度趋于光速而增加的，因而回旋周期将变长，回旋频率将减小. 这种情况将在下面讨论的回旋加速器中提及.

① 符号“×”表示 $\boldsymbol{B}$ 的方向垂直纸面向里，符号“·”表示 $\boldsymbol{B}$ 的方向垂直纸面向外. 其他矢量也可这样表示.

例 1

在垂直纸平面的均匀磁场的作用下，有一电子束在纸平面内作圆周运动，其半径为 $R=15$ cm.已知电子是在 $U=175$ V 的加速电压下，由静止获得作匀速圆周运动的速度的.试求：(1) 均匀磁场的磁感强度大小；(2) 电子的角速率.

解 (1) 设电子束中的电子的质量为 m_e、电荷为 $-e$，并设电子作匀速圆周运动的速率为 v. 电子由静止被加速到速率 v，其动能的增量为 $\Delta E_k=m_e v^2/2$，而电子在加速电压 U 作用下，其电势能的增量为 $\Delta E_p=-eU$.根据能量守恒定律，有

$$m_e v^2/2=eU$$

由此得
$$v=\left(\frac{2eU}{m_e}\right)^{1/2}$$

将已知数值代入上式可求得 $v=7.86\times10^6\ \mathrm{m\cdot s^{-1}}$.于是由式(11-18)可得，磁感强度为

$$B=\frac{m_e v}{eR}$$

将已知数值代入上式可求得，磁感强度大小为 $B=2.98\times10^{-4}$ T.

(2) 由圆周运动的角速率和速率的关系可得，电子的角速率为

$$\omega=\frac{v}{R}=5.24\times10^7\ \mathrm{rad\cdot s^{-1}}$$

2. 磁聚焦

前面讨论了带电粒子的初速度 $\boldsymbol{v}_0$ 与磁感强度 $\boldsymbol{B}$ 垂直时带电粒子作圆周运动的情形，下面将讨论 $\boldsymbol{v}_0$ 与 $\boldsymbol{B}$ 之间有任意夹角时带电粒子的运动规律.如图 11-25 所示，设均匀磁场中的磁感强度 $\boldsymbol{B}$ 的方向沿 z 轴正向，带电粒子的初速度 $\boldsymbol{v}_0$ 与 $\boldsymbol{B}$ 之间的夹角为 θ.于是，可将初速度 $\boldsymbol{v}_0$ 分解为：平行于 $\boldsymbol{B}$ 的纵向分矢量 $\boldsymbol{v}_{/\!/}$ 和垂直于 $\boldsymbol{B}$ 的横向分矢量 $\boldsymbol{v}_\perp$.它们的大小分别为 $v_{/\!/}=v_0\cos\theta$ 和 $v_\perp=v_0\sin\theta$.我们已经清楚，速度的横向分矢量 $\boldsymbol{v}_\perp$ 在磁场作用下，将使粒子在垂直于 $\boldsymbol{B}$ 的平面内作匀速圆周运动；而速度的纵向分矢量 $\boldsymbol{v}_{/\!/}$ 则不受磁场的影响，仍使粒子沿 $\boldsymbol{B}$ 的方向作匀速直线运动.由于带电粒子同时参与这两个运动，所以它将沿螺旋线向前运动.显然，螺旋线的半径为

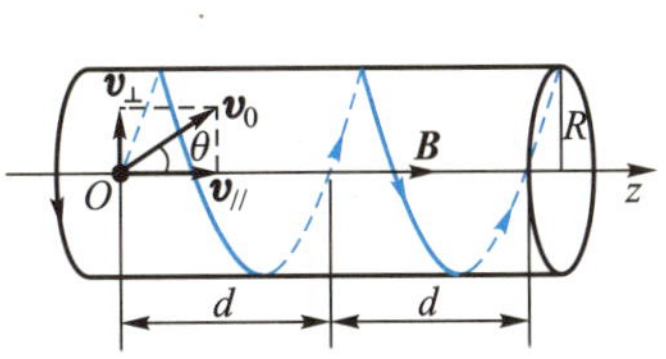

图 11-25 带电粒子在均匀磁场中的螺旋运动

$$R=\frac{mv_\perp}{qB} \tag{11-20}$$

回旋周期为

$$T=\frac{2\pi R}{v_\perp}=\frac{2\pi m}{qB}$$

而且，若把带电粒子回旋一周所前进的距离叫做螺距，则其大小为

$$d=v_{/\!/}T=\frac{2\pi m v_{/\!/}}{qB}$$

上式表明，螺距 d 与 $v_\perp$ 无关，只与 $v_{/\!/}$ 成正比.

利用上述结果可实现磁聚焦.如图 11-26 所示，在均匀磁场中某点 A 发射一束初速度相差不大的带电粒子，它们的 $\boldsymbol{v}_0$ 与 $\boldsymbol{B}$ 之间的夹角 θ 不尽相同，但都很小，于是这些粒子的横向速度 $\boldsymbol{v}_\perp$ 略有差异，而纵向速度 $\boldsymbol{v}_{/\!/}$ 却近似相等.这样这些带电粒子沿半径不同的螺旋线运动，但它们的螺距却是近似相等的，即经距离 d 后都相交于屏上同一点 P.这个现象与光束通过光学透镜聚焦的现象很相似，故称为磁聚焦现象①.磁聚焦在电子光学中有着广泛的应用.

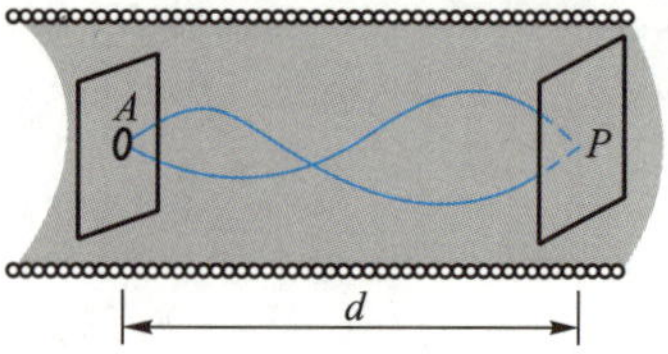

图 11-26 磁聚焦的原理

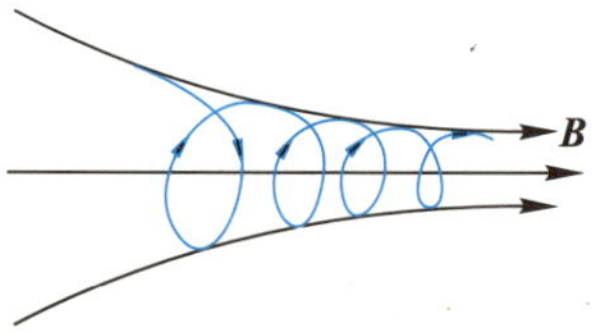

图 11-27 带电粒子在非均匀磁场中的运动

*3. 地磁场的磁约束作用

上面讨论了带电粒子射入均匀磁场中，要作半径给定的螺旋线运动，而式(11-20)指出螺旋线的半径 R 与磁感强度 B 成反比，即在磁场越强的区域，螺旋线的半径越小.图 11-27 是带电粒子在非均匀磁场中的运动情况，图中的左侧磁场较弱，右侧磁场较强，故右侧螺旋线的半径较左侧螺旋线的半径要小些.

下面利用这个道理来讨论地磁场对宇宙中高能带电粒子的约束作用.如图 11-28 所示，地球的磁场是一个不均匀磁场，从赤道到两个磁极，磁感强度是逐渐增大的.宇宙射线中的高能电子和质子进入地球不均匀磁场范围内，就会被地磁场所捕获，并在地磁南北极之间来回振荡，形成如图 11-28 所示的范艾仑辐射带.辐射带分两层，外层辐射带距地面约 6 000 km，捕获高能电子；内层辐射带距地面为 400~800 km，捕获高能质子.带电粒子在辐射带中来回振荡，互相碰撞.地球不均匀磁场对宇宙中高能粒子的约束作用，保护了地球上包括人类在内的所有生物的生存空间.

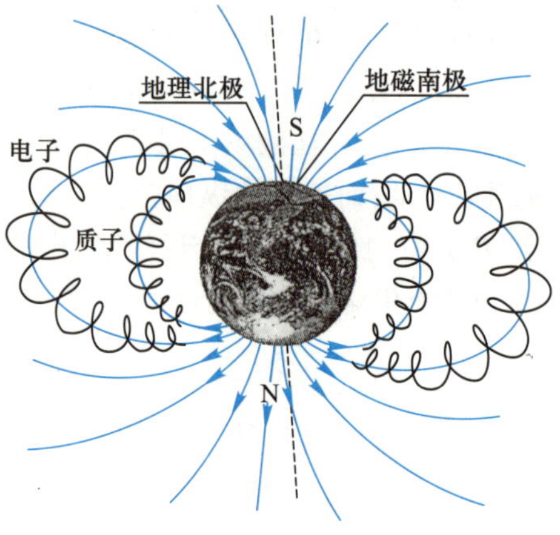

图 11-28 地磁场对来自宇宙空间高能带电粒子的约束作用

木星的极光

在地球的两极附近，由于大气和磁场条件适宜，高能粒子可使大气分子激发或电离，从而产生绚丽多彩的极光.在磁场极强的木星上空，太阳辐

① 对磁聚焦的较深入讨论，可参阅马文蔚等主编《物理学原理在工程技术上的应用》(第四版)之“磁透镜”(高等教育出版社，2015 年).

磁透镜

射的高能粒子引起的极光不仅更强烈，也更加绚丽.

三、带电粒子在现代电磁场技术中的应用举例

1. 质谱仪

质谱仪是用物理方法分析同位素的仪器，是由英国实验化学家和物理学家阿斯顿(F.W.Aston，1877—1945)在1919年创制的.当年用它发现了氯和汞的同位素，以后几年内又发现了许多种同位素，特别是一些非放射性的同位素.为此，阿斯顿于1922年获诺贝尔化学奖.阿斯顿仅拥有学士学位，他的成才主要得力于在长期平凡的实验室工作中力求进取的精神和毅力.

图 11-29 是一种质谱仪的示意图.从离子源(图中未画出)产生的带电为$+q$的正离子，以速率v经过狭缝S_1和S_2之后，进入速度选择器.设速度选择器中P_1、P_2两平行板之间的均匀电场的电场强度为$\boldsymbol{E}$，而垂直纸面向外的均匀磁场的磁感强度为$\boldsymbol{B}$.正离子同时受到电场力和洛伦兹力的作用.当正离子在P_1、P_2之间所受的电场力$\boldsymbol{F}_e=q\boldsymbol{E}$和洛伦兹力$\boldsymbol{F}_m=q\boldsymbol{v}\times\boldsymbol{B}$的大小相等、方向相反，即$q\boldsymbol{E}=-q\boldsymbol{v}\times\boldsymbol{B}$时，可得

$$v=\frac{E}{B}$$

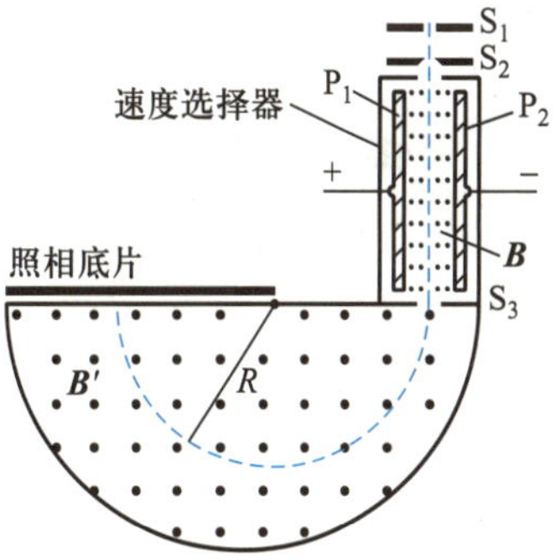

图 11-29 质谱仪的示意图

显然，对于给定的$\boldsymbol{E}$和$\boldsymbol{B}$，只有正离子的速率满足$v=E/B$时，它们才能径直穿过P_1、P_2而从狭缝S_3射出.

动画：粒子速度选择器

正离子由S_3射出后，进入另一个磁感强度为$\boldsymbol{B}'$的均匀磁场区域，磁场的方向也是垂直纸面向外的，但在此区域中没有电场.这时正离子在洛伦兹力作用下，将以半径R作匀速圆周运动.若离子的质量为m，则有

$$qvB'=m\frac{v^2}{R}$$

故

$$m=\frac{qB'R}{v}$$

由于B'和离子的速率v是已知的，且假定每个离子的电荷都是相等的，所以从上式可以看出，离子的质量和它的轨道半径成正比.

如果这些离子中有不同质量的同位素，它们的轨道半径就

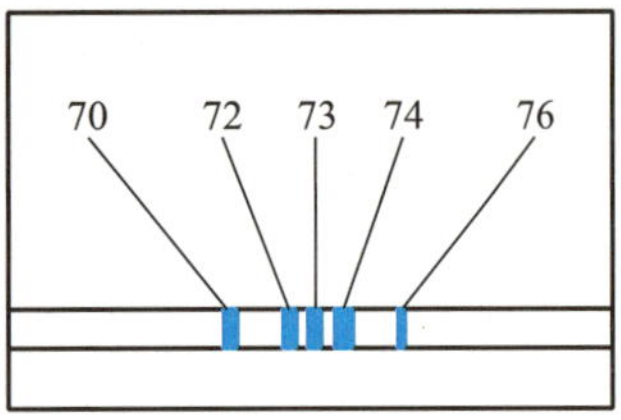

图 11-30 锗的质谱

不一样，将分别射到照相底片上不同的位置，形成若干线状谱中的细条纹，每一个条纹相当于一定质量的离子.我们从条纹的位置可以推算出轨道半径 R，从而算出它们相应的质量，所以这种仪器叫做质谱仪.图 11-30 表示锗的质谱，条纹表示质量数为 70，72，…的锗的同位素 ^{70}Ge，^{72}Ge，….

采用某种收集装置代替照相底片，人们就能进而得知各种同位素的相对成分.阿斯顿等人因此曾先后发现天然存在的镁（Mg）元素中，同位素 ^{24}Mg 占 78.99%，^{25}Mg 占 10.00%，^{26}Mg 占 11.01%.利用质谱仪既可发现新同位素及其所占百分比，又能从同位素分离中获得某一特需的同位素产品，其最大优点在于，整个过程不需其他物质参与，简捷可靠.

2. 回旋加速器

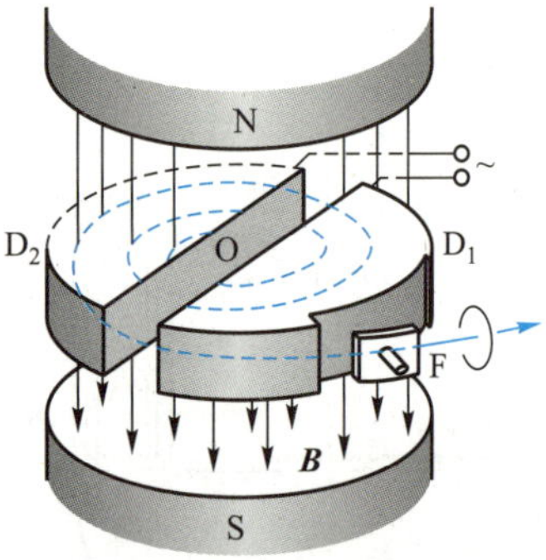

图 11-31 回旋加速器原理图

我国于 1994 年建成的第一台强流质子加速器，可产生数十种中短寿命的放射性同位素

在研究原子核的结构时，人们需要有几百万、几千万甚至几千亿电子伏能量的带电粒子来轰击它们，使它们产生核反应.要使带电粒子获得这样高的能量，一种可能的途径是在电场和磁场的共同作用下，使粒子经过多次加速来达到目的.第一台回旋加速器是美国物理学家劳伦斯（E.O.Lawrence，1901—1958）于 1932 年研制成功的，其可将质子和氘核①加速到 1 MeV（10^6 eV）的能量.为此，1939 年劳伦斯获得诺贝尔物理学奖.下面简述回旋加速器的工作原理.

图 11-31 是回旋加速器原理图，它的主要部分是作为电极的两个金属半圆形真空盒 D_1 和 D_2，它们放在高真空的容器内.然后，将它们放在电磁铁所产生的强大均匀磁场 $\boldsymbol{B}$ 中，磁场方向与半圆形盒 D_1 和 D_2 的平面垂直.当两电极间加有高频交变电压时，两电极缝隙之间就存在高频交变电场 $\boldsymbol{E}$，致使极缝间电场的方向在相等的时间间隔 t 内迅速地交替改变.如果有一带正电荷 q 的粒子，从极缝间的粒子源 O 中释放出来，那么，这个粒子在电场力的作用下，被加速而进入半圆形盒 D_1.设这时粒子的速率已达 v_1，由于盒内无电场，且磁场的方向垂直于粒子的运动方向，所以粒子在 D_1 内作匀速圆周运动.经时间间隔 t 后，粒子恰好到达缝隙，这时交变电压也将改变符号，即极缝间的电场正好也改变了方向，所以粒子又会在电场力的作用下加速进入半圆形盒 D_2，粒子的速率由 v_1 增加至 v_2，在 D_2 内的轨道半径也相应地增大.由式（11-19b）可知粒子的回旋频率为

$$f=\frac{qB}{2\pi m}$$

① 氘核（deuteron，^2H）是重氢的原子核，它含有结合紧密的质子和中子各一个.

式中 m 为粒子的质量.上式表明,粒子的回旋频率与圆轨道半径无关,与粒子速率无关.这样,带正电的粒子在交变电场和均匀磁场的作用下,多次累积式地被加速而沿着螺旋形的平面轨道运动,直到粒子能量足够高时到达半圆形电极的边缘,通过铝箔覆盖着的小窗 F 被引出加速器.

当粒子到达半圆形盒的边缘时,粒子的轨道半径即盒的半径 R_0,此时粒子的速率为[式(11-18)]

$$v=\frac{qBR_0}{m}$$

粒子的动能为

$$E_k=\frac{1}{2}mv^2=\frac{q^2B^2R_0^2}{2m}$$

从上式可以看出,某一带电粒子在回旋加速器中所获得的动能,与电极半径的二次方成正比,与磁感强度的二次方成正比.可见,要使粒子的能量更高,就得建造巨型的强大的电磁铁,而这显然会受到技术上、经济上的制约.

例 2

一回旋加速器的交变电压的频率为 12×10^6 Hz,半圆形电极的半径为 0.532 m.问加速氘核所需的磁感强度为多大?氘核所能达到的最大动能为多少?其最大速率为多少?(已知氘核的质量为 3.3×10^{-27} kg、电荷为 1.6×10^{-19} C.)

解 只有交变电压的频率和粒子的回旋频率相等时,粒子才能在电极的狭缝间被加速.由粒子的回旋频率公式可得,磁感强度的大小为

$$B=\frac{2\pi mf}{q}=1.56\ \text{T}$$

则氘核的最大动能为

$$E_k=\frac{q^2B^2R_0^2}{2m}=2.67\times10^{-12}\ \text{J}$$

$$=1.67\times10^7\ \text{eV}=16.7\ \text{MeV}$$

另外可求得,氘核的最大速率为

$$v=\frac{qBR_0}{m}=4.02\times10^7\ \text{m}\cdot\text{s}^{-1}$$

式(4-36)已经指出,当粒子的速率增加到与光速相近时,按照爱因斯坦的狭义相对论,其质量要随速率的增加而增加.粒子的质量 m 与速率之间的关系为 $m=m_0/\sqrt{1-(v/c)^2}$,其中 m_0 为粒子的静质量.这样,式(11-19b)所表示的回旋频率应改写为

CERN 的强子对撞机内部

$$f=\frac{qB}{2\pi m_0}\sqrt{1-\left(\frac{v}{c}\right)^2}$$

由上式可见，随着粒子速率的增加，其回旋频率 f 要减小，粒子在半圆形盒中的运动周期 T 就要变长，不能与交变电压的周期相一致.也就是说，这时加速器已不能继续使粒子加速了.因此，欲使粒子能够被加速，必须适时地改变交变电压的频率(或周期)，使之与粒子速率的变化始终保持相适应的同步状态，以得到稳定的加速.这种加速器就称为同步回旋加速器.最早的同步回旋加速器是1944—1945 年由美国核物理学家麦克米伦①(E. M. Mcmillan，1907—1991)提出的.欧洲核子研究组织(CERN)已投入运行的质子同步回旋加速器可将质子加速到 600 MeV.2012 年，CERN 的大型强子对撞机通过实验发现了希格斯玻色子，希格斯玻色子亦称上帝粒子，其能量为 125～126 GeV.它的发现对于人们理解物质的质量来源和粒子物理的标准模型具有十分重要的意义.预测该粒子存在的两位科学家弗朗索瓦·恩格勒和彼得·希格斯因此获得了 2013 年的诺贝尔物理学奖.加速器的用途十分广泛，有的可产生高能激光源；有的可模拟研究宇宙的起源；大量的低能量的电子加速器在人们的日常生活中的应用更是非常广泛，如农业中的育种、工业中的探伤，以及医学中的检测和治疗等.

CERN 的 600 MeV 同步回旋加速器

*3. 霍耳效应

前面我们讨论了带电粒子在空间电场和磁场中运动时受力的情况.那么，在具有载流子的导体或半导体中，若同时存在电场和磁场，情况将会怎样呢?

如图 11-32 所示，把一块宽为 b、厚为 d 的导电板放在磁感强度为 $\boldsymbol{B}$ 的磁场中，并在导电板中通以纵向电流 I，此时在板的横向两侧面 A、A'之间就呈现出一定的电势差 U_H.这一现象称为霍耳效应②，所产生的电势差 U_H 称为霍耳电压.实验表明，霍耳电压的值为

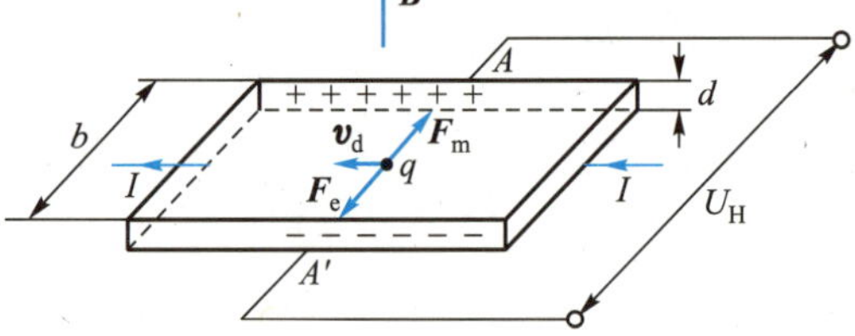

图 11-32 霍耳效应示意图

① 麦克米伦于 1940 年发现第一个超铀元素——镎，他与之后对超铀元素发现有重大贡献的西博格(G.T.Seaborg，1912—1999)共同获得 1951 年的诺贝尔化学奖.

② 霍耳效应是霍耳(E.H.Hall，1855—1938)于 1879 年发现的.他当时是美国约翰·霍普金斯大学著名教授罗兰(H.A.Rowland，1848—1901)的研究生.在此前，罗兰曾做了带电旋转盘的磁效应实验，第一次揭示了运动电荷也能激发磁场.

$$U_H = R_H \frac{IB}{d} \tag{11-21}$$

式中 R_H 称为霍耳系数.如果撤去磁场,或者撤去电流,霍耳电压也就随之消失.

霍耳效应可以用洛伦兹力来解释.在图 11-32 中,设导体板中的载流子为正电荷 q,其漂移速度为 $\boldsymbol{v}_d$.于是载流子在磁场中要受洛伦兹力 $\boldsymbol{F}_m$ 的作用,其大小为 $F_m = qvB$.在洛伦兹力的作用下,导体板中的载流子将向板的 A 端移动,从而使 A、A' 两侧面上分别有正、负电荷的积累.这样,便在 A、A' 之间建立起电场强度为 $\boldsymbol{E}$ 的电场,于是,载流子就要受到一个与洛伦兹力方向相反的电场力 $\boldsymbol{F}_e$.随着 A、A' 上电荷的积累,$\boldsymbol{F}_e$ 也不断增大.当电场力增大到正好等于洛伦兹力时,就达到了动平衡.这时导体板 A、A' 两侧面之间的横向电场称为霍耳电场 E_H,它与霍耳电压 U_H 之间的关系为

$$E_H = \frac{U_H}{b}$$

由于动平衡时电场力与洛伦兹力相等,所以有

$$qE_H = qv_d B$$

于是

$$\frac{U_H}{b} = v_d B \tag{11-22}$$

上式给出了霍耳电压 U_H、磁感强度大小 B 以及载流子漂移速率 v_d 之间的关系.考虑到 v_d 与电流 I 的关系即式(11-4),有

$$I = qnv_d S = qnv_d bd$$

于是可将式(11-22)改写,霍耳电压为

$$U_H = \frac{IB}{nqd} \tag{11-23}$$

对于一定的材料,载流子数密度 n 和正电荷 q 都是一定的.上式与式(11-21)相比较,可得霍耳系数为

$$R_H = \frac{1}{nq} \tag{11-24}$$

可见 R_H 与载流子数密度 n 成反比.

以上我们讨论了载流子带正电的情况,所得霍耳电压和霍耳系数亦是正的.若载流子带负电,则产生的霍耳电压和霍耳系数就是负的.所以从霍耳电压的正负,可以判断载流子带的是正电还是负电.

在金属导体中,由于自由电子的数密度很大,所以金属导体的霍耳系数很小,相应的霍耳电压也就很弱.在半导体①中,载流子数密度要低得多,则

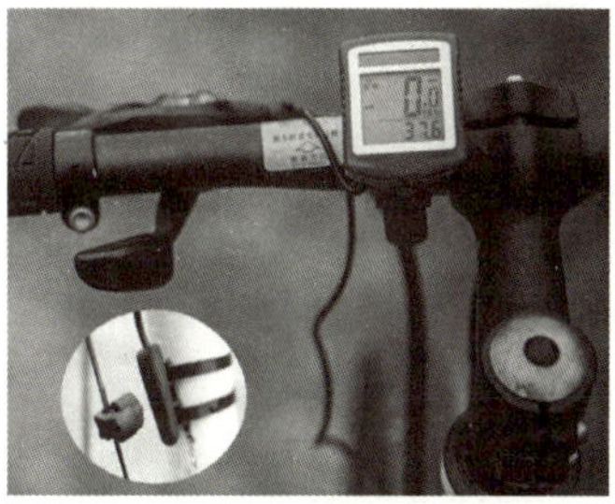

运动自行车车轮的转速测量

① 在半导体中,载流子是带正电的空穴和带负电的电子.有关半导体的载流子内容可参阅本书第十六章.

崔琦

文档：崔琦

半导体的霍耳系数比金属导体大得多，所以半导体能产生很强的霍耳效应.

利用霍耳效应制成的霍耳元件，作为一种特殊的半导体器件，在生产和科研中得到了广泛的应用，如判别材料的导电类型，确定载流子数密度与温度的关系，测量温度，测量磁场，测量电流等.磁流体发电的原理也是依赖于霍耳效应的①.运动自行车车轮的辐条上常装有一磁铁，随车轮一同转动.车轮每转动一圈，磁铁就会在经过固定在车架上的霍耳元件时引起一个霍耳电压脉冲，通过记录脉冲频率就可知道自行车车轮的转速，进而转换为车速和运动的距离.

1982 年美籍华人物理学家崔琦（1939—　）和德国科学家施特默（H.L. Störmer，1949—　）对在强磁场和超低温实验条件下的电子进行了研究.他们把两种半导体晶片即砷化镓和砷氯化镓压在一起，并把它们放在超低温（0.16 K）和超强磁场（相当于地球磁感强度的 100 万倍）的环境中.在这样的条件下，他们发现大量电子就在这两种晶片交界处聚集，形成一种新的量子流体.这种量子流体具有一些奇特现象，如阻力消失、出现几分之一电子电荷等.一年之后，美国科学家劳克林（R.B.Laughlin，1950—　）对他们的实验作了理论分析，提出了分数量子霍耳效应的理论.他们三位由于对量子物理学作出的重大贡献，共同获得 1998 年的诺贝尔物理学奖.

11-8 载流导线在磁场中所受的力

一、安培力

如图 11-33 所示，在平行纸面向下的均匀磁场中有一电流元 $I\mathrm{d}\boldsymbol{l}$，它与磁感强度 $\boldsymbol{B}$ 之间的夹角为 φ.设电流元中自由电子的漂移速度均为 $\boldsymbol{v}_{\mathrm{d}}$，且 $\boldsymbol{v}_{\mathrm{d}}$ 与 $\boldsymbol{B}$ 之间的夹角为 θ，故 $\theta=\pi-\varphi$.

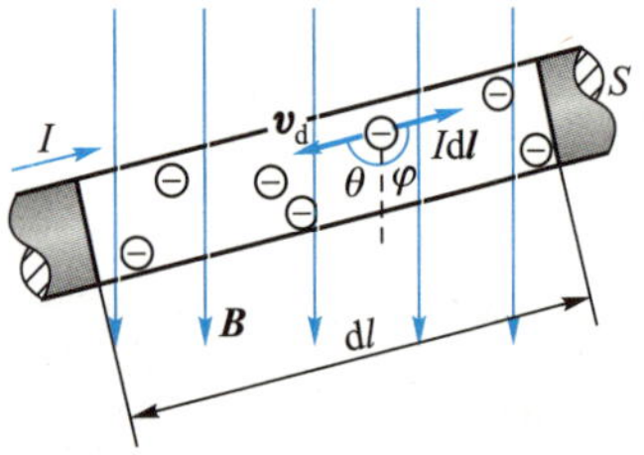

图 11-33　磁场对电场元的作用力

根据洛伦兹力公式（11-17），电流元中的一个自由电子所受的洛伦兹力的大小为 $F=ev_{\mathrm{d}}B\sin\theta$，由于电子带负电，所以此力的方向垂直纸面向里.如果电流元的截面积为 S，单位体积中有 n 个自由电子，那么，电流元中的自由电子数为 $nS\mathrm{d}l$.这样，电流元所受的力等于电流元中 $nS\mathrm{d}l$ 个电子所受的洛伦兹力的总和.因为作用在每个电子上的力的大小、方向都相同，所以磁场作用在电流元上的力为

$$\mathrm{d}F=nS\mathrm{d}lev_{\mathrm{d}}B\sin\theta$$

① 参阅马文蔚等主编《物理学原理在工程技术中的应用》（第四版）之“磁流体发电”（高等教育出版社，2015 年）.

磁流体发电

即 $$\mathrm{d}F=nev_{\mathrm{d}}S\mathrm{d}lB\sin\theta$$

从式(11-4)已知,通过导线的电流为 $I=nev_{\mathrm{d}}S$,则上式可写成

$$\mathrm{d}F=I\mathrm{d}lB\sin\theta$$

由于 $\sin\theta=\sin\varphi$,所以上式亦可写成

$$\mathrm{d}F=I\mathrm{d}lB\sin\varphi \tag{11-25}$$

上式表明:磁场对电流元 $I\mathrm{d}\boldsymbol{l}$ 作用的力,在数值上等于电流元的大小、电流元所在处的磁感强度大小以及电流元 $I\mathrm{d}\boldsymbol{l}$ 和磁感强度 $\boldsymbol{B}$ 之间的夹角 φ 的正弦之乘积,这个规律叫做安培定律.磁场对电流元作用的力,通常叫做安培力.安培力的方向可以这样判定:右手四指由 $I\mathrm{d}\boldsymbol{l}$ 经小于 180°的角弯向 $\boldsymbol{B}$,这时大拇指的指向就是安培力的方向(图 11-34).

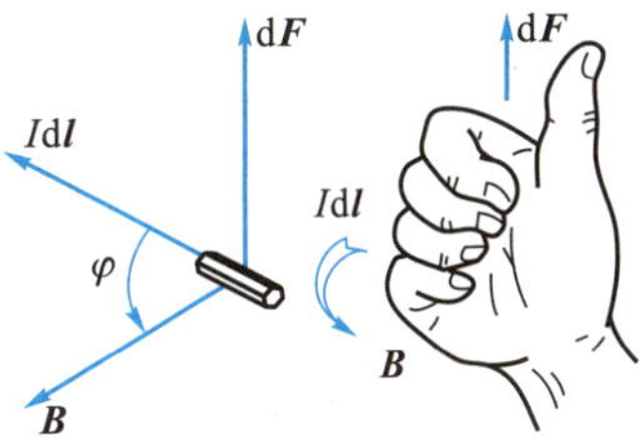

图 11-34 安培力的方向

若用矢量式表示安培定律,则有

$$\mathrm{d}\boldsymbol{F}=I\mathrm{d}\boldsymbol{l}\times\boldsymbol{B} \tag{11-26}$$

显然,安培力 $\mathrm{d}\boldsymbol{F}$ 垂直于 $I\mathrm{d}\boldsymbol{l}$ 和 $\boldsymbol{B}$ 所组成的平面,且 $\mathrm{d}\boldsymbol{F}$ 的方向与矢积 $I\mathrm{d}\boldsymbol{l}\times\boldsymbol{B}$ 的方向一致.

有限长载流导线所受的安培力,等于各电流元所受安培力的矢量叠加,即

$$\boldsymbol{F}=\int_l \mathrm{d}\boldsymbol{F}=\int_l I\mathrm{d}\boldsymbol{l}\times\boldsymbol{B} \tag{11-27}$$

上式说明,安培力是作用在整个载流导线上,而不是集中作用于一点上的.

如果有一长为 l,通以电流为 I 的直导线,放在磁感强度为 $\boldsymbol{B}$ 的均匀磁场中,那么由上式可以求得此载流导线所受安培力的大小为

$$F=IlB\sin\varphi \tag{11-28}$$

力 $\boldsymbol{F}$ 的方向垂直于直导线和磁感强度所组成的平面,φ 为电流的流向与 $\boldsymbol{B}$ 之间的夹角.由上式可以看出,当 $\varphi=0°$,即通过导线的电流流向和 $\boldsymbol{B}$ 的方向相同时,载流导线所受的力为零;当 $\varphi=90°$,即电流流向和 $\boldsymbol{B}$ 的方向垂直时,载流导线所受的力最大,为 $F=IlB$.

文档:安培力计算举例

在上述讨论中,我们略去了导线的截面积及其形状,而在实

际的电力系统中传输线(或称母线)的形状也起一定的作用①.

例 1

电磁弹射原理.如图 11-35 所示,两条平行的圆柱形导体轨道长为 L,半径为 R,轨道间距为 $d(L>>d)$,两轨道之间的棒状金属弹射体质量为 m,轨道和弹射体与外电源组成回路,通以大电流 I.(1)求弹射体受到的安培力;(2)如果弹射体从轨道的中部开始运动,加速的距离为 $L/2$,那么离开轨道时的出射速度是多少?

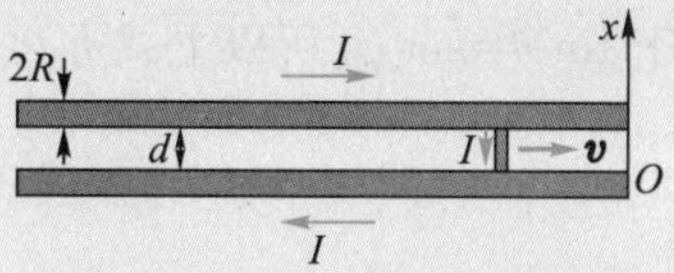

图 11-35 电磁弹射原理

解 轨道电流产生的磁场相当于两根半无限长载流直导线产生的磁场,即

$$B=\frac{\mu_0 I}{4\pi}\left(\frac{1}{R+x}+\frac{1}{R+d-x}\right)$$

弹射体受到的安培力为

$$F=\int_0^d IB\mathrm{d}x=\frac{\mu_0 I^2}{2\pi}\ln\frac{R+d}{R}$$

若电流 I 保持不变,弹射体从轨道的中部开始加速,出射时的速度为 v,则有

$$\frac{1}{2}mv^2=F\frac{L}{2}$$

弹射体离开轨道时的出射速度为

$$v=\sqrt{\frac{\mu_0 I^2 L}{2\pi m}\ln\frac{R+d}{R}}$$

例 2

如图 11-36 所示,一通有电流的闭合回路放在磁感强度为 $\boldsymbol{B}$ 的均匀磁场中,回路的平面与磁感强度 $\boldsymbol{B}$ 垂直.该回路由直导线 AB 和半径为 r 的圆弧导线 BCA 组成.若回路中的电流为 I,其流向为顺时针,问磁场作用于整个回路的力为多少?

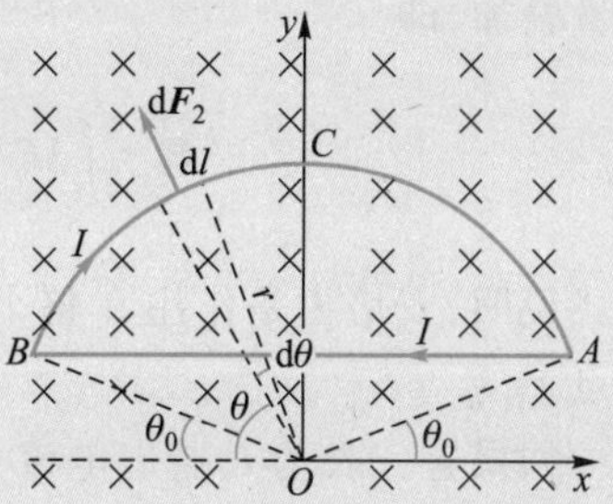

图 11-36

解 整个回路所受的力为导线 AB 和 BCA 所受力之矢量和.由式(11-28)可知,作用在直导线 AB 上的力 $\boldsymbol{F}_1$ 的大小为

$$F_1=BI|AB|$$

$\boldsymbol{F}_1$ 的方向与 Oy 轴的正向相反.

在圆弧导线 BCA 上取一线元 $\mathrm{d}\boldsymbol{l}$.由式(11-26)可知作用在此线元上的力为 $\mathrm{d}\boldsymbol{F}_2$,即

$$\mathrm{d}\boldsymbol{F}_2=I\mathrm{d}\boldsymbol{l}\times\boldsymbol{B}$$

$\mathrm{d}\boldsymbol{F}_2$ 的方向为矢积 $\mathrm{d}\boldsymbol{l}\times\boldsymbol{B}$ 的方向(如图所示),$\mathrm{d}\boldsymbol{F}_2$ 的大小为

$$\mathrm{d}F_2=BI\mathrm{d}l$$

考虑到圆弧导线 BCA 上各线元所受的力均在 xy 平面内,故可将 BCA 上各线元所受的力分解成水平和竖直两个分量 $\mathrm{d}F_{2x}$ 和 $\mathrm{d}F_{2y}$.

① 关于这方面的问题,可参阅马文蔚等主编《物理学原理在工程技术中的应用》之"电力系统中母线截面形状与安培力的关系"(高等教育出版社,2015 年).

电力系统中母线截面形状与安培力的关系

从对称性可知，圆弧上所有线元沿 Ox 轴方向受力的总和为零，即 $F_{2x}=\int dF_{2x}=0$，而沿 Oy 轴方向所有的分力均竖直向上. 于是圆弧上所有线元的合力 $\boldsymbol{F}_2$ 的大小为

$$F_2=F_{2y}=\int dF_{2y}=\int dF_2\sin\theta=\int BIdl\sin\theta$$

式中 θ 为 $d\boldsymbol{F}_2$ 与 Ox 轴间的夹角. 从图中可以看出 $dl=rd\theta$，其中 r 为圆弧的半径. 于是上式可写成

$$F_2=BIr\int\sin\theta d\theta$$

从图中还可以看出，θ 的上、下限是：在弧的一端点 B 处 $\theta=\theta_0$，在弧的另一端点 A 处 $\theta=\pi-\theta_0$. 上式的积分为

$$F_2=BIr\int_{\theta_0}^{\pi-\theta_0}\sin\theta d\theta$$

$$=BIr[\cos\theta_0-\cos(\pi-\theta_0)]=BI(2r\cos\theta_0)$$

式中 $2r\cos\theta_0=|AB|$，于是上式可写为

$$F_2=BI|AB|$$

$\boldsymbol{F}_2$ 的方向沿 Oy 轴正向.

从上述计算结果可以看出，载流直导线 AB 与载流圆弧导线 BCA 在磁场中所受的力 $\boldsymbol{F}_1$ 和 $\boldsymbol{F}_2$ 的大小相等，方向相反，即 $\boldsymbol{F}_2=-\boldsymbol{F}_1$. 这样，图 11-36 所示的闭合回路所受的磁场力，即 $\boldsymbol{F}_1$ 与 $\boldsymbol{F}_2$ 之和为零. 这表明，在均匀磁场中，若载流导线闭合回路的平面与磁感强度垂直，此闭合回路不受磁场力作用. 可以证明，上述结论不仅对图 11-36 所示的闭合回路是正确的，而且对任意放置在均匀磁场中的其他形状的闭合回路也是正确的. 读者可以选用一些简单几何形状（如方形）的闭合回路，给出自己的证明.

二、磁场作用于载流线圈的磁力矩

在磁电式电流计和直流电动机内，一般都有放在磁场中的线圈，当线圈中有电流通过时，它们将在磁场的作用下发生转动. 下面我们用安培定律来研究磁场对载流线圈的作用.

如图 11-37 所示，在磁感强度为 $\boldsymbol{B}$ 的均匀磁场中，有一刚性矩形载流线圈 $MNOP$，它的边长分别为 l_1 和 l_2，电流为 I，流向为 $M\to N\to O\to P\to M$. 设线圈平面的正法向单位矢量 $\boldsymbol{e}_n$ 与磁感强度 $\boldsymbol{B}$ 之间的夹角为 θ，即线圈平面与 $\boldsymbol{B}$ 之间的夹角为 φ（$\varphi+\theta=\pi/2$），并且 MN 边及 OP 边均与 $\boldsymbol{B}$ 垂直.

根据式（11-28）可以求得磁场对导线 NO 段和 PM 段作用力的大小分别为

$$F_4=BIl_1\sin\varphi$$

$$F_3=BIl_1\sin(\pi-\varphi)=BIl_1\sin\varphi$$

$\boldsymbol{F}_3$ 和 $\boldsymbol{F}_4$ 这两个力大小相等、方向相反，并且在同一直线上，所以对整个线圈来讲，它们的合力及合力矩都为零.

导线 MN 段和 OP 段所受磁场作用力的大小则分别为

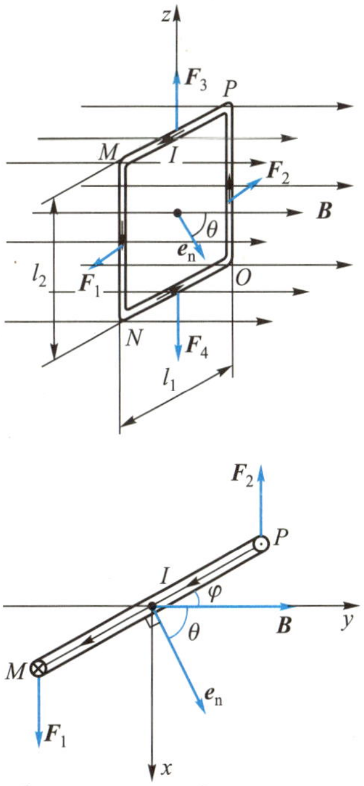

图 11-37 矩形载流线圈在均匀磁场中所受的磁力矩

$$F_1=BIl_2$$

$$F_2=BIl_2$$

这两个力大小相等，方向亦相反，但不在同一直线上，它们的合力虽为零，但对线圈要产生磁力矩 $M=F_1l_1\cos\varphi$. 由于 $\varphi=\pi/2-\theta$，所以 $\cos\varphi=\sin\theta$，则有

$$M=F_1l_1\sin\theta=BIl_2l_1\sin\theta$$

或

$$M=BIS\sin\theta \tag{11-29a}$$

式中 $S=l_1l_2$ 为矩形线圈的面积. 大家知道，线圈的磁矩为 $\boldsymbol{m}=IS\boldsymbol{e}_n$，此处 $\boldsymbol{e}_n$ 为线圈平面的正法向单位矢量. 因为角 θ 是 $\boldsymbol{e}_n$ 与磁感强度 $\boldsymbol{B}$ 之间的夹角，所以上式可用矢量表示为

$$\boldsymbol{M}=IS\boldsymbol{e}_n\times\boldsymbol{B}=\boldsymbol{m}\times\boldsymbol{B} \tag{11-29b}$$

如果线圈不是一匝，而是 N 匝，那么线圈所受的磁力矩应为

$$\boldsymbol{M}=NIS\boldsymbol{e}_n\times\boldsymbol{B} \tag{11-29c}$$

下面讨论几种情况.

（1）当载流线圈的 $\boldsymbol{e}_n$ 方向与磁感强度 $\boldsymbol{B}$ 的方向相同（即 $\theta=0°$），亦即磁通量为正向极大时，$M=0$，磁力矩为零. 此时线圈处于平衡状态［图 11-38(a)］.

（2）当载流线圈的 $\boldsymbol{e}_n$ 方向与磁感强度 $\boldsymbol{B}$ 的方向垂直（即 $\theta=90°$），亦即磁通量为零时，$M=NBIS$，磁力矩最大［图 11-38(b)］.

（3）当载流线圈的 $\boldsymbol{e}_n$ 方向与磁感强度 $\boldsymbol{B}$ 的方向相反（即 $\theta=180°$）时，$M=0$，这时也没有磁力矩作用在线圈上［图 11-38(c)］. 不过，在这种情况下，只要线圈稍稍偏过一个微小角度，它就会在磁力矩作用下离开这个位置，而稳定在 $\theta=0°$ 时的平衡状态. 因此

视频：直流电动机的基本原理

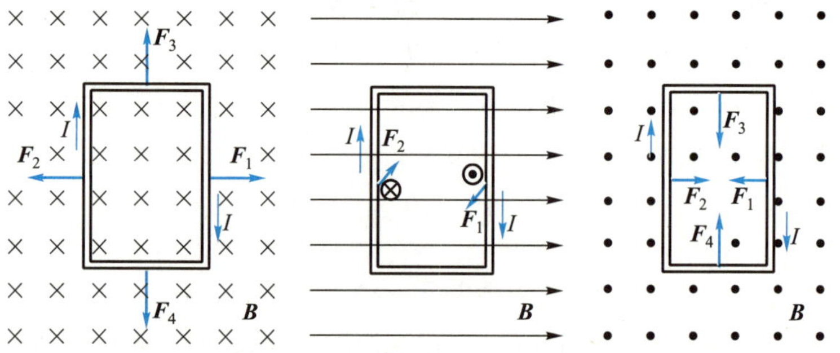

(a) $\theta=0°$ (b) $\theta=90°$ (c) $\theta=180°$

图 11-38 载流线圈的 $\boldsymbol{e}_n$ 方向与 $\boldsymbol{B}$ 的方向成不同角度时的磁力矩

我们常把 $\theta=180^\circ$时线圈的状态叫做不稳定平衡状态，而把$\theta=0^\circ$时线圈的状态叫做稳定平衡状态.总之，磁场对载流线圈作用的磁力矩，总是要使线圈转到它的 $\boldsymbol{e}_n$方向与磁场方向相一致的稳定平衡位置.

应当指出，式(11-29)虽然是从矩形线圈推导出来的，但可以证明它对任意形状的平面线圈都是适用的.

11-9 磁场中的磁介质

一、磁介质 磁化强度

1. 磁介质

前面讨论了电流在真空中所激发磁场的性质和规律.而在实际情形中，电流的周围会有各种各样的物质，这些物质与磁场是会互有影响的.处于磁场中的物质要被磁场磁化.一切能够被磁化的物质称为磁介质.而磁化了的磁介质也要激起附加磁场，对原磁场产生影响.

应当指出的是，磁介质对磁场的影响远比电介质对电场的影响要复杂得多.不同的磁介质在磁场中的表现是很不相同的.假设在真空中某点的磁感强度为 $\boldsymbol{B}_0$，放入磁介质后，因磁介质被磁化而建立的附加磁感强度为 $\boldsymbol{B}'$，那么该点的磁感强度 $\boldsymbol{B}$ 应为这两个磁感强度的矢量和，即

$$\boldsymbol{B}=\boldsymbol{B}_0+\boldsymbol{B}'$$

实验表明，附加磁感强度 $\boldsymbol{B}'$的方向和大小随磁介质而异.有一类磁介质，$\boldsymbol{B}'$的方向与 $\boldsymbol{B}_0$的方向相同，使得 $B>B_0$，这种磁介质叫做顺磁质，如铝、氧、锰等；还有一类磁介质，$\boldsymbol{B}'$的方向与 $\boldsymbol{B}_0$的方向相反，使得 $B<B_0$，这种磁介质叫做抗磁质，如铜、铋、氢等.但无论是顺磁质还是抗磁质，附加磁感强度的值 B'都比 B_0小得多(约几万分之一或几十万分之一)，它对原来磁场的影响极为微弱.因此，顺磁质和抗磁质统称为弱磁性物质.实验还指出，另外有一类磁介质，它的附加磁感强度 $\boldsymbol{B}'$的方向虽与顺磁质一样，是和 $\boldsymbol{B}_0$的方向相同的，但 $\boldsymbol{B}'$的值却比 $\boldsymbol{B}_0$的值大很多(一般可达 $10^2\sim10^4$倍)，即 $B\gg B_0$.这类磁介质能显著地增强磁场，是强磁性物质.我们把这类磁介质叫做铁磁质，如铁、镍、钴及其合金等.

2. 顺磁质和抗磁质的磁化

下面用分子电流学说来说明顺磁性和抗磁性的起源.

物质分子中每个电子都绕原子核作轨道运动,从而具有轨道磁矩;此外,电子本身还有自旋,因而也会具有自旋磁矩.分子内所有电子全部磁矩的矢量和,称为分子的固有磁矩,简称分子磁矩,用符号 $\boldsymbol{m}$ 表示.分子磁矩可用一个等效的圆电流 I 来表示,这就是安培当年为解释磁性起源而设想的分子电流的现代解释,如图 11-39 所示.

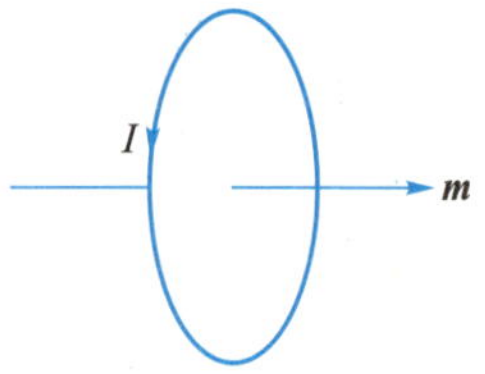

图 11-39 分子圆电流与分子磁矩

在顺磁质中,虽然每个分子都具有磁矩 $\boldsymbol{m}$,但在没有外磁场时,各分子磁矩 $\boldsymbol{m}$ 的取向是无规则的,因而在顺磁质中任一宏观小体积内,所有分子磁矩的矢量和为零,致使顺磁质对外不显现磁性,处于未被磁化的状态[图 11-40(a)].

当顺磁性物质处在外磁场中时,各分子磁矩都要受到磁力矩的作用.在磁力矩作用下,各分子磁矩的取向都具有转到与外磁场方向相同的趋势[图 11-40(b)],这样.顺磁质就被磁化了.显然,在顺磁质中因磁化而出现的附加磁感强度 $\boldsymbol{B}'$ 与外磁场的磁感强度 $\boldsymbol{B}_0$ 的方向相同.于是,在外磁场中,顺磁质内的磁感强度 $\boldsymbol{B}$ 的大小为

$$B=B_0+B'$$

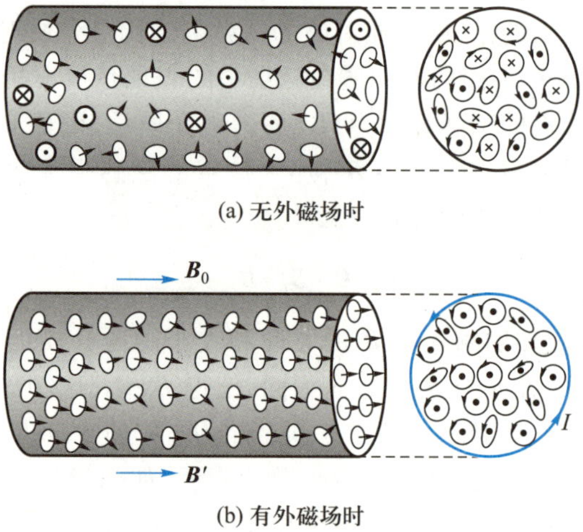

图 11-40 顺磁质中分子磁矩的取向

对抗磁质来说,在没有外磁场时,虽然分子中每个电子的轨道磁矩与自旋磁矩都不等于零,但分子中全部电子的轨道磁矩与自旋磁矩的矢量和却等于零,即分子的固有磁矩为零($\boldsymbol{m}=0$).所以,在没有外磁场时,抗磁质并不显现出磁性.但在外磁场的作用

下，分子中每个电子的轨道运动和自旋运动都将发生变化，从而引起附加磁矩 $\Delta \boldsymbol{m}$，而且附加磁矩 $\Delta \boldsymbol{m}$ 的方向必与外磁场 $\boldsymbol{B}_0$ 的方向相反.

如图 11-41 所示，设一电子以半径 r，角速度 $\boldsymbol{\omega}$ 绕核作逆时针轨道运动，电子的磁矩 $\boldsymbol{m}'$ 的方向与外磁场的磁感强度 $\boldsymbol{B}_0$ 的方向相反. 可以证明，电子在洛伦兹力 $\boldsymbol{F}$ 的作用下，其附加磁矩 $\Delta \boldsymbol{m}'$ 与外磁场 $\boldsymbol{B}_0$ 的方向相反. 由于分子中每个电子的附加磁矩 $\Delta \boldsymbol{m}'$ 都与外磁场 $\boldsymbol{B}_0$ 的方向相反，所有分子的附加磁矩 $\Delta \boldsymbol{m}$ 的方向亦与 $\boldsymbol{B}_0$ 的方向相反. 因此，在抗磁质中，就要出现与外磁场 $\boldsymbol{B}_0$ 的方向相反的附加磁场 $\boldsymbol{B}'$. 于是，在外磁场中，抗磁质内的磁感强度 $\boldsymbol{B}$ 的大小为

$$B = B_0 - B'$$

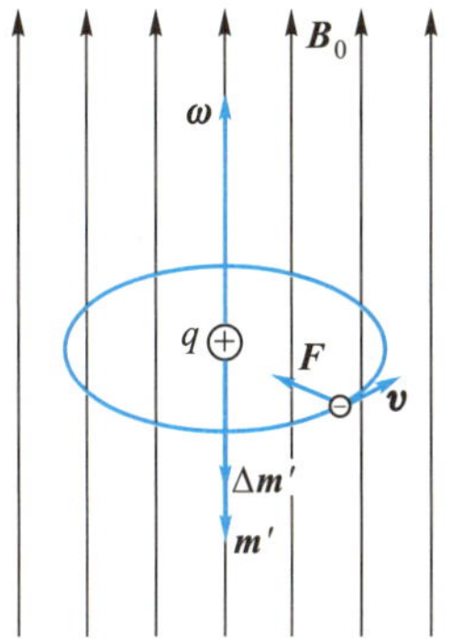

图 11-41 抗磁质中附加磁矩与外磁场的方向相反

3. 磁化强度

从上面的讨论可以看到，磁介质的磁化，就其实质来说，或是在外磁场作用下分子磁矩的取向发生了变化，或是在外磁场作用下产生了附加磁矩，而且前者也可归结为产生了附加磁矩. 因此，我们可以用磁介质中单位体积内分子的合磁矩来表示磁介质的磁化情况，称之为磁化强度，用符号 $\boldsymbol{M}$ 表示. 在均匀磁介质中取小体积 ΔV，在此体积内分子磁矩的矢量和为 $\sum \boldsymbol{m}_i$，那么磁化强度为

$$\boldsymbol{M} = \frac{\sum \boldsymbol{m}_i}{\Delta V} \tag{11-30}$$

在国际单位制中，磁化强度的单位为安培每米，符号为 $\mathrm{A \cdot m^{-1}}$.

二、有磁介质时的安培环路定理 磁场强度

如图 11-42(a) 所示，设在单位长度有 n 匝线圈的无限长直螺线管内充满着各向同性均匀磁介质，线圈内的电流为 I，电流 I 在螺线管内激发的磁感强度为 $\boldsymbol{B}_0$ ($B_0 = \mu_0 n I$). 而磁介质在磁场 $\boldsymbol{B}_0$ 中被磁化，从而使磁介质内的分子磁矩在磁场 $\boldsymbol{B}_0$ 的作用下作有规则的排列[图 11-42(b)]. 从图中可以看出，在磁介质内部，各处的分子电流总是方向相反，相互抵消，只在边缘上形成近似环形电流，该电流称为磁化电流.

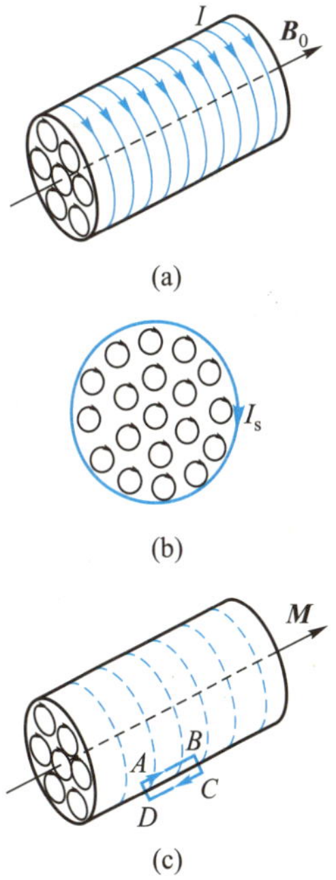

图 11-42 导出有磁介质时的安培环路定理用图

我们把圆柱形磁介质表面上沿柱体母线方向单位长度的磁

化电流，称为磁化电流线密度 i_s.那么，长为 L、截面积为 S 的磁介质，由于被磁化而具有的磁矩值为 $\sum m_i = i_s LS$. 于是由磁化强度定义式(11-30)可得，磁化电流线密度和磁化强度之间的关系为

$$i_s = M$$

若在如图 11-42(c)所示的圆柱形磁介质内外横跨边缘处选取 $ABCDA$ 矩形路径，并设 $|AB| = l$，则磁化强度 $\boldsymbol{M}$ 沿此路径的积分为

$$\oint_l \boldsymbol{M} \cdot \mathrm{d}\boldsymbol{l} = M|AB| = i_s l = I_s \qquad (11-31)$$

此外，对 $ABCDA$ 积分路径来说，由安培环路定理可得

$$\oint_l \boldsymbol{B} \cdot \mathrm{d}\boldsymbol{l} = \mu_0 \sum I_i$$

式中 $\sum I_i$ 为路径所包围线圈流过的传导电流 I 与磁化电流 I_s 之和，故上式可写成

$$\oint_l \boldsymbol{B} \cdot \mathrm{d}\boldsymbol{l} = \mu_0 I + \mu_0 I_s$$

将式(11-31)代入上式，可得

$$\oint_l \boldsymbol{B} \cdot \mathrm{d}\boldsymbol{l} = \mu_0 I + \mu_0 \oint_l \boldsymbol{M} \cdot \mathrm{d}\boldsymbol{l}$$

或写成

$$\oint_l \left(\frac{\boldsymbol{B}}{\mu_0} - \boldsymbol{M} \right) \cdot \mathrm{d}\boldsymbol{l} = I$$

引进辅助量 $\boldsymbol{H}$，且令

$$\boldsymbol{H} = \frac{\boldsymbol{B}}{\mu_0} - \boldsymbol{M} \qquad (11-32)$$

式中 $\boldsymbol{H}$ 称为磁场强度，于是得

$$\oint_l \boldsymbol{H} \cdot \mathrm{d}\boldsymbol{l} = I \qquad (11-33)$$

这就是有磁介质时的安培环路定理. 它说明：磁场强度沿任意闭合路径的线积分，等于该路径所包围的传导电流的代数和.

在国际单位制中，磁场强度的单位为安培每米，符号为 $\mathrm{A \cdot m^{-1}}$.

在各向同性磁介质中，满足 $\boldsymbol{M} \propto \boldsymbol{H}$ 的磁介质称为线性磁介

质.于是有

$$\boldsymbol{M}=\chi_{m}\boldsymbol{H}$$

式中χ_m是个量纲为1的量,叫做磁介质的磁化率,它是随磁介质的种类而异的.

将上式代入$\boldsymbol{H}$的定义式(11-32),有

$$\boldsymbol{H}=\frac{\boldsymbol{B}}{\mu_0}-\boldsymbol{M}=\frac{\boldsymbol{B}}{\mu_0}-\chi_{m}\boldsymbol{H}$$

即

$$\boldsymbol{B}=\mu_0(1+\chi_{m})\boldsymbol{H}$$

可令式中$1+\chi_m=\mu_r$,且称μ_r为磁介质的相对磁导率,则上式可写为

$$\boldsymbol{B}=\mu_0\mu_r\boldsymbol{H} \tag{11-34a}$$

令$\mu_0\mu_r=\mu$,并称μ为磁介质的磁导率,上式可写为

$$\boldsymbol{B}=\mu\boldsymbol{H} \tag{11-34b}$$

在真空中,$\boldsymbol{M}=0$,故$\chi_m=0$,$\mu_r=1$,$\boldsymbol{B}=\mu_0\boldsymbol{H}$.如磁介质为顺磁质,由实验知道,其$\chi_m>0$,故$\mu_r>1$.对抗磁质来说,其$\chi_m<0$,故$\mu_r<1$.表11-2列出几种顺磁质和抗磁质磁化率的实验值.

表 11-2 几种顺磁质和抗磁质磁化率的实验值(27 ℃,101 325 Pa)

顺磁质	$\chi_m(=\mu_r-1)$	抗磁质	$\chi_m(=\mu_r-1)$
氧	2.09×10^{-6}	氮	-5.0×10^{-9}
铝	2.3×10^{-5}	铜	-9.8×10^{-6}
钨	6.8×10^{-5}	铅	-1.7×10^{-5}
钛	7.06×10^{-5}	汞	-2.9×10^{-5}

显然,顺磁质和抗磁质确是两种弱磁性物质,它们的磁化率χ_m都很小,它们的相对磁导率$\mu_r(=1+\chi_m)$与真空的相对磁导率$(\mu_r=1)$十分接近.因此,一般在讨论电流的磁场问题中,常可略去顺磁质、抗磁质磁化的影响.

最后,我们说明一下引进辅助量$\boldsymbol{H}$的好处.由式(11-33)可知,在磁介质中,磁场强度的环流为

$$\oint_l \boldsymbol{H}\cdot \mathrm{d}\boldsymbol{l}=I$$

而磁感强度的环流为

$$\oint_l \boldsymbol{B} \cdot \mathrm{d}\boldsymbol{l}=\mu_0\mu_r I$$

可见，磁场中磁感强度的环流与磁介质有关，而磁场强度的环流只与传导电流有关.所以，这就像引入电位移 **D** 后，我们能够比较方便地处理电介质中的电场问题一样，引入磁场强度 **H** 后，我们能够比较方便地处理磁介质中的磁场问题.下面举一个例子.

例

如图 11-43 所示，有两个半径分别为 r 和 R 的"无限长"同轴圆筒形导体，它们之间充以相对磁导率为 μ_r 的磁介质.当两圆筒形导体通有相反方向的电流 I 时，试求：(1) 磁介质中任意点 P 处的磁感强度的大小；(2) 圆筒形导体外面任意点 Q 处的磁感强度的大小.

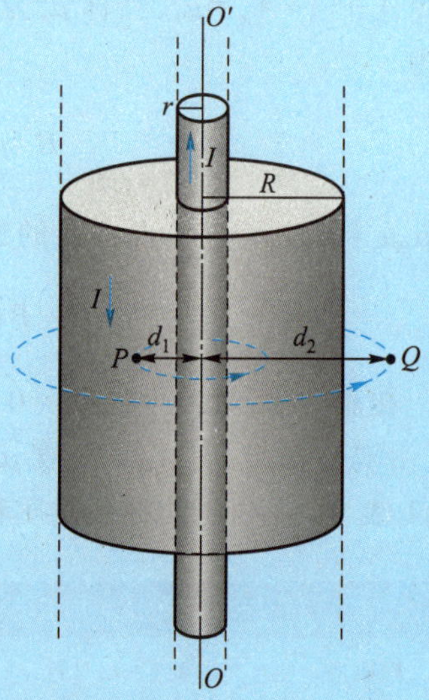

图 11-43

解　(1) 这两个"无限长"的同轴圆筒形导体有电流通过时，它们的磁场是轴对称分布的.设磁介质中点 P 到轴线 OO' 的垂直距离为 d_1，并以 d_1 为半径作一圆，根据式(11-33)有

$$\oint_l \boldsymbol{H} \cdot \mathrm{d}\boldsymbol{l}=H\int_0^{2\pi d_1}\mathrm{d}l=H \cdot 2\pi d_1=I$$

所以

$$H=\frac{I}{2\pi d_1}$$

由式(11-34)可得，点 P 处的磁感强度的大小为

$$B=\mu H=\frac{\mu_0\mu_r I}{2\pi d_1}$$

(2) 设点 Q 到轴线 OO' 的垂直距离为 d_2，并以 d_2 为半径作一圆，显然此闭合路径所包围的传导电流的代数和为零，即 $I=0$.根据式(11-33)有

$$\oint_l \boldsymbol{H} \cdot \mathrm{d}\boldsymbol{l}=H\int_0^{2\pi d_2}\mathrm{d}l=H \cdot 2\pi d_2=0$$

所以

$$H=0$$

由式(11-34)可得，点 Q 处的磁感强度的大小 $B=0$.

三、铁磁质

铁磁质是另一类磁介质，在实际中人们经常使用它.在电磁铁、电动机、变压器和电表的线圈中人们都要放置铁磁性物质，借以增强磁性及增强磁场.为什么铁磁质能大大地增强磁场呢？下面我们用磁畴概念加以说明.

1. 磁畴

从物质的原子结构观点来看，铁磁质内电子间因自旋引起的相互作用是非常强烈的，在这种作用下，铁磁质内部形成了一些微小的自发磁化区域，称之为磁畴.每一个磁畴中，各个电子的自旋磁矩排列得很整齐，因此它具有很强的磁性.磁畴的体积为 $10^{-12}\sim10^{-9}\ \mathrm{m}^3$，内含 $10^{17}\sim10^{20}$ 个原子.当没有外磁场时，铁磁质内各个磁畴的排列方向是无序的，因此铁磁质对外不显磁性[图 11-44(a)].当铁磁质处于外磁场中时，各个磁畴的磁矩在外磁场的作用下都趋向于沿外磁场方向排列[图 11-44(b)]，从而使整个磁畴趋向外磁场方向.因此铁磁质在外磁场中的磁化程度非常大，它所建立的附加磁感强度 $\boldsymbol{B}'$ 比外磁场的磁感强度 $\boldsymbol{B}_0$ 在数值上一般要大几十倍到数千倍，甚至达数百万倍.

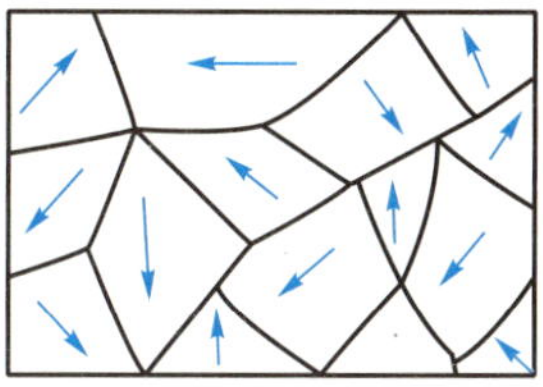
(a) 无外磁场

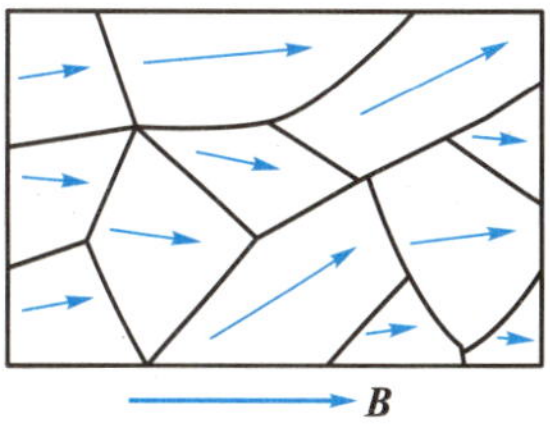

(b) 有外磁场

图 11-44 磁畴

从实验中还知道，铁磁质的磁化和温度有关.随着温度的升高，它的磁化能力逐渐减小，当温度升高到某一温度时，铁磁性就会完全消失，铁磁质退化成顺磁质.这个温度叫做居里温度或居里点.这是因为铁磁质中自发磁化区域因剧烈的分子热运动而遭破坏，磁畴也就瓦解了.表 11-3 列出几种软磁材料的居里点.

2. 磁化曲线 磁滞回线

前面说过，顺磁质的磁导率 μ 很小，但是一个常量，不随外磁场的改变而变化，故顺磁质的 B 与 H 的关系是线性关系(图 11-45).但铁磁质却不是这样，不仅它的磁导率比顺磁质的磁导率大得多，而且，当外磁场改变时，它的磁导率 μ 还随磁场强度 $\boldsymbol{H}$ 的改变而变化.图 11-46 中的 ONP 线段是从实验中得出的某一铁磁质开始磁化时的 $B-H$ 曲线，也叫初始磁化曲线.从曲线中可以看出 B 与 H 之间是非线性关系.当 H 从零(即点 O)逐渐增大时，B 急剧地增加，这是磁畴在磁场作用下迅速沿外磁场方向排列的缘故；到达点 N 以后，再增大 H 时，B 增加得就比较慢了；当达到点 P 以后，再增加外磁场强度 H 时，B 的增加就十分缓慢，呈现出磁化已达饱和的程度.点 P 所对应的 B 一般叫做饱和磁感强度 B_m，这时在铁磁质中，几乎所有磁畴都已沿着外磁场方向排列了.这时的磁场强度用 $+H_\mathrm{m}$ 表示.

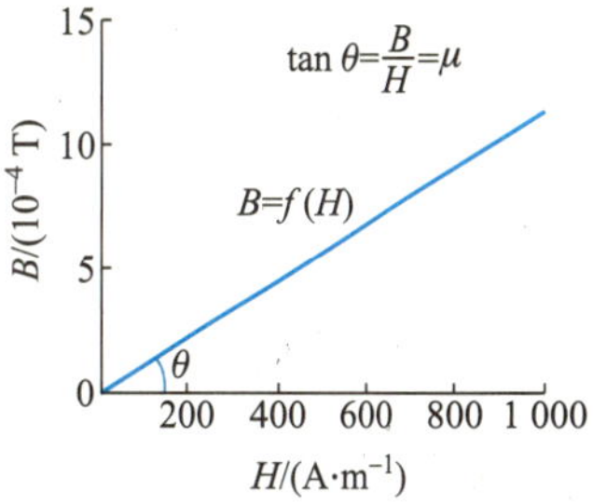

图 11-45 顺磁质的 $B-H$ 曲线

磁场强度达到 $+H_\mathrm{m}$ 后就开始减小，那么，在 H 减小的过程中，$B-H$ 曲线是否仍按原来的初始磁化曲线退回来呢？实验表明，当外磁场强度由 $+H_\mathrm{m}$ 逐渐减小时，磁感强度 B 并不沿初始曲线 ONP 减小，而是沿图 11-46 中另一条曲线 PQ 比较缓慢地减小.这种 B 的变化落后于 H 的变化的现象，叫做磁滞现象，简称磁滞.

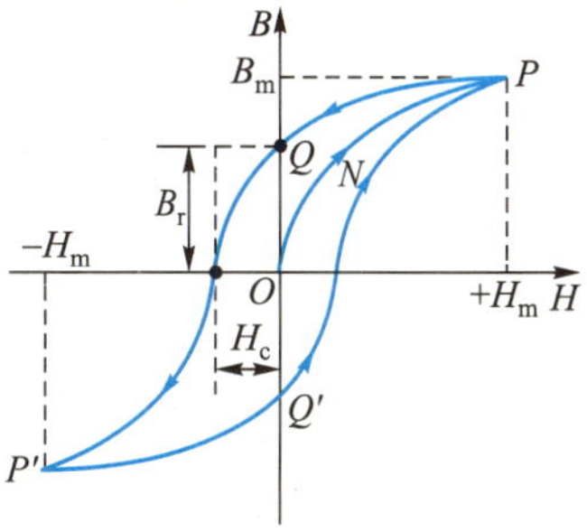

图 11-46 磁滞回线

由于磁滞，当磁场强度减小到零(即 $H=0$)时，磁感强度 B 并不等于零，而是仍有一定的大小 B_r，故 B_r 叫做剩余磁感强度，简称剩磁.这是铁磁质所特有的性质.如果一铁磁质有剩磁存在,这就表明它已被磁化过.由图可以看出,随着反向磁场的增强,B 逐渐减小,当达到 $H=-H_c$ 时,B 等于零,这时铁磁质的剩磁就消失了,铁磁质也就不显现磁性了.通常 H_c 叫做矫顽力,它表示铁磁质抵抗去磁的能力.当反向磁场继续增强到 $-H_m$ 时,铁磁质的反向磁化同样能达到饱和点 P'.此后,反向磁场逐渐减弱到零,$B-H$ 曲线便沿 $P'Q'$ 变化.以后,正向磁场增强到 $+H_m$ 时,$B-H$ 曲线就沿 $Q'P$ 变化,从而完成一个循环.由于磁滞,$B-H$ 曲线就形成了一个闭合曲线,这个闭合曲线叫做磁滞回线.研究磁滞现象不仅可以了解铁磁质的特性,而且也有实用价值,因为铁磁质往往是应用于交变磁场中的.需要指出,铁磁质在交变磁场中被反复磁化时,磁滞效应是要损耗能量的,而所损耗的能量与磁滞回线所包围的面积有关,面积越大,损耗的能量也越多.

3. 铁磁性材料

前面已经指出铁磁性物质属强磁性材料,它在电工设备和科学研究中的应用非常广泛,按它们的化学成分和性能的不同,可以分为金属磁性材料和非金属磁性材料(铁氧体)两大族.

(1) 金属磁性材料

金属磁性材料是指由金属合金或化合物制成的磁性材料,绝大部分是以铁、镍或钴为基础,再加入其他元素经过高温熔炼、机械加工和热处理而制成.这种磁性材料在高温、低频、大功率等条件下,有广泛的应用.但在高频范围内,它的应用则受到限制.金属磁性材料还可分为软磁、硬磁和压磁材料等.实验表明,不同铁磁性物质的磁滞回线形状有很大差异.图 11-47 给出软磁和硬磁两种金属磁性材料的磁滞回线.

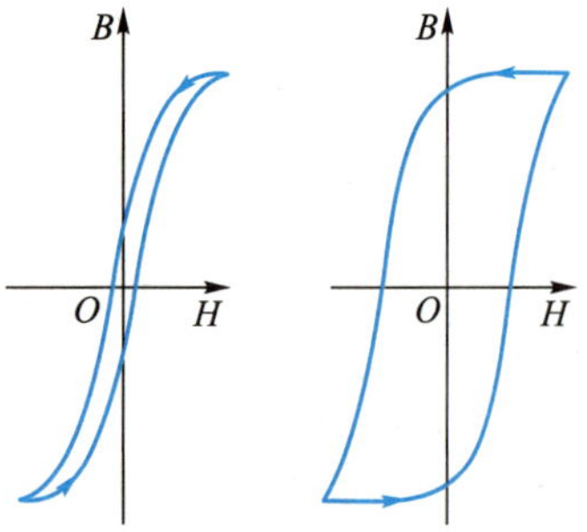

(a) 软磁材料　　(b) 硬磁材料

图 11-47 金属磁性材料的磁滞回线

软磁材料的特点是相对磁导率 μ_r 和饱和磁感强度 B_m 一般都比较大,但矫顽力 H_c 比硬磁材料小得多,磁滞回线所包围的面积很小,磁滞特性不显著[图11-47(a)].软磁材料在磁场中很容易被磁化,而由于它的矫顽力很小,所以也容易去磁.因此,软磁材料是很适合于制造电磁铁、变压器、交流电动机、交流发电机等电器设备中的铁芯的.表 11-3 列出几种软磁材料的性能.

表 11-3 几种软磁材料的性能

软磁材料	μ_r(最大值)	B_m/T	H_c/(A·m^{-1})	居里点/K
工程纯铁(含 0.2%杂质)	9×10^3	2.16	4.8~103	1 043
78%坡莫合金	100×10^3	1.08	3.9	873
硅钢(热轧)	7×10^3	1.95	19.8	1 003

硬磁材料又称永磁材料，它的特点是剩磁 B_r 和矫顽力 H_c 都比较大，磁滞回线所包围的面积也就大，磁滞特性非常显著[图 11-47(b)].把硬磁材料放在外磁场中充磁后，仍能保留较强的磁性，并且这种剩余磁性不易被消除，因此硬磁材料适合于制造永磁体.在各种电表及其他一些电器设备中，人们常用永磁铁来获得稳定的磁场.表 11-4 列出几种硬磁材料的性能.

表 11-4 几种硬磁材料的性能

硬磁材料	B_r/T	H_c/(A·m^{-1})
钡铁氧体	0.38	1.34×10^5
碳钢(含 1%碳)	0.90	4.1×10^3
钕铁硼合金	1.07	8.8×10^5

阿尔法磁谱仪 2 的环形永磁体

上表中的钕铁硼合金是磁性极强的硬磁材料，应用广泛.我国拥有钕等丰富的稀土资源，相关产业发展前景广阔.

1998 年 6 月 3 日，由美国“发现者号”航天飞机携带的、丁肇中教授组织领导探测宇宙中反物质和暗物质所用的阿尔法磁谱仪 1 上的环形永磁体，是由中国科学院电工研究所等单位用钕铁硼(Nd-Fe-B)研制的，环中心的磁感强度达到 1.37 T.该永磁体的直径为 1.2 m，高为 0.8 m.这是人类第一次将大型永磁体送入宇宙空间，对宇宙中的带电粒子进行直接观测，虽然未获预期的结果，但它给人类开拓了一个全新的科学领域.

丁肇中

丁肇中(1936—)，美籍华裔物理学家.1974 年他与美国斯坦福大学里希特几乎同时发现新的基本粒子 J/ψ.为此，他们于 1976 年共同获得诺贝尔物理学奖.

2011 年 5 月 16 日丁肇中组建的阿尔法磁谱仪 2 搭乘美国“奋进号”航天飞机进入国际空间站，继续寻找反物质和暗物质①，并精确测定宇宙中同位素的比例.人们企盼能获得预期的结果.李政道对这项研究曾说：“暗物质是笼罩 20 世纪末和 21 世纪初现代物理学的最大乌云，它预示着物理学的又一次革命”.我国山东大学、中山大学和东南大学为磁谱仪 2 的散热系统、热控系统、地面模拟系统等进行了设计研制，我国台湾中山科学院设计了电子控制系统.东南大学还对磁谱仪 2 在太空采集的大量数据进行了计算机分析.

文档:丁肇中

压磁材料具有较强的磁致伸缩性能.所谓磁致伸缩是指铁磁性物体的形状和体积在磁场变化时也会发生变化，特别是物体在磁场方向上的长度会改变.当交变磁场作用在这种铁磁性物体上时，它随着磁场的增强，可以伸长，或者缩短，如钴钢伸长，而镍缩短.不过长度的变化是十分微小的，约为其原长的1/100 000.磁致伸缩在技术上有重要的应用，如作为机电换能器用于钻孔、清

① 简单地说，暗物质是指不可见但能产生引力相互作用的物质，至今尚未被实验发现，是否真正存在还是一个谜.

洗，也可作为声电换能器用于探测海洋深度、鱼群等.

（2）非金属磁性材料——铁氧体

铁氧体，又叫铁淦氧，是一族化合物的总称，它由三氧化二铁（Fe_2O_3）和其他二价的金属氧化物（如 NiO、ZnO、MnO 等）的粉末混合烧结而成. 由于它的制造工艺过程类似陶瓷，所以常叫做磁性瓷.

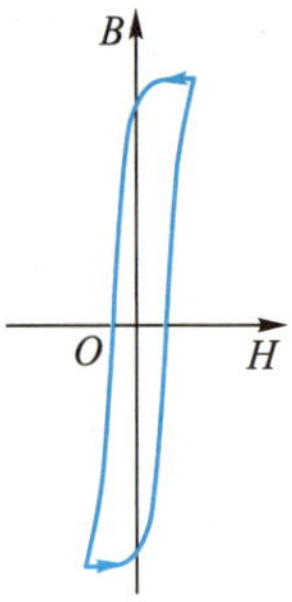

图 11-48 矩磁铁氧体的磁滞回线

铁氧体的特点是不仅具有高磁导率，而且有很高的电阻率. 它的电阻率在 $10^4 \sim 10^{11}\ \Omega \cdot m$ 之间，有的则高达 $10^{14}\ \Omega \cdot m$，比金属磁性材料的电阻率（约为 $10^{-7}\ \Omega \cdot m$）要大得多. 因此铁氧体的涡流损失小，常用于高频技术中. 图 11-48 是矩磁铁氧体的磁滞回线，从图中可以看出磁滞回线近似矩形. 电子计算机就是利用矩形回线的特点将矩磁铁氧体作为记忆元件的. 正向和反向两个稳定状态可代表“0”与“1”，故其可作为二进制记忆元件①. 此外，电子技术中人们也广泛利用铁氧体作为天线和电感器中的磁芯.

4. 磁屏蔽

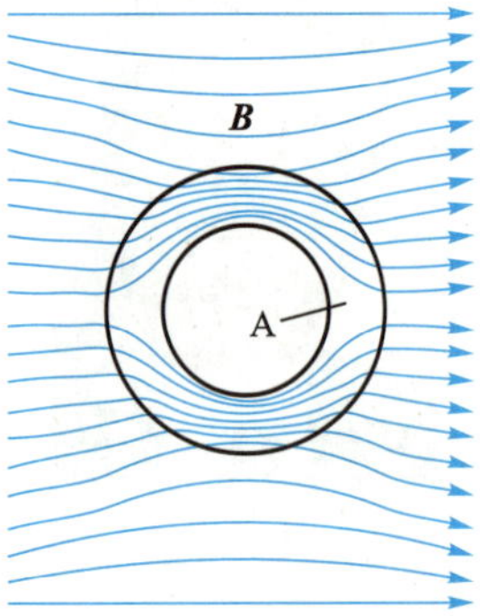

图 11-49 磁屏蔽示意图

把磁导率不同的两种磁介质放到磁场中，在它们的交界面上磁场要发生突变，这时磁感强度 $\boldsymbol{B}$ 的大小和方向都要发生变化，也就是说，磁导率不同引起了磁感线折射. 例如，当磁感线从空气进入铁磁质时，磁感线对法线的偏离很大，强烈地收缩. 图 11-49 是磁屏蔽示意图. 图中 A 为一磁导率很大的软磁材料（如坡莫合金或铁铝合金）做成的罩，放在外磁场中. 由于罩的磁导率 μ 比 μ_0 大得多，所以绝大部分磁感线从罩壳的壁内通过，而罩壳内的空腔中，磁感线是很少的. 这就达到了磁屏蔽的目的. 为了防止外界磁场的干扰，人们常在示波管、显像管中电子束聚焦部分的外部加上磁屏蔽罩，从而起到磁屏蔽的作用.

复习自测题

① 铁氧体可制成二进制记忆元件的磁盘，以实现信息的磁记录，有关这方面的内容可参阅马文蔚等主编《物理学原理在工程技术中的应用》（第四版）之“磁盘与磁记录”（高等教育出版社，2015 年）.

磁盘与磁记录

问题

11-1 两根截面积不相同而材料相同的金属导体串接在一起，两端加一定电压，如图所示.问通过这两根导体的电流密度是否相同？两根导体内的电场强度是否相同？如果两根导体的长度相等，那么导体上的电压是否相同？

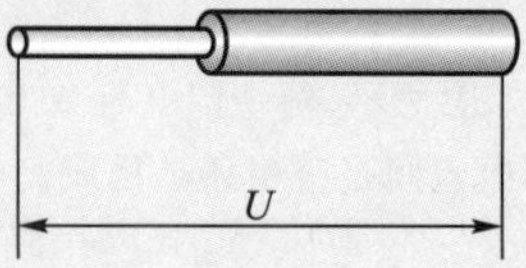

问题 11-1 图

11-2 在导体中，电流密度不为零(即$\boldsymbol{j}\neq 0$)的地方，电荷体密度ρ可否等于零？

11-3 你能说出一些有关电流元$I\mathrm{d}\boldsymbol{l}$激发磁场$\mathrm{d}\boldsymbol{B}$与电荷元$\mathrm{d}q$激发电场$\mathrm{d}\boldsymbol{E}$的异同吗？

11-4 在球面上竖直和水平的两个圆中通以相等的电流，电流流向如图所示.问球心O处磁感强度的方向是怎样的？

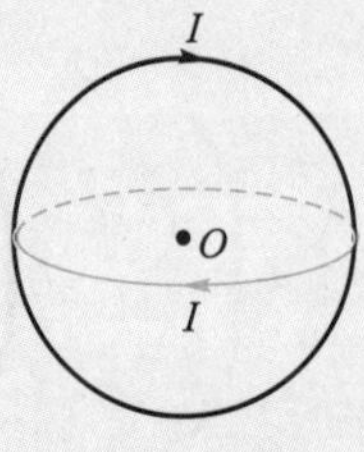

问题 11-4 图

11-5 电流分布如图所示，图中有三个环路 1、2 和 3.磁感强度沿其中每一个环路的线积分各是多少？

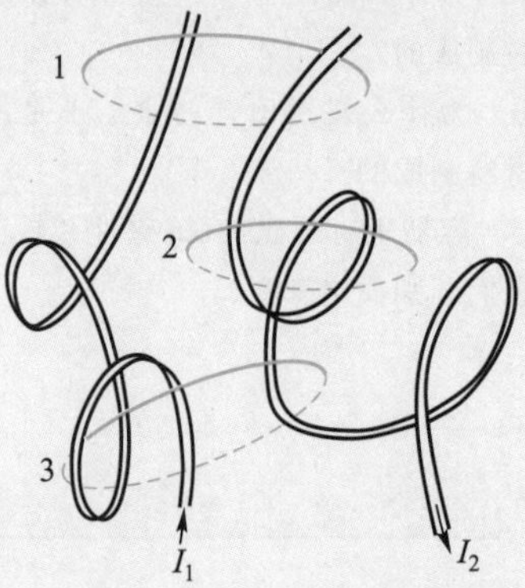

问题 11-5 图

11-6 “无限长”载流直导线的磁感强度$B=\dfrac{\mu_0 I}{2\pi d}$可从毕奥-萨伐尔定律求得.你能否用安培环路定理来求得呢？如果可以，那么需要哪些假设条件呢？

11-7 如图所示，在一个圆形电流的平面内取一个同心的圆形闭合路径，并使这两个圆同轴，且互相平行.由于此闭合路径内不包含电流，所以把安培环路定理用于上述闭合路径，可得

$$\oint_l \boldsymbol{B}\cdot\mathrm{d}\boldsymbol{l}=0$$

由此结果能否说，闭合路径上各点的磁感强度为零？

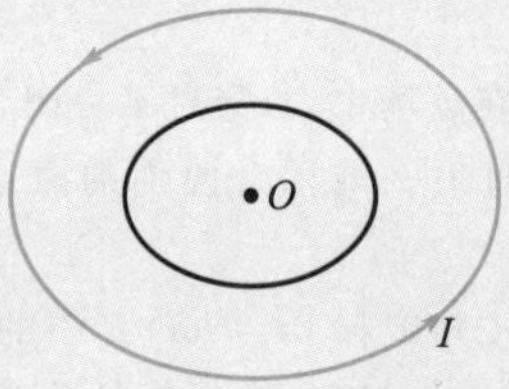

问题 11-7 图

11-8 如果一个电子在通过空间某一区域时，电子运动的路径不发生偏转，那么我们能否说这个区域没有磁场？

11-9 公式$\boldsymbol{F}=q\,\boldsymbol{v}\times\boldsymbol{B}$中的三个矢量，哪些矢量始终是正交的？哪些矢量之间可以有任意角度？

11-10 气泡室是借助于小气泡显示在室内通过的带电粒子径迹的装置.气泡室中所摄照片的描绘图如图所示，磁感强度$\boldsymbol{B}$的方向垂直纸平面向外.在图中的点P处有两条曲线，试判断哪一条是电子形成的？哪一条是正电子形成的？

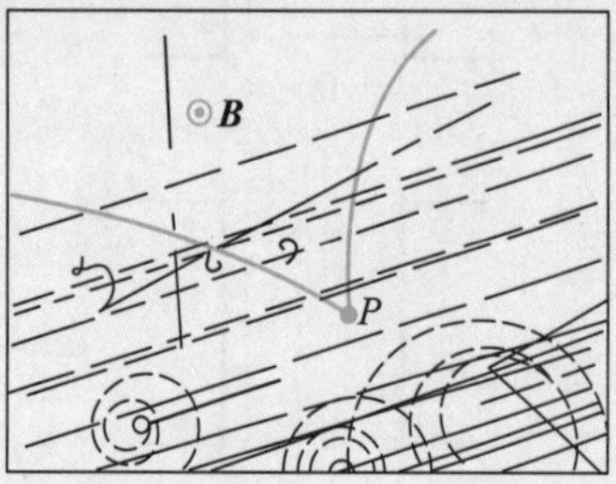

问题 11-10 图

11-11 电子以速度$\boldsymbol{v}$射入如图所示的磁感强度为$\boldsymbol{B}_1$的均匀磁场中，后又经过磁感强度为$\boldsymbol{B}_2$的均匀

磁场，电子在这两个磁场区域的轨迹分别是半径为 r_1 和 r_2 的半圆.(1) 试说明 $\boldsymbol{B}_1$ 和 $\boldsymbol{B}_2$ 的方向；(2) 由于 $r_1>r_2$，那么 B_1 和 B_2 孰大孰小？(3) 电子从磁场中射出时速度的大小有变化吗？这两个磁场对电子来说起了什么作用？

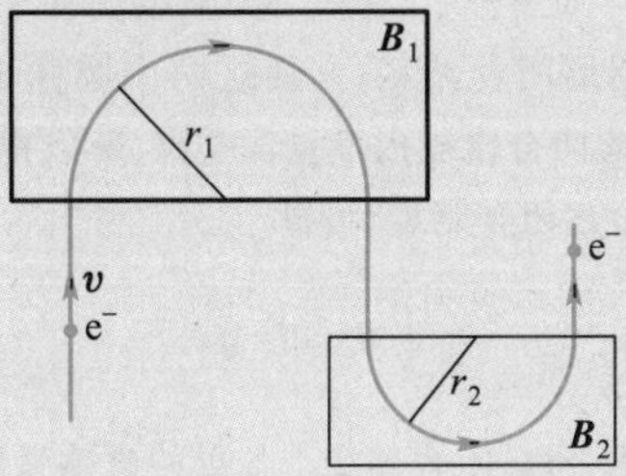

问题 11-11 图

11-12 在磁场中，若穿过某一闭合曲面的磁通量为零，则穿过另一非闭合曲面的磁通量是否也为零呢？

11-13 安培定律 $\mathrm{d}\boldsymbol{F}=I\mathrm{d}\boldsymbol{l}\times\boldsymbol{B}$ 中的三个矢量，哪些矢量始终是正交的？哪些矢量之间可以有任意角度？

11-14 如图所示，把一载流线圈放入一永久磁铁的磁场中，在磁场的作用下线圈将发生转动.(1) 图(a)中的线圈将怎样转动？(2) 图(b)中的线圈由上往下看是顺时针转动，问磁铁哪一边是 N 极？哪一边是 S 极？(3) 图(c)中的线圈由上往下看是逆时针转动，问线圈中电流的流向如何？

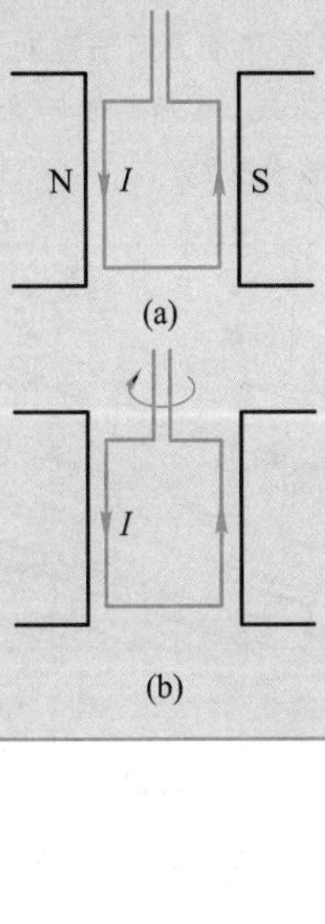

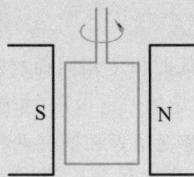

问题 11-14 图

11-15 如图所示，两个圆电流 A 和 B 平行放置.试问这两个圆电流间是吸引还是排斥？

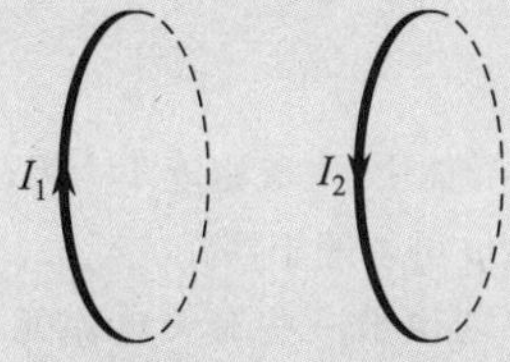

问题 11-15 图

11-16 若在上题两圆电流 A 和 B 之间放置一个平行的圆电流 C，如图所示，则这个圆电流将如何运动？

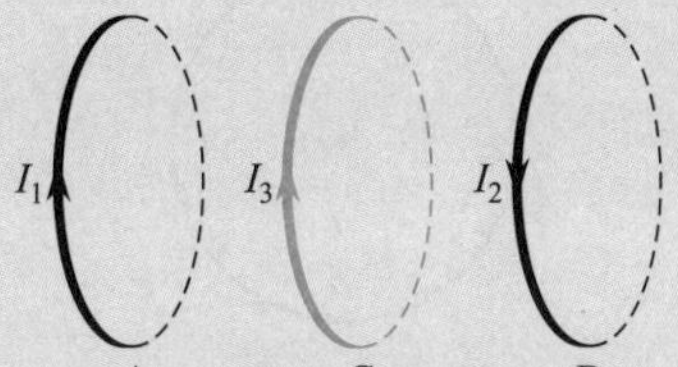

问题 11-16 图

11-17 如何使一根磁针的磁性反转过来？

11-18 为什么变压器中一般都有铁芯，而且是用软磁材料制成的？

11-19 为什么装指南针的盒子不是用铁，而是用胶木等材料制成的？

11-20 容器里有顺磁性、抗磁性和铁磁性物质，你怎样把它们分别找出来呢？

习题

11-1　两根长度相同的细导线分别密绕在半径为 R 和 r 的两个长直圆筒上，形成两个螺线管.两个螺线管的长度相同，且 $R=2r$，螺线管中通过的电流均为 I，螺线管中的磁感强度大小 B_R、B_r 满足(　　).

(A) $B_R=2B_r$　　(B) $B_R=B_r$

(C) $2B_R=B_r$　　(D) $B_R=4B_r$

11-2　一个半径为 r 的半球面如图所示放在均匀磁场中，通过半球面的磁通量为(　　).

(A) $2\pi r^2 B$　　(B) $\pi r^2 B$

(C) $2\pi r^2 B\cos\alpha$　　(D) $\pi r^2 B\cos\alpha$

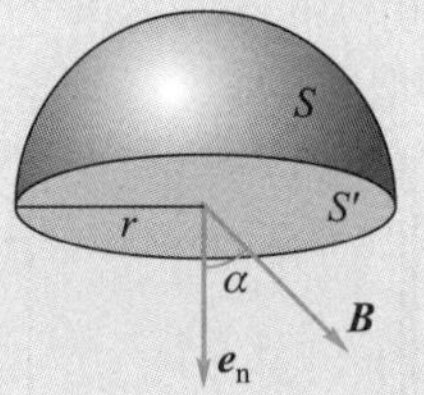

习题 11-2 图

11-3　下列说法正确的是(　　).

(A) 闭合路径上各点磁感强度都为零时，路径内一定没有电流穿过

(B) 闭合路径上各点磁感强度都为零时，路径内穿过电流的代数和必定为零

(C) 磁感强度沿闭合路径的积分为零时，路径上各点的磁感强度必定为零

(D) 磁感强度沿闭合路径的积分不为零时，路径上任意一点的磁感强度都不可能为零

11-4　在图(a)和(b)中各有一半径相同的圆形回路 L_1、L_2，回路内均有电流 I_1、I_2，其分布相同，且均在真空中.但在图(b)中 L_2 回路外有电流 I_3，P_1、P_2 为两圆形回路上的对应点，则(　　).

(A) $\oint_{L_1}\boldsymbol{B}\cdot \mathrm{d}\boldsymbol{l}=\oint_{L_2}\boldsymbol{B}\cdot \mathrm{d}\boldsymbol{l}$, $B_{P_1}=B_{P_2}$

(B) $\oint_{L_1}\boldsymbol{B}\cdot \mathrm{d}\boldsymbol{l}\neq\oint_{L_2}\boldsymbol{B}\cdot \mathrm{d}\boldsymbol{l}$, $B_{P_1}=B_{P_2}$

(C) $\oint_{L_1}\boldsymbol{B}\cdot \mathrm{d}\boldsymbol{l}=\oint_{L_2}\boldsymbol{B}\cdot \mathrm{d}\boldsymbol{l}$, $B_{P_1}\neq B_{P_2}$

(D) $\oint_{L_1}\boldsymbol{B}\cdot \mathrm{d}\boldsymbol{l}\neq\oint_{L_2}\boldsymbol{B}\cdot \mathrm{d}\boldsymbol{l}$, $B_{P_1}\neq B_{P_2}$

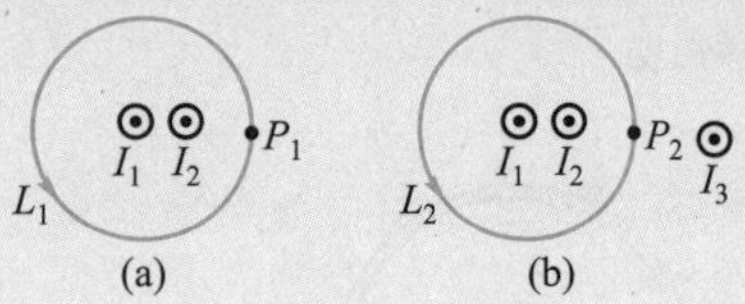

习题 11-4 图

11-5　半径为 R 的圆柱形无限长载流直导线置于均匀无限大磁介质之中.若导线中流过的恒定电流为 I，磁介质的相对磁导率为 $\mu_r(\mu_r<1)$，则磁介质内磁场强度的大小为(　　)$(r<R)$.

(A) $(\mu_r-1)I/2\pi r$　　(B) $I/2\pi r$

(C) $\mu_r I/2\pi r$　　(D) $I/2\pi\mu_r r$

11-6　北京正负电子对撞机的贮存环是周长为 240 m 的近似圆形轨道，当环中电子移动产生的电流为 8 mA 时，在整个环中有多少电子在运行？已知电子的速率接近光速.

11-7　已知铜的摩尔质量为 $M=63.75\ \mathrm{g\cdot mol^{-1}}$，密度为 $\rho=8.9\ \mathrm{g\cdot cm^{-3}}$，在铜导线里，假设每个铜原子贡献出一个自由电子.(1) 为了技术上的安全，铜导线内的最大电流密度 $j_m=6.0\ \mathrm{A\cdot mm^{-2}}$，求此时铜导线内电子的漂移速率；(2) 在室温下，电子热运动的平均速率是电子漂移速率的多少倍？

11-8　两个同轴圆柱面导体的长度均为 20 m，内圆柱面的半径为 3.0 mm，外圆柱面的半径为 9.0 mm.若两圆柱面之间有 10 μA 电流沿径向流过，求通过半径为 6.0 mm 的圆柱面的电流密度.

11-9　如图所示，已知地球北极地磁场磁感强度 $\boldsymbol{B}$ 的大小为 6.0×10^{-5} T.假设此地磁场是由地球赤道上一个圆电流所激发的，问此电流有多大？流向如何？

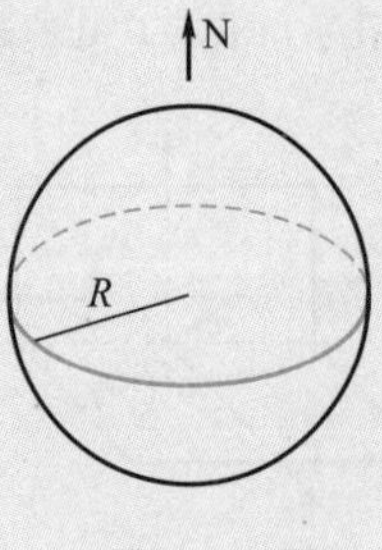

习题 11-9 图

11-10 如图所示，两根导线沿半径方向接到铁环的 a、b 两点，并与很远处的电源相连接. 求环心点 O 处的磁感强度.

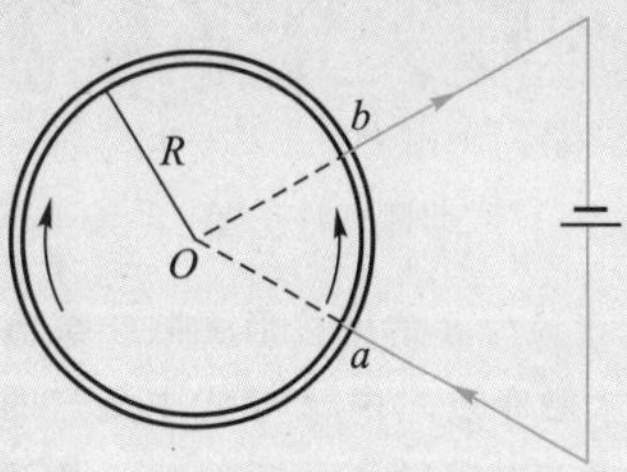

习题 11-10 图

11-11 如图所示，几种载流导线在平面内分布，电流均为 I，它们在点 O 处的磁感强度各为多少？

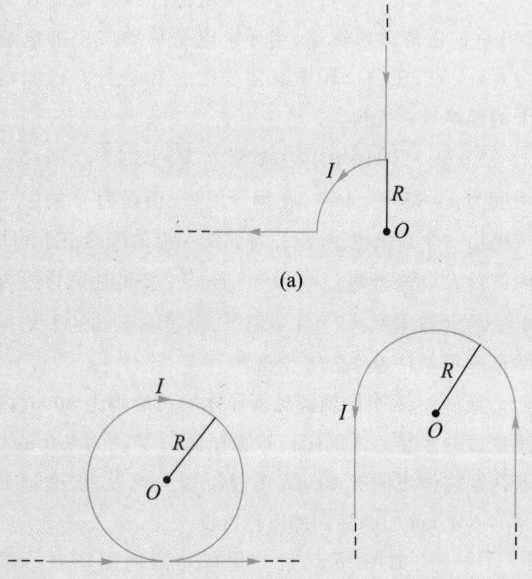

习题 11-11 图

11-12 载流导线形状如图所示（图中直线部分的导线延伸到无限远），求点 O 处的磁感强度 $\boldsymbol{B}$.

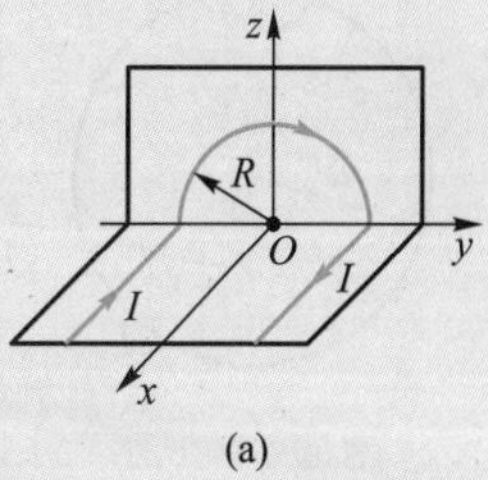

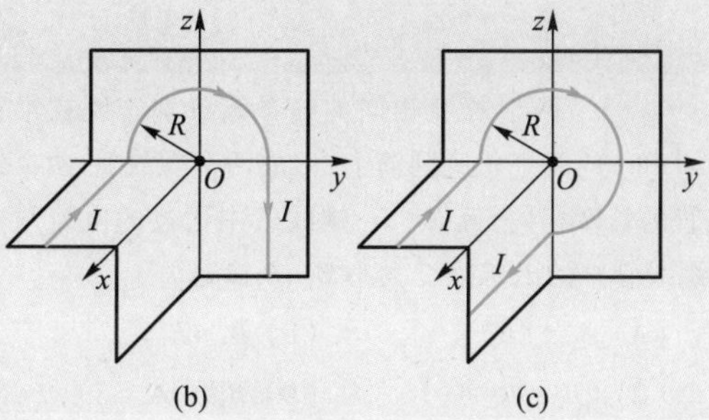

习题 11-12 图

11-13 将一根带电导线弯成半径为 R 的圆环，电荷线密度为 $\lambda(\lambda>0)$，圆环绕过圆心且与圆环面垂直的轴以角速度 ω 转动，求轴线上任意点处的磁感强度.

11-14 如图所示，载流长直导线的电流为 I，试求通过矩形面积的磁通量.

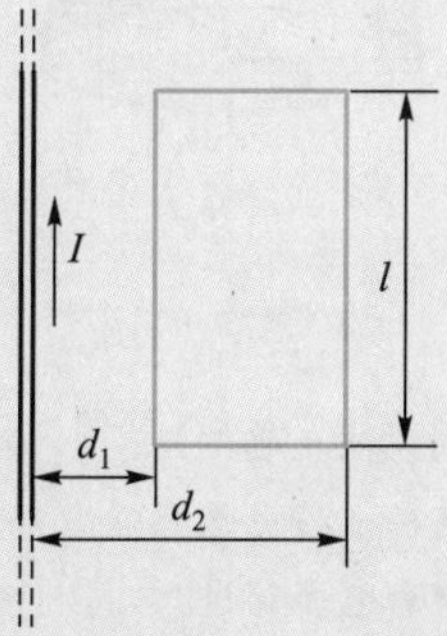

习题 11-14 图

11-15 已知 10 mm^2 裸铜导线允许通过 50 A 电流而不致导线过热，假设电流在导线横截面上均匀分布，求导线内、外磁感强度的分布.

11-16 有一同轴电缆，其尺寸如图所示. 两导体中的电流均为 I，但电流的流向相反，导体的磁性可不考虑. 试计算以下各处的磁感强度：(1) $r<R_1$；(2) $R_1<r<R_2$；(3) $R_2<r<R_3$；(4) $r>R_3$. 画出 $B-r$ 图线.

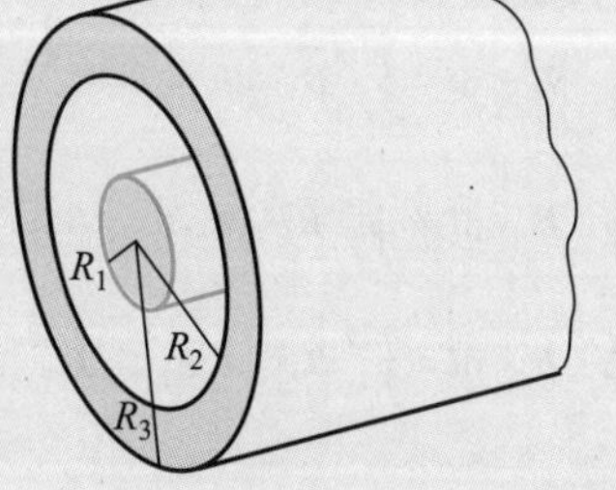

习题 11-16 图

11-17 如图所示，N 匝线圈均匀密绕在截面为长方形的中空环形骨架上，求通入电流 I 后，环内、外磁感强度的分布.

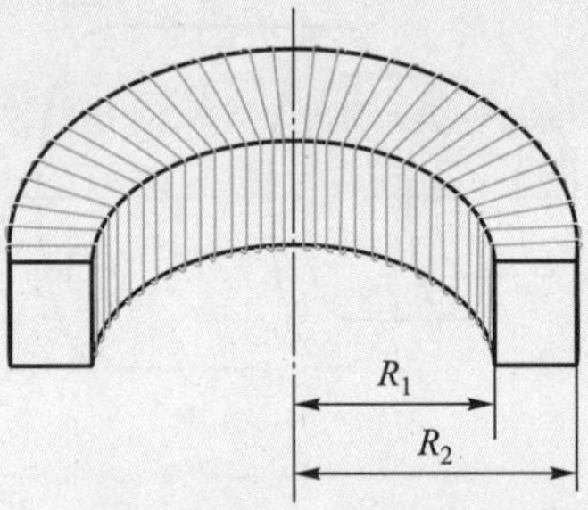

习题 11-17 图

11-18 电流 I 均匀地流过半径为 R 的圆形长直导线，试计算单位长度导线中通过图中所示剖面的磁通量.

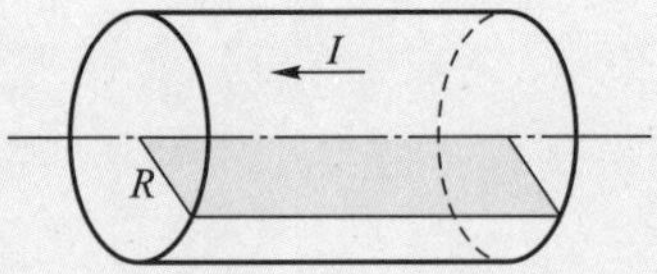

习题 11-18 图

11-19 质子和电子以相同的速度垂直飞入磁感强度为 $\boldsymbol{B}$ 的均匀磁场中，试求质子轨道半径与电子轨道半径之比.

11-20 一台用于加速氘核的回旋加速器，其 D 形电极半径为 53 cm，其振荡器频率为 12×10^6 Hz.如果改为用于加速质子，所用振荡器的频率与加速氘核时所用的频率相同，那么（1）此回旋加速器可以产生多大能量的质子？（2）磁场的磁感强度应为多大？

11-21 一半径为 $R=0.10$ m 的半圆形闭合线圈，载有电流 $I=10$ A，放在均匀外磁场中，磁场方向与线圈平面平行（如图所示），磁感强度的大小为 $B=0.5$ T.（1）求线圈所受力矩的大小和方向；（2）在保持电流不变的条件下线圈转 90°（即转到线圈平面与 $\boldsymbol{B}$ 垂直），求在此过程中磁力矩所做的功.

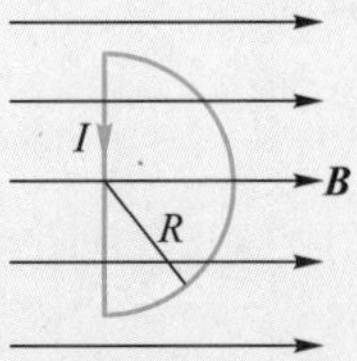

习题 11-21 图

11-22 已知地面上空某处地磁场的磁感强度为 $B=0.4\times10^{-4}$ T，方向向北.若宇宙射线中有一速率为 $v=5.0\times10^7\ \mathrm{m\cdot s^{-1}}$ 的质子垂直地通过该处，求：（1）洛伦兹力的方向；（2）洛伦兹力的大小，并与该质子受到的万有引力相比较.

11-23 霍耳效应可用来测量血流的速度，其原理如图所示.在动脉血管两侧分别安装电极并加以磁场.设血管直径为 2.0 mm，磁感强度为 0.080 T，毫伏表测出血管上下两端的电压为 0.10 mV，则血流的速度为多少？

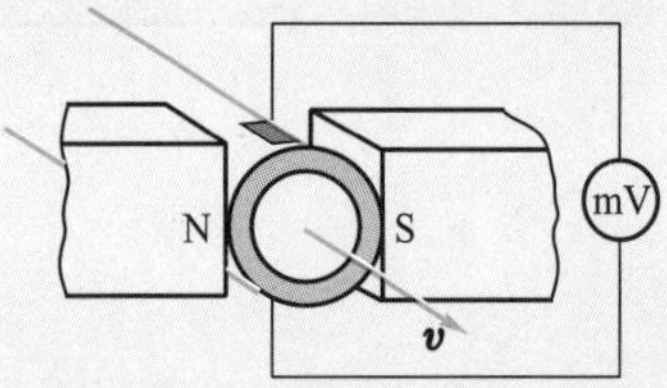

习题 11-23 图

11-24 带电粒子在过饱和液体中运动会留下一串气泡，显示出粒子运动的径迹.设在气泡室中有一个质子垂直于磁场飞过，留下一个半径为 3.5 cm 的圆弧径迹，测得磁感强度为0.20 T，求此质子的动量和能量.

11-25 从太阳射来的速率为 $8.0\times10^6\ \mathrm{m\cdot s^{-1}}$ 的电子进入地球赤道上空高层范艾仑辐射带中，该处磁感强度为 4.0×10^{-7} T，问此电子的回旋轨道半径为多少？若电子沿地球磁场的磁感线旋进到地磁北极附近，地磁北极附近的磁感强度为 2.0×10^{-5} T，问其轨道半径又为多少？

11-26 如图所示，一根长直导线载有电流 $I_1=30$ A，矩形回路载有电流 $I_2=20$ A.试计算作用在回路上的合力.已知 $d=1.0$ cm，$b=8.0$ cm，$l=0.12$ m.

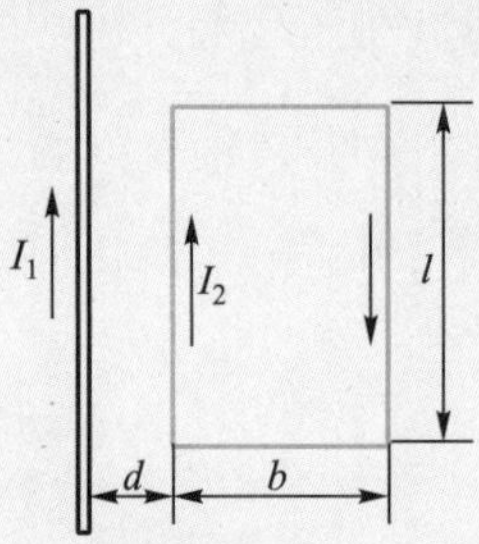

习题 11-26 图

11-27 一直流变电站将电压为 500 kV 的直流电，通过两条截面积不计的平行输电导线输向远方.已知两条输电导线间单位长度的电容为 $3.0\times10^{-11}\ \mathrm{F\cdot m^{-1}}$，若导线间的静电力与安培力正好抵消，求：(1) 通过输电导线的电流；(2) 输送的功率.

*11-28 在氢原子中，设电子以轨道角动量 $L=h/2\pi$ 绕质子作圆周运动，其轨道半径为 $a_0=5.29\times10^{-11}$ m.求质子所在处的磁感强度.h 为普朗克常量，其值为6.63×10^{-34} J·s.

*11-29 如图所示，一根长直同轴电缆内、外导体之间充满磁介质，磁介质的相对磁导率为 $\mu_r(\mu_r<1)$，导体的磁化可以略去不计.电缆中沿轴向有恒定电流 I 通过，内、外导体上电流的方向相反.求：(1) 空间各区域内的磁感强度和磁化强度；(2) 磁介质表面的磁化电流.

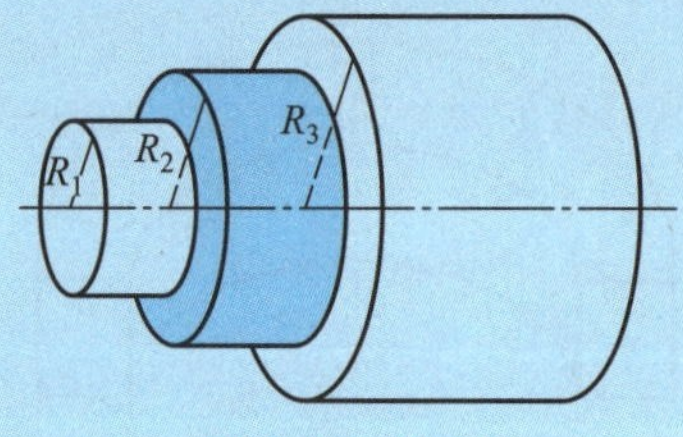

习题 11-29 图

第十二章　电磁感应 电磁场和电磁波

电磁感应现象的发现是电磁学发展史上又一个重要的成就.在 1820 年奥斯特发现电流的磁现象之后不久,英国实验物理学家法拉第即于 1821 年重复了奥斯特和安培的实验,并对磁棒的一极绕载流导线旋转进行了研究.法拉第和奥斯特一样,也笃信自然力的统一.1824 年,他提出了“磁能否产生电”的想法.7 年后,法拉第发现了电磁感应现象,后经诺伊曼、麦克斯韦等人的工作,得到了电磁感应定律的数学表达式.电磁感应现象的发现进一步揭示了自然界电现象和磁现象之间的联系,促进了电磁理论的发展,为麦克斯韦电磁场理论的建立奠定了坚实的基础.电磁感应现象的发现还标志着新的技术革命和工业革命即将到来,使现代电力工业、电子技术以及无线电通信等得以建立和发展.

本章的主要内容有:在电磁感应现象的基础上讨论电磁感应定律,以及动生电动势和感生电动势;介绍自感和互感,磁场的能量,以及麦克斯韦关于有旋电场和位移电流的假设;并简要介绍电磁场理论和电磁振荡、电磁波的基本概念.

预习自测题

12-1　电磁感应定律

一、电磁感应现象

1831 年 8 月 29 日法拉第首次发现,处在随时间而变化的电流附近的闭合导体回路中有感应电流产生.在兴奋之余,他又做了一系列实验,用不同的方式证实电磁感应现象的存在及其规律.下面择取几个表明电磁感应现象的实验,并说明产生这一现象的条件.

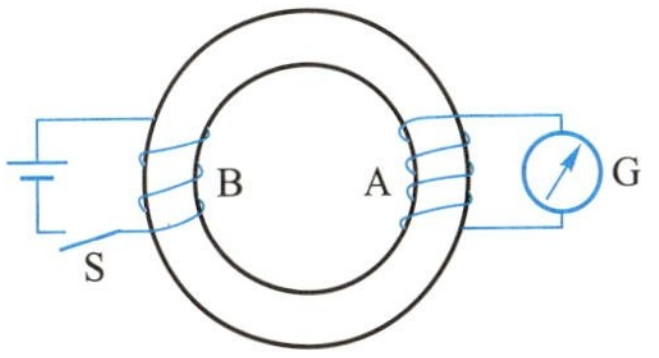

图 12-1　开关 S 闭合和打开的瞬间,电流计的指针发生偏转

(1) 如图 12-1 所示,线圈 A 和 B 绕在一个环形铁芯上,B 与

开关 S 和电源相接，A 接有电流计. 在开关 S 闭合和打开的瞬时，与线圈 A 连接的电流计的指针都发生偏转，两种情况下线圈 A 中都有电流，但电流的流向相反.

(2) 取一个如图 12-2 所示的线圈 A，把它的两端和一电流计 G 连成一个闭合回路. 若将一磁铁插入线圈或从线圈中抽出，或者磁铁不动，线圈向着（或背离）磁铁运动，即两者发生相对运动时，电流计的指针都将发生偏转. 但回路中电流的流向与线圈和磁铁的相对运动情况有关.

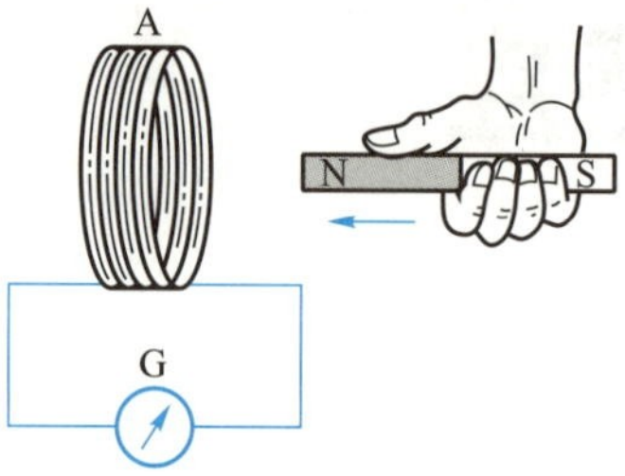

图 12-2 磁铁与线圈有相对运动时，电流计的指针发生偏转

此外，法拉第还做了一些诸如闭合线圈在磁场中转动，闭合回路中某一段导线在磁场中运动等一系列的实验，也都发现回路中有电流. 这里就不一一赘述了.

法拉第（Michael Faraday，1791—1867），伟大的英国物理学家和化学家. 他创造性地提出场的思想，磁场这一名称是法拉第最早引入的. 他是电磁理论的创始人之一，他于 1831 年发现电磁感应现象，后又相继发现电解定律、物质的抗磁性和顺磁性，以及光的偏振面在磁场中的旋转.

法拉第

文档：法拉第

视频：电磁感应

从上述实验可以看出，无论是使闭合回路（或称探测线圈）保持不动，而使闭合回路（或线圈）中的磁场发生变化；或者是使磁场保持不变，而使闭合回路（或线圈）在磁场中运动，都可以在闭合回路（或线圈）中引起电流. 这就是说，尽管在闭合回路（或线圈）中引起电流的方式有所不同，但都可归结出一个共同点，即穿过闭合回路（或线圈）的磁通量都发生了变化. 这里要特别强调一下，关键不是磁通量本身，而是磁通量的变化，才是引发电磁感应现象的必要条件. 于是，可以得出如下结论：当穿过一个闭合导体回路所围面积的磁通量发生变化时，不管这种变化是什么原因所引起的，回路中就有电流. 这种现象叫做电磁感应现象. 回路中所出现的电流叫做感应电流. 在回路中出现电流，表明回路中有电动势存在. 这种在回路中由于磁通量的变化而引起的电动势，叫做感应电动势.

二、电磁感应定律

电磁感应定律①可表述为：当穿过闭合回路所围面积的磁通量发生变化时，不论这种变化是什么原因引起的，回路中都会建立起感应电动势，且此感应电动势等于磁通量对时间变化率的负值，即

① 电磁感应定律全称为法拉第电磁感应定律.

$$\mathscr{E}_i = -\frac{d\Phi}{dt} \qquad (12-1a)$$

在国际单位制中，$\mathscr{E}_i$的单位为V(伏特)，Φ的单位为Wb(韦伯)，t的单位为s(秒).至于式中负号的物理意义，我们将在下面楞次定律中再予讨论.

应当指出，式(12-1a)中的Φ是穿过回路所围面积的磁通量.如果回路是由N匝密绕线圈组成的，而穿过每匝线圈的磁通量都等于Φ，那么穿过N匝密绕线圈的磁通匝数则为$\Psi=N\Phi$，磁通匝数也叫磁链.对此，电磁感应定律就可写成

$$\mathscr{E}_i = -\frac{d\Psi}{dt} = -\frac{d(N\Phi)}{dt} \qquad (12-1b)$$

如果闭合回路的电阻为R，那么根据闭合回路的欧姆定律$\mathscr{E}=IR$，回路中的感应电流为

$$I_i = -\frac{1}{R}\frac{d\Phi}{dt} \qquad (12-2)$$

利用上式以及$I=dq/dt$，可计算出在时间间隔$\Delta t=t_2-t_1$内，由于电磁感应，流过回路的电荷.设在时刻t_1穿过回路所围面积的磁通量为Φ_1，在时刻t_2穿过回路所围面积的磁通量为Φ_2，于是在时间间隔Δt内，流过回路的感应电荷为

$$q = \int_{t_1}^{t_2} I dt = -\frac{1}{R}\int_{\Phi_1}^{\Phi_2} d\Phi = \frac{1}{R}(\Phi_1 - \Phi_2) \qquad (12-3)$$

比较式(12-2)和式(12-3)可以看出，感应电流与回路中磁通量随时间的变化率有关，变化率越大，感应电流越强；但感应电荷则只与回路中磁通量的变化量有关，而与磁通量随时间的变化率无关.在计算感应电荷时，式(12-3)取绝对值.从式(12-3)还可以看出，对于给定电阻R的闭合回路来说，如果从实验中测出流过此回路的电荷为q，那么就可以知道此回路内磁通量的变化.这就是磁强计的设计原理.在地质勘探和地震监测等部门中，磁强计常用来探测地磁场的变化.

楞次

文档：楞次

三、楞次定律

现在来说明式(12-1)中负号的物理意义.为分析方便起见，

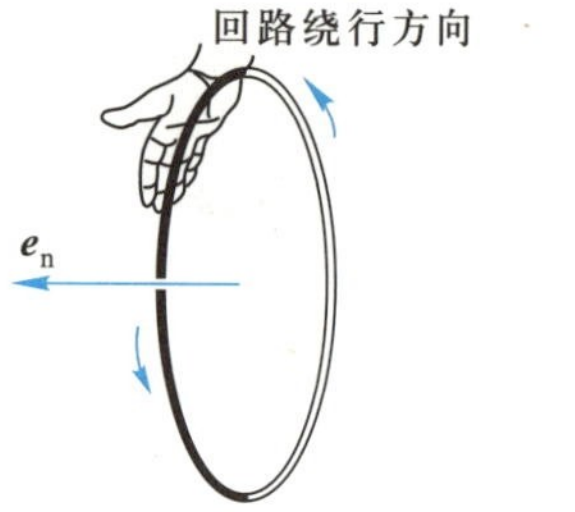

图 12-3　回路正法线 e_n 方向的确定

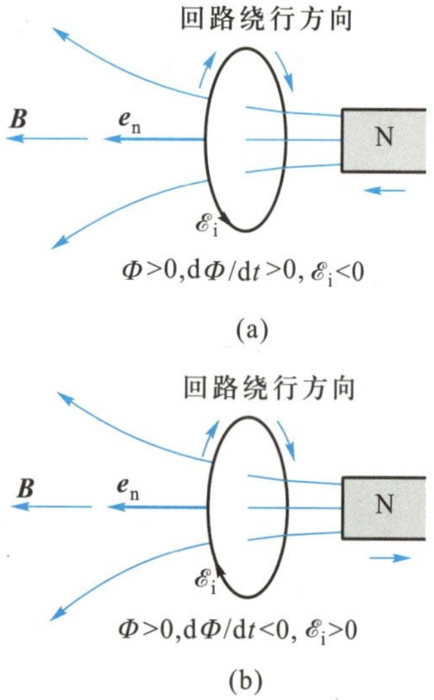

图 12-4　感应电动势方向的确定

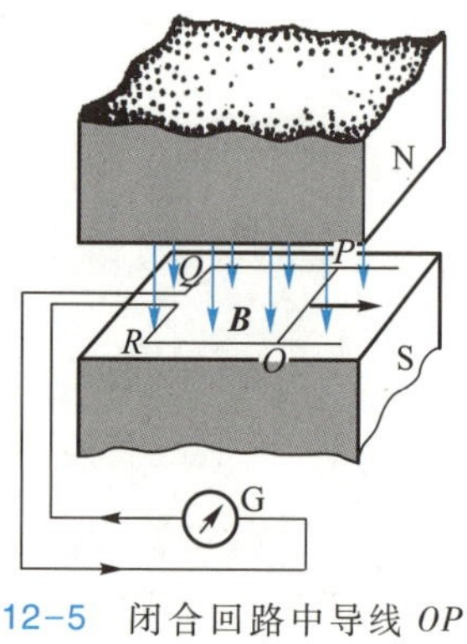

图 12-5　闭合回路中导线 *OP* 在磁场中运动时，回路中有感应电流

作如下规定：回路的绕行方向与回路的正法线 $\boldsymbol{e}_n$ 的方向之间遵守右手螺旋定则(图 12-3)；当回路中的感应电动势取负值(即 $\mathscr{E}_i<0$)时，感应电动势的方向与回路的绕行方向相反；当感应电动势取正值(即 $\mathscr{E}_i>0$)时，感应电动势的方向与回路的绕行方向相同. 下面我们用上述规定来具体确定感应电动势的正负值.

首先，讨论图 12-2 中磁铁插入线圈的情况. 取回路的绕行方向为顺时针方向，线圈中各匝回路的正法线 $\boldsymbol{e}_n$ 的方向与磁感强度 $\boldsymbol{B}$ 的方向相同，所以穿过线圈所包围面积的磁通量为正值，即 $\Phi>0$. 当磁铁插入线圈时，如图 12-4(a)所示，穿过线圈的磁通量增加，故磁通量随时间的变化率 $\mathrm{d}\Phi/\mathrm{d}t>0$. 由式(12-1)可知，$\mathscr{E}_i<0$，即线圈中各匝回路的感应电动势的方向与回路的绕行方向相反. 此时，线圈中感应电流所激发的磁场与 $\boldsymbol{B}$ 的方向相反，它阻碍磁铁向线圈运动. 当磁铁从线圈中抽出时，如图 12-4(b)所示，穿过线圈的磁通量虽仍为正值，即 $\Phi>0$，但因磁铁从线圈中抽出，所以穿过线圈的磁通量将有所减少，故有 $\mathrm{d}\Phi/\mathrm{d}t<0$. 由式(12-1)可知，感应电动势 $\mathscr{E}_i>0$，为正值. 这就是说，$\mathscr{E}_i$ 的方向与回路的绕行方向相同. 此时，感应电流所激发的磁场与 $\boldsymbol{B}$ 的方向相同，它阻碍磁铁远离线圈运动.

再看图 12-5 所示的情形，在磁铁的两极之间，放置一个由导线组成的矩形回路 *OPQRO*，其中导线 *OP* 可以沿框架左右水平移动. 当导线 *OP* 向右移动时，电流计的指针将向一个方向偏转. 选取回路的绕行方向为 *OPQRO*，则此回路的正法线 $\boldsymbol{e}_n$ 的方向与磁感强度 $\boldsymbol{B}$ 的方向相反. 因此，穿过此回路所围面积的磁通量为负值，即 $\Phi<0$. 当导线 *OP* 向右移动时，回路的面积增大，穿过此回路所围面积的磁通量 Φ 的增量为负值，即 $\mathrm{d}\Phi/\mathrm{d}t<0$. 根据电磁感应定律式(12-1)，这时 $\mathscr{E}_i>0$，即回路中感应电动势 $\mathscr{E}_i$ 的方向与回路的绕行方向 *OPQRO* 相同，因此在回路中感应电流 I_i 的方向也与回路的绕行方向一致. 导线 *OP* 中有电流通过，它就要受到安培力的作用，由安培定律可知，此力的方向向左，它阻碍导线向右移动. 当导线 *OP* 向左移动时，由类似上述的分析可知，在回路中也要引起感应电流，但其方向与上述绕行方向相反，因此导线 *OP* 所受的安培力方向向右，它阻碍导线向左移动.

就磁通量来讲，上述导线 *OP* 在磁场中移动时，也引起穿过回路所围面积的磁通量增加(或减少)，从而在回路中建立起感应电动势和感应电流. 而感应电流自身的磁场穿过回路所围面积的磁通量，又总是抵消(或补偿)原磁场磁通量的增加(或减少).

综上所述，可以得出如下规律：当穿过闭合导体回路所围面积的磁通量发生变化时，在回路中就会有感应电流，此感应电流的方向总是使它自己的磁场穿过回路所围面积的磁通量，去抵偿引起感应电流的磁通量的改变.或者用另一种方式来表述：闭合的导体回路中所出现的感应电流，总是使它自己所激发的磁场反抗任何引起电磁感应的原因（反抗相对运动、磁场变化或线圈变形等）.这个规律叫做楞次定律.

实质上，楞次定律是能量守恒定律的一种表现.如在图 12-5 的情形中，由于电磁感应，在磁场中运动的导线 OP 所受之安培力，其作用总是反抗导线 OP 运动的.因此，要移动导线，就需要外力对它做功，这样，就把某种形式的能量（如机械能、电能）转化为其他形式的能量（如电能、热能）.假如感应电流所产生的作用，不是反抗导线的运动，而是帮助导线运动，那么，只要我们开始用力使导线作微小的移动，以后它就会越来越快地运动下去.也就是说，我们可以用微小的功来获得无穷大的机械能，这不就成了第一类永动机了吗？显然，这与能量守恒定律相违背.因此，感应电流的方向必须是楞次定律所规定的方向.电磁感应定律式（12-1）中的负号，正表明了电磁感应现象和能量守恒定律之间的必然联系.

文档：爱迪生直流电机

例 1

在如图 12-6 所示的均匀磁场中，置有面积为 S 的可绕 OO' 轴转动的 N 匝线圈.若线圈以角速度 ω 作匀速转动，求线圈中的感应电动势.

解 设在 $t=0$ 时，线圈平面的正法线 $\boldsymbol{e}_n$ 的方向与磁感强度 $\boldsymbol{B}$ 的方向相同，那么，在 t 时刻，$\boldsymbol{e}_n$ 与 $\boldsymbol{B}$ 之间的夹角为 $\theta=\omega t$.此时，穿过 N 匝线圈的磁链为

$$\Psi=N\Phi=NBS\cos\theta=NBS\cos\omega t$$

由式（12-1b）可得，线圈中的感应电动势为

$$\mathscr{E}_i=-\frac{\mathrm{d}\Psi}{\mathrm{d}t}=NBS\omega\sin\omega t$$

式中 N、S、B 和 ω 均是常量.令 $\mathscr{E}_m=NBS\omega$，则上式可写为

$$\mathscr{E}_i=\mathscr{E}_m\sin\omega t$$

线圈每秒转动的周数用 f 表示，因此有 $\omega=2\pi f$.上式亦可写为

$$\mathscr{E}_i=\mathscr{E}_m\sin 2\pi ft$$

由上述计算可知，在均匀磁场中，匀速转动的线圈内所建立的感应电动势是时间的正弦函数，$\mathscr{E}_m$

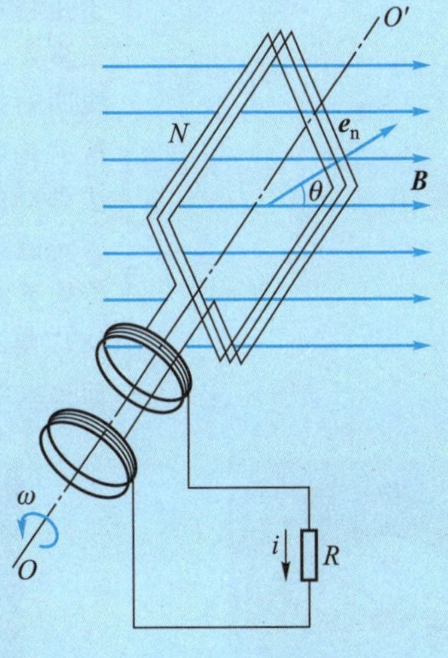

图 12-6

为感应电动势的最大值[图 12-7(a)]，叫做电动势的振幅.它与磁场的磁感强度、线圈的面积、匝数和转动的角速度成正比.

当外电路的电阻 R 比线圈的电阻 R_i 大很多，即 $R\gg R_i$ 时，根据欧姆定律，闭合回路中的感应电流为

$$i=\frac{\mathscr{E}_m}{R}\sin\omega t=i_m\sin\omega t$$

式中 $i_m=\frac{\mathscr{E}_m}{R}$ 为感应电流的振幅[图 12-7(b)]. 可见，在均匀磁场中，匀速转动的线圈内的感应电流也是时间的正弦函数. 这种电流叫做正弦交变电流，简称交流电.

应当指出，上述内容是交流发电机的基本工作原理的简要介绍. 实际上输出交流电的线圈是固定不动的，转动部分则是提供旋转磁场的电磁铁线圈(称为转子)，它以角速度 ω 绕 OO' 轴转动，从而形成旋转磁场. 这种结构的发电机是由特斯拉发明的.

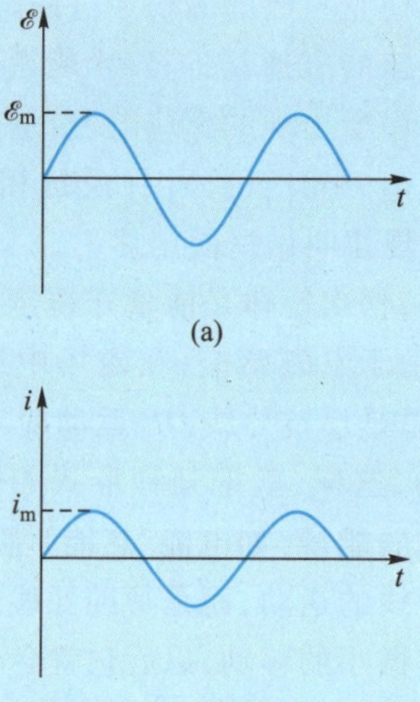

图 12-7

下面介绍一点特斯拉与交流电机.

特斯拉(N.Tesla，1856—1943)，美籍克罗地亚人. 在学校时，老师用爱迪生发明的直流电机给学生做演示实验，使爱迪生直流电机的线圈在固定磁铁的 N 极和 S 极之间旋转，从而使电机的集电环产生火花放电，电机需要经常修理，否则不能继续使用. 对使用者而言，这是很不方便的. 于是特斯拉就想能否设计出不用集电环的电机呢？这个问题困扰着他很多年. 1881 年，他在布达佩斯的公园散步时突然想到，如果把磁铁与线圈对调一下，使磁铁在线圈中旋转，不是就可以不使用集电环了吗？这就是旋转磁场的由来. 这也成为他后来发明交流电机系统的起点. 想法是对的，但要实现它可就没有那么容易了. 1884 年 28 岁的特斯拉带着旋转磁场和交流电机的理想来到美国. 他设计并制作了最初的交流电机及传输系统. 后来，终于在西屋电气公司创立者威斯汀豪斯的支持下，他在 1891 年，也就在布达佩斯公园散步时想到旋转磁场的 10 年后，终于在尼亚加拉大瀑布的美国一侧建成了多相交流电机和输变电系统. 从此交流电机

青年特斯拉也许正在构思旋转磁场

矗立在尼亚加拉大瀑布美国一侧特斯拉的雕像

矗立在尼亚加拉大瀑布加拿大一侧特斯拉的雕像

系统被世界各国所采用.特斯拉为人类广泛而安全地进入电气化时代作出了巨大贡献.这个故事对我们有两点启示:一是科学和技术的创新是始于问题;二是要坚持不懈的努力.值得高兴的是,历经了千辛万苦,特斯拉的理想最终得以实现.

三峡水电站的大坝坝顶长 2 309 m,坝高 185 m,正常蓄水位 175 m,相应库容 $393\times10^8\ m^3$,装有 32 台单机容量为 70 万 kW 的发电机组.

白鹤滩水电站大坝坝顶长 709 m,坝高 289 m,正常蓄水位 825 m,相应库容 $206\times10^8\ m^3$,单机容量达 100 万 kW.

例 2

图 12-8 是电子计算机内作为存贮元件的环形磁芯,磁芯是用矩磁铁氧体制成的.环形磁芯上绕有两个截面积均为$S=4.5\times10^{-2}\ mm^2$的线圈 a 和 b.当线圈 a 中有脉冲电流 i 通过时,在时间间隔 $\Delta t=4.5\times10^{-7}$ s 内,磁芯内的磁感强度由$+B$ 翻转为$-B$.设 $B=0.17$ T,线圈 b 的匝数为 $N=2$.求在磁芯内的磁感强度翻转过程中,线圈 b 中产生的感应电动势.

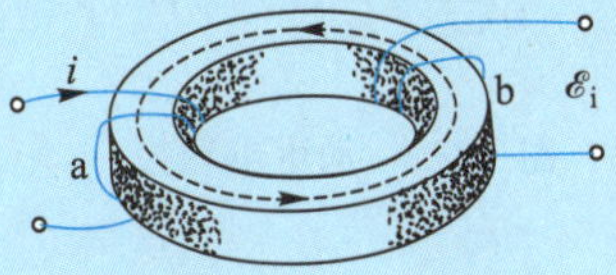

图 12-8

解 在上章关于磁介质的讨论中已经知道,铁氧体是铁磁质,其磁导率是很大的.磁芯内的磁感强度可认为是均匀的,而且磁芯内的磁感线是如图中所示的环形虚线.这样,在时间间隔 Δt 内,通过线圈 b 的磁链的增量为 $\Delta\Psi=2NBS$.由电磁感应定律可得,线圈 b 中的感应电动势的大小为

$$\mathscr{E}_i=\left|\frac{\Delta\Psi}{\Delta t}\right|=\frac{2NBS}{\Delta t}$$

将已知数值代入上式可得 $\mathscr{E}_i=6.8\times10^{-2}\ V=68\ mV$.

12-2 动生电动势和感生电动势

上一节中我们曾指出,不论什么原因,只要使穿过回路的磁通量发生变化,回路中就会有感应电动势.这样,从磁通量的表达式 $\Phi=\int_S \boldsymbol{B}\cdot d\boldsymbol{S}$ 可以看出,穿过回路所围面积 S 的磁通量是由磁感强度、回路面积的大小以及回路在磁场中的取向三个因素决定的,因此,只要这三个因素中任何一个发生变化,都可使磁通量发生变化，从而引起感应电动势.为便于区分，我们通常把由于磁感强度变化而引起的感应电动势，称为感生电动势；而把由于回路所围面积的大小变化或回路取向变化而引起的感应电动势，称为动生电动势.下面分别讨论这两种电动势.

一、动生电动势

我们在上一节的图 12-5 中曾指出，在均匀磁场中，闭合回路中的导线 OP 移动时要引起感应电动势，这其实就是动生电动势.现在就来定量地讨论这个问题.

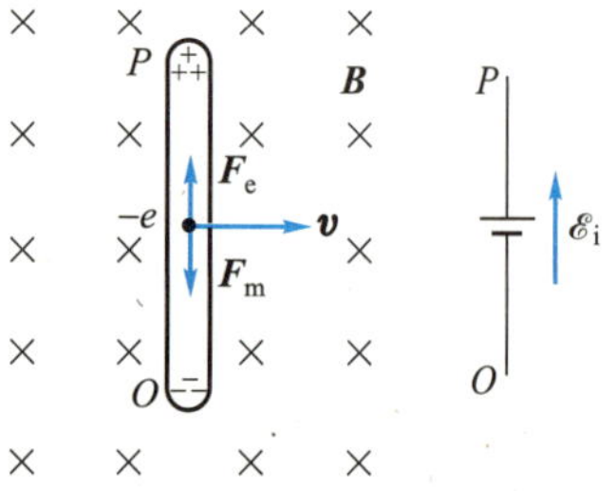

图 12-9 动生电动势

如图 12-9 所示，在磁感强度为 $\boldsymbol{B}$ 的均匀磁场中，一长为 l 的导线 OP 以速度 $\boldsymbol{v}$ 向右运动，且 $\boldsymbol{v}$ 与 $\boldsymbol{B}$ 垂直.导线内每个自由电子都受到洛伦兹力 $\boldsymbol{F}_m$ 的作用，由式(11-9)有

$$\boldsymbol{F}_m=(-e)\boldsymbol{v}\times\boldsymbol{B}$$

式中$(-e)$为电子的电荷量，$\boldsymbol{F}_m$ 的方向与 $\boldsymbol{v}\times\boldsymbol{B}$ 的方向相反，由 P 指向 O. 这个力是非静电力，它驱使电子沿导线由 P 向 O 移动，致使 O 端积累了负电荷，P 端则积累了正电荷，从而在导线内建立起静电场.当作用在电子上的静电场力 $\boldsymbol{F}_e$ 与洛伦兹力 $\boldsymbol{F}_m$ 相平衡(即 $\boldsymbol{F}_e+\boldsymbol{F}_m=0$)时，$O$、$P$ 两端间便有稳定的电势差.由于洛伦兹力是非静电力，所以，若以 $\boldsymbol{E}_k$ 表示非静电的电场强度，则有

$$\boldsymbol{E}_k=\frac{\boldsymbol{F}_m}{-e}=\boldsymbol{v}\times\boldsymbol{B}$$

$\boldsymbol{E}_k$ 的方向与 $\boldsymbol{v}\times\boldsymbol{B}$ 的方向相同.由电动势的定义式(11-6)可得，在磁场中运动的导线 OP 所产生的动生电动势为

$$\mathscr{E}_i=\int_{OP}\boldsymbol{E}_k\cdot\mathrm{d}\boldsymbol{l}=\int_{OP}(\boldsymbol{v}\times\boldsymbol{B})\cdot\mathrm{d}\boldsymbol{l} \qquad (12-4)$$

考虑到 $\boldsymbol{v}$ 与 $\boldsymbol{B}$ 垂直，且矢积 $\boldsymbol{v}\times\boldsymbol{B}$ 的方向与 $\mathrm{d}\boldsymbol{l}$ 的方向相同，以及 $\boldsymbol{v}$ 与 $\boldsymbol{B}$ 均为常矢量，故上式可写为

$$\mathscr{E}_i=\int_0^l vB\mathrm{d}l=vBl$$

导线 OP 上动生电动势的方向由 O 端指向 P 端(图 12-9).应当注意，上式只能用来计算在均匀磁场中导线以恒定速度垂直磁场运动时所产生的动生电动势.对任意形状的导线在非均匀磁场中运动所产生的动生电动势，则要由式(12-4)来进行计算.

例 1

一根长度为 L 的铜棒，在磁感强度为 $\boldsymbol{B}$ 的均匀磁场中，以角速度 ω 在与磁场方向垂直的平面内绕棒的一端 O 作匀速转动（图 12-10），试求铜棒两端的感应电动势.

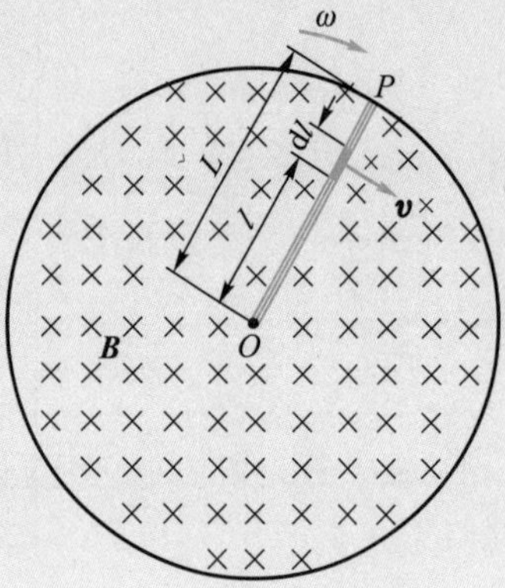

图 12-10

解　在铜棒上取极小的一段线元 $\mathrm{d}\boldsymbol{l}$，其速度为 $\boldsymbol{v}$，并且 $\boldsymbol{v}$、$\boldsymbol{B}$、$\mathrm{d}\boldsymbol{l}$ 互相垂直，如图所示. 于是，由式（12-4）可得 $\mathrm{d}\boldsymbol{l}$ 两端的动生电动势为

$$\mathrm{d}\mathscr{E}_{\mathrm{i}}=(\boldsymbol{v}\times\boldsymbol{B})\cdot\mathrm{d}\boldsymbol{l}=vB\mathrm{d}l$$

把铜棒看成是由许多长度为 $\mathrm{d}\boldsymbol{l}$ 的线元组成的，每一段线元的线速度 $\boldsymbol{v}$ 都与 $\boldsymbol{B}$ 垂直，且 $v=\omega l$. 于是铜棒两端的动生电动势为各线元的动生电动势之和，即

$$\mathscr{E}_{\mathrm{i}}=\int_l \mathrm{d}\mathscr{E}_{\mathrm{i}}=\int_0^L vB\mathrm{d}l=\int_0^L B\omega l\mathrm{d}l=\frac{1}{2}B\omega L^2$$

动生电动势的方向由 O 端指向 P 端，O 端带负电荷，P 端带正电荷.

例 2

如图 12-11 所示，矩形导线框的平面与磁感强度为 $\boldsymbol{B}$ 的均匀磁场相垂直. 在此导线框上，有一质量为 m、长为 l 的可移动的细导体棒 MN；矩形导线框还接有一个电阻 R，其值比导线的电阻值要大很多. 若开始时（即 $t=0$ 时），细导体棒以速度 $\boldsymbol{v}_0$ 沿如图所示的方向运动，试求棒的速率与时间的函数关系.

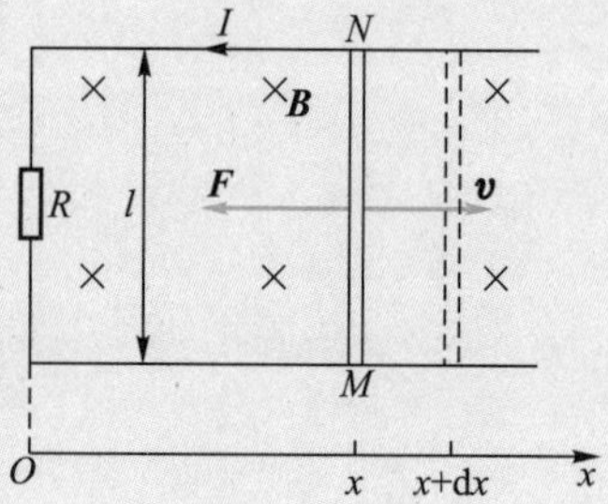

图 12-11

解　如图所示建立坐标轴，棒的初速度 $\boldsymbol{v}_0$ 的方向与 Ox 轴的正向相同. 由式（12-4）可得，棒中（即矩形导线框）的动生电动势为 $\mathscr{E}_{\mathrm{i}}=vBl$，其方向由棒的 M 端指向 N 端，因此矩形导线框中的感应电流沿逆时针方向绕行，其大小为 $I=\mathscr{E}_{\mathrm{i}}/R=vBl/R$. 同时，由安培定律式（11-28）可得，作用在棒上的安培力 $\boldsymbol{F}$ 的大小为

$$F=IBl=\frac{vB^2l^2}{R}$$

而 $\boldsymbol{F}$ 的方向与 Ox 轴的正向相反. 按照牛顿第二定律，棒的运动方程应为

$$m\frac{\mathrm{d}v}{\mathrm{d}t}=-\frac{vB^2l^2}{R}$$

即

$$\frac{\mathrm{d}v}{v}=-\frac{B^2l^2}{mR}\mathrm{d}t$$

由题意可知，$t=0$ 时，$v=v_0$，且 B、l、m、R 均为常量，故由上式积分可得

$$\ln\frac{v}{v_0}=-\frac{B^2l^2}{mR}t$$

则棒在 t 时刻的速率为

$$v=v_0\mathrm{e}^{-(B^2l^2/mR)t}$$

二、感生电动势

在第 12-1 节的电磁感应实验中，我们已看到，当把一闭合导体回路放置在变化的磁场中时，穿过此闭合回路的磁通量发生变化，从而在回路中要激起感应电流．大家知道，要形成电流，不仅要有可以移动的电荷，还要有迫使电荷作定向移动的电场．但是由穿过闭合导体回路的磁通量变化而激发的电场不可能是静电场，于是麦克斯韦在分析了一些电磁感应现象以后，提出了如下假设：变化的磁场在其周围空间要激发一种电场，这个电场叫做感生电场，用符号 $\boldsymbol{E}_{\mathrm{k}}$ 表示．感生电场与静电场一样都对电荷有力的作用．它们之间的不同之处是：静电场存在于静止电荷周围的空间内，感生电场则是由变化的磁场所激发，不是由电荷所激发；静电场的电场线是始于正电荷、终于负电荷的，感生电场的电场线则是闭合的．正是由于感生电场的存在，在闭合回路中才形成感生电动势．由电动势的定义式(11-6)知，感生电动势等于感生电场 $\boldsymbol{E}_{\mathrm{k}}$ 沿任意闭合回路的线积分，即

$$\mathscr{E}_{\mathrm{i}}=\oint_{l}\boldsymbol{E}_{\mathrm{k}}\cdot\mathrm{d}\boldsymbol{l}=-\frac{\mathrm{d}\Phi}{\mathrm{d}t} \tag{12-5}$$

应当明确，这个由麦克斯韦感生电场的假设而得到的感生电动势表达式，不只对由导体所构成的闭合回路，甚至对真空，也都是适用的．这就是说，如果穿过空间内某一闭合回路所围面积的磁通量发生变化，那么此闭合回路上的感生电动势总是等于感生电场 $\boldsymbol{E}_{\mathrm{k}}$ 沿该闭合回路的环流．

由此，可以进一步说明感生电场的性质．我们知道，静电场是一种保守场，沿任意闭合回路静电场电场强度的环流恒为零，即 $\oint_{l}\boldsymbol{E}\cdot\mathrm{d}\boldsymbol{l}=0$．而感生电场与静电场不同，它沿任意闭合回路的环流一般不等于零，即 $\oint_{l}\boldsymbol{E}_{\mathrm{k}}\cdot\mathrm{d}\boldsymbol{l}=-\mathrm{d}\Phi/\mathrm{d}t$．这就是说，感生电场不是保守场．由于静电场的电场线是有头有尾的，而感生电场的电场线是闭合的，所以感生电场也称为有旋电场．

最后，由于磁通量为

$$\Phi=\int_{S}\boldsymbol{B}\cdot\mathrm{d}\boldsymbol{S}$$

所以，式(12-5)也可写成

$$\mathscr{E}_{\mathrm{i}}=\oint_{l}\boldsymbol{E}_{\mathrm{k}}\cdot\mathrm{d}\boldsymbol{l}=-\frac{\mathrm{d}}{\mathrm{d}t}\int_{S}\boldsymbol{B}\cdot\mathrm{d}\boldsymbol{S}$$

若闭合回路是静止的，它所围的面积 S 也不随时间变化，则上式也可写成

$$\mathscr{E}_{\mathrm{i}}=\oint_{l}\boldsymbol{E}_{\mathrm{k}}\cdot\mathrm{d}\boldsymbol{l}=-\int_{S}\frac{\partial\boldsymbol{B}}{\partial t}\cdot\mathrm{d}\boldsymbol{S}\qquad(12-6)$$

式中 $\partial\boldsymbol{B}/\partial t$ 是闭合回路所围面积内某点的磁感强度随时间的变化率.式(12-6)表明，只要存在着变化的磁场，就一定会有感生电场；而且 $\partial\boldsymbol{B}/\partial t$ 与 $\boldsymbol{E}_{\mathrm{k}}$ 在方向上应遵从左手螺旋关系.

例 3

如图 12-12 所示，一半径为 r、电阻为 R 的细圆环放在与圆环所围的平面相垂直的均匀磁场中.设磁场的磁感强度随时间变化，且 $\mathrm{d}B/\mathrm{d}t=$ 常量，求圆环上感应电流的大小.

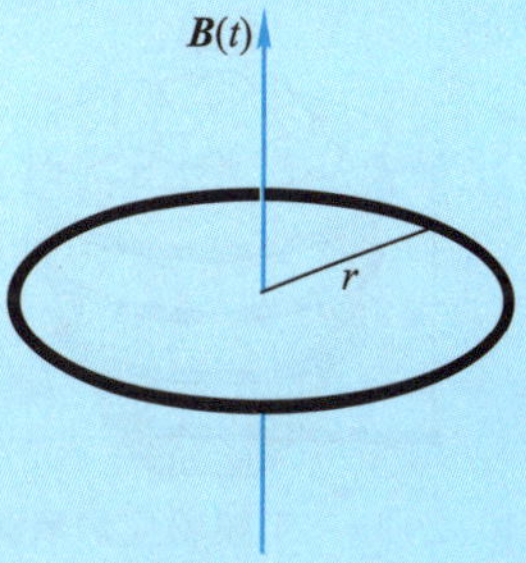

图 12-12

解 由题意知，通过细圆环所包围平面的磁场是均匀磁场，且磁感强度随时间变化，因此，在圆环上就会有感应电动势.根据式(12-6)可得，圆环上感应电动势的大小为

$$\mathscr{E}_{\mathrm{i}}=\oint_{l}\boldsymbol{E}_{\mathrm{k}}\cdot\mathrm{d}\boldsymbol{l}=\int_{S}\frac{\mathrm{d}\boldsymbol{B}}{\mathrm{d}t}\cdot\mathrm{d}\boldsymbol{S}$$

考虑到 $\mathrm{d}\boldsymbol{B}$ 垂直于圆环所围的平面，且 $\mathrm{d}B/\mathrm{d}t=$ 常量，$S=\pi r^2$，故上式可写为

$$\mathscr{E}_{\mathrm{i}}=\frac{\mathrm{d}B}{\mathrm{d}t}\int_{S}\mathrm{d}S=\frac{\mathrm{d}B}{\mathrm{d}t}\pi r^2$$

于是，由闭合电路欧姆定律可求得，细圆环上感应电流的大小为

$$I=\frac{\mathscr{E}_{\mathrm{i}}}{R}=\frac{\pi r^2}{R}\frac{\mathrm{d}B}{\mathrm{d}t}$$

三、涡电流

感应电流不仅能够在导体回路内出现，而且当大块导体与磁场有相对运动或处在变化的磁场中时，在这块导体中也会激起感应电流.这种在大块导体中流动的感应电流，叫做涡电流，简称涡流.涡电流在工程技术上有广泛的应用，下面对涡电流的产生和应用作一粗略介绍①.

① 关于涡电流的应用，还可参阅马文蔚等主编《物理学原理在工程技术中的应用》(第四版)之“感应加热的原理与应用”及“感应加热在铁路工务部门的应用”(高等教育出版社，2015 年).

感应加热的原理与应用

感应加热在铁路工务部门的应用

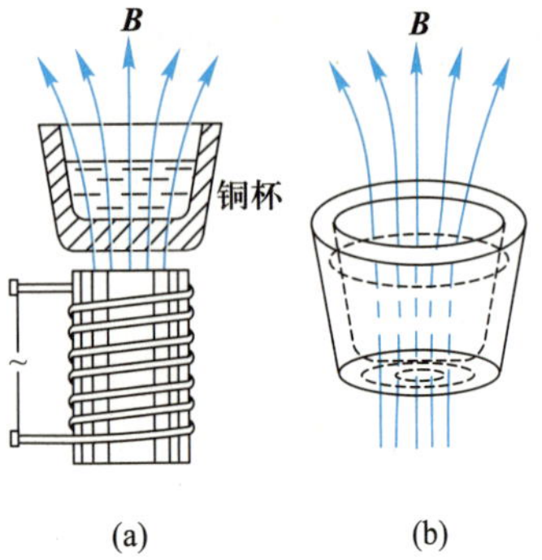

图 12-13 涡电流的热效应

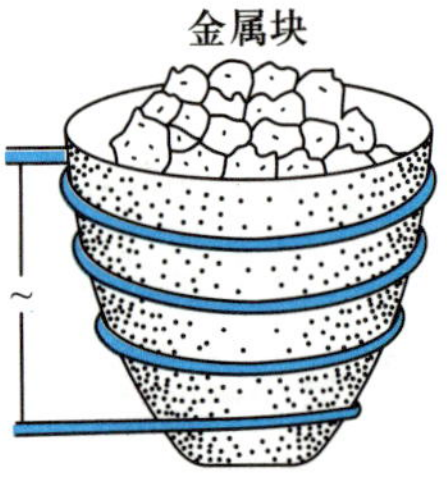

图 12-14 工频感应炉示意图

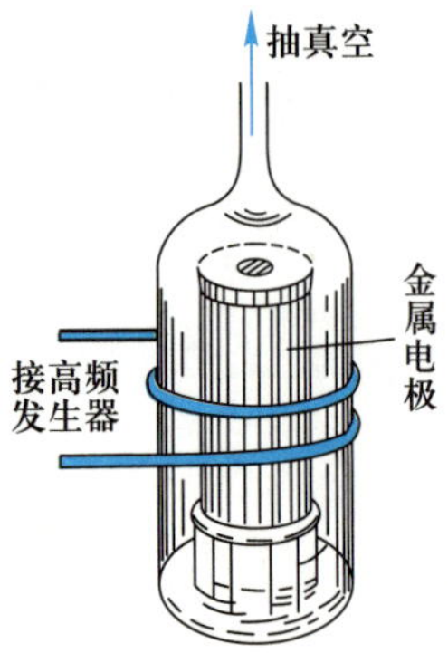

图 12-15 用涡电流加热金属电极

如图 12-13(a)所示,在一个绕有线圈的铁芯上端放置一个盛有冷水的铜杯,把线圈的两端接到交流电源上,过几分钟,杯内的冷水就会变热,甚至沸腾起来.

为了说明上述事实,我们把铜杯看成是由一层一层的铜圆筒套在一起构成的[图 12-13(b)].每一层圆筒都相当于一个回路.当绕在铁芯上的线圈中通有交流电时,穿过铜杯中每个回路围面积的磁通量都在不断地变化,因此,在这些回路中便产生感应电动势,并形成环形感应电流.由于铜杯的电阻很小,所以涡电流很大,因此能够产生大量的热量,使杯中的冷水变热,以至沸腾起来.如果考虑到水也具有微弱的导电性,那么水中的涡电流也会使水的温度升高,只是在此这并不是使水变热乃至沸腾的主要因素.然而,在工厂中冶炼合金时常用的工频感应炉(图 12-14),就是利用待冶炼的金属块中涡流的热量使金属块熔化的.如果要熔化不导电的物料,就需要用金属炉体才行.

用涡电流加热的方法有很多独特的优点.这种方法是在物料内部各处同时加热,而不是把热量从外面逐层地传导进去.用这种方法加热,还可以把被熔金属和坩埚放在真空室中,使被熔金属在高温下不被氧化.在冶金工业中,熔化活泼的或难熔的金属(如钛、钽、铌、钼等)和冶炼特殊合金,都常用这种方法加热.又如制作电子管、显像管或激光管时,在做好后要抽气封口,但管内金属电极吸附的气体不易放出,此时必须加热到高温才能使气体很快被放出和抽走.那么怎样加热金属电极呢?这时就利用涡电流加热的方法,一边加热,一边抽气,然后封口(图 12-15).

应当指出,涡电流产生的热量还与交变电流的频率有关.这一点可以这样来理解:感应电动势与磁通量随时间的变化率成正比,而磁通量随时间的变化率又与交变电流的频率成正比,因此,感应电动势(以及涡电流)应与交变电流的频率成正比.在可以忽略涡电流自身激发磁场的情况下,根据电流产生的热量与电流的二次方成正比的焦耳定律,便可知道涡电流所产生的热量与交变电流频率的二次方成正比.这也就是熔化金属时,人们通常采用高频电炉的道理.

除了上面所讲的热效应以外,涡电流还可以起阻尼作用,这可以由下面的实验来说明.如图 12-16 所示,一块由铜或铅等非铁磁性物质制成的金属板悬挂在电磁铁的两极之间,当电磁铁的线圈中没有通电时,两极间没有磁场,这时要经过相当长的时间,才能使摆动着的摆停止下来.当电磁铁的线圈中通电后,两极间有了磁场,这时摆动着的摆就会很快停止下来.这是因为当摆朝着两个两极间的磁场运动时,穿过金属板的磁通量增加,在板中产生了涡电流(涡电流的方向如图中虚线所示),而它要受到安培力的作用,其方向恰与摆的运动方向相反,可阻碍摆的运动.同样,当摆由两极间的磁场离开时,安培力对金属板的作用,其方向也与摆的运动方向相反,因此摆很快就停止下来.磁场对金属板的这种阻尼作用,叫做电磁阻尼.在一些电磁仪表中,人们常利用电磁阻尼使摆动的指针迅速地停止在平衡位置上.电度表中的制动铝盘,也是利用了电磁阻尼效应的.

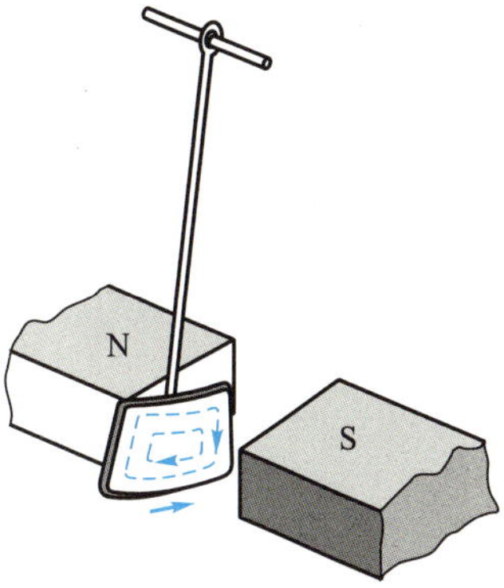

图 12-16 阻尼摆

上面讲了涡电流的有用的一面.但是,事物总是有利有弊的,在有些情况下,涡电流发热是很有害的.例如,变压器和电机中的铁芯由于处在交变电流的磁场中,在铁芯内部就要出现涡电流,使铁芯发热.这样,不仅浪费了电能,而且由于不断发热,铁芯的温度就要升高,从而引起导线间绝缘材料性能的下降.当温度过高时,绝缘材料就会被烧坏,从而使变压器或电机损坏,造成事故.因此,对变压器、电机这类设备,应当尽量减小涡电流.为此,变压器和电机中的铁芯都是用一片片彼此绝缘的硅钢片叠合而成.这样,虽然穿过整个铁芯的磁通量不变,但是对每一片硅钢片来说,穿过它的磁通量的变化率就相应地减少,因而每一片里的感应电动势就减小,涡电流也就减小了.减小涡电流的另一措施是选择电阻率较大的材料做成铁芯.变压器、电机的铁芯用硅钢片而不用铁片的原因之一就是,前者的电阻率比后者的要大得多.对于高频器件,如收音机中的磁性天线等,线圈中电流变化的频率很高,为了减少涡电流损耗,人们常采用电阻率很大的半导体磁性材料(铁氧体)做成磁芯.这样,不仅可以使涡电流损耗大大降低,而且由于铁氧体具有高磁导率,这些器件还可以做得很小.

12-3 自感和互感

我们已经明确,不论以什么方式,只要能使穿过闭合回路的磁通量发生变化,此闭合回路中就一定会有感应电动势出现.但是,引起磁通量变化的原因是多种多样的,必须依据情况作具体分析.

如图 12-17 所示,在通有电流 I_1 的闭合回路 1 的附近,有另一个通有电流 I_2 的闭合回路 2.根据磁场的叠加原理,穿过闭合回路 1 的磁通量 Φ_1,是回路 1 中的电流 I_1 与回路 2 中的电流 I_2 各自在回路 1 中引起的磁通量 Φ_{11} 与 Φ_{12} 之和.对于两个回路相对方位确定、周围磁介质一定,且回路的形状、大小亦不改变的情形,无论是回路 1 中电流的变化,还是回路 2 中电流的变化,甚至两回

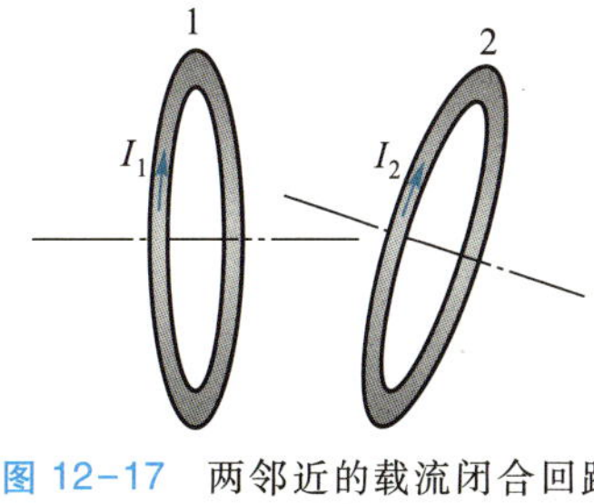

图 12-17 两邻近的载流闭合回路

路中的电流同时变化，都会使穿过回路 1 的磁通量 Φ_1 发生变化．我们将仅由回路 1 中电流 I_1 的变化，而引起的感应电动势称为自感电动势，用符号 $\mathscr{E}_L$ 表示；将仅由回路 2 中电流 I_2 的变化，在回路 1 中引起的感应电动势称为互感电动势，用符号 $\mathscr{E}_{12}$ 表示．下面分别讨论这两种感应电动势．

一、自感电动势 自感

考虑一个闭合回路，设其中的电流为 I．根据毕奥－萨伐尔定律，此电流在空间任意一点的磁感强度都与 I 成正比，因此，穿过回路本身所围面积的磁通量也与 I 成正比，即

$$\Phi = LI \tag{12-7a}$$

式中 L 为比例系数，叫做自感．实验表明，自感 L 与回路的形状、大小以及周围介质的磁导率有关．由式（12-7a）可以看出，如果 I 为单位电流，则 $L=\Phi$．可见，某回路的自感，在数值上等于回路中的电流为一个单位时，穿过此回路所围面积的磁通量．

当回路是由 N 匝线圈构成时，式（12-7a）应改写成

$$\Psi = N\Phi = LI \tag{12-7b}$$

这时，N 匝线圈的自感，在数值上等于线圈中的电流为一个单位时，穿过此线圈的磁通匝数．

根据电磁感应定律可求得自感电动势

$$\mathscr{E}_L = -\left(L\frac{\mathrm{d}I}{\mathrm{d}t} + I\frac{\mathrm{d}L}{\mathrm{d}t}\right)$$

如果回路的形状、大小和周围介质的磁导率都不随时间变化，那么 L 为一常量，故 $\mathrm{d}L/\mathrm{d}t=0$，由此可得

$$\mathscr{E}_L = -L\frac{\mathrm{d}I}{\mathrm{d}t} \tag{12-8}$$

由上式可以看出，自感的意义也可以这样来理解：某回路的自感，在数值上等于回路中的电流随时间的变化率为一个单位时，在回路中所引起的自感电动势的绝对值．

式（12-8）中的负号，是楞次定律的数学表示．它指出，自感电动势将反抗回路中电流的改变．必须强调指出，自感电动势所反抗的是电流的变化，而不是电流本身．

自感的单位名称是亨利①,其符号是H.单位亨利可由式(12-7)确定.当一个线圈中的电流为 1 A 时,穿过这个线圈的磁通量为 1 Wb,则此线圈的自感就为 1 H.常用的自感单位有 1 mH = 10^{-3} H,1 μH = 10^{-6} H.

通常,自感由实验测定,只是在某些简单的情形下才可由其定义计算出来.

在工程技术和日常生活中,自感现象的应用是很广泛的,如无线电技术和电工中常用的扼流圈,日光灯上用的镇流器等就是实例.但是在有些情况下,自感现象会带来危害,必须采取措施予以防止.例如,当无轨电车行驶时,若路面不平,则车顶上的受电弓由于车身颠簸,有时会短时间脱离电网而使电路突然断开.这时由于自感而产生的自感电动势,在电网与受电弓之间形成一较高的电压,其常常大到"击穿"空气隙而导电,以致在空气隙处产生电弧,对电网有损坏作用.又如,电机和强力电磁铁在电路中都相当于自感很大的线圈,因此在断开电路的瞬时,在电路中会出现暂态的过大电流,从而造成事故.为了减小这种危险,一般都是先增加电阻使电流减小,然后再断开电路.所以,大电流电力系统中的开关,都附加有"灭弧"的装置.

亨利

文档:亨利

例 1

一长直密绕螺线管长度为 l,横截面积为 S,线圈的总匝数为 N,管中磁介质的磁导率为 μ.试求其自感.

解 对于长直螺线管,当其中有电流 I 通过时,我们可以把管内的磁场看作是近似均匀的.由第11-4节例 3 中的式(4)可知,其磁感强度 $\boldsymbol{B}$ 的大小为

$$B=\mu\frac{N}{l}I$$

$\boldsymbol{B}$ 的方向可看成与螺线管的轴线平行.因此,穿过螺线管每一匝线圈的磁通量都等于

$$\Phi=BS=\mu\frac{N}{l}IS$$

而穿过螺线管的磁通匝数为

$$\Psi=N\Phi=\mu\frac{N^2}{l}IS$$

由 $N\Phi=LI$,得

$$L=\frac{N\Phi}{I}=\mu\frac{N^2}{l}S$$

设螺线管单位长度上线圈的匝数为 n,螺线管的体积为 V,则有 $n=N/l$ 和 $V=lS$,故上式可写为

$$L=\mu n^2V$$

可见,欲获得较大的自感,人们通常采用较细导线制成的绕组,以增加单位长度上的匝数 n,并选取较大磁导率 μ 的磁介质放置在螺线管内.从这个例题中可以明显看出,螺线管的自感只与其自身条件有关.

① 美国物理学家亨利(J.Henry,1797—1878)在 1830 年就已观察到自感现象,直到 1832 年 7 月才将题为《长螺线管中的电自感》的论文发表.亨利与法拉第是各自独立地发现电磁感应现象的,但其发表稍晚些.强力实用的电磁继电器是亨利发明的,他还指导莫尔斯发明了第一架实用电报机.为纪念亨利的贡献,自感的单位名称以亨利命名.

二、互感电动势 互感

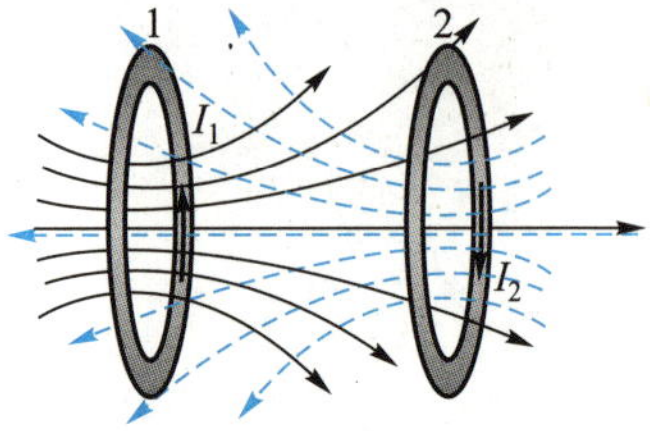

图 12-18 互感

假定两个邻近的线圈 1 和 2(图 12-18)分别通有电流 I_1 和 I_2. 当其他条件不变，只是其中一个线圈的电流发生变化时，在另一个线圈中就会引起互感电动势.这两个回路通常叫做互感耦合回路.

设线圈 1 中电流 I_1 所激发的磁场穿过线圈 2 的磁通量是 Φ_{21}. 而根据毕奥-萨伐尔定律，在空间的任意一点，I_1 所建立的磁感强度都与 I_1 成正比，因此，I_1 的磁场穿过线圈 2 的磁通量也必然与 I_1 成正比.所以有

$$\Phi_{21}=M_{21}I_1$$

式中 M_{21} 是比例系数.

同理，线圈 2 中电流 I_2 所激发的磁场穿过线圈 1 的磁通量 Φ_{12}，应与 I_2 成正比，所以有

$$\Phi_{12}=M_{12}I_2$$

式中 M_{12} 是比例系数.

比例系数 M_{21} 和 M_{12} 应与两个线圈的形状、大小、匝数、相对位置以及周围介质的磁导率有关，因此叫做两个线圈的互感. 理论和实验都证明，当两个线圈的形状、大小、匝数、相对位置以及周围介质的磁导率都保持不变时，M_{21} 和 M_{12} 是相等的，即 $M_{21}=M_{12}=M$①，则上述两式可简化为

$$\Phi_{21}=MI_1,\quad \Phi_{12}=MI_2 \tag{12-9}$$

从上面两式可以看出，两个线圈的互感 M，在数值上等于其中一个线圈中的电流为一单位时，穿过另一个线圈所围面积的磁通量.

由此可得，当线圈 1 中的电流 I_1 发生变化时，根据电磁感应定律，在线圈 2 中引起的互感电动势为

$$\mathscr{E}_{21}=-\frac{\mathrm{d}\Phi_{21}}{\mathrm{d}t}=-M\frac{\mathrm{d}I_1}{\mathrm{d}t} \tag{12-10a}$$

同理，当线圈 2 中的电流 I_2 发生变化时，在线圈 1 中引起的互感电动势为

$$\mathscr{E}_{12}=-\frac{\mathrm{d}\Phi_{12}}{\mathrm{d}t}=-M\frac{\mathrm{d}I_2}{\mathrm{d}t} \tag{12-10b}$$

① 关于互感 $M_{21}=M_{12}=M$ 的证明，可参阅赵凯华、陈熙谋《新概念物理教程 电磁学》(第二版)第 207 页(高等教育出版社，2006 年).

由上面两式可以看出，互感 M 的意义也可以这样来理解：两个线圈的互感 M，在数值上等于一个线圈中的电流随时间的变化率为一个单位时，在另一个线圈中所引起的互感电动势的绝对值.另外还可以看出，当一个线圈中的电流随时间的变化率一定时，互感越大，则在另一个线圈中引起的互感电动势就越大；反之，互感越小，则在另一个线圈中引起的互感电动势就越小.所以，互感是表明相互感应强弱的一个物理量，或者说是两个电路耦合程度的量度.互感的单位名称亦为亨利(H).

式(12-10)中的负号表示，在一个线圈中所引起的互感电动势，要反抗另一个线圈中电流的变化.

利用互感现象我们可以把交变的电信号或电能由一个电路转移到另一个电路，而无须把这两个电路连接起来.这种转移能量的方法在电工技术、无线电技术中得到广泛的应用.例如，手机无线充电器就是利用互感原理给手机充电的.电动牙刷内也有一感应线圈与蓄电池相连，其底座内的充电线圈则与交流电源相连，接通电源即可充电.

当然，互感现象有时也需予以避免，使之不产生有害的干扰.为此，人们常采用磁屏蔽的方法将某些器件保护起来.

互感通常由实验测定，只是对于某些比较简单的情况，才能根据定义用计算的方法求得.

手机无线充电

电动牙刷充电

例 2

如图 12-19 所示，有两个长度均为 l，半径分别为 r_1 和 r_2（且 $r_1<r_2$），匝数分别为 N_1 和 N_2 的同轴长直密绕螺线管.试求它们的互感.

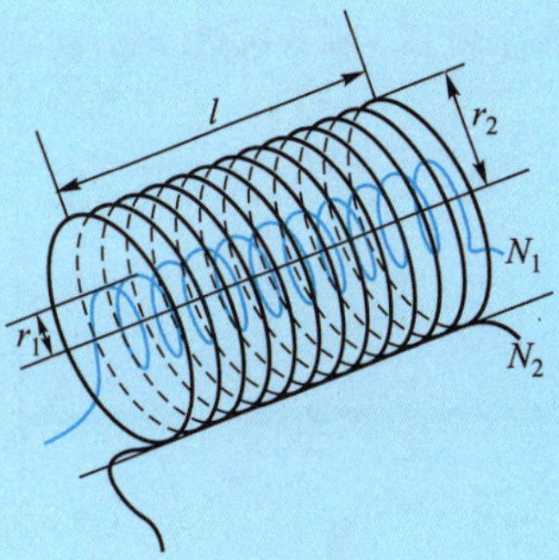

图 12-19

解 从题意知，这两个同轴长直螺线管是半径不等的密绕螺线管，而且它们的形状、大小、磁介质和相对位置均固定不变.因此，我们可以先设想在某一线圈中通以电流 I，再求出穿过另一线圈的磁通量 Φ，然后按互感的定义式 $M=\Phi/I$，求出它们的互感.

按以上分析，设电流 I_1 通过半径为 r_1 的螺线管，则此螺线管内的磁感强度为

$$B_1=\mu_0\frac{N_1}{l}I_1=\mu_0 n_1 I_1 \tag{1}$$

应当注意，考虑到螺线管是密绕的，所以在两螺线管之间的区域内的磁感强度为零.于是，穿过半径为 r_2 的螺线管的磁通匝数为

$$N_2\Phi_{21}=N_2B_1(\pi r_1^2)=n_2 l B_1(\pi r_1^2)$$

把式(1)代入，有

$$N_2\Phi_{21}=\mu_0 n_1 n_2 l(\pi r_1^2)I_1$$

由式(12-9)可得互感为

$$M_{21}=\frac{N_2\Phi_{21}}{I_1}=\mu_0 n_1 n_2 l(\pi r_1^2) \tag{2}$$

我们还可以设电流 I_2 通过半径为 r_2 的螺线管，从而来求互感 M_{12}. 当电流 I_2 通过半径为 r_2 的螺线管时，此螺线管内的磁感强度为

$$B_2=\mu_0\frac{N_2}{l}I_2=\mu_0 n_2 I_2$$

而穿过半径为 r_1 的螺线管的磁通匝数为

$$N_1\Phi_{12}=N_1B_2(\pi r_1^2)=\mu_0 n_1 n_2 l(\pi r_1^2)I_2$$

同样由式(12-9)亦得

$$M_{12}=\frac{N_1\Phi_{12}}{I_2}=\mu_0 n_1 n_2 l(\pi r_1^2) \qquad (3)$$

从式(2)和式(3)可以看出，不仅 $M_{12}=M_{21}=M$，而且对两个形状、大小、磁介质和相对位置给定的同轴长直密绕螺线管来说，它们的互感是确定的.

例 3

在图 12-19 中，若通过长度为 l、匝数为 N_2 的线圈 2 的电流为 I_2，且 I_2 是随时间变化的，则因互感的作用，在线圈 1(匝数为 N_1)中激起的感应电动势是多少？

解 当线圈 2 中通以电流 I_2 时，通过线圈 1 的磁通匝数为

$$N_1\Phi_{12}=MI_2=\frac{\mu_0 N_1 N_2 \pi r_1^2 I_2}{l}$$

由电磁感应定律可得，线圈 1 中的互感电动势绝对值为

$$\mathscr{E}_i=\left|\frac{\mathrm{d}(N_1\Phi_{12})}{\mathrm{d}t}\right|=\mu_0 N_1 n_2 \pi r_1^2\frac{\mathrm{d}I_2}{\mathrm{d}t}$$

从上述结果可以看出，如果把线圈 2 称为初级线圈，把线圈 1 称为次级线圈，初级线圈单位长度上的匝数 n_2 和次级线圈的线圈匝数 N_1 越多，且初级线圈中电流随时间的变化率 $\mathrm{d}I_2/\mathrm{d}t$ 越大，那么次级线圈中的感应电动势就越大. 这样的装置常叫做感应圈. 汽车发动机点火需较高的电压，它的点火器其实就是一个感应圈. 连到蓄电池的线圈中的电流突然改变时，次级线圈中产生上万伏的高压，使火花塞放出足够强的火花，从而将汽油或柴油的混合气体点燃.

火花塞

12-4 磁场的能量 磁场能量密度

我们曾在第 10-5 节中看到，对电容器充电过程中所做的功等于贮存在电容器中的能量，其大小为

$$W_e=\frac{1}{2}QU=\frac{1}{2}CU^2$$

而且电容器中的能量是贮存在两极板之间的电场中的. 在一般情况下，电场内某点处的电场强度大小为 E，则该点附近的电场能

量密度为

$$w_e=\frac{1}{2}\varepsilon E^2$$

在电流激发磁场的过程中，也是要供给能量的，所以磁场中也应具有能量.为此，我们可以仿照研究静电场能量的方法来讨论磁场的能量.

如图 12-20 所示，电路中含有一个自感为 L 的线圈，电阻为 R，电源的电动势为 $\mathscr{E}$.在开关 S 未闭合时，电路中没有电流，线圈内也没有磁场.而开关闭合后，线圈中的电流逐渐增大，线圈中有自感电动势.在此过程中，电源供给的能量分成两个部分：一部分转化为电阻 R 上的焦耳热，另一部分则转化成线圈内的磁场能量.

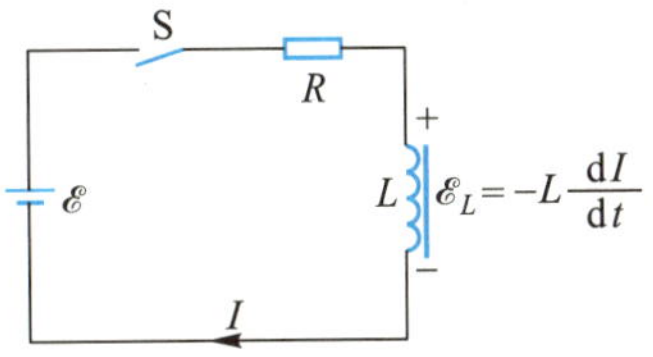

图 12-20 含有自感的电路的能量转化

由闭合电路欧姆定律

$$\mathscr{E}+\mathscr{E}_L=RI$$

得

$$\mathscr{E}-L\frac{\mathrm{d}I}{\mathrm{d}t}=RI$$

两边同乘以 $I\mathrm{d}t$，有

$$\mathscr{E}I\mathrm{d}t-LI\mathrm{d}I=RI^2\mathrm{d}t$$

若在 $t=0$ 时，$I=0$，在 $t=t$ 时，电流增长到 I，则上式的积分为

$$\int_0^t\mathscr{E}I\mathrm{d}t=\frac{1}{2}LI^2+\int_0^t RI^2\mathrm{d}t \qquad (12-11)$$

式中 $\int_0^t\mathscr{E}I\mathrm{d}t$ 为电源在 0 到 t 这段时间内所做的功，也就是电源所供给的能量；$\int_0^t RI^2\mathrm{d}t$ 为在这段时间内回路中的电阻所放出的焦耳热；$\frac{1}{2}LI^2$ 则为电源反抗自感电动势所做的功.由于当电路中的电流从 0 增长到 I 时，电路附近的空间只是逐渐建立起一定强度的磁场，而没有其他的变化，所以电源因反抗自感电动势做功所消耗的能量，显然在建立磁场的过程中转化成了磁场的能量.因此，对自感为 L 的线圈来说，当其中的电流为 I 时，磁场的能量为

$$W_m=\frac{1}{2}LI^2 \qquad (12-12)$$

我们知道，磁场的性质是用磁感强度来描述的.既然如此，那

么磁场的能量也可以用磁感强度来表示.为简单起见,我们以长直螺线管为例进行讨论.体积为 V 的长直螺线管的自感 $L=\mu n^2 V$,螺线管中通有电流 I 时,螺线管中磁场的磁感强度为 $B=\mu nI$,把它们代入式(12-12)可得,螺线管内的磁场能量为

$$W_{m}=\frac{1}{2}\mu n^{2}V\left(\frac{B}{\mu n}\right)^{2}=\frac{1}{2}\frac{B^{2}}{\mu}V$$

上式表明,磁场能量与磁感强度、磁导率和磁场所占的体积有关.由此又可得出,单位体积磁场的能量——磁场能量密度 w_m 为

$$w_{m}=\frac{W_{m}}{V}=\frac{1}{2}\frac{B^{2}}{\mu}$$

式中 w_m 的单位符号为 $J\cdot m^{-3}$.上式表明,磁场能量密度与磁感强度的二次方成正比.对于均匀的各向同性的磁介质,由于 $B=\mu H$,上式又可以写成

$$w_{m}=\frac{1}{2}\mu H^{2}=\frac{1}{2}BH \qquad (12-13)$$

必须指出,式(12-13)虽然是从长直螺线管这一特例导出的,但是可以证明,在任意的磁场中某处的磁场能量密度都可以用上式表示,式中的 B 和 H 分别为该处的磁感强度和磁场强度.总之,式(12-13)说明:任何磁场都具有能量,磁场的能量贮存于磁场的整个体积之中.

例 1

有一长为 $l=0.20$ m、截面积为 $S=5.0\ cm^2$ 的长直螺线管.按设计要求,当螺线管通以电流 $I=450$ mA 时,螺线管可贮存的磁场能量为 $W_m=0.10$ J.试问此长直螺线管需绕多少匝线圈?

解 由第 12-3 节的例 1 知,长直螺线管的自感为 $L=\mu_0 N^2 S/l$.于是,应用式(12-12)可求得,长直螺线管内所贮存的磁场能量为

$$W_{m}=\frac{1}{2}LI^{2}=\frac{1}{2}\frac{\mu_{0}N^{2}S}{l}I^{2}$$

则长直螺线管线圈的匝数为

$$N=\frac{1}{I}\left(\frac{2W_{m}l}{\mu_{0}S}\right)^{1/2}$$

将已知数值代入上式,得

$$N=1.8\times10^{4}$$

上面的计算设想长直螺线管内是真空的.如果螺线管内充满相对磁导率 $\mu_r=7.0\times10^3$ 的硅钢,那么螺线管又需绕多少匝线圈呢?是增加了,还是减少了?这是什么道理?

例 2

如图 12-21 所示，同轴电缆中金属芯线的半径为 R_1，共轴金属圆筒的半径为 R_2，中间充以磁导率为 μ 的磁介质. 芯线与圆筒分别和电池两极相接，芯线与圆筒上的电流大小相等、方向相反. 设可略去金属芯线内的磁场，求此同轴电缆芯线与圆筒之间单位长度上的磁场能量和自感.

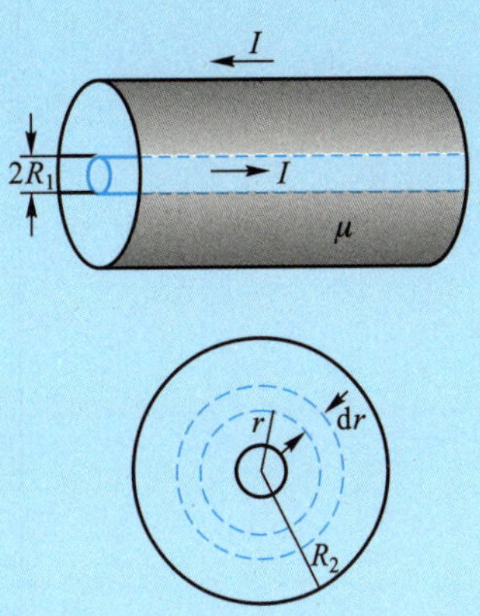

图 12-21

解 由第 11-9 节的例题已知，电缆芯线内的磁场强度可视为零，电缆外部的磁场强度亦为零，磁场只存在于芯线与圆筒之间. 在电缆内距轴线的垂直距离为 r 处的磁场强度为

$$H=\frac{I}{2\pi r}$$

由式(12-13)可得，在芯线与圆筒之间 r 处附近磁场的能量密度为

$$w_m=\frac{1}{2}\mu H^2=\frac{\mu}{2}\left(\frac{I}{2\pi r}\right)^2=\frac{\mu I^2}{8\pi^2 r^2}$$

磁场的总能量为

$$W_m=\int_V w_m\mathrm{d}V=\frac{\mu I^2}{8\pi^2}\int_V\frac{1}{r^2}\mathrm{d}V$$

对于单位长度的电缆，取一薄层圆筒形体积元 $\mathrm{d}V=2\pi r\mathrm{d}r$，代入上式得，单位长度上同轴电缆的磁场能量为

$$W_m'=\frac{\mu I^2}{8\pi^2}\int_{R_1}^{R_2}\frac{2\pi r\mathrm{d}r}{r^2}=\frac{\mu I^2}{4\pi}\ln\frac{R_2}{R_1}$$

由磁场能量公式 $W_m=LI^2/2$ 可得，单位长度上同轴电缆的自感为

$$L'=\frac{\mu}{2\pi}\ln\frac{R_2}{R_1}$$

*12-5 位移电流 电磁场基本方程的积分形式

自从 1820 年奥斯特发现电现象与磁现象之间的联系以后，由于安培、法拉第、亨利等人的工作，电磁学的理论有了很大发展. 到了 19 世纪 50 年代，电磁技术也有了明显的进步，各种各样的电流表、电压表被制造出来了，发电机、电动机和弧光灯已从实验室进入生活和生产领域，有线电报也从实验室的研究转向社会的应用. 这时，在电磁学范围已建立了许多定律、定理和公式，然而，人们迫切地企盼像经典力学归纳出牛顿运动定律和万有引力定律那样，也能对众多的电磁学规律进行归纳总结，找出电磁学的基本方程. 正是在这种情况下，麦克斯韦总结了从库仑到安培、法拉第等人电磁学的全部成就，并发展了法拉第的场的思想，针对变化磁场能激发电场以及变

化电场能激发磁场的现象，提出了有旋电场和位移电流的概念，从而于 1864 年底归纳出电磁场的基本方程，即麦克斯韦电磁场基本方程.在此基础上，麦克斯韦还预言了电磁波的存在，并指出电磁波在真空中的传播速度为

$$c=\frac{1}{(\mu_0\varepsilon_0)^{1/2}}$$

式中 ε_0 和 μ_0 分别是真空电容率和真空磁导率.将 ε_0 和 μ_0 的数值代入上式可得，电磁波在真空中的传播速度为 $3\times10^8\ \mathrm{m\cdot s^{-1}}$，它与光速是相同的.过后不久，赫兹从实验中证实了麦克斯韦关于电磁波的预言，赫兹的实验给予麦克斯韦电磁理论以决定性支持.麦克斯韦电磁理论奠定了经典电动力学的基础，也为电工技术、无线电技术和现代信息技术的发展开辟了广阔的前景.至今，麦克斯韦电磁理论对宏观、高速和低速的情况都仍能适用.

一、位移电流 全电流安培环路定理

在第 11-6 节中，我们曾讨论了在真空中，恒定电流磁场的安培环路定理

$$\oint_l \boldsymbol{B}\cdot \mathrm{d}\boldsymbol{l}=\mu_0 I=\mu_0\int_S \boldsymbol{j}\cdot \mathrm{d}\boldsymbol{S}$$

这个定理表明，在真空中磁感强度沿任一闭合路径的环流等于此闭合路径所围传导电流的代数和.在非恒定电流的情况下，这个定律是否仍可以适用呢？我们可以先从电流连续性的问题谈起.

麦克斯韦

文档：麦克斯韦

麦克斯韦（James Clerk Maxwell，1831—1879），英国物理学家，经典电磁理论的奠基人，气体动理论创始人之一.他提出了有旋电场和位移电流概念，建立了经典电磁理论，这个理论统一了电磁现象的所有基本定律，并预言了以光速传播的电磁波的存在.1873 年，他的《电磁学通论》问世了，这本书凝聚着杜费、富兰克林、库仑、奥斯特、安培、法拉第……的心血，是一本划时代的巨著，它与牛顿的《自然哲学的数学原理》并驾齐驱，它是人类探索电磁学规律的一个里程碑.在气体动理论方面，他还提出了气体分子按速率分布的统计规律.

在一个不含有电容器的闭合电路中，传导电流通常是连续的.这就是说，在任一时刻，流过导体上某一截面的电流是与流过其他任何截面的电流是相等的.但在含有电容器的电路中情况就不同了.无论电容器被充电还是放电，传导电流都不能在电容器的两极板之间通过，这时传导电流就不连续了.

如图 12-22(a)所示，设电容器的两极板之间为真空，在放电过程中，电路导线中的传导电流 I_c 是非恒定电流，它随时间而变化.如图 12-22(b)所示，在极板 A 附近取一个闭合路径 L，并以此路径为边界作两个曲面 S_1 和

S_2，其中 S_1 与导线相交，S_2 不与导线相交.对曲面 S_1 来说，路径 L 所围的电流为 I_c，所以由真空中的安培环路定理有

$$\oint_L \boldsymbol{B}\cdot \mathrm{d}\boldsymbol{l}=\mu_0 I_c$$

而若以曲面 S_2 为依据，因路径 L 所围的电流为零，则由安培环路定理有

$$\oint_L \boldsymbol{B}\cdot \mathrm{d}\boldsymbol{l}=0$$

这就突出表明，在真空的非恒定电流的磁场中，磁感强度沿闭合路径 L 的环流与如何选取以闭合路径 L 为边界的曲面有关.选取不同的曲面，$\boldsymbol{B}$ 的环流有不同的值.怎样来解决这一问题呢？

在科学史上，解决这类问题一般有两条途径：一是在大量实验事实的基础上，提出新概念，建立与实验事实相符合的新理论；另一是在原有理论的基础上，提出合理的假设，对原有的理论作必要的修正，使矛盾得到解决，并用实验检验假设的合理性.而在科学发展的一定阶段上，人们往往遵循第二条途径.麦克斯韦的位移电流假设，就是为修正安培环路定理，使之也适合非恒定电流的情形而提出的.

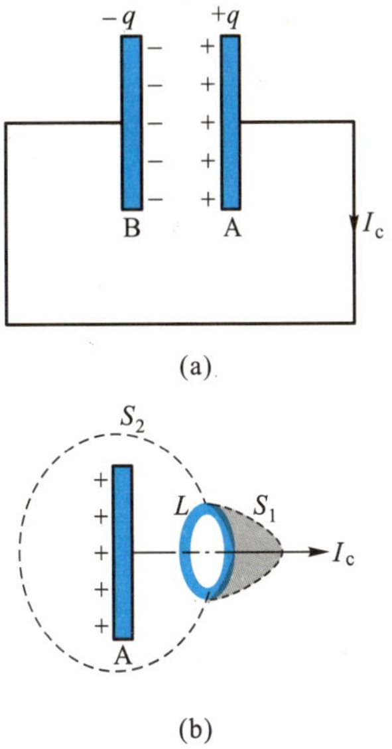

图 12-22 含有电容的电路中，传导电流不连续

在图 12-23 所示的真空电容器放电电路中，设某一时刻电容器的极板 A 上有电荷 $+q$，其电荷面密度为 $+\sigma$；极板 B 上有电荷 $-q$，其电荷面密度为 $-\sigma$.当电容器放电时，设正电荷由极板 A 沿导线向极板 B 流动，则在 $\mathrm{d}t$ 时间内通过电路中任一截面的电荷为 $\mathrm{d}q$，而这个 $\mathrm{d}q$ 也就是电容器极板上失去（或获得）的电荷.所以，极板上电荷对时间的变化率 $\mathrm{d}q/\mathrm{d}t$ 也就是电路中的传导电流.若极板的面积为 S，则极板内的传导电流为

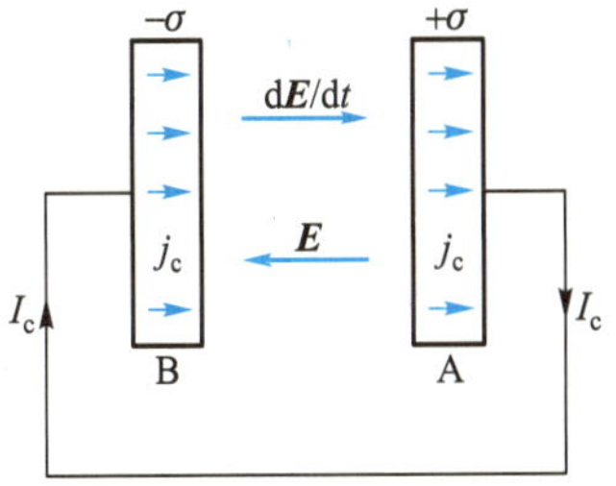

图 12-23 位移电流

$$I_c=\frac{\mathrm{d}q}{\mathrm{d}t}=\frac{\mathrm{d}(S\sigma)}{\mathrm{d}t}=S\frac{\mathrm{d}\sigma}{\mathrm{d}t}$$

传导电流密度大小为

$$j_c=\frac{\mathrm{d}\sigma}{\mathrm{d}t}$$

在电容器两极板之间的真空中，由于没有自由电荷的移动，传导电流为零，即对整个电路来说，传导电流是不连续的.

但是，在真空电容器的放电过程中，极板上的电荷面密度 σ 随时间而变化.当两极板上的电荷面密度分别为 $+\sigma$ 和 $-\sigma$ 时，由第 9-4 节例 4 可知，两极板间电场强度的大小 $E=\sigma/\varepsilon_0$ 和电场强度通量 $\Phi_e=ES$ 也随时间而变化.它们随时间的变化率分别为

$$\frac{\mathrm{d}E}{\mathrm{d}t}=\frac{1}{\varepsilon_0}\frac{\mathrm{d}\sigma}{\mathrm{d}t},\quad \frac{\mathrm{d}\Phi_e}{\mathrm{d}t}=\frac{S}{\varepsilon_0}\frac{\mathrm{d}\sigma}{\mathrm{d}t}=\frac{1}{\varepsilon_0}\frac{\mathrm{d}q}{\mathrm{d}t}$$

式中 S 为极板的面积.从上述结果可以看出：两极板间电场强度矢量随时间的变化率 $\mathrm{d}E/\mathrm{d}t$，在数值上等于极板内传导电流密度 j_c 除以真空电容率 ε_0；电场强度通量随时间的变化率 $\mathrm{d}\Phi_e/\mathrm{d}t$，在数值上等于传导电流 I_c 除以真空电容率 ε_0.当电容器放电时，极板上的电荷面密度减小，因此 $\mathrm{d}\boldsymbol{E}/\mathrm{d}t$ 的方向与 $\boldsymbol{E}$ 的方

向相反.然而,从图 12-23 中可以看出,d$\boldsymbol{E}$/dt 的方向恰与极板内电流密度的方向相同.因此可以设想,如果以 d$\boldsymbol{E}$/dt 表示某种电流密度,那么,它就可以代替在两极板间中断了的传导电流密度,从而保持电流的连续性.

于是,麦克斯韦引进位移电流,并定义:真空电场中某一点的位移电流密度 $\boldsymbol{j}_d$ 等于该点的电场强度对时间的变化率与 ε_0 的乘积;通过电场中某一截面的位移电流 I_d 等于通过该截面的电场强度通量 Φ_e 对时间的变化率与 ε_0 的乘积,即

$$\boldsymbol{j}_d=\varepsilon_0\frac{d\boldsymbol{E}}{dt},\quad I_d=\varepsilon_0\frac{d\Phi_e}{dt} \tag{12-14}$$

麦克斯韦并假设位移电流和传导电流一样,也会在其周围空间激起磁场.这样,按照麦克斯韦位移电流的假设,在有电容器的电路中,在电容器极板表面中断了的传导电流 I_c,可以由位移电流 I_d 继续下去,两者一起保持电流的连续性.

就一般情形来说,麦克斯韦认为电路中可同时存在传导电流 I_c 和位移电流 I_d,那么它们之和为

$$I_s=I_c+I_d$$

式中 I_s 叫做全电流.这样就推广了电流的概念,对图 12-22(b)中取 S_1 或取 S_2 的情形,结果都是一样的.理论和实验都已证明,导体内的变化电场所体现的位移电流几乎为零,完全可以忽略不计.于是,真空中安培环路定理可修正为

$$\oint_l \boldsymbol{B}\cdot d\boldsymbol{l}=\mu_0 I_s=\mu_0(I_c+I_d)=\mu_0 I_c+\mu_0\varepsilon_0\frac{d\Phi_e}{dt}$$

或

$$\oint_l \boldsymbol{B}\cdot d\boldsymbol{l}=\int_S\left(\mu_0\boldsymbol{j}+\mu_0\varepsilon_0\frac{\partial\boldsymbol{E}}{\partial t}\right)\cdot d\boldsymbol{S} \tag{12-15}$$

这就表明,磁感强度 $\boldsymbol{B}$ 沿任意闭合路径的环流等于穿过此闭合路径所围曲面的全电流乘以真空磁导率 μ_0,这就是全电流安培环路定理.上式中的 $\boldsymbol{B}$,从原则上说是由空间存在的所有电流,而不单是闭合路径所包围的全电流建立的.尽管如此,式(12-15)仍然肯定地表述了传导电流和位移电流(即变化的电场)所激发的磁场都是有旋磁场.所以,麦克斯韦关于位移电流假设的实质,就是认为变化的电场要激发有旋磁场.应当强调指出,在麦克斯韦的位移电流假设基础上所得出的推论,都与实验结果符合得很好.

二、电磁场 电磁场基本方程的积分形式

前面我们先后介绍了麦克斯韦关于有旋电场和位移电流这两个假设.前者指出变化的磁场要激发有旋电场,后者则指出变化的电场要激发有旋

磁场.总之,这两个假设揭示了电场和磁场之间的内在联系.存在变化电场的空间必存在变化磁场,同样,存在变化磁场的空间也必存在变化电场.这就是说,变化电场和变化磁场是密切地联系在一起的,它们构成一个统一的电磁场整体.这就是麦克斯韦关于电磁场的基本概念.

在研究电现象和磁现象的过程中,我们曾分别得出真空中静止电荷激发的静电场和恒定电流激发的恒定磁场的一些基本方程,即:

静电场的高斯定理

$$\oint_S \boldsymbol{E}\cdot \mathrm{d}\boldsymbol{S}=q/\varepsilon_0$$

静电场的环路定理

$$\oint_l \boldsymbol{E}\cdot \mathrm{d}\boldsymbol{l}=0$$

磁场的高斯定理

$$\oint_S \boldsymbol{B}\cdot \mathrm{d}\boldsymbol{S}=0$$

安培环路定理

$$\oint_l \boldsymbol{B}\cdot \mathrm{d}\boldsymbol{l}=\mu_0\int_S \boldsymbol{j}\cdot \mathrm{d}\boldsymbol{S}=\mu_0 I_\mathrm{c}$$

麦克斯韦在引入有旋电场和位移电流两个重要概念后,将真空中静电场的环路定理修改为

$$\oint_l \boldsymbol{E}\cdot \mathrm{d}\boldsymbol{l}=-\frac{\mathrm{d}\Phi}{\mathrm{d}t}=-\int_S \frac{\partial \boldsymbol{B}}{\partial t}\cdot \mathrm{d}\boldsymbol{S}$$

将真空中安培环路定理修改为

$$\oint_l \boldsymbol{B}\cdot \mathrm{d}\boldsymbol{l}=\mu_0(I_\mathrm{c}+I_\mathrm{d})=\int_S\left(\mu_0\boldsymbol{j}+\mu_0\varepsilon_0\frac{\partial \boldsymbol{E}}{\partial t}\right)\cdot \mathrm{d}\boldsymbol{S}$$

使它们能适用于一般的电磁场.麦克斯韦还认为静电场的高斯定理和磁场的高斯定理不仅适用于静电场和恒定磁场,也适用于一般电磁场.于是,由此得到真空中电磁场的四个基本方程:

$$\oint_S \boldsymbol{E}\cdot \mathrm{d}\boldsymbol{S}=q/\varepsilon_0 \tag{12-16a}$$

$$\oint_l \boldsymbol{E}\cdot \mathrm{d}\boldsymbol{l}=-\int_S \frac{\partial \boldsymbol{B}}{\partial t}\cdot \mathrm{d}\boldsymbol{S} \tag{12-16b}$$

$$\oint_S \boldsymbol{B}\cdot \mathrm{d}\boldsymbol{S}=0 \tag{12-16c}$$

$$\oint_l \boldsymbol{B}\cdot \mathrm{d}\boldsymbol{l}=\int_S\left(\mu_0\boldsymbol{j}+\mu_0\varepsilon_0\frac{\partial \boldsymbol{E}}{\partial t}\right)\cdot \mathrm{d}\boldsymbol{S} \tag{12-16d}$$

这四个方程就是麦克斯韦方程组的积分形式.

麦克斯韦方程组的形式既简洁又优美，全面地反映了电场和磁场的基本性质，并把电磁场作为一个整体，用统一的观点阐明了电场和磁场之间的联系.因此，麦克斯韦方程组是对电磁场基本规律所作的总结性、统一性的简明而完美的描述.麦克斯韦电磁理论的建立是 19 世纪物理学发展史上又一个重要的里程碑.正如爱因斯坦所说："这是自牛顿以来物理学所经历的最深刻和最有成果的一项真正观念上的变革."所以人们常称麦克斯韦是电磁学领域中的牛顿.

12-6 电磁振荡 电磁波

一、振荡电路 无阻尼自由电磁振荡

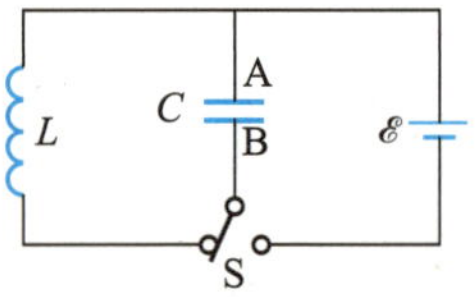

图 12-24 *LC* 振荡电路

在一般的电路中，常会有电阻 R、电容 C 和电感 L.若电路中不含有电阻，只有电容 C 和电感 L，则此电路称为 LC 振荡电路，简称振荡电路.这个电路有什么特点和作用呢？如图 12-24 所示，LC 振荡电路通过开关 S 连接在电动势为 $\mathscr{E}$ 的电源上，当 S 与电源相连接时，电源对电容器充电，使两极板间的电势差 U_0 等于电源的电动势 $\mathscr{E}$，这时电容器两极板 A、B 上分别带有等量异号电荷 $+Q_0$ 和 $-Q_0$，然后转换开关 S 使电容器和自感线圈相连接.在电容器放电之前瞬间，电路中没有电流，电场的能量全部集中在电容器的两极板间[图 12-25(a)].

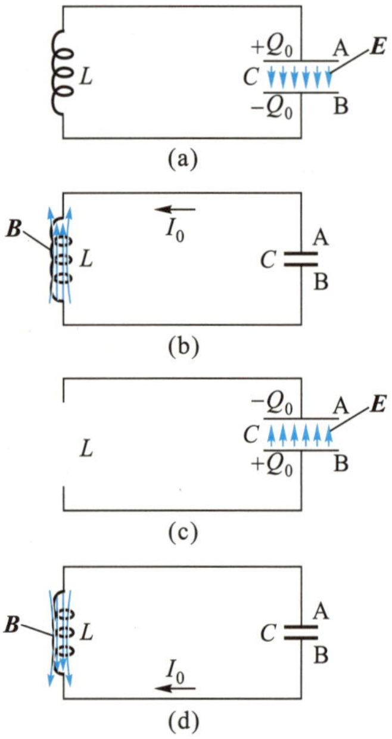

图 12-25 无阻尼自由电磁振荡

当电容器放电时，电流就在自感线圈中激起磁场，由电磁感应定律可知，在自感线圈中将激起感应电动势，以反抗电流的增大.因此在放电过程中，电路中的电流将逐渐增大到最大值，两极板上的电荷也相应地逐渐减小到零.在放电终了时，电容器两极板间的电场能量全部转化成了线圈中的磁场能量[图 12-25(b)].

在电容器放电完毕时，电路中的电流达到最大值.这时，由于线圈的自感作用，就要对电容器作反方向的充电.结果是使 B 板带正电，使 A 板带负电.随着电流逐渐减小到零，电容器两极板上的电荷也相应地逐渐增大到最大值.这时，磁场能量又全部转化成了电场能量[12-25(c)].

然后，电容器又通过线圈放电，电路中的电流逐渐增大，不过这时电流的方向与图 12-25(b)中的相反，电场能量又转化成了磁场能量[图 12-25(d)].

此后,电容器又被充电,恢复到原状态,完成了一个完全的振荡过程.

由上所述可知,在只有电容器 C 和自感线圈 L 组成的 LC 电路中,电荷和电流都随时间作周期性的变化,相应地电场能量和磁场能量也都随时间作周期性的变化,而且不断地相互转化着.电荷(电场能量)最大时,电流(磁场能量)就最小;电荷(电场能量)最小时,电流(磁场能量)就最大.这种电荷和电流、电场和磁场随时间作周期性变化的现象,叫做电磁振荡.如果电路中没有任何能量耗散(转化为焦耳热、电磁辐射等),那么这种变化过程将在电路中一直持续下去,这种电磁振荡叫做无阻尼自由电磁振荡,亦称 LC 电磁振荡.在电磁振荡过程中,电容器上的电荷和电路中的电流的变化规律分别为

$$q=Q_0\cos(\omega t+\varphi) \tag{12-17}$$

$$i=I_0\cos(\omega t+\varphi+\pi/2) \tag{12-18}$$

式中 Q_0 和 I_0 分别为电荷和电流的最大值.图 12-26 给出在无阻尼的 LC 振荡电路中的 $q(t)$ 和 $i(t)$ 曲线.

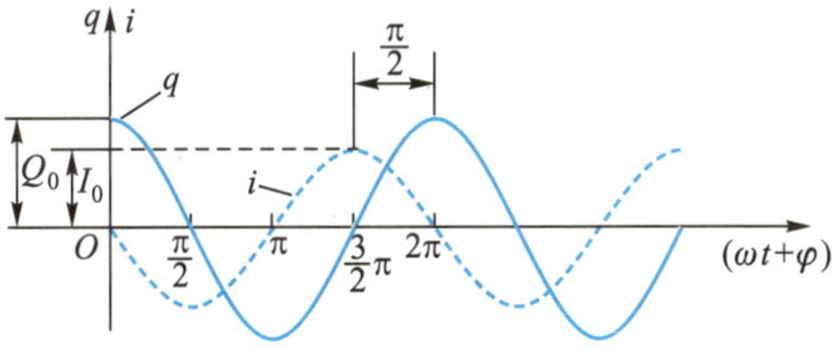

图 12-26 无阻尼自由电磁振荡中的电荷和电流随时间的变化

可以证明①,无阻尼自由电磁振荡的周期与频率为

$$T=2\pi\sqrt{LC}, \quad \nu=\frac{1}{T}=\frac{1}{2\pi\sqrt{LC}} \tag{12-19}$$

文档:路口交通监控原理

二、电磁波的产生与传播

在图 12-25 所示的振荡电路中,变化的电场和磁场局限在电容器 C 和自感线圈 L 内.怎样才能将变化的电场和磁场由近及远

① 参阅马文蔚《物理学》(第七版)下册第九章第 9-7 节(高等教育出版社,2020 年).

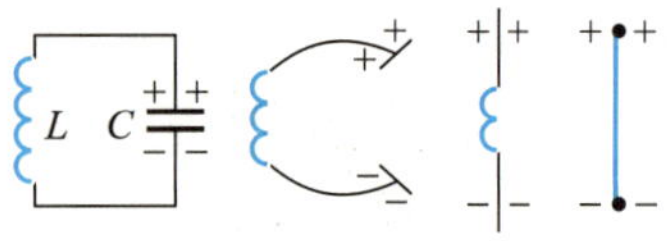

图 12-27 开放电磁场的方法

赫兹

文档：赫兹

地辐射出去呢？我们可以把电容器极板面积缩小，并把两极板间的距离拉大，同时减少线圈的匝数并逐渐地拉直，最后简化成一根直导线，如图 12-27 所示.这样敞开的 LC 振荡电路可以使电场和磁场分散到周围的空间.同时，L 和 C 的减小也提高了电路的振荡频率.因此只要在直线形的电路上引起电磁振荡，直线形电路的两端就会交替出现等量异号电荷，这种改造后的 LC 振荡电路叫做振荡电偶极子.振荡电偶极子可以作为发射电磁波的天线.

赫兹(H.R.Hertz，1857—1894)，德国物理学家. 1886 年他利用感应圈放电产生高频电振荡，然后用两根两端带有金属小球的细铜棒弯成两矩形开路，当其中一个矩形开路与工作着的感应圈的次级相连时，两球间的空气隙产生电火花.这时，在附近的另一个矩形开路的两球间也有微弱的电火花，这说明第二个矩形开路接收到了第一个矩形开路发射的电磁波.从而他用实验初步证实了电磁波的存在，此后直至 1888 年，赫兹又进一步系统地从实验中证实，电磁波与光波一样，具有相同的波速，也遵守反射和折射定律，也具有干涉、衍射和偏振等特性.他还在 1886—1887 年间最早发现了光电效应.

三、真空中的平面电磁波及其特性

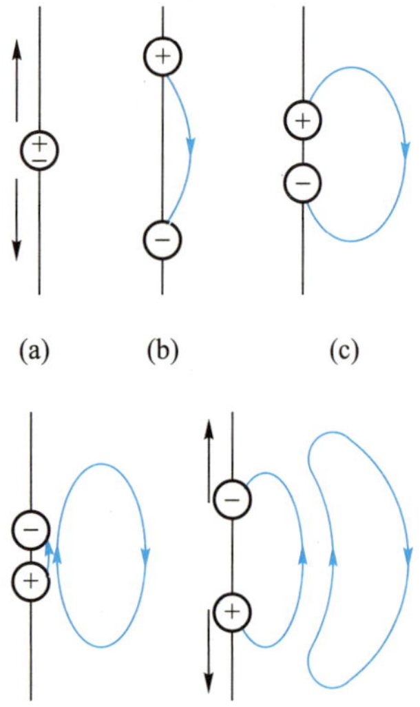

图 12-28 不同时刻振荡电偶极子附近的电场线

前面已经指出，在振荡电偶极子的正、负电荷间距不断地变化的过程中，电磁波便由天线发射出来了.如图 12-28 所示，设 $t=0$ 时，正、负电荷都在图(a)的原点处.然后正、负电荷分别向上、向下移动至最远端，两电荷间的某一条电场线的形状如图(b)所示.接着，两电荷逐渐向中心靠近，电场线的形状也跟随着改变，如图(c)所示.继之，它们又回到中心处重合(完成前半个周期的简谐振动)，其电场线便成闭合状，而随着两电荷互易位置，新的电场线出现了，如图(d)所示.显然，在后半个周期的过程中，形成了一条与上述回转方向相反的闭合电场线，如图(e)所示.闭合电场线的形成表明，振荡电偶极子所激发的是涡旋电场.

图 12-29 画出了某时刻振荡电偶极子周围电磁场的大致分布情况.图中曲线代表电场线，“×”和“·”分别表示穿入纸面和由纸面穿出的磁感线.这些磁感线是环绕电偶极子轴线的同心圆.随着时间的推移，电场线和磁感线便以电磁波的传播速度向外扩张，由近及远地辐射出去了.

在真空中，离开电偶极子很远的地方，电场强度 $\boldsymbol{E}$ 的波面和磁场强度 $\boldsymbol{H}$ 的波面趋于平面，就形成了平面电磁波.平面电磁波

的波函数的形式为

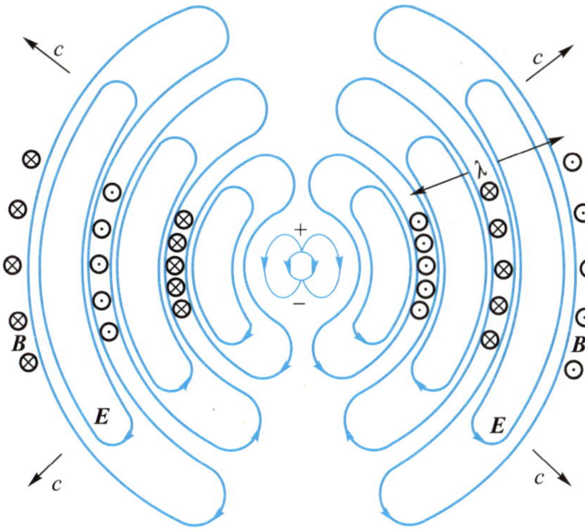

图 12-29 振荡电偶极子周围的电磁场

$$E=E_0\cos\omega\left(t-\frac{x}{u}\right)=E_0\cos(\omega t-kx) \tag{12-20}$$

$$H=H_0\cos\omega\left(t-\frac{x}{u}\right)=H_0\cos(\omega t-kx) \tag{12-21}$$

式中 E_0和 H_0分别为电场强度和磁场强度的振幅，u 为真空中电磁波的传播速度，其大小为

$$u=\frac{1}{(\mu_0\varepsilon_0)^{1/2}} \tag{12-22}$$

已知 $\mu_0=4\pi\times10^{-7}\ \mathrm{N\cdot A^{-2}}$，$\varepsilon_0=8.85\times10^{-12}\ \mathrm{F\cdot m^{-1}}$，代入上式可得 $u=2.998\times10^{8}\ \mathrm{m\cdot s^{-1}}$．这与真空中的光速 c 相同①．

式(12-20)和式(12-21)是沿 Ox 轴正方向传播的平面电磁波的波函数．图 12-30 是真空中的平面电磁波的示意图．

平面电磁波有如下基本特征：

(1) 电磁波是横波．电场强度 $\boldsymbol{E}$ 和磁场强度 $\boldsymbol{H}$ 都垂直于波的传播方向 $\boldsymbol{u}$，因此电磁波是横波．$\boldsymbol{E}$、$\boldsymbol{H}$、$\boldsymbol{u}$ 三者互相垂直，构成右手螺旋关系(图12-30)．$\boldsymbol{E}$ 和 $\boldsymbol{H}$ 与波的传播方向构成的平面，分别称为 $\boldsymbol{E}$ 的振动面和 $\boldsymbol{H}$ 的振动面．$\boldsymbol{E}$ 和 $\boldsymbol{H}$ 分别在各自的振动面内振动，这个特性称为偏振性．只有横波才具有偏振性．

(2) $\boldsymbol{E}$ 和 $\boldsymbol{H}$ 同相位．即在任何时刻、任何地点 $\boldsymbol{E}$ 和 $\boldsymbol{H}$ 都是同

动画：振荡电偶极子的电场线

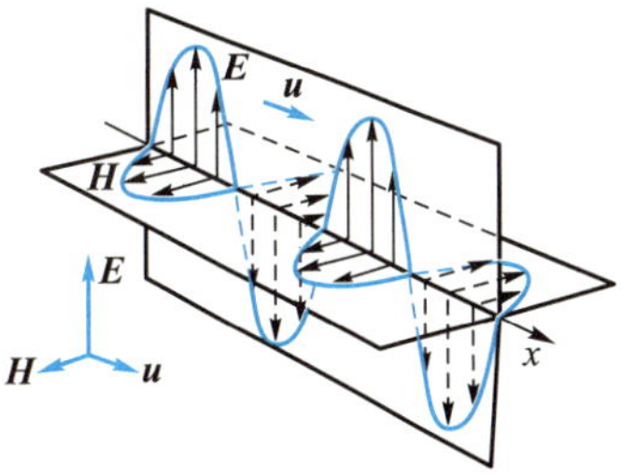

图 12-30 平面电磁波

① 这是麦克斯韦推断光亦是电磁波的重要依据，他把光和电磁波统一了起来．

步变化的.

(3) $\boldsymbol{E}$ 和 $\boldsymbol{H}$ 的大小成比例.在真空中任一点处,E 和 H 有下列关系:

$$\frac{E}{H}=\frac{\sqrt{\mu_0}}{\sqrt{\varepsilon_0}} \tag{12-23}$$

四、真空中电磁波的能量

电场和磁场都具有能量,电磁波的传播就伴随着能量的传播,这种以电磁波形式传播出去的能量叫做辐射能.显然,辐射能传播的速度和方向就是电磁波传播的速度和方向.

按照第 10-5 节和第 12-4 节引入的电场能量、磁场能量的概念,若电磁场的能量密度为 w,则在介质不吸收电磁能量的条件下,单位时间内通过单位面积的能量,即电磁波的能流密度,用符号 S 表示,为

$$S=wu \tag{12-24}$$

已知电场和磁场的能量密度分别为

$$w_{\mathrm{e}}=\frac{1}{2}\varepsilon_0E^2,\quad w_{\mathrm{m}}=\frac{1}{2}\mu_0H^2$$

故电磁场的能量密度为

$$w=w_{\mathrm{e}}+w_{\mathrm{m}}=\frac{1}{2}(\varepsilon_0E^2+\mu_0H^2)$$

于是式(12-24)可写为

$$S=\frac{u}{2}(\varepsilon_0E^2+\mu_0H^2)$$

将 $\sqrt{\varepsilon_0}E=\sqrt{\mu_0}H$ 及 $u=1/\sqrt{\varepsilon_0\mu_0}$ 代入上式,并化简得

$$S=EH \tag{12-25}$$

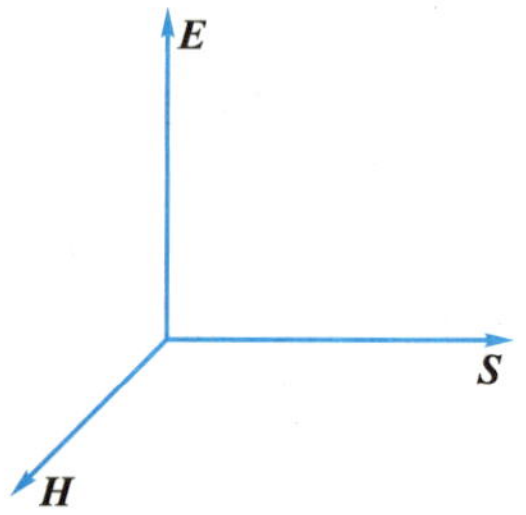

图 12-31 $\boldsymbol{E}$、$\boldsymbol{H}$ 和 $\boldsymbol{S}$ 构成右手螺旋系

由于 $\boldsymbol{E}$、$\boldsymbol{H}$ 和电磁波的传播方向三者互相垂直,并构成右手螺旋系(图 12-31),而辐射能的传播方向就是电磁波的传播方向,所以式(12-25)可用矢量表示为

$$\boldsymbol{S}=\boldsymbol{E}\times\boldsymbol{H}$$

式中 $\boldsymbol{S}$ 为电磁波的能流密度矢量，也称为坡印廷矢量.

不难证明，对于平面电磁波，能流密度的平均值为

$$\bar{S}=\frac{1}{2}E_0H_0 \tag{12-26}$$

式中 E_0 和 H_0 分别是电场强度和磁场强度的振幅.

电台和电视台都是通过发射电磁波向外界传送能量与信息的，而 5G 通信基站等则是将其接收到的电磁波进行放大与处理，输送到 5G 用户的手机中. 电磁波对于现代社会的影响和贡献实在是太大了！

5G 通信基站

五、电磁波谱

实验表明，电磁波波长的范围很广，没有上下限，从无线电波、红外线、可见光、紫外线到 X 射线和 γ 射线等都是电磁波. 它们的本质完全相同，只是波长（或频率）有很大的差异. 由于波长不同，它们就有不同的特性，而且产生的方式也各不相同. 为了便于比较，人们把它们按照波长（或频率）的大小依次排列起来，并称之为电磁波谱. 表 12-1 列出了各种电磁波的波长范围及其主要产生方式.

表 12-1 各种电磁波的波长范围及其主要产生方式

电磁波		真空中的波长范围	主要产生方式
无线电波	长 波	$3\times10^3\sim3\times10^4$ m	由电子线路中电磁振荡所激发的电磁辐射
	中 波	$200\sim3\times10^3$ m	
	短 波	10～200 m	
	超短波	1～10 m	
	微 波	0.1 mm～1 m	
	太赫兹波	0.1～1 mm	光电导产生宽频带脉冲辐射等
红外线		0.76～1 000 μm	由炽热物体、气体放电或其他光源激发分子或原子等微观客体所产生的电磁辐射
可见光	红	620～760 nm	
	橙	592～620 nm	
	黄	578～592 nm	
	绿	500～578 nm	
	青	464～500 nm	
	蓝	446～464 nm	
	紫	400～446 nm	
紫外线		5～400 nm	

续表

电磁波	真空中的波长范围	主要产生方式
X 射线	0.04~5 nm	用高速电子流轰击原子中的内层电子而产生的电磁辐射
γ 射线	0.04 nm 以下	由放射性原子衰变所发出的电磁辐射，或高能粒子与原子核碰撞所产生的电磁辐射

复习自测题

问题

12-1 如图所示，在一长直导线 L 中通有电流 I，$ABCD$ 为一矩形线圈，试确定在下列情况下，$ABCD$ 上的感应电动势的方向：(1) 矩形线圈在纸面内向右移动；(2) 矩形线圈绕 AD 轴旋转；(3) 矩形线圈以直导线为轴旋转.

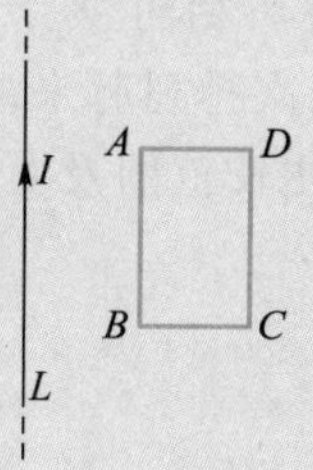

问题 12-1 图

12-2 当我们把条形磁铁沿铜质圆环的轴线插入铜环中时，铜环中有感应电流和感应电场吗？若用塑料圆环替代铜质圆环，则环中仍有感应电流和感应电场吗？

12-3 如图所示，有两个平行静止放置的线圈 A 和 B.若有一条形磁铁向右运动，则两线圈中感应电动势和感应电流的方向各如何？

问题 12-3 图

12-4 有一面积为 S 的导电回路，其正法线 $\boldsymbol{e}_n$ 的方向与均匀磁场 $\boldsymbol{B}$ 的方向之间的夹角为 θ，且 $\boldsymbol{B}$ 的大小随时间的变化率为 $\mathrm{d}B/\mathrm{d}t$.试问 θ 角为何值时，回路中 $\mathscr{E}_i$ 的值最大；θ 角为何值时，$\mathscr{E}_i$ 的值又最小？请解释之.

12-5 有人认为可以采用下述方法来测量炮弹的速度.在炮弹的尖端插一根细小的永久磁针，那么，炮弹在飞行中连续通过相距为 r 的两个线圈后，由于电磁感应，线圈中会产生时间间隔为 Δt 的两个电流脉冲.您能据此测出炮弹速度的大小吗？若 $r=0.1$ m，$\Delta t=2\times10^{-4}$ s，则炮弹速度的大小为多少？

12-6 如图所示，在磁感强度 $\boldsymbol{B}$ 垂直纸面向里的均匀磁场的上方，有一矩形导线框自由下落.在矩形导线框从进入磁场到离开磁场的过程中，该导线框的感应电动势是怎样变化的呢？

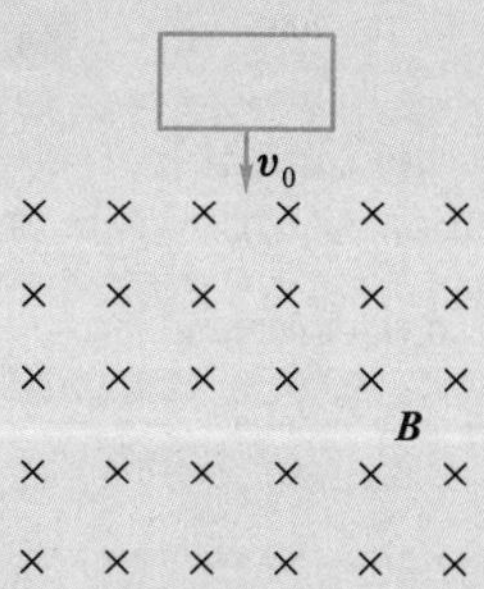

问题 12-6 图

12-7 在一闭合回路中，由变化磁场激起的感应电动势与由回路电池产生的电动势有哪些共同之处？又有哪些不同呢？

12-8 如图所示，均匀磁场被限制在半径为 R 的圆柱体内，且磁感强度大小随时间的变化率为 $dB/dt=$ 常量. 试问：回路 L_1、L_2 和 L_3 上的感应电流各为多少？电流的流向又如何？

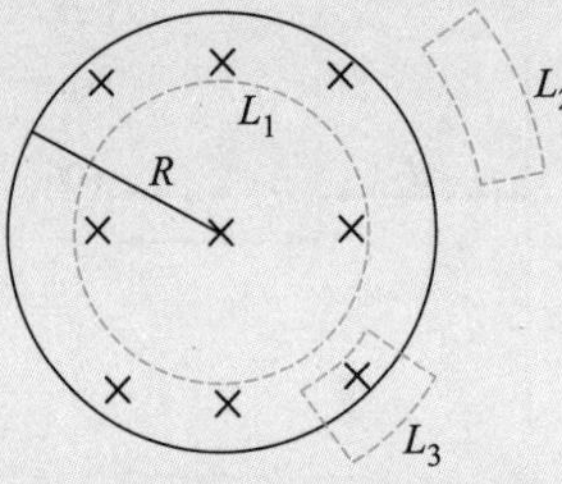

问题 12-8 图

12-9 一根很长的铜管竖直放置，一根磁棒从管中竖直下落. 试述磁棒的运动情况.

12-10 一些矿石具有导电性，在地质勘探中人们常利用导电矿石产生的涡电流来发现它，这叫电磁勘探. 在示意图中，A 为通有高频电流的初级线圈，B 为次级线圈，并连接电流计 G，从次级线圈中的电流变化可检测磁场的变化. 当次级线圈 B 检测到其中磁场发生变化时，技术人员就认为附近有导电矿石. 你能说明其道理吗？利用与问题 12-10 图相似的装置，还可确定地下金属管线和电缆的位置[①]，你能提供一个设想方案吗？

12-11 有的电阻元件是用电阻丝绕成的，为了使它只有电阻而没有自感，人们常用双绕法，如图所示. 试说明为什么要这样绕.

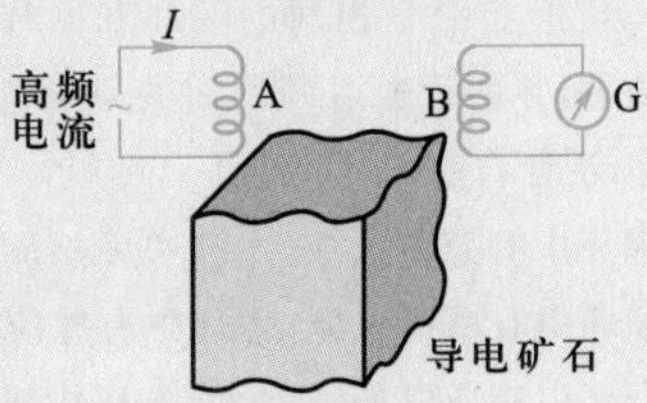

问题 12-10 图

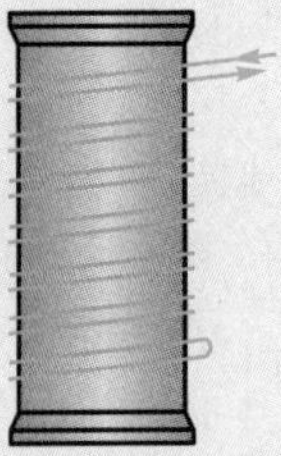
问题 12-11 图

12-12 两个线圈的长度相同，半径接近相等，试指出在下列三种情况下，哪一种情况的互感最大？哪一种情况的互感最小？(1) 两个线圈靠得很近，轴线在同一直线上；(2) 两个线圈相互垂直，也靠得很近；(3) 一个线圈套在另一个线圈的外面.

12-13 试从以下三个方面来比较静电场与有旋电场：(1) 产生的原因；(2) 电场线的分布；(3) 对导体中电荷的作用.

12-14 变化的电场所产生的磁场，是否也一定随时间发生变化？变化的磁场所产生的电场，是否也一定随时间发生变化？

习题

12-1 一根无限长直导线载有电流 I，一个矩形线圈位于导线平面内垂直于载流导线的方向以恒定速率运动，如图所示，则(　　).

(A) 线圈中无感应电流

(B) 线圈中感应电流为顺时针方向

(C) 线圈中感应电流为逆时针方向

(D) 线圈中感应电流方向无法确定

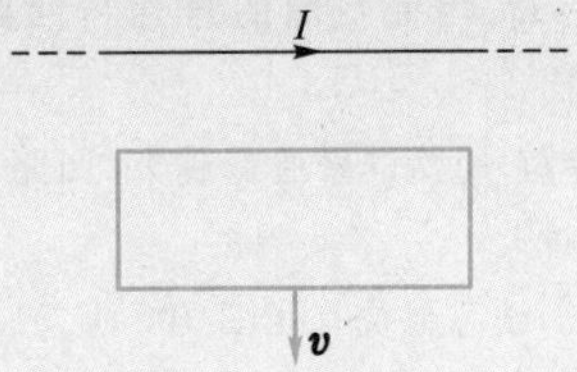

习题 12-1 图

① 参阅马文蔚等主编《物理学原理在工程技术中的应用》(第四版)之“地下金属管线探测”(高等教育出版社，2015 年).

地下金属管线探测

12-2 将形状完全相同的铜环和木环静止放置在交变磁场中,并假设通过两环面的磁通量随时间的变化率相等,不计自感,则(　　).

(A) 铜环中有感应电流,木环中无感应电流

(B) 铜环中有感应电流,木环中有感应电流

(C) 铜环中感应电场强度大,木环中感应电场强度小

(D) 铜环中感应电场强度小,木环中感应电场强度大

12-3 有两个线圈,线圈 1 对线圈 2 的互感为 M_{21},而线圈 2 对线圈 1 的互感为 M_{12}.若它们中分别流过变化电流 i_1 和 i_2 且 $\left|\frac{\mathrm{d}i_1}{\mathrm{d}t}\right|<\left|\frac{\mathrm{d}i_2}{\mathrm{d}t}\right|$,并设由 i_2 变化在线圈 1 中产生的互感电动势为 $\mathscr{E}_{12}$,由 i_1 变化在线圈 2 中产生的互感电动势为 $\mathscr{E}_{21}$,则判断正确的是(　　).

(A) $M_{12}=M_{21}$, $\mathscr{E}_{21}=\mathscr{E}_{12}$

(B) $M_{12}\neq M_{21}$, $\mathscr{E}_{21}\neq\mathscr{E}_{12}$

(C) $M_{12}=M_{21}$, $\mathscr{E}_{21}>\mathscr{E}_{12}$

(D) $M_{12}=M_{21}$, $\mathscr{E}_{21}<\mathscr{E}_{12}$

12-4 对位移电流,下列说法正确的是(　　).

(A) 位移电流的实质是变化的电场

(B) 位移电流和传导电流一样是定向运动的电荷

(C) 位移电流服从传导电流遵循的所有定律

(D) 位移电流的磁效应不服从安培环路定理

12-5 下列概念正确的是(　　).

(A) 感应电场也是保守场

(B) 感应电场的电场线是一组闭合曲线

(C) $\Phi=LI$,因而线圈的自感与回路的电流成反比

(D) $\Phi=LI$,回路的磁通量越大,回路的自感也一定越大

12-6 一铁芯上绕有线圈 100 匝,已知铁芯中磁通量与时间的关系为 $\Phi=8.0\times10^{-5}\sin 100\pi t$,式中 Φ 的单位为 Wb,t 的单位为 s.求在 $t=1.0\times10^{-2}$ s 时,线圈中的感应电动势.

12-7 载流长直导线中的电流以 $\mathrm{d}I/\mathrm{d}t$ 的变化率增长.若有一边长为 d 的正方形线圈与导线处于同一平面内,如图所示,求线圈中的感应电动势.

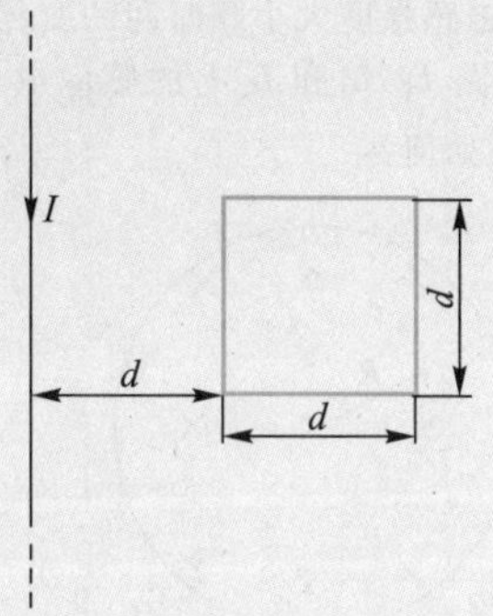

习题 12-7 图

12-8 一测量磁感强度的线圈,其截面积为 $S=4.0\ \mathrm{cm}^2$,匝数为 $N=160$ 匝,电阻为 $R=50\ \Omega$.线圈与一内阻为 $R_i=30\ \Omega$ 的冲击电流计相连.开始时线圈的平面与均匀磁场的磁感强度 $\boldsymbol{B}$ 相垂直,然后线圈的平面很快地转到与 $\boldsymbol{B}$ 的方向平行,此时从冲击电流计中测得电荷量为 $q=4.0\times10^{-5}$ C.问此均匀磁场的磁感强度 $\boldsymbol{B}$ 的大小为多少?

12-9 如图所示,一长直导线中通有 $I=5.0$ A 的电流,在距导线 9.0 cm 处,放一面积为 0.10 cm^2、10 匝的小圆线圈,线圈中的磁场可看作是均匀的.今在 1.0×10^{-2} s 内把此线圈移至距长直导线 10.0 cm 处.(1) 求线圈中的平均感应电动势;(2) 设线圈的电阻为 $1.0\times10^{-2}\ \Omega$,求通过线圈横截面的感应电荷.

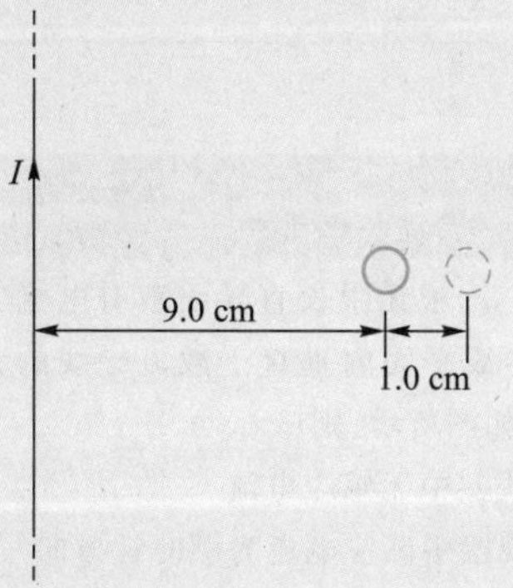

习题 12-9 图

12-10 如图所示,把一半径为 R 的半圆形导线 OP 置于磁感强度为 $\boldsymbol{B}$ 的均匀磁场中,当导线 OP 以匀速率 v 向右移动时,求导线中感应电动势 $\mathscr{E}$ 的大小.哪一端电势较高?

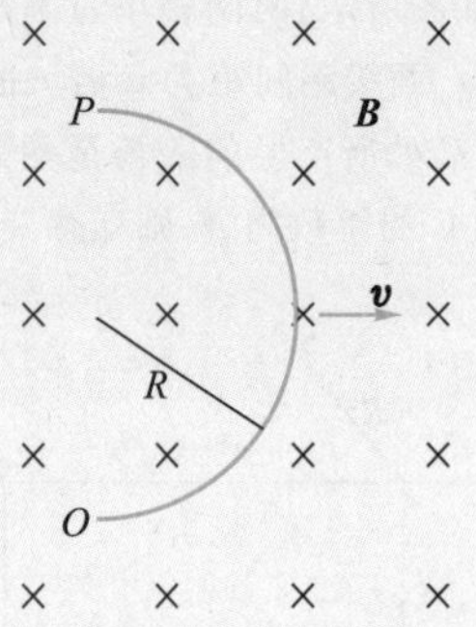

习题 12-10 图

12-11　长度为 L 的铜棒，以距端点 r 处为支点，并以角速度 ω 绕通过支点且垂直于铜棒的轴转动.设磁感强度为 $\boldsymbol{B}$ 的均匀磁场与轴平行，求棒两端的电势差.

12-12　如图所示，长为 L 的导体棒 OP 处于均匀磁场中，并绕 OO' 轴以角速度 ω 旋转，棒与转轴间的夹角恒为 θ，磁感强度 $\boldsymbol{B}$ 与转轴平行.求 OP 棒在图示位置处的电动势.

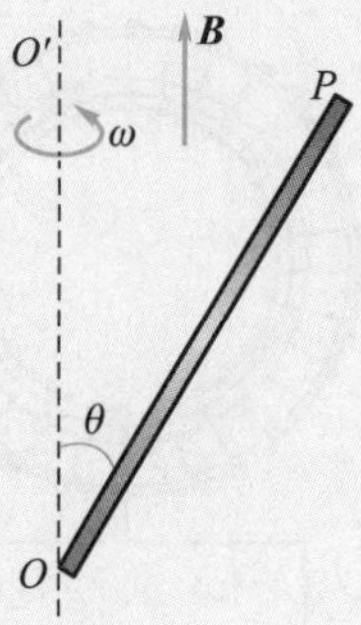

习题 12-12 图

12-13　如图所示，金属杆 AB 以匀速率 $v=2.0\ \mathrm{m\cdot s^{-1}}$ 平行于一长直导线移动，此导线中通有的电流为 $I=40$ A.求此杆中的感应电动势.杆的哪一端电势较高？

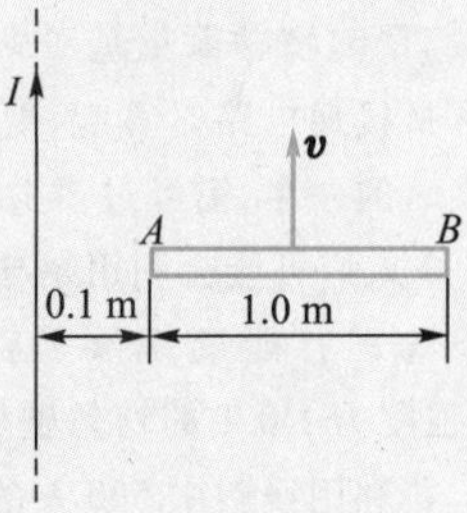

习题 12-13 图

12-14　如图所示，在一无限长载流直导线的近旁放置一个矩形导体线框，该线框在垂直于导线方向上以匀速率 v 向右移动.求在图示位置处线框中的感应电动势的大小和方向.

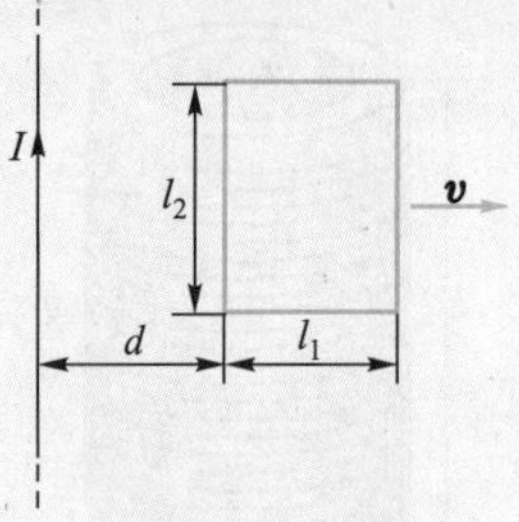

习题 12-14 图

12-15　在半径为 R 的圆柱形空间中存在着均匀磁场 $\boldsymbol{B}$，其方向与柱的轴线平行.如图所示，一长为 l 的金属棒放在磁场中，设 $\boldsymbol{B}$ 的大小随时间的变化率 $\dfrac{\mathrm{d}B}{\mathrm{d}t}$ 为常量.试证：棒上感应电动势的大小为

$$\mathscr{E}=\frac{\mathrm{d}B}{\mathrm{d}t}\,\frac{l}{2}\sqrt{R^2-\left(\frac{l}{2}\right)^2}$$

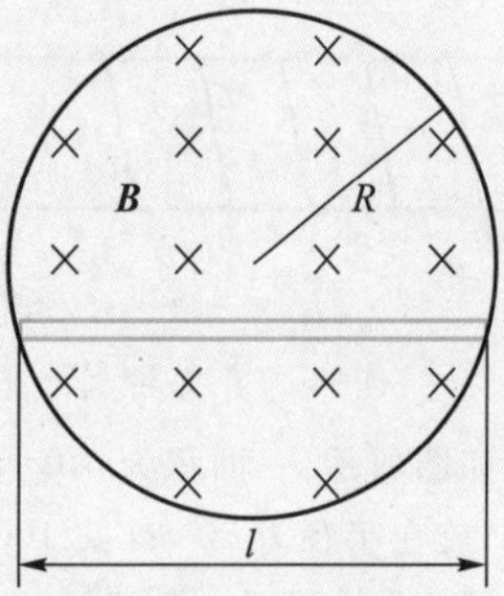

习题 12-15 图

12-16　截面为长方形的环形均匀密绕螺绕环，其尺寸如图所示，共有 N 匝，求螺绕环的自感 L.

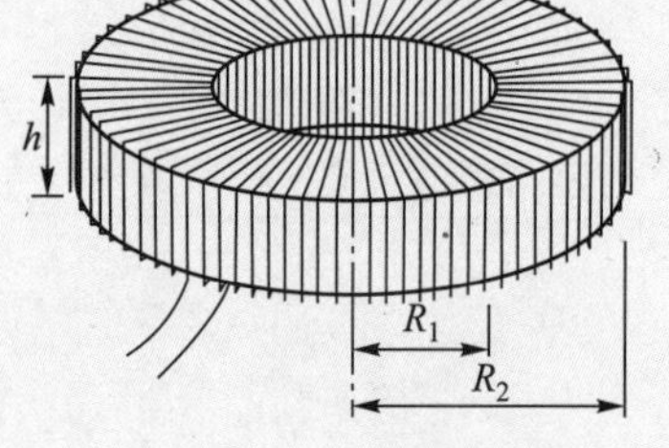

习题 12-16 图

12-17 如图所示，螺线管的管心是两个套在一起的同轴圆柱体，其截面积分别为 S_1 和 S_2，磁导率分别为 μ_1 和 μ_2，管长为 l，匝数为 N.求螺线管的自感（设管的截面积很小）.

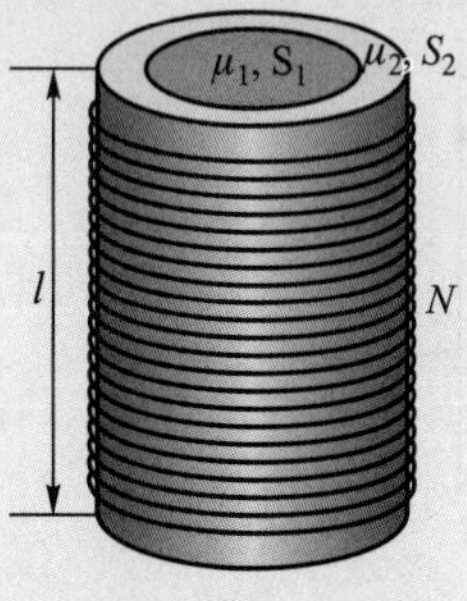

习题 12-17 图

12-18 两根半径均为 a 的平行长直导线，其中心距离为 $d(d\gg a)$.试求长为 l 的一对导线的自感（导线内部的磁通量可略去不计）.

12-19 如图所示，在一柱形纸筒上绕有两组相同线圈 AB 和 $A'B'$，每组线圈的自感均为 L.求：(1) A 和 A'相接时，B 和 B'间的自感 L_1；(2) A'和 B 相接时，A 和 B'间的自感 L_2.

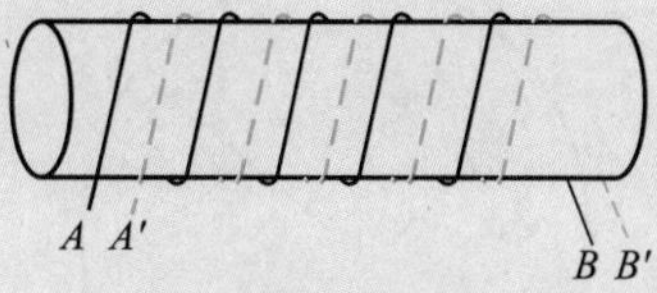

习题 12-19 图

12-20 如图所示，一面积为 4.0 cm² 共 50 匝的小圆形线圈 A，放在半径为 20 cm 共 100 匝的大圆形线圈 B 的正中央，两线圈同心且同平面.设线圈 A 内的磁场可看作是均匀的.求：(1) 两线圈的互感；(2) 当线圈 B 中的电流变化率为 $-50\ \mathrm{A\cdot s^{-1}}$ 时，线圈 A 中感应电动势的大小和方向.

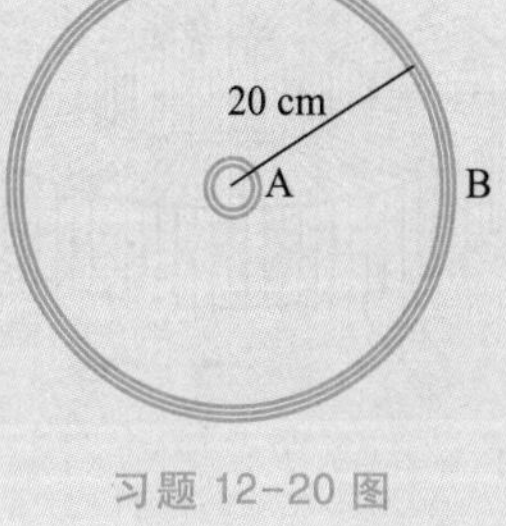

习题 12-20 图

12-21 如图所示，两同轴单匝圆线圈 A、C 的半径分别为 R 和 r，两线圈间距为 d.若 r 很小，则可认为线圈 A 在线圈 C 处所产生的磁场是均匀的.求两线圈的互感.若线圈 C 的匝数为 N，则互感又为多少？

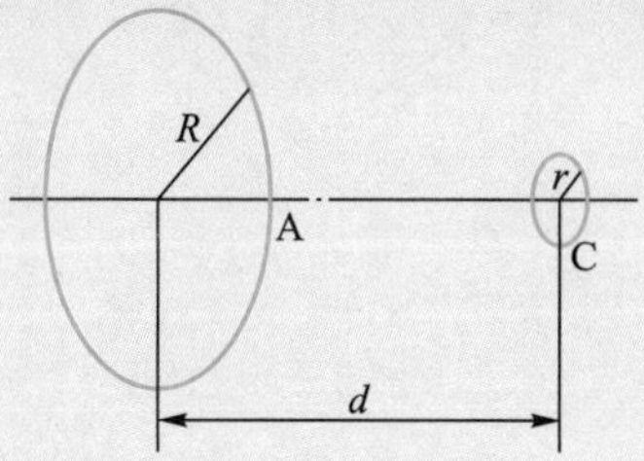

习题 12-21 图

12-22 如图所示，螺绕环 A 中充满了铁磁质，环的截面积为 $S=2.0\ \mathrm{cm^2}$，沿环每厘米绕有 100 匝线圈，通有电流 $I_1=4.0\times10^{-2}$ A.在环上再绕一线圈 C，共 10 匝，其电阻为 0.10 Ω.今将开关 S 突然开启，测得线圈 C 中的感应电荷为 2.0×10^{-3} C.当螺绕环中通有电流 I_1 时，求铁磁质中的 B 和铁磁质的相对磁导率 μ_r.

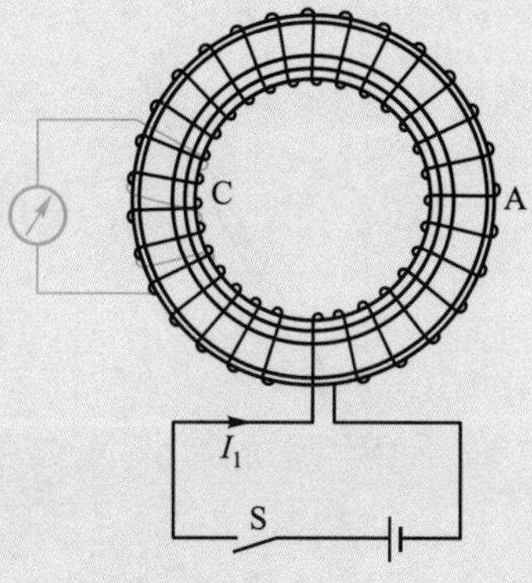

习题 12-22 图

12-23 一直径为 0.01 m、长为 0.10 m 的长直密绕螺线管，共有 1 000 匝线圈，总电阻为 7.76 Ω.问：(1) 如把线圈接到电动势 $\mathscr{E}=2.0$ V 的电池上，电流稳定后，线圈中所贮存的磁场能量是多少？磁场能量密度是多少？*(2) 从接通电路时算起，要使线圈贮存的磁场能量为最大时的一半，需经过多少时间？

12-24 未来人们可能会利用超导线圈中持续大电流建立的磁场来贮存能量.若要贮存 1 kW·h 的电能，则利用磁感强度为 1.0 T 的均匀磁场，需要多大体积的磁场空间？若利用线圈中 500 A 的电流贮存上述能量，则该线圈的自感有多大？

12-25 中子星表面的磁感强度估计为 10^8 T，该处的磁场能量密度有多大？

12-26 在真空中，若一均匀电场中的电场能量密度与一 0.50 T 的均匀磁场中的磁场能量密度相等，则该电场的电场强度为多少？

*12-27 设半径为 $R=0.20$ m 的圆形平行板电容器，两极板之间为真空，极板间距离为 $d=0.50$ cm. 现以恒定电流 $I=2.0$ A 对电容器充电，求两极板之间的位移电流密度（忽略平行板电容器边缘效应，设电场是均匀的）.

第十二章习题答案

*第十三章　几何光学简介

光通常是指可见光，它只是电磁波谱中很窄小的一个波段.尽管光是以波动形式传播的，但若光在均匀介质中传播时遇到的障碍物的线度比光波波长大很多，光的衍射现象就很不显著.在这种情况下，光的传播可视为沿直线传播，我们可用波线表示光的传播径迹.这时，光学所研究的内容就称为几何光学.几何光学是不通过“转化”而直接成像的物理基础，它在光学仪器领域中有非常重要的作用.本章将简要介绍几何光学的一些基本知识.

13-1　几何光学基本定律

一、反射和折射定律

光在均匀介质中沿直线传播，而在遇到两种均匀介质的分界面时，一般会同时产生反射和折射现象.人们把返回原介质中传播的光称为反射光，把进入另一介质沿另一方向传播的光称为折射光（图 13-1）.

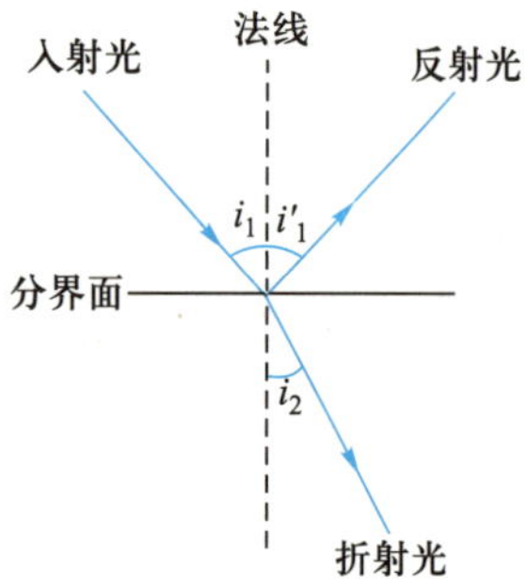

图 13-1　光的反射和折射定律

如图 13-1 所示，一束光射在两种均匀介质的分界面上时，反射和折射光与入射光分处分界面的法线两侧，且共处于同一平面内.

实验发现，反射角等于入射角，即

$$i_1=i'_1 \tag{13-1}$$

这就是光的反射定律.

实验还发现，入射角正弦与折射角正弦之比为一个与介质和波长有关的常数，即

$$\frac{\sin i_1}{\sin i_2}=n_{12} \tag{13-2}$$

这个常数 n_{12} 称为介质 2 相对介质 1 的相对折射率.式（13-2）就是光的折射定律的数学表达式.

人们把任一介质相对真空的折射率，称为该介质的绝对折射率，简称折射率，记作 n_1（或 n_2）.实验表明，光在介质中的光速 v 与在真空中的光速 c

的关系为 $v_1=c/n_1$(或 $v_2=c/n_2$).由此,可得

$$n_{12}=\frac{n_2}{n_1}=\frac{v_1}{v_2} \tag{13-3}$$

由式(13-3),式(13-2)可写成

$$n_1\sin i_1=n_2\sin i_2 \tag{13-4}$$

游戏:激光探宝

介质的折射率通常由实验测定.表 13-1 是几种常用介质对钠黄光($\lambda=589.3$ nm)的折射率.折射率较大的介质称为光密介质,折射率较小的介质就称为光疏介质.

表 13-1　几种常用介质对钠黄光的折射率

介质	折射率	介质	折射率
空气	1.000 29	冕牌玻璃	1.516
水	1.333	火石玻璃	1.603
普通玻璃	1.468	重火石玻璃	1.755

上述几何光学规律是所有光学仪器成像的物理基础,但它是传统的光学原理.现代光学面对着各种特殊材料,其中某些材料有着特殊的功能,其折射率甚至为负的,这将使光学基本定律,例如折射定律发生很大的变化.本章无特别说明时,皆以传统几何光学规律为准.

二、全反射

当光从光密介质(n_1)入射到光疏介质(n_2)的界面上,入射角 i_1 达到或超过临界角 $i_c=\arcsin(n_2/n_1)$时,将无折射光产生,光全部被反射回原介质,这种现象称为光的全反射.全反射优于一切镜面反射,因为镜面的金属镀层对光总有吸收作用,而全反射在理论上可使入射光的全部能量反射回原介质.因此全反射的应用很广,内窥镜和双筒望远镜即全反射应用的两例,如图13-2所示.其中内窥镜的传光原理如图 13-3 所示.

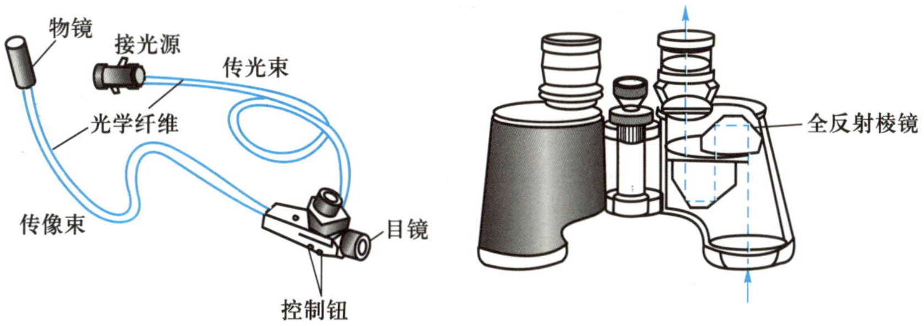

(a) 内窥镜　　(b) 双筒望远镜

图 13-2　内窥镜和双筒望远镜

例

如图 13-3 所示，光学纤维玻璃芯和外套的折射率分别为 n_1 和 n_2，且 $n_1>n_2$，处于光学纤维横端面外的介质的折射率为 n_0. 试证明：能使光线在光学纤维中发生全反射的入射光的最大入射角(又称孔径角) i_1 满足

$$n_0\sin i_1=\sqrt{n_1^2-n_2^2}$$

式中，$n_0\sin i_1$ 称为光学纤维的数值孔径.

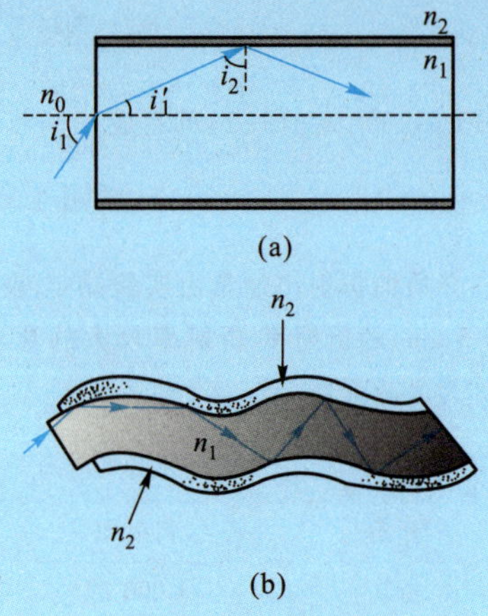

图 13-3 光学纤维

证 按折射定律有

$$n_0\sin i_1=n_1\sin i_1'=n_1\cos i_2$$
$$=n_1\sqrt{1-\sin^2 i_2}$$

若要求光线在玻璃芯和外套之间发生全反射，则有

$$\sin i_2\geqslant\frac{n_2}{n_1}$$

故 i_1 需满足

$$n_0\sin i_1\leqslant n_1\sqrt{1-\left(\frac{n_2}{n_1}\right)^2}$$

而 i_1 的最大值满足

$$n_0\sin i_1=\sqrt{n_1^2-n_2^2}$$

光学纤维的数值孔径反映了聚光本领，它是光纤传像的重要参数之一.

13-2 光在平面上的反射和折射成像

一、平面上的反射成像

点光源发射出的光照射在平面镜上时，其所有反射光的反向延长线交于一点，但这个点不是由光线真实聚集而成的，所以称为虚像. 据此可知，由于物体由无限多个点组成，所以用平面镜能获得“完善”的物之虚像. 图 13-4 为点光源反射成像光路图.

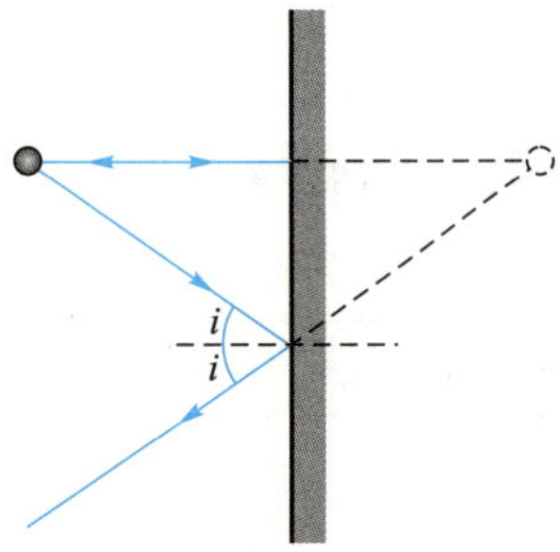

图 13-4 点光源反射成像的光路图

二、平面上的折射成像

与反射光不同，折射光的折射角与入射角不成线性关系变化.点光源的折射光的反向延长线一般不会相交于同一点，因此，折射不能形成“完善”的像.如图 13-5 所示，水中的物点 Q，被水面上方的人眼所成的像点 Q''的位置，与人眼观察的位置角 i'有关，像点出现在物点上方，偏离竖直线的右侧的一个区域内①.

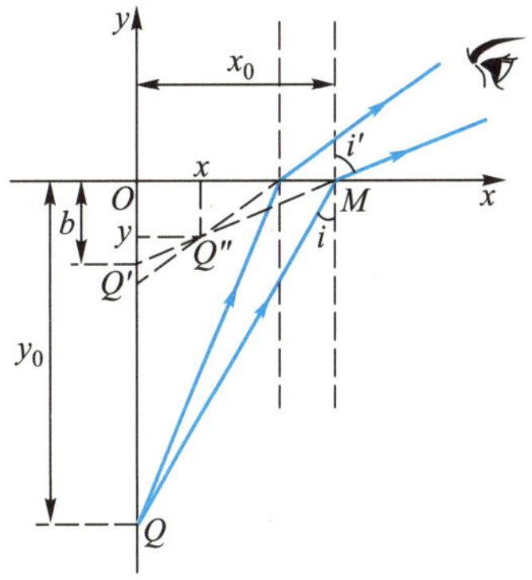

图 13-5 眼睛看水中的物体

13-3 光在球面上的反射和折射成像

一、球面上的反射成像

1. 凹面镜的反射成像

利用反射定律可以证明，图 13-6 中的平行光入射到球形凹面镜上时，其反射光并不交于一点.但对于球面对称轴(主光轴)附近的近轴光线而言(以后我们讨论的都属近轴光线，不再另加说明)，图 13-6 中的光线 1、2、3、4、5就会交于一点.这一点称为凹面镜的焦点，用 F 表示.利用反射定律及简单的几何学可以证明，焦距 f 等于球形凹面曲率半径 r 的 1/2，即 $f=r/2$.利用作图法可以确定像的位置和大小.事实上，只要选择物体端点发出的两条特殊光线，我们就可简洁、快速地画出物体的成像光路图.在图 13-7(a)、(b)中，光线 1 平行于主光轴，反射后经过焦点 F；光线 2 通过焦点(或其反向延长线通过焦点)，反射后平行于主光轴.这样，在图(a)的情形下，上述两光线反射光的延长线交点，就是物端点的虚像；而在图(b)的情形下，两反射光的交点乃是物端点的实像.

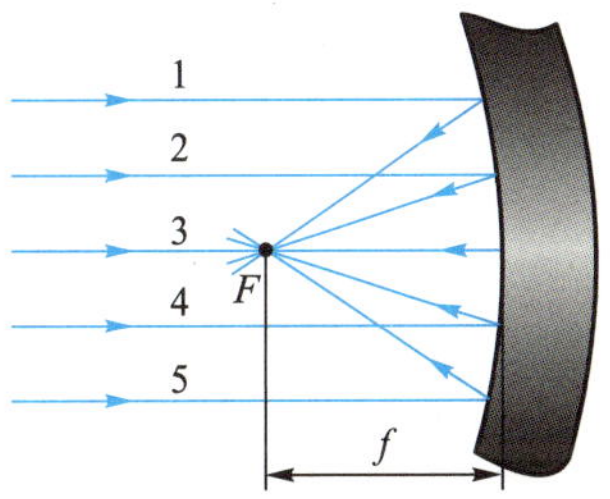

图 13-6 凹面镜的焦点

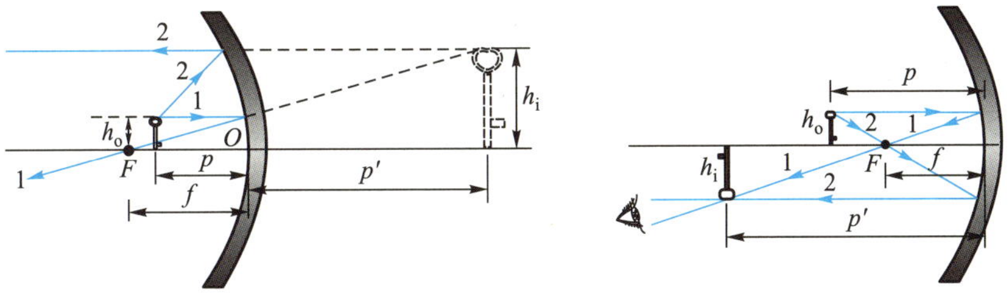

(a) 焦点内侧成像　　(b) 焦点外侧成像

图 13-7 凹面镜成像

① 详细的论证可参阅马文蔚《物理学》(第七版)下册第 166—167 页(高等教育出版社，2020 年).

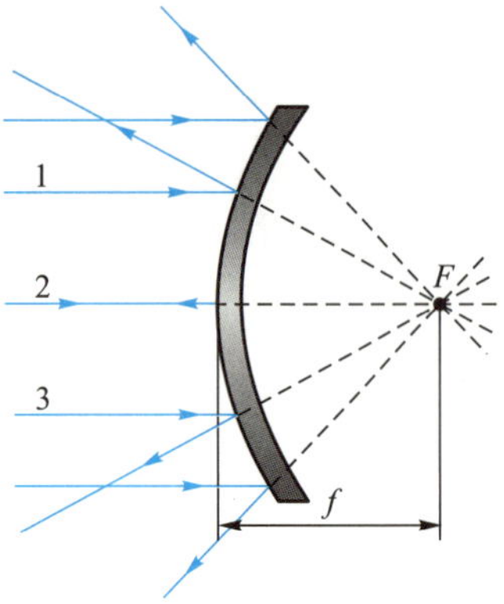

图 13-8　凸面镜的焦点

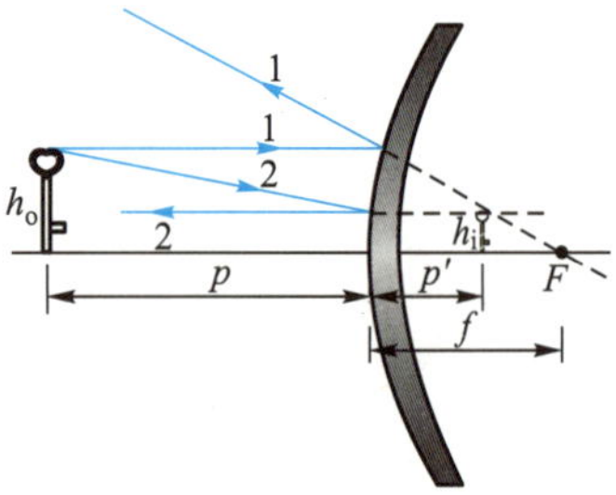

图 13-9　凸面镜成像

若 p 为物距，p' 为像距（皆从主光轴与镜面的交点 O 量起），则利用几何关系可以证明

$$\frac{1}{p}+\frac{1}{p'}=\frac{1}{f} \tag{13-5}$$

这就是凹面镜的反射成像公式.在运用此公式时要注意正负号规则：以球面顶点（球面与主光轴的交点）为分界点，入射光线方向自左向右为正向，当物点、像点、焦点和曲率中心在顶点右侧时，物距、像距、焦距和曲率半径均为正；反之，在左侧时则为负.例如在图13-7(a)中，$p<0$，$f<0$，$p'>0$；在图 13-7(b)中，$p<0$，$f<0$，$p'<0$.该正负号规则对凸面镜也适用.

2. 凸面镜的反射成像

凸面镜的反射成像与凹面镜类似.一束平行于主光轴的光线入射到凸面镜上，反射后光线发散，其反向延长线交于一点 F，该点为（虚）焦点，如图 13-8 所示.与凹面镜对比，其焦点在镜后.同样，只要选择物体端点发出的两条特殊光线，我们就可方便地画出物体的成像光路图，如图 13-9 所示.凸面镜所成的像是虚像，其成像公式与式(13-5)一致，只是焦距(f)、像距(p')皆为正值.

二、球面上的折射成像

1. 成像公式

如图 13-10 所示，主光轴上的物点 Q 在折射率为 n 的介质中发射出一条入射光，照射在折射率为 n'、半径为 r 的球形表面的点 M，折射光交于轴上的点 Q'.对近轴光线而言，可以证明物距 p 和像距 p' 遵从下列成像公式：

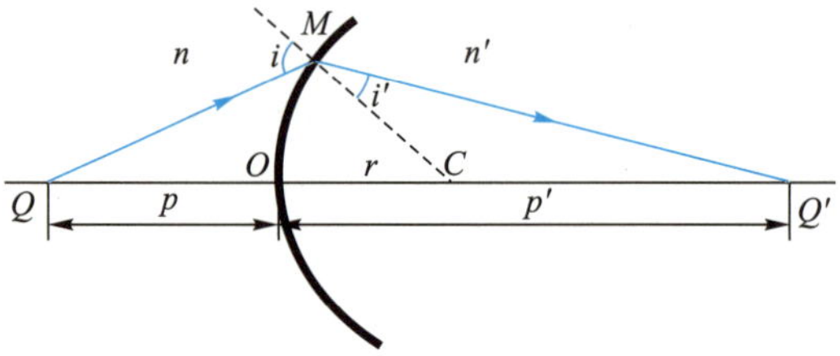

图 13-10　球面折射光路图

$$\frac{n'}{p'}-\frac{n}{p}=\frac{n'-n}{r} \tag{13-6}$$

仿效反射成像的情形，若式中 $p\to\infty$，即入射光平行于主光轴，则其像点 F' 称为像方焦点，相应的像距称为像方焦距，记为 f'；若式中 $p'\to\infty$，即折射光平行于主光轴，则其物点 F 称为物方焦点，相应的物距称为物方焦距，记为 f.于是由式(13-6)可得

$$f=-\frac{nr}{n'-n},\quad f'=\frac{n'r}{n'-n}$$

故式(13-6)也可写为

$$\frac{f'}{p'}+\frac{f}{p}=1 \tag{13-7}$$

2. 横向放大率

一般来说，垂直于主光轴的物和像有不同的长度和正倒.我们规定像高 h_i、物高 h_o 在轴上方为正，下方为负，并定义 $V=h_i/h_o$ 为横向放大率，如图 13-11 所示.可以证明，V 与物距、像距及折射率的关系为

$$V=\frac{np'}{n'p} \tag{13-8}$$

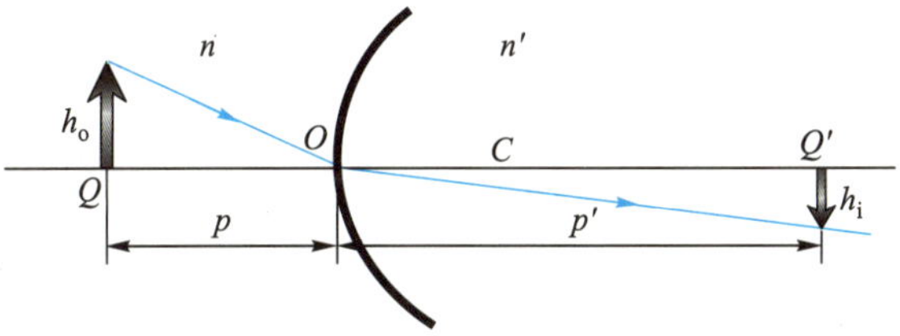

图 13-11 球面折射成像及其横向放大率

$V>0$ 表示像是正立的，$V<0$ 表示像是倒立的；$|V|>1$ 表示像是放大的，$|V|<1$ 表示像是缩小的.式(13-8)表明放大率与物高 h_o 无关，但这只限于近轴光线的情形，否则像与物的相似性不能保证，像将呈现变了形的物.

可以指出，对球形凹面的折射，上述各公式依然成立.

在运用上述公式时，物距、像距、焦距以及曲率半径的正负号规则仍与球面镜的一致.

3. 近轴光线的作图法

在近轴光线的条件下，只要选择下列两条特殊光线我们就能容易地作出成像图，如图 13-12 所示.平行于光轴的入射光折射后经过像方焦点 F'；经过物方焦点 F 的入射光折射后平行于光轴.于是两条折射光(或其延长线)相交，即得所成的像点.

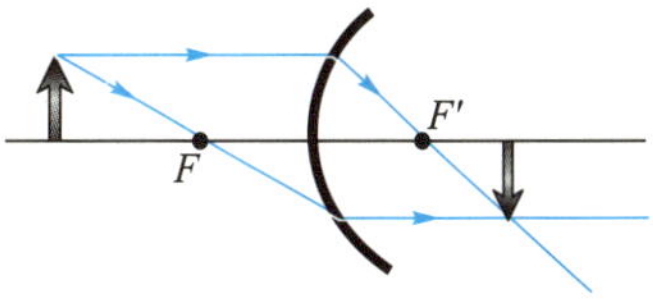

图 13-12 球面特殊光线作图法

13-4 薄透镜

如图 13-13 所示，透镜是由两个曲率半径分别为 r_1、r_2 的球面组成的，透镜通常用玻璃或树脂制成(目前，玻璃的成像质量高于树脂的成像质量)，其折射率记作 n_L.透镜前后的介质折射率分别记作 n_o 和 n_i.当透镜的厚度 d 远小于两折射面的曲率半径时，该透镜称为薄透镜.

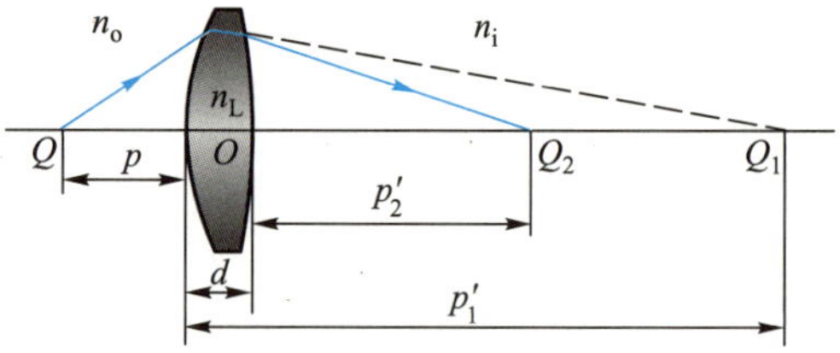

图 13-13　薄透镜成像

一、薄透镜的成像公式

在图 13-13 中，Q_1是 Q 对 r_1(左)球面成的像，Q_2是 Q_1对 r_2(右)球面成的像，于是 Q_2是 Q 的最终像.利用单球面成像关系式(13-7)两次，即可求出 Q 与 Q_2之间的成像关系.在忽略透镜厚度 d，以 p'替代最终成像的像距 p_2' 的情况下，我们省略具体的运算过程，直接给出相应的结果：

$$\frac{f'}{p'}+\frac{f}{p}=1 \tag{13-9}$$

式中，像方焦距：

$$f'=\frac{n_i}{\dfrac{n_L-n_o}{r_1}+\dfrac{n_i-n_L}{r_2}}$$

物方焦距：

$$f=-\frac{n_o}{\dfrac{n_L-n_o}{r_1}+\dfrac{n_i-n_L}{r_2}} \tag{13-10}$$

通常由于 $n_i=n_o\approx1$，式(13-10)可写为

$$f'=-f=\frac{1}{(n_L-1)\left(\dfrac{1}{r_1}-\dfrac{1}{r_2}\right)} \tag{13-11}$$

此式被称为磨镜者公式.于是式(13-9)变为

$$\frac{1}{p'}-\frac{1}{p}=\frac{1}{f'} \tag{13-12}$$

这就是常用的薄透镜成像公式.在运用上式时，仍然要注意正负号规则，即：以薄透镜光心(薄透镜中心)为分界点，入射光方向为正向，若入射光自左向右，则当物点、像点、焦点和薄透镜两面的曲率中心在光心右侧时，物距、像距、焦距和曲率半径均为正；反之，在左侧时则为负.如凸透镜的像方焦距 $f'>0$，凹透镜的像方焦距 $f'<0$.根据正负号规则，我们还可以界定出凸、凹透镜的类型.设物(入射光)在左侧，则透镜类型可归纳成表 13-2.

表 13-2 各种形状的透镜

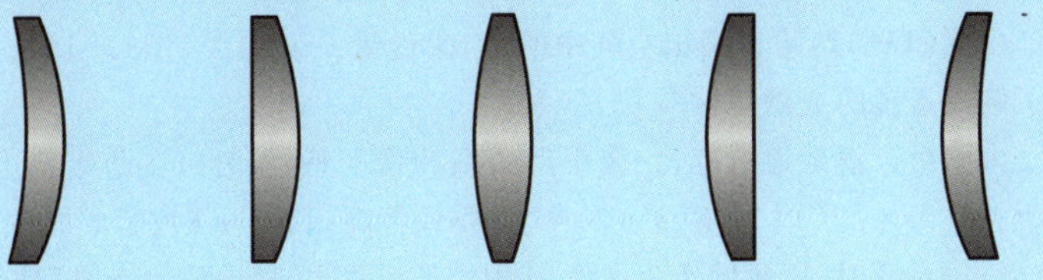

凹凸透镜	平凸透镜	双凸透镜	平凸透镜	凹凸透镜
$r_1<0, r_2<0$ $\lvert r_1\rvert > \lvert r_2\rvert$	$r_1=\infty, r_2<0$	$r_1>0, r_2<0$	$r_1>0, r_2=\infty$	$r_1>0, r_2>0$ $r_1<r_2$

凸凹透镜	平凹透镜	双凹透镜	平凹透镜	凸凹透镜
$r_1<0, r_2<0$ $\lvert r_1\rvert < \lvert r_2\rvert$	$r_1<0, r_2=\infty$	$r_1<0, r_2>0$	$r_1=\infty, r_2>0$	$r_1>0, r_2>0$ $r_1>r_2$

从表中可以看出，凸透镜（会聚透镜）是中央厚、边缘薄；凹透镜（发散透镜）是边缘厚、中央薄.对凸透镜而言，像方焦点在折射区，物方焦点在入射区；凹透镜相对于凸透镜，焦点对换位置.图 13-14 是凹、凸透镜的成像光路图.图中画出了三条特殊光线：平行于主光轴的入射光通过透镜后过像方焦点；过光心的入射光出射后方向不变；过物方焦点的入射光通过透镜后平行于主光轴.在具体作图确定像位置时，往往用其中两条光线就行了.

动画：薄透镜成像

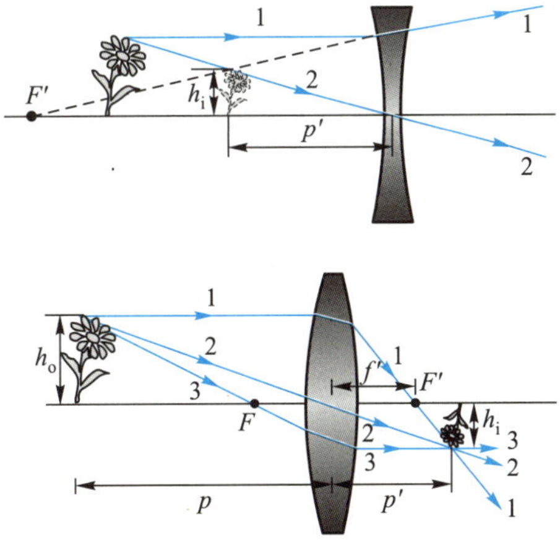

图 13-14 凹、凸透镜成像

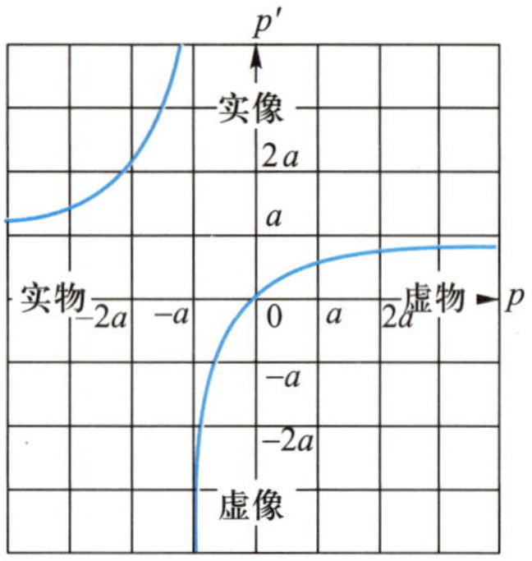

(a) 凸透镜 $f'=a>0$

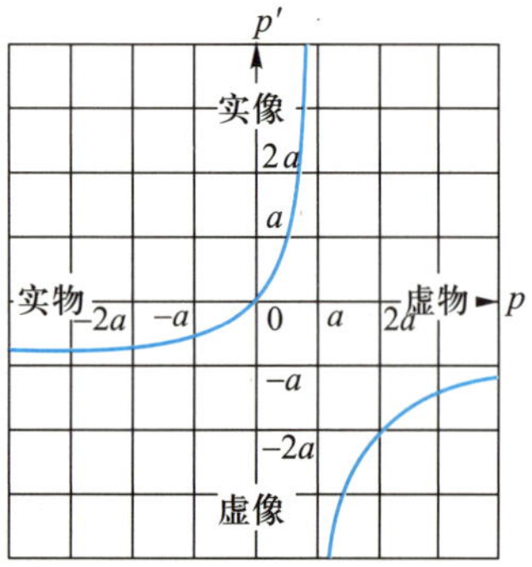

(b) 凹透镜 $f'=-a$

图 13－15　薄透镜的成像特性（$|f|=a$）

二、薄透镜的成像特性

由式(13-12)可以绘出空气中的凸、凹透镜 $p-p'$ 曲线(图13-15)，并以此了解薄透镜的成像特性.

由图可以清楚地看到物、像距离关系和像的特性.例如在凸透镜中，当物距 $p=-2a=-2f'$ 时，像距 $p'=2a=2f'$，物像等高；当 $p<-a$ 时，所成的像为实像，当 $-a<p<0$ 时，所成的像为虚像.从图中还可看出，横向放大率式(13-14)决定着像的大小和正倒关系.

三、薄透镜的横向放大率

根据单球面折射横向放大率公式连续两次计算，薄透镜的放大率为

$$V=\frac{n_o p'}{n_i p} \tag{13-13}$$

若取 $n_o=n_i\approx 1$，则

$$V=\frac{p'}{p} \tag{13-14}$$

放大率的正负及 $|V|$ 大于、等于和小于 1 的含义，与单球面折射时相同.

例

一薄凸透镜对某一实物成一倒立实像，像高为物高的一半.若将物向透镜移近 100 mm，则所得的像与物同样大小，求该薄凸透镜的焦距.

解　根据式(13-12)、式(13-14)及像高、物高的正负号规则：

第一次成像：
$$\frac{1}{p_1'}-\frac{1}{p_1}=\frac{1}{f'}$$

$$\frac{p_1'}{p_1}=-\frac{h_i}{h_o}=-\frac{1}{2}$$

可得
$$p_1=-3f'$$

同理，第二次成像：

$$\frac{1}{p_2'}-\frac{1}{p_2}=\frac{1}{f'}$$

$$\frac{p_2'}{p_2}=-1$$

可得
$$p_2=-2f'$$

且
$$p_1-p_2=-100\ \text{mm}$$

注意 $p_1<0$，故
$$f'=100\ \text{mm}$$

13-5 显微镜、望远镜和照相机

显微镜、望远镜和照相机都是常用的光学仪器，它们都是由几个透镜组合而成的.根据它们的用途，显微镜、望远镜所成的像必然是视角放大的虚像，而照相机所成的像却是缩小的实像.处理透镜组合的基本方法是，利用单透镜成像公式及放大率公式，逐次计算，按具体要求构建所要求的组合形式.以下将不加证明地介绍显微镜、望远镜和照相机的成像光路图及放大率的计算公式.

一、显微镜

1. 显微镜的成像光路

显微镜的功能是使近距离微小物体成放大的像.根据此要求可构建由物镜(靠近物的透镜)和目镜(靠近观察者眼睛的透镜)组成的如图 13-16 所示的光路.通过调节各透镜相对于物体的距离，使被观察的物体处在物镜物方焦点 F_o 外侧附近，并使它经物镜放大成实像于目镜物方焦点 F_e 内侧附近，从而能经目镜放大成虚像于人眼的明视距离 s_0(约 25 cm)附近.这样，就达到了显微镜观物的目的.

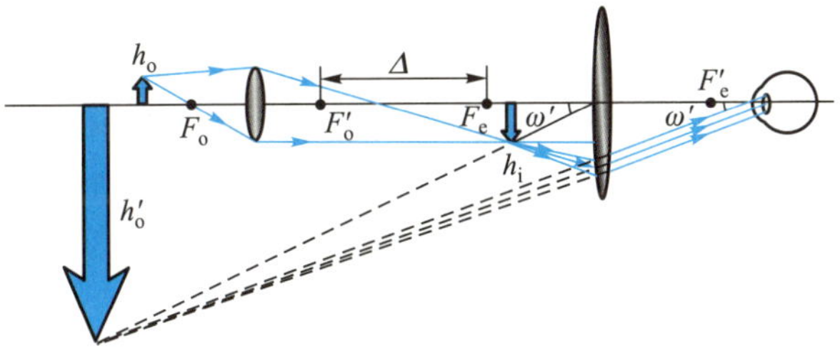

图 13-16 显微镜

2. 显微镜的放大率

显微镜、望远镜等是通过透镜放大物体对人眼的视角，从而达到获得放大的物体像的目的.因此，定义显微镜的视角放大率为 $M=\omega'/\omega$，其中 ω 为无显微镜时物体在明视距离 s_0 处对眼睛所张的视角，即 $\omega=h_o/s_0$，而 ω' 为通过显微镜最后所成的虚像对眼睛所张的视角，它近似为前述实像对目镜所张的视角，即 $\omega'=h_i/f'_e$.由于此时物镜的横向放大率 $h_i/h_o\approx-\Delta/f'_o$($\Delta$ 为光学筒长，即物镜像方焦点 F'_o 到目镜物方焦点 F_e 的距离，近似等于筒长，即物镜与目镜的间距)，所以显微镜的视角放大率为

$$M=\frac{\omega'}{\omega}=\frac{h_i/f'_e}{h_o/s_0}=-\frac{s_0\Delta}{f'_o f'_e}=-\frac{s_0\Delta}{f_o f_e} \tag{13-15}$$

M 的正负与大小反映了物像的正倒和大小关系.由上式可以看出，为获得较

大的放大率,显微镜目镜和物镜的焦距都很小,所以我们才能把筒长近似看成两焦点间的距离.现代显微镜的光学筒长 Δ 已约定为 17~19 cm,因此改换不同焦距的目镜和物镜,就能获得不同的放大率.

二、望远镜

1. 望远镜的成像光路

望远镜的结构和光路与显微镜有些类似,只是望远镜的功能是对远处的物体成视角放大的像.根据此要求可构建如图 13-17 所示的光路.

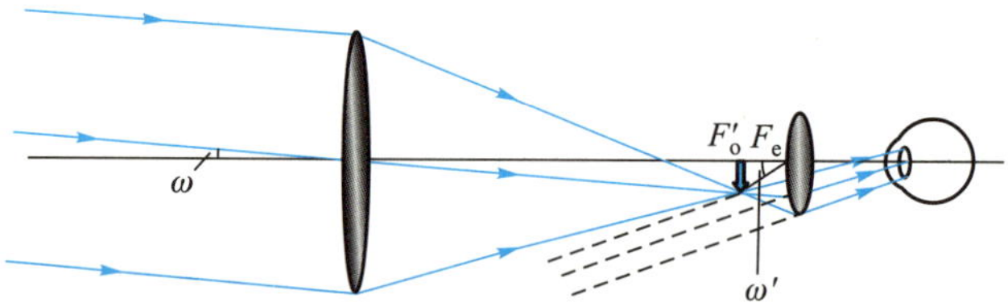

图 13-17　望远镜

通常物镜的像方焦点 F'_o 和目镜的物方焦点 F_e 几乎重合.这就使望远镜所成之像对眼睛所张的视角,相比人眼直接观察远物时的视角要大许多,远处的物体似乎被移近了,所以望远镜的放大作用与显微镜不同.当然,远物不可能被移近,实际上望远镜物镜所成的像比远物小许多,而显微镜的物镜是真的把微小物体放大了.

2. 望远镜的放大率

由于物距非常大,远物对眼睛所张的视角实际上与远物对物镜所张的视角 ω 一样,即 $\omega=-h_i/f'_o$(因为 $h_i<0, f'_o>0$),而 $\omega'=h_i/f'_e$,所以望远镜的视角放大率为

$$M=\frac{\omega'}{\omega}=\frac{h_i/f'_e}{-h_i/f'_o}=-\frac{f'_o}{f'_e} \tag{13-16}$$

由上式可以看出,增大望远镜的物镜焦距并减小目镜焦距,就能显著提高望远镜的放大率.

三、照相机

照相机的功能是将远处的物体成缩小的实像于感光底片①上.为了能清

① 数码相机中的“感光底片”现已被电子器件 CCD 所取代,CCD 是“电荷耦合器件”的英文缩写.

晰成像，照相机的结构可以为下述两种形式之一：感光底片可在像方焦平面①附近沿主光轴移动；镜头（凸透镜）可在物体与底片间移动（图 13-18）．老式照相机多采用前者，新式照相机多采用后者．

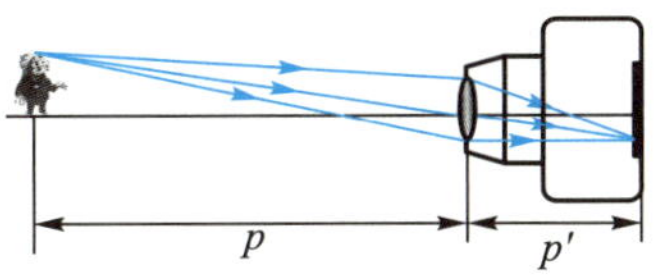

图 13-18 照相机

照相机相比上述两种仪器多一个辅助部分——光阑（俗称光圈）．它设置在镜头上，其作用有二：一是影响底片接收的光通量；二是影响景深．景深是照相机允许清晰成像的物点前后空间的范围．一般来说，光阑直径大，曝光量大，但景深短；光阑直径小，曝光量小，但景深长．不过，曝光量的控制还可以利用快门调节曝光时间来达到．总之，在使用照相机时，应充分兼顾这三者之间的关系，作出恰当的调配．

最后，值得说明的是，在只用简单薄透镜的上述三种仪器中都会存在诸如像差（如畸变）、色差等问题，这是需要采用多种材料制成的多式透镜组合才能克服的问题．但这已是一个复杂的专门话题了，不在本课程要求之列．有兴趣的读者可查阅其他相关文献．

例

拟制作一个放大倍数为 3 倍的简易开普勒型望远镜（$M<0$）．已有一个焦距为 50 cm 的物镜，试求目镜的焦距以及望远镜的筒长．

解 因为开普勒型望远镜所成的像是倒立像，所以有

$$M=-3$$

由式（13-16）可得

$$M=-\frac{f'_{o}}{f'_{e}}=-3$$

则

$$f'_{e}=\frac{1}{3}f'_{o}\approx 17\ \text{cm}$$

由筒长的定义，得

$$\Delta=f'_{o}+f'_{e}\approx 67\ \text{cm}$$

问题

13-1 从空气中看水中的物体和在水中透过水面看空气中的物体，有何不同？

13-2 凸面镜与凸透镜成像有何差异？

13-3 白光进入光纤传输时，会有什么现象产生？

13-4 对光学仪器而言，在入光口通常都有一个光阑．光阑直径的大小对成像的质量有何影响？

---

① 焦平面的含义，简单地说，是指通过焦点且垂直于主光轴的平面．事实上，薄透镜的像方（或物方）有许多焦点，处在主光轴上的是主焦点；而处在与主光轴成某一交角的副光轴上的是副焦点，它是由与主光轴斜交但平行于副光轴的平行光经透镜会聚在副光轴上形成的．这全部焦点构成的平面就是薄透镜的焦平面．换句话说，薄透镜能把各个方向的平行光会聚在垂直于主光轴的平面上，而此平面与主光轴的交点就是主焦点．

习题

13-1　如图所示，一储油圆桶的底面直径与桶高均为 d.当桶内无油时，从某点 A 恰能看到桶底边缘上的某点 B.当桶内油的深度等于桶高一半时，从点 A 沿 AB 方向看去，可看到桶底上的点 C，C、B 相距 $d/4$.由此可得，油的折射率以及光在油中传播的速度为(　　).

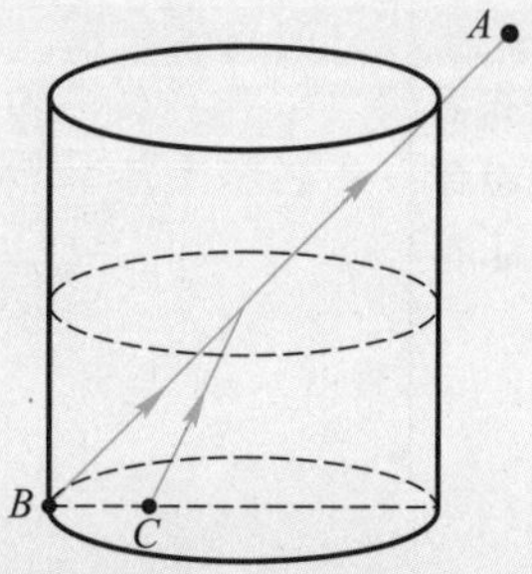

习题 13-1 图

(A) $\frac{2}{\sqrt{10}}$，$6\sqrt{10}\times10^{7}\ \mathrm{m\cdot s^{-1}}$

(B) $\frac{\sqrt{10}}{2}$，$6\sqrt{10}\times10^{7}\ \mathrm{m\cdot s^{-1}}$

(C) $\frac{\sqrt{10}}{2}$，$1.5\sqrt{10}\times10^{8}\ \mathrm{m\cdot s^{-1}}$

(D) $\frac{2}{\sqrt{10}}$，$1.5\sqrt{10}\times10^{8}\ \mathrm{m\cdot s^{-1}}$

13-2　在水中的鱼看来，水面上和岸上的所有景物都出现在一倒立圆锥里，其顶角为(　　).

(A) 48.8°　　(B) 41.2°

(C) 97.6°　　(D) 82.4°

13-3　一远视眼的近点在 1 m 处，要看清楚眼前 10 cm 处的物体，此人应佩戴(　　).

(A) 焦距为 10 cm 的凸透镜

(B) 焦距为 10 cm 的凹透镜

(C) 焦距为 11 cm 的凸透镜

(D) 焦距为 11 cm 的凹透镜

13-4　一束平行超声波入射于水中的平凸有机玻璃透镜的平的一面，球面的曲率半径为 10 cm，试求在水中时透镜的焦距.假设超声波在水中的速度为 $u_1=1\ 470\ \mathrm{m\cdot s^{-1}}$，在有机玻璃中的速度为 $u_2=2\ 680\ \mathrm{m\cdot s^{-1}}$.

13-5　将一根短金属丝置于焦距为 35 cm 的会聚透镜的主光轴上，距离透镜的光心为 50 cm 处，如图所示.(1) 试绘出成像光路图；(2) 求金属丝的成像位置.

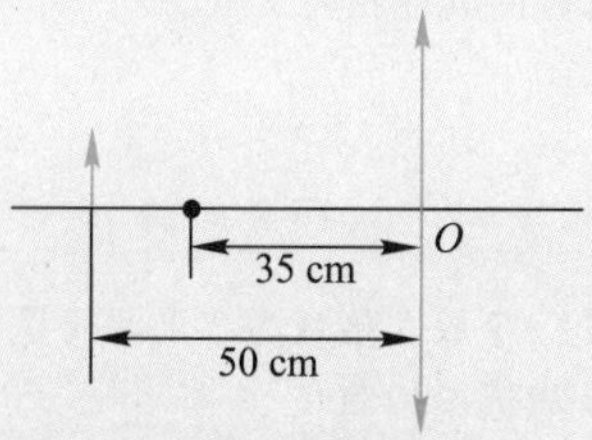

习题 13-5 图

13-6　月球的直径约为 3.48×10^{6} m，它到地球的平均距离约为 3.84×10^{8} m.求在焦距为 4 m 的凹球面镜内月球像的直径.

13-7　有甲、乙两人，甲对 0.5 m 以外的物看不清，而乙对 1 m 以内的物看不清.问甲、乙两人各需配怎样的眼镜？(设明视距离为 0.25 m.)

13-8　一架显微镜的物镜与目镜相距 20 cm，物镜的焦距为 7 mm，目镜的焦距为 5 mm，物镜和目镜均可看作薄透镜.试求：(1) 被观察物到物镜的距离；(2) 物镜的横向放大率；(3) 显微镜的视角放大率.

13-9　一架天文望远镜的物镜与目镜相距 90 cm，放大倍数为 8×(即 8 倍)，求物镜和目镜的焦距.

第十三章习题答案

第十四章 波动光学

上一章的几何光学是以光的直线传播性质和折射、反射定律为基础,研究光在透明介质中的传播规律的.关于光的本性的认识,历史上存在着争论.牛顿支持光的微粒说,惠更斯则提倡波动说.微粒说可以说明光的直线传播和反射、折射现象,但认为光在水中的速度要大于在空气中的速度,这与事实不符;而波动说也能说明反射和折射现象,且认为光在水中的速度要小于在空气中的速度,但在说明光的直线传播现象时,波动说当时遇到了困难.

预习自测题

现在我们已经知道,光是一种电磁波.它具有波动过程的特征,如干涉、衍射、偏振等现象.波动光学就是用波动理论来研究光的传播规律的光学分支.

光除了具有波动性以外,还具有粒子性.但这里所说的粒子性已不是牛顿的微粒说,而是光的量子性①.由于光具有波粒二象性,所以对光的全面描述需运用量子力学的理论.根据光的量子性,从微观上研究光与物质相互作用的光学分支叫做量子光学.

本章主要介绍波动光学,内容包括双缝干涉、薄膜干涉,单缝衍射、圆孔衍射和光栅衍射,光的偏振现象、双折射现象以及它们的应用等.

14-1 相干光

一、光的相干性

干涉现象是波动过程的基本特征之一.第六章已经指出:由频率相同、振动方向相同、相位相同或相位差恒定的两个波源所发出的波是相干波,在两相干波相遇的区域内,有些点的振动始

① 参阅本书第十六章第16-2节.

终加强，有些点的振动始终减弱或完全消失，即产生干涉现象.

由于光是一种电磁波，所以对于光波来说，振动和传播的物理量是电场强度 $\boldsymbol{E}$ 和磁感强度 $\boldsymbol{B}$，其中能引起人眼视觉或对感光设备起作用的主要是电场强度 $\boldsymbol{E}$，故通常把 $\boldsymbol{E}$ 矢量称为光矢量.若两束光的光矢量满足相干条件，则它们是相干光，相应的光源称为相干光源.

虽然光波的相干条件与机械波相同，但光的相干性却有些特殊.机械波或无线电源的波源可以连续地振动，发出连续不断的正弦波，相干条件比较容易满足，因此比较容易产生干涉现象.对于普通光源，情况有所不同.例如，若在房间里放置两个发光频率完全相同的钠灯①，在它们所发出的光都能照到的区域，却观察不到光强分布有明暗相间的变化.这表明两个独立的光源即使频率相同，也不能构成相干光源.一般来说，即使是同一光源的两个部分发出的光相遇，仍不能产生干涉现象.这是由普通光源发光本质的复杂性所决定的.

现在已经弄清，光是光源中的原子或分子的运动状态发生变化时辐射出来的②.原子或分子每次发光的持续时间仅为 10^{-10} ~ 10^{-8} s，也就是说，原子或分子每次发出的光是一个短短的波列.普通光源中大量原子或分子是各自相互独立地发出一个个波列的，它们的发射是偶然的，彼此间没有任何联系.因此在同一时刻，各原子或分子所发出的光，即使频率相同，相位和振动方向一般也不相同[图 14-1(a)].此外，由于原子或分子的发光是间歇的，即使是同一个原子，它先后发出的波列的振动方向和相位也很难相同.如图 14-1(b)所示，两个独立光源中原子 1 和原子 2 各自发出一系列的波列，当它们到达点 P 时，因为不符合相干条件，所以不会产生干涉.因此，两个独立的光源不能构成相干光源.不仅如此，即使是同一个光源上不同部分发出的光，也不会产生干涉.

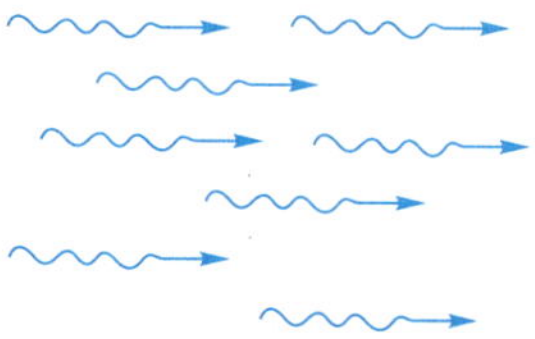

(a) 普通光源的各原子或分子所发出的光波波列彼此完全独立

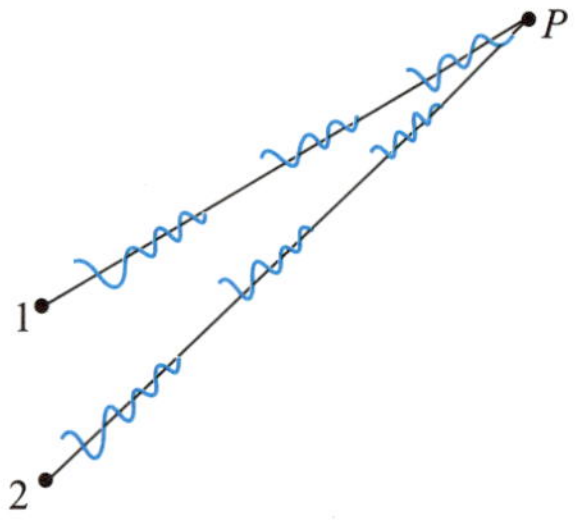

(b) 波列的叠加

图 14-1 波列

二、相干光的获取

怎样才能获得两束相干光呢？设想将一个普通光源上同一点发出的光，利用反射或折射等方法“一分为二”，使它们沿两条不同的路径传播并相遇，这时，原来的每一个波列都分成了频率

① 钠灯发出的光的波长为 5.89×10^{-7} m，对应的频率为 5.09×10^{14} Hz.

② 详细讨论参阅本书第十六章第 16-4 节.

相同、振动方向相同、相位差恒定的两部分，当它们相遇时，就能产生干涉现象.如图14-2所示，A、B 分别为一薄膜的两个表面，入射光 I 中某一个波列 W 在界面 A 上反射形成波列 W_1，在界面 B 上反射形成波列 W_2.这样，W_1、W_2 的频率相同、振动方向相同，而相位差取决于两波列经过的波程差.对于入射光 I 中的其他波列，按同样的道理，也都有相同的恒定的相位差.所以在界面 A、B 上形成的两束反射光 I_1 和 I_2 是相干光.

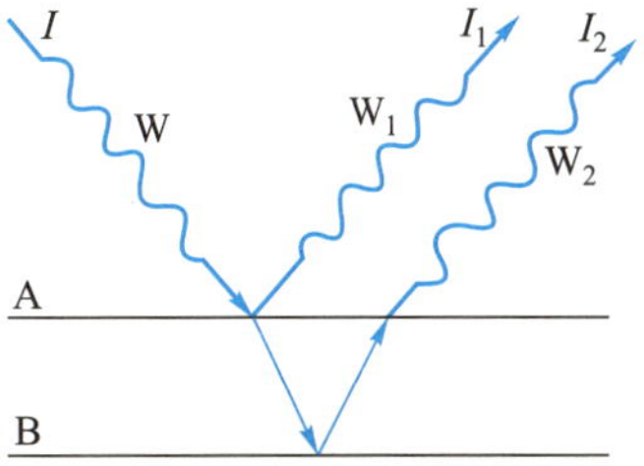

图 14-2 一个波列被分成两个相干波列

上述方法称为振幅分割法，其原理是利用反射、折射把波面上某处的振幅分成两部分，再使它们相遇从而产生干涉现象.

我们在日常生活中看到油膜、肥皂泡所呈现的彩色，就是一种光的干涉现象.因太阳光中含有各种波长的光波，当太阳光照射油膜时，油膜上、下两表面反射的光形成相干光束，有些地方红光得到加强，有些地方绿光得到加强……，这样就可看到油膜呈现出彩色条纹.如果用单色光照射在竖立的肥皂膜上(图 14-3)①，由于干涉，我们在膜表面就可以看到明暗相间的横条纹.

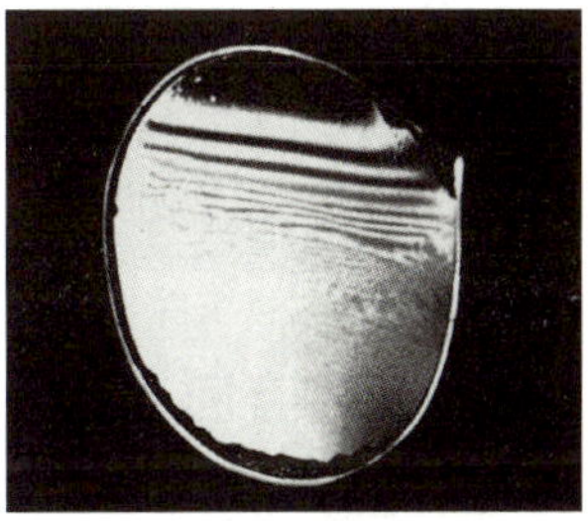

图 14-3 竖直肥皂膜上的干涉条纹

上面讨论的是普通光源.对于单频的激光光源，由于从激光器窗口输出的光都具有相干性②，我们用激光可方便地演示光的干涉现象.图 14-4 是激光束干涉实验的示意图，图中通过 A、B 两个狭缝的激光虽然是激光器中的不同原子发出的，但它们是相干光.它们相互干涉，在远处屏幕 P 上会产生明暗相间的干涉条纹.

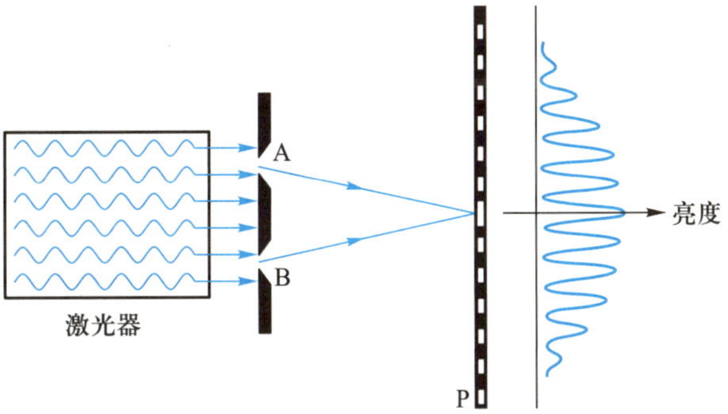

图 14-4 激光束干涉实验

除了振幅分割法以外，还有一种用分光束获得相干光的方法，称为波阵面分割法，它就是在普通光源发出的某一波阵面上，取出两部分面元作为相干光源的方法.下面将要介绍的杨氏双缝干涉和劳埃德镜等光的干涉实验，都是用波阵面分割法实现的.

① 详细讨论参阅本章第 14-3 节.

② 关于激光的相干性参阅本书第十六章第 16-9 节.

14-2　杨氏双缝干涉　光程　劳埃德镜

托马斯·杨

文档：托马斯·杨

一、杨氏双缝干涉

杨氏双缝干涉实验是最早利用单一光源形成两束相干光，从而获得干涉现象的典型实验.这一实验的基本方法是1801年由英国物理学家托马斯·杨(T.Young,1773—1829)提出并成功实现的①.

如图14-5所示，由光源L发出的光照射在单缝S上，使S成为本实验的缝光源.在S前面放置两个相距很近的狭缝S_1和S_2，且S_1、S_2与S之间的距离均相等.到达S_1、S_2的光是由同一光源S形成的，满足频率相同、振动方向相同、相位差恒定[而图14-5(a)中的相位差为零]的相干条件，故S_1、S_2为相干光源.这样，由S_1和S_2发出的光在空间相遇，将产生干涉现象.若在S_1和S_2的前面放一屏幕P，则屏幕上将出现明暗交替的干涉条纹[图14-5(b)].

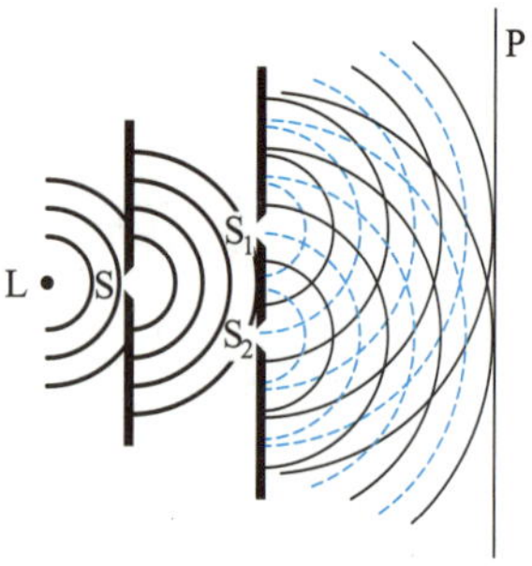

(a) 示意图

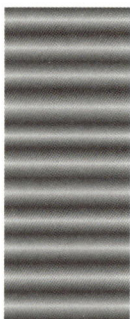

(b) 干涉条纹

图14-5　杨氏双缝干涉实验

下面定量分析屏幕上形成明、暗干涉条纹所应满足的条件.如图14-6所示，设S_1和S_2间的距离为d，双缝所在平面与屏幕P平行，两者之间的垂直距离为d'.今在屏幕上任取一点B，它与S_1和S_2的距离分别为r_1和r_2，若O_1为S_1和S_2的中点，O与O_1正对，点B与点O的距离为x.在通常情况下，双缝到屏幕间的垂直距离远大于双缝间的距离，即$d' \gg d$.这时，由S_1、S_2发出的光到达屏幕上点B的波程差为

$$\Delta r = r_2 - r_1 \approx d\sin\theta$$

此处θ也是O_1O和O_1B所成之角，如图14-6所示.

若Δr满足条件

$$d\sin\theta = \pm k\lambda, \quad k=0,1,2,\cdots \tag{14-1}$$

则点B处为一明条纹的中心.式中正负号表明干涉条纹在点O两边是对称分布的.对于点O，$\theta=0$，$\Delta r=0$，$k=0$，因此点O处也为一明条纹的中心，此明条纹叫做中央明纹.在点O两侧，与$k=1,2,\cdots$相应的x_k处，Δr分别为$\pm\lambda$，$\pm 2\lambda$，…，这些明条纹分别叫做第

① 托马斯·杨当年利用两个小孔作为点光源，小孔后来逐渐被双缝所代替，这样有利于提高干涉条纹的可见度.

一级、第二级……明条纹.它们对称地分布在中央明纹的两侧.

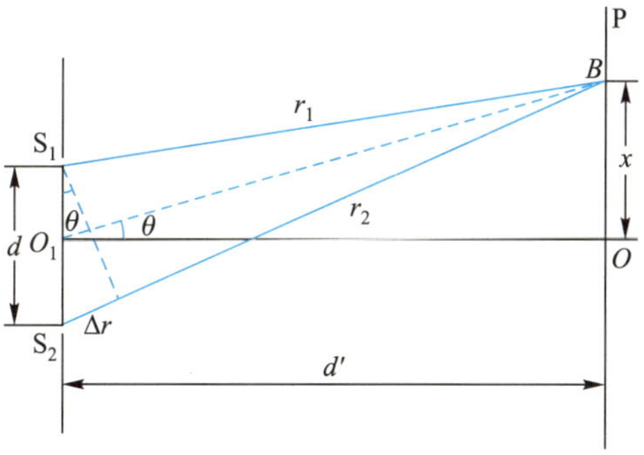

图 14-6 干涉条纹的计算

因为 $d'\gg d$,所以 $\sin\theta\approx\tan\theta=x/d'$.于是,式(14-1)的干涉加强条件可改写为

$$d\frac{x}{d'}=\pm k\lambda,\quad k=0,1,2,\cdots$$

即在屏幕上

$$x=\pm\frac{d'}{d}k\lambda,\quad k=0,1,2,\cdots \tag{14-2}$$

的各处,都是明条纹中心.当点 B 处满足

$$\Delta r=d\frac{x}{d'}=\pm(2k+1)\frac{\lambda}{2}$$

即

$$x=\pm\frac{d'}{d}(2k+1)\frac{\lambda}{2},\quad k=0,1,2,\cdots \tag{14-3}$$

时,两束光干涉减弱(最弱),则此处为暗条纹中心.这样,与 $k=0$, $1,\cdots$ 相应的 $x=\pm\frac{d'}{2d}\lambda,\pm\frac{3d'}{2d}\lambda,\cdots$ 处均为暗条纹中心.若 S_1 和 S_2 在点 B 的波程差既不满足式(14-2),也不满足式(14-3),则点 B 处既不是最明,也不是最暗.

综上所述,在干涉区域内,我们可以从屏幕上看到,在中央明纹两侧,对称地分布着明暗相间的干涉条纹.若已知 d、d'、λ,则可从式(14-2)或(14-3)算出相邻明条纹(或暗条纹)中心间的距离为

$$\Delta x=x_{k+1}-x_k=\frac{d'}{d}\lambda$$

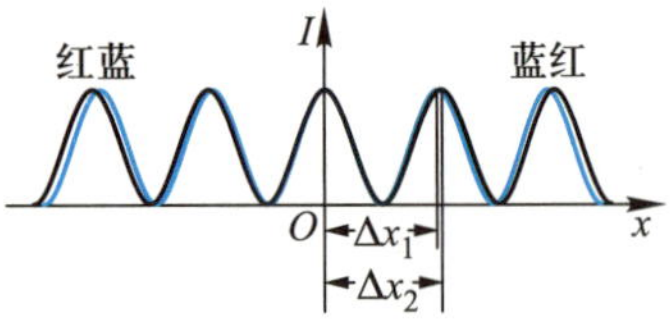

图 14-7 两种不同颜色光的干涉条纹位置错开

即干涉明、暗条纹是等距离分布的.若已知 d、d'，又测出 Δx，则由上式可以算出单色光的波长 λ.由上式还可以看到，若 d 与 d' 的值一定，相邻条纹间的距离 Δx 与入射光的波长 λ 成正比，波长越小，条纹间距越小.若用白光照射，由于不同波长的光出现干涉极大的位置相互错开（中央明纹除外），则在中央明纹（白色）的两侧将出现彩色条纹（图 14-7）.

例 1

单色光照射到相距为 0.2 mm 的双缝上，双缝与屏幕的垂直距离为 10 m.

（1）若屏幕上第一级明条纹中心到同侧的第四级明条纹中心间的距离为 75 mm，求单色光的波长；

（2）若入射光的波长为 600 nm，求相邻两暗条纹中心间的距离.

解 （1）根据双缝干涉明条纹的条件，第 k 级明条纹中心的坐标为

$$x_k=\pm\frac{d'}{d}k\lambda,\quad k=0,1,2,\cdots$$

将 $k=1$ 和 $k=4$ 代入上式得，第一级与第四级明条纹中心间的距离为

$$\Delta x_{14}=x_4-x_1=\frac{d'}{d}(k_4-k_1)\lambda$$

所以
$$\lambda=\frac{d}{d'}\frac{\Delta x_{14}}{(k_4-k_1)}$$

将 $d=0.2\ \text{mm}$，$\Delta x_{14}=75\ \text{mm}$，$d'=10^4\ \text{mm}$ 代入上式，得

$$\lambda=500\ \text{nm}$$

（2）当 $\lambda=600\ \text{nm}$ 时，相邻两暗条纹中心间的距离为

$$\Delta x=\frac{d'}{d}\lambda=30\ \text{mm}$$

在上面的例子中，双缝间的距离很小，这样才能显示出干涉条纹.而屏幕距离双缝很远，这时运用式（14-2）等计算比较精确.一般来说，当屏幕与双缝间的距离达到 10 m 时，式（14-2）、式（14-3）所用到的近似条件不影响计算结果的准确性.这一点值得读者注意.

从上面的例子还可以看到，利用双缝干涉可以测量光的波长.不过，这种测量精度不够高，上面提到的近似条件就是一个原因.

*二、双缝干涉的光强分布

设屏幕上点 P 到光源 S_1、S_2 的距离分别为 r_1 和 r_2，S_1、S_2 发出的两光波到达点 P 引起的光振动分别为

$$E_1=E_{10}\cos\left[2\pi\left(\nu t-\frac{r_1}{\lambda}\right)+\varphi_{10}\right]$$

$$E_2=E_{20}\cos\left[2\pi\left(\nu t-\frac{r_2}{\lambda}\right)+\varphi_{20}\right]$$

合振动的振幅为

$$E_0=\sqrt{E_{10}^2+E_{20}^2+2E_{10}E_{20}\cos\left[\frac{2\pi}{\lambda}(r_1-r_2)+\varphi_{20}-\varphi_{10}\right]}$$

因为光振动的强度正比于振幅的平方,所以光的相对强度为

$$I=\overline{E_0^2}=\frac{1}{\tau}\int_0^{\tau}E_0^2\mathrm{d}t=\frac{1}{\tau}\int_0^{\tau}\left[E_{10}^2+E_{20}^2+2E_{10}E_{20}\cos\frac{2\pi}{\lambda}(r_1-r_2)\right]\mathrm{d}t$$

$$=E_{10}^2+E_{20}^2+2E_{10}E_{20}\cdot\frac{1}{\tau}\int_0^{\tau}\cos\left[\frac{2\pi}{\lambda}(r_1-r_2)+\varphi_{20}-\varphi_{10}\right]\mathrm{d}t$$

式中 τ 为观察时间.如果上式中最后一项为零,则有

$$I=E_{10}^2+E_{20}^2=I_1+I_2$$

这是两光波不相干时的结果.若 S_1、S_2 发出的光相干,则 $\cos\frac{2\pi}{\lambda}(r_1-r_2)$ 不随时间变化,因而

$$I=E_{10}^2+E_{20}^2+2\sqrt{E_{10}E_{20}}\cos\left[\frac{2\pi}{\lambda}(r_1-r_2)+\varphi_{20}-\varphi_{10}\right]$$

$$=I_1+I_2+2\sqrt{I_1I_2}\cos\Delta\varphi$$

式中 $\Delta\varphi=\frac{2\pi}{\lambda}(r_1-r_2)+\varphi_{20}-\varphi_{10}$ 是两光振动在点 P 的相位差.上式即两光波干涉的光强分布公式,其中 $2\sqrt{I_1I_2}\cos\Delta\varphi$ 是干涉项.由于干涉项的存在,光强的最大值为

$$I_{\max}=I_1+I_2+2\sqrt{I_1I_2}$$

若 $I_1=I_2=I_0$,则最大值为 $4I_0$,这就是明条纹中心处的光强.而最小值为

$$I_{\min}=I_1+I_2-2\sqrt{I_1I_2}$$

若 $I_1=I_2$,则最小值为零,这就是暗条纹中心处的光强.

上述讨论对于类似的光的叠加结果也适用.

三、光程和光程差

以上所讨论的杨氏双缝干涉,两束相干光是在同一种介质(如空气)中传播的,所以只要计算出两束相干光到达相遇点时的几何路程差,即波程差 Δr,就可根据式(6-6b),即 $\Delta\varphi=\frac{2\pi}{\lambda}\Delta r$,确定两束相干光的相位差 $\Delta\varphi$.但当两束光分别通过不同介质时,由于同一频率的光在不同介质中的传播速度不同,所以不同介质中的光波波长不同,这时就不能只根据几何路程差来计算相位差

了.为此,我们引入光程这一概念.

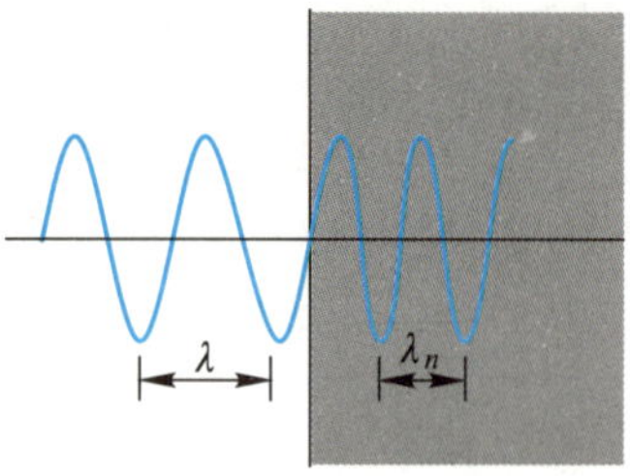

图 14-8 光在真空中的波长和在介质中的波长

设有一频率为 ν 的单色光,它在真空中的波长为 λ,传播速度为 c.当它在折射率为 n 的介质中传播时,传播速度变为 $v=c/n$,所以波长 $\lambda_n=v/\nu=c/(n\nu)=\lambda/n$(图 14-8).这说明,一定频率的光在折射率为 n 的介质中传播时,其波长为真空中波长的 $1/n$.波行进一个波长的距离,相位变化 2π,若光波在该介质中传播的几何路程为 L,则相位的变化为

$$\Delta\varphi=2\pi\frac{L}{\lambda_n}=2\pi\frac{nL}{\lambda} \qquad (14-4)$$

上式表明,光波在介质中传播时,其相位的变化不仅与光波传播的几何路程和真空中的波长有关,而且还与介质的折射率有关.光在折射率为 n 的介质中通过几何路程 L 所发生的相位变化,相当于光在真空中通过 nL 的路程所发生的相位变化.因此,人们把折射率 n 和几何路程 L 的乘积 nL,叫做光程.

有了光程这一概念,我们就可以把单色光在不同介质中的传播路程,都折算为该单色光在真空中的传播路程.由此可见,两束相干光分别通过不同的介质在空间某点相遇时,所产生的干涉情况与两者的光程差(用符号 Δ 表示)有关.

从同一光源发出的两束相干光,它们的光程差 Δ 与相位差 $\Delta\varphi$ 的关系为

$$\Delta\varphi=2\pi\frac{\Delta}{\lambda} \qquad (14-5)$$

所以,当

$$\Delta=\pm k\lambda,\quad k=0,1,2,\cdots \qquad (14-6)$$

时,有 $\Delta\varphi=\pm 2k\pi$,干涉加强(最强);当

$$\Delta=\pm(2k+1)\frac{\lambda}{2},\quad k=0,1,2,\cdots \qquad (14-7)$$

时,有 $\Delta\varphi=\pm(2k+1)\pi$,干涉减弱(最弱).

例 2

在杨氏双缝干涉实验中，用波长 $\lambda=550\ \text{nm}$ 的单色光垂直照射在双缝上.若用一厚度为 $e=6.6\times10^{-6}\ \text{m}$、折射率为 $n=1.58$ 的云母片覆盖在上方的狭缝上(图 14-9)，问：

(1) 屏幕上干涉条纹有什么变化？

(2) 屏幕上中央点 O 现在是明条纹还是暗条纹？

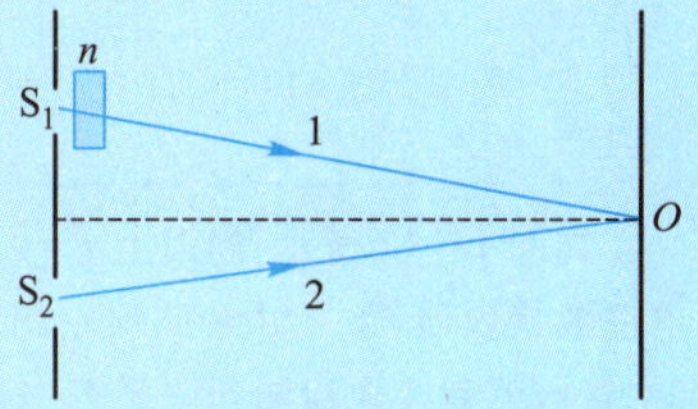

图 14-9

解 (1) 云母片加大了光通过上方的狭缝到达屏幕的光程，因此干涉极大(或极小)对应的位置会发生变化，而明条纹中心(或暗条纹中心)间的距离则不会改变，即干涉条纹只是向上发生了平移.

(2) 通过上下两条狭缝到达点 O 的光线通过的几何路程是相等的.由于云母片的覆盖，上方的光线 1 有了一附加光程 $(n-1)e$.

令 $(n-1)e=k\lambda$，得

$$k=\frac{(n-1)e}{\lambda}\approx7$$

因为 k 是一整数，所以点 O 仍然是明条纹中心，即原来下方的第七级明条纹移到了屏幕中央.

注意：题中云母片厚度 e 很小，所以附加的光程近似为 $(n-1)e$(参见图 14-9).

*四、劳埃德镜

劳埃德镜实验的原理本质上与杨氏双缝干涉实验类似.

如图 14-10 所示，M 为一反射镜，从狭缝 S_1 射出的光，一部分(以①表示的光)直接射到屏幕 P 上，另一部分射到反射镜 M 上，反射后(以②表示的光)到达屏幕 P 上，反射光可看成是由虚光源 S_2 发出的. S_1、S_2 构成一对相干光源，相当于杨氏实验中的双缝.于是，在图 14-10 中的阴影区域，两光叠加相干.这时在屏幕上可以观察到明暗相间的等间隔干涉条纹，并可以仿照杨氏双缝干涉实验的条纹计算公式，计算这里的条纹宽度.

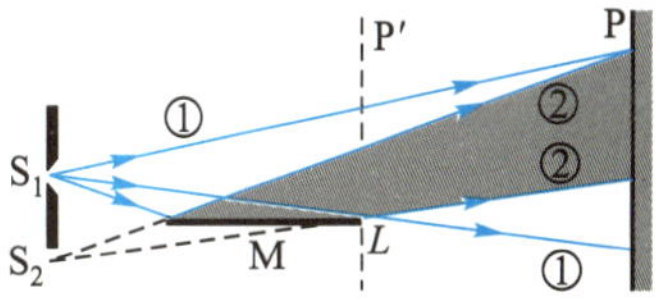

图 14-10 劳埃德镜实验示意图

需要注意的是，若把屏幕放到和镜面相接触的 P′位置，则此时从 S_1、S_2 发出的光到达接触点 L 的路程相等，在 L 处似乎应出现明条纹，但是实验事实是，在接触处为一暗条纹.这表明，直接射到屏幕上的光与由镜面反射出来的光在 L 处的相位相反，即相位差为 π.由于入射光的相位没有变化，所以只能是反射光(从空气射向玻璃并反射)的相位跃变了 π.

进一步的实验表明，光从光速较大(折射率较小)的介质射向光速较小(折射率较大)的介质时，在本书所涉及的一些情况中，反射光的相位与入射光的相位相比跃变了 π①.这一相位跃变，相当于反射光与入射光之间附加了半个波长($\lambda/2$) 的波程差，故常称此为半波损失.

① 参阅赵凯华《新概念物理教程 光学》(第二版)第 205 页(高等教育出版社，2021 年).

劳埃德镜实验不但显示了光的干涉现象，而且还显示了半波损失现象，这在计算明、暗条纹位置时必须加以考虑.请看下面的例子.

*例 3

如图 14-11 所示，湖面上 $h=0.5$ m 的 C 处有一电磁波接收器.当一射电星从左侧地平面渐渐升起时，接收器断续地检测到一系列电磁波的极大值.已知射电星所发射的电磁波的波长为 20.0 cm，求第一次测到极大值时，射电星的方位与湖面所成的角度.

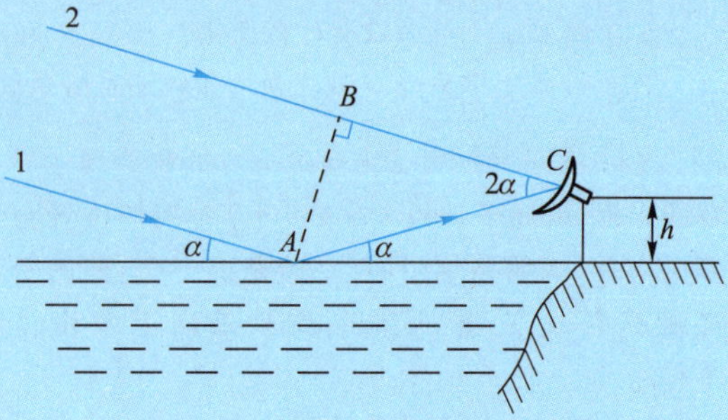

图 14-11

解 接收器测得的电磁波是射电星发射的信号直接到达接收器的部分与经湖面反射的部分相互干涉的结果.因此，可以用类似劳埃德镜实验的方法分析和计算.

若射电星所在的方位与湖面成 α 角，则反射波与入射波之间的夹角为 2α.设点 A 是湖面上的反射点，且 $AB\perp BC$，则两相干波的波程差为

$$\Delta r=AC-BC+\frac{\lambda}{2}=AC(1-\cos 2\alpha)+\frac{\lambda}{2}$$

式中$\frac{\lambda}{2}$是附加波程差，它是由电磁波在湖面上反射时相位跃变 π 引起的.当接收器测到极大值时，波程差 Δr 等于波长的整数倍，即

$$\frac{h}{\sin\alpha}(1-\cos 2\alpha)+\frac{\lambda}{2}=k\lambda,\quad k=1,2,\cdots$$

由上式解得

$$\sin\alpha=\frac{(2k-1)\lambda}{4h}$$

第一次测到极大值时，$k=1$，所以

$$\alpha_1=\arcsin\frac{\lambda}{4h}=\arcsin\frac{20.0\times10^{-2}\ \text{m}}{4\times0.5\ \text{m}}=5.74°$$

需要说明一下，在具体计算附加波程差时，取$+\frac{\lambda}{2}$或$-\frac{\lambda}{2}$都是合理的；但这两种取法，应与所取干涉条纹的级数 k 相协调，才不会导致答案的不一致.例如，上面的计算中若取$+\frac{\lambda}{2}$，则 k 应取 1，若改取$-\frac{\lambda}{2}$，则 k 应取 0，才可使答案相同.也就是说，本题的第一次测量是指，k 应是诸可能值中最小的一个.总之，取$+\frac{\lambda}{2}$或$-\frac{\lambda}{2}$只会影响 k 的取值，而对问题的实质并无影响.

14-3 薄膜干涉

薄膜干涉是常见的光的干涉现象，具有丰富多彩的内容.本章第 14-1 节提到的油膜、肥皂膜等干涉现象，都属于薄膜干涉，类似的现象也出现在照相机镜头、眼镜镜片的镀膜层上.劈尖和牛顿环等装置呈现的都是薄膜干涉条纹.下面我们来讨论薄膜干涉的基本原理.

一、薄膜干涉的光程差

如图 14-12 所示，在折射率为 n_1 的均匀介质中，有一折射率为 n_2 的薄膜，且 $n_2>n_1$. M_1 和 M_2 分别为薄膜的上、下两界面. 设由单色光源 S 上一点发出的光线 1，以入射角 i 投射到界面 M_1 上的点 A，一部分由点 A 反射（图中的光线 2），另一部分射进薄膜并在界面 M_2 上反射，再经界面 M_1 折射而出（图中的光线 3）. 显然，光线 2、3 是两条平行光线，经透镜 L 会聚于屏幕上的点 P. 由于光线 2、3 是同一入射光的两部分，经历了不同的路径而有恒定的相位差，因此它们是相干光.

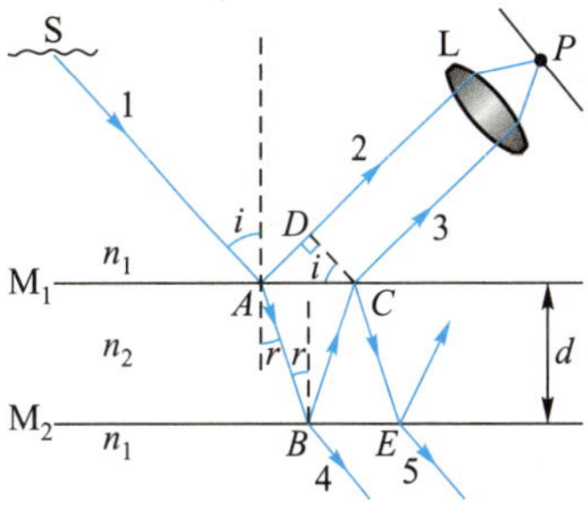

图 14-12　薄膜干涉

现在我们计算光线 2 和 3 的光程差. 设 $CD \perp AD$，则 CP 和 DP 的光程相等. 由图可知，光线 3 在折射率为 n_2 的介质中的光程为 $n_2(AB+BC)$；光线 2 在折射率为 n_1 的介质中的光程为 $n_1 AD$. 因此，它们的光程差为

$$\Delta' = n_2(AB+BC) - n_1 AD \tag{14-8}$$

设薄膜的厚度为 d，由图可得

$$AB = BC = d/\cos r$$
$$AD = AC\sin i = 2d\tan r\sin i$$

把以上两式代入式（14-8），得

$$\Delta' = \frac{2d}{\cos r}(n_2 - n_1\sin r\sin i)$$

根据折射定律 $n_1\sin i = n_2\sin r$，上式可写成

$$\Delta' = \frac{2d}{\cos r}n_2(1-\sin^2 r) = 2n_2 d\cos r \tag{14-9}$$

或

$$\Delta' = 2n_2 d\sqrt{1-\sin^2 r} = 2d\sqrt{n_2^2 - n_1^2\sin^2 i} \tag{14-10}$$

此外，由于薄膜和介质的折射率不同，所以我们还必须考虑光在界面反射时有相位跃变 π，或附加光程差 $\pm\frac{\lambda}{2}$. 我们在此取 $+\frac{\lambda}{2}$，则两反射光的总光程差为

$$\Delta_r = 2d\sqrt{n_2^2 - n_1^2\sin^2 i} + \frac{\lambda}{2} \tag{14-11}$$

于是,干涉条件为

$$\Delta_r = 2d\sqrt{n_2^2 - n_1^2\sin^2 i} + \frac{\lambda}{2} = \begin{cases} k\lambda, & k=1,2,\cdots(\text{加强}) \\ (2k+1)\dfrac{\lambda}{2}, & k=0,1,2,\cdots(\text{减弱}) \end{cases} \tag{14-12}$$

当光垂直入射(即 $i=0$)时

$$\Delta_r = 2n_2 d + \frac{\lambda}{2} = \begin{cases} k\lambda, & k=1,2,\cdots(\text{加强}) \\ (2k+1)\dfrac{\lambda}{2}, & k=0,1,2,\cdots(\text{减弱}) \end{cases} \tag{14-13}$$

需要说明的是,图 14-12 中的透镜 L 并不引起附加的光程差,解释如下.

一平行光束通过透镜后,将会聚于焦平面上,形成一亮点(图 14-13).这是由于某时刻平行光束波前上各点(图中 A、B、C、D、E 各点)的相位相同,而到达焦平面后相位仍然相同,因而干涉加强.可见这些点到点 F 的光程都相等.这个事实还可这样来理解:如图 14-13(a)所示,虽然光 AaF 比光 CcF 经过的几何路程长,但是光 CcF 在透镜中经过的路程比光 AaF 的长,因此折算成光程,AaF 的光程与 CcF 的光程相等.斜入射的平行光通过透镜会聚于焦平面上点 F',由类似的讨论可知,AaF',BbF',…的光程均相等[图 14-13(b)].因此,使用透镜并不引起附加的光程差.我们今后在遇到光路中有透镜时,都不需要考虑它对光程差的影响.

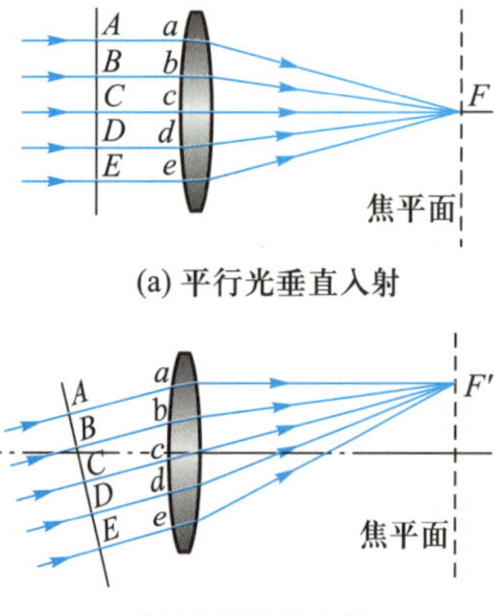

(a) 平行光垂直入射

(b) 平行光斜入射

图 14-13 光通过透镜的光程

例 1

在金属铝的表面,人们经常利用阳极氧化等方法形成一层透明的氧化铝(Al_2O_3)薄膜,其折射率为 $n=1.80$.设一磨光的铝片表面形成了厚度为 $d=250$ nm 的透明氧化铝薄层,问在日光下观察,其表面呈现什么颜色?(设白光垂直照射到铝片上,铝的折射率小于氧化铝的折射率.)

解 白光在氧化铝薄膜上、下表面反射的光线会产生相互干涉.我们需要求出,在可见光波长范围内(从 400 nm 左右的紫光到 700 nm 左右的红光),什么波长的光干涉后加强,什么波长的光干涉后减弱.因为氧化铝的折射率大于空气的折射率,也大于铝的折射率,所以只有氧化铝的上表面反射的光有半波损失.由式(14-13)得,形成干涉极大的光的波长 λ 满足

$$2nd + \frac{\lambda}{2} = k\lambda, \quad k=1,2,3,\cdots$$

由上式解得

$$\lambda = \frac{2nd}{k-\dfrac{1}{2}}$$

则 $k=1$ 时,$\lambda=1\,800$ nm

$k=2$ 时,$\lambda=600$ nm

$k=3$ 时,$\lambda=360\ \text{nm}$

计算表明,仅当 $k=2$ 时,$\lambda=600\ \text{nm}$ 的光在可见光范围内(当 $k=1$,$k=3$ 时,λ 分别处在红外和紫外波段),所以铝片表面会呈现橙红色.

利用薄膜干涉不仅可以测定波长或薄膜的厚度,而且还可提高或降低光学器件的透射率.光在两介质分界面上的反射,将减小透射光的强度.例如,照相机镜头或其他光学器件常采用组合透镜,随着界面数目的增加,损失的光能将增多.为了减少因反射而损失的光能,人们常在透镜表面上镀一层薄膜.若入射光在薄膜上下两界面的反射由于干涉而减弱,则透射光一定是增强了,因为入射光和反射光的总能量是守恒的.这种能减小反射光强度而增大透射光强度的薄膜,称为增透膜.

有些光学器件则需要减小其透射率,以增大反射光的强度.利用薄膜干涉也可制成增反射膜(或高反射膜).只要反射光由于干涉而被增强,由能量守恒定律可知,透射光就一定被减弱了,这就是增反膜的原理.

例 2

图 14-14(a)所示的照相机镜头是折射率为 1.50 的玻璃,上面镀有折射率为 1.38 的氟化镁(MgF_2)透明薄膜.若要使垂直入射到镜头上的黄绿光(波长约 550 nm)最大限度地进入镜头(照相底片对黄绿光最敏感),则所镀的薄膜层至少应为多厚?

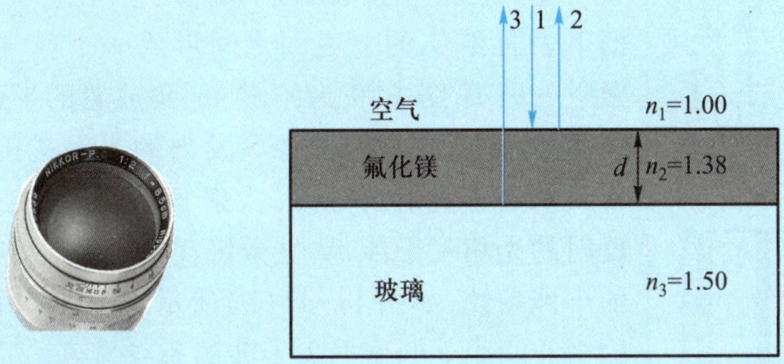

(a) 照相机镜头　　(b) 镜头增透膜示意图

图 14-14

解　根据题意,介质薄膜对 $\lambda=550\ \text{nm}$ 的黄绿光应是增透膜.在图 14-14(b)中,因为 $n_1=1$,$n_2=1.38$,$n_3=1.50$,$n_1<n_2<n_3$,所以在氟化镁薄膜上、下两界面的反射光 2 和 3 都具有相位跃变 π,从而可不计入附加光程差.令反射光干涉相消,即有

$$2n_2d=\left(k+\frac{1}{2}\right)\lambda,\quad k=0,1,2,\cdots$$

薄膜的厚度应满足

$$d=\frac{\left(k+\frac{1}{2}\right)\lambda}{2n_2},\quad k=0\text{ 时 } d \text{ 最小}$$

所以 $$d_{min}=\frac{\lambda}{4n_2}=\frac{550\ \text{nm}}{4\times1.38}\approx10^2\ \text{nm}$$

例 3

在圆盘形的玻璃器皿中有一薄层酒精（折射率 $n=1.36$），其不断挥发. 用波长为 632.8 nm 的激光垂直照射酒精薄层，测得其反射光强随时间周期性变化，每隔 $\Delta t=1.0$ min 出现一次极大值. 若玻璃器皿的半径为5.0 cm，求单位时间内挥发的酒精体积.

解 玻璃器皿中酒精薄层的厚度每减小$\frac{\lambda}{2n}$，从其上下表面反射的激光光强会出现一次极大值，因此，酒精薄层的厚度随时间的变化率为

$$\frac{\Delta L}{\Delta t}=-\frac{\lambda}{2n\Delta t}$$

单位时间内挥发的酒精体积为

$$\frac{\Delta V}{\Delta t}=\frac{\pi r^2\Delta L}{\Delta t}=-\frac{\pi r^2\lambda}{2n\Delta t}$$
$$=-\frac{3.14\times(5.0\ \text{cm})^2\times632.8\ \text{nm}}{2\times1.36\times60\ \text{s}}$$
$$=-3.0\times10^{-5}\ \text{cm}^3\cdot\text{s}^{-1}$$

二、劈尖

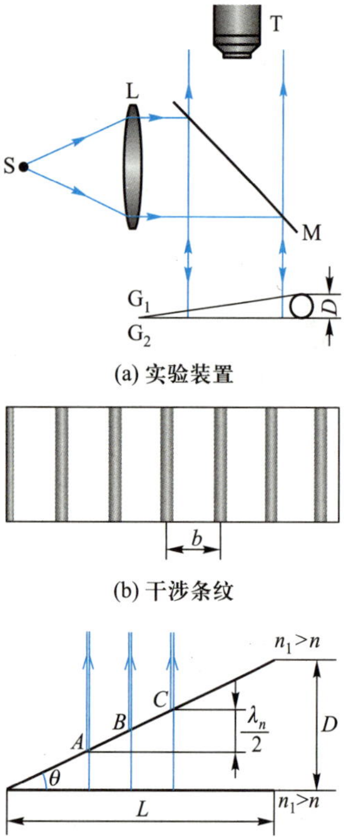

(c) 劈尖干涉条纹的形成原理

图 14-15 劈尖干涉

如图 14-15(a)所示，G_1、G_2为两片叠放在一起的平板玻璃，其一端的棱边相接触，另一端被一直径为 D 的细丝隔开，故在 G_1的下表面和 G_2的上表面之间形成一个空气薄层，该空气薄层叫做空气劈尖. 图中 M 为倾斜 45°角放置的半透半反平面镜，L 为透镜，T 为显微镜. 单色光源 S 发出的光经透镜 L 后成为平行光，经 M 反射后垂直射向劈尖（入射角 $i=0$）. 自空气劈尖上、下两表面反射的光相互干涉，从显微镜 T 中可观察到明暗交替、均匀分布的干涉条纹，如图 14-15(b)所示. 图中相邻两明条纹（或暗条纹）的中心间距 b 叫做劈尖干涉的条纹宽度.

下面定量讨论劈尖干涉条纹的形成原理. 在图 14-15(c)中，D 为细丝直径，L 为玻璃片长度，θ 为两玻璃片间的夹角. 由于 θ 实际很小[为清晰起见，图 14-15(c)中的 θ 角被夸大了]，所以在劈尖上表面处反射的光线和在劈尖下表面处反射的光线都可看作垂直于劈尖表面，它们在劈尖表面处相遇并相干叠加. 由于劈尖空气的折射率 n 比玻璃的折射率 n_1小，所以光在劈尖下表面反射时因有相位跃变而产生附加光程差 $\lambda/2$. 这样，由式(14-13)可得劈尖上、下表面反射的两相干光的总光程差为

$$\Delta=2nd+\frac{\lambda}{2}$$

式中 d 为劈尖上、下表面间的距离.

劈尖反射光产生干涉极大(明条纹)的条件为

$$2nd+\frac{\lambda}{2}=k\lambda,\quad k=1,2,3,\cdots \tag{14-14}$$

产生干涉极小(暗条纹)的条件为

$$2nd+\frac{\lambda}{2}=(2k+1)\frac{\lambda}{2},\quad k=0,1,2,\cdots \tag{14-15}$$

从式(14-14)和式(14-15)可以看出,凡劈尖内厚度 d 相同的地方均满足相同的干涉条件.因此,劈尖的干涉条纹是一系列平行于劈尖棱边的明暗相间的直条纹[图 14-15(b)],厚度相等的地方干涉条纹的亮度相同.我们把这种与等厚线相对应的干涉现象,叫做等厚干涉.等厚干涉形成的干涉条纹叫做等厚干涉条纹.

在两玻璃片相接触处(劈尖厚度 $d=0$),$\Delta=\frac{\lambda}{2}$,故在棱边处应为暗条纹.这和实际观察的结果相一致.

根据以上讨论,不难求出相邻两明条纹(或暗条纹)处劈尖的厚度差.设第 k 级明条纹处劈尖的厚度为 d_k,第 $k+1$ 级明条纹处劈尖厚度为 d_{k+1},由式(14-14)很容易得到

$$d_{k+1}-d_k=\frac{\lambda}{2n}=\frac{\lambda_n}{2} \tag{14-16}$$

式中 $\lambda_n(=\lambda/n)$ 为光在折射率为 n 的劈尖介质中的波长.由式(14-16)可见,相邻两明条纹处劈尖的厚度差为光在劈尖介质中波长的 1/2;同理,相邻两暗条纹处劈尖的厚度差也为光在该介质中波长的 1/2;而相邻的明、暗条纹(即同一 k 值的明条纹和暗条纹)处劈尖的厚度差,可由式(14-14)和式(14-15)算得,其为光在劈尖介质中波长的 1/4.

一般劈尖的夹角 θ 很小,从图 14-15(c)可以看出,若相邻两明(或暗)条纹间的距离为 b,则有

$$\theta\approx\frac{D}{L},\quad \theta\approx\frac{\lambda_n/2}{b}$$

得

$$D=\frac{\lambda_n}{2b}L=\frac{\lambda}{2nb}L \tag{14-17}$$

因此，若已知劈尖长度 L、光在真空中的波长 λ 和劈尖介质的折射率 n，并测出相邻两明条纹（或暗条纹）间的距离 b，就可从式(14-17)计算出细丝的直径 D.我们也可以利用式(14-17)测量劈尖介质的折射率 n.

例 4

干涉热膨胀仪如图 14-16 所示.一个石英圆柱环 B 放在平台上，其热膨胀系数 α_0 极小可忽略不计，并已精确测定过.环顶放一块平板玻璃 P，环内放置一上表面磨成稍微倾斜的柱形待测样品 R，石英环和样品的上端面已事先精确磨平，于是 R 的上表面与 P 的下表面之间形成空气劈尖.用波长为 λ 的单色光垂直照射，即可在垂直方向上看到彼此平行等距的等厚条纹.若将热膨胀仪加热，使之升温 ΔT，则在视场中某标志线上有 m 条干涉条纹移过.证明该样品的热膨胀系数为

$$\alpha=\frac{m\lambda}{2l\Delta T}$$

式中 l 为加热前样品的平均高度.

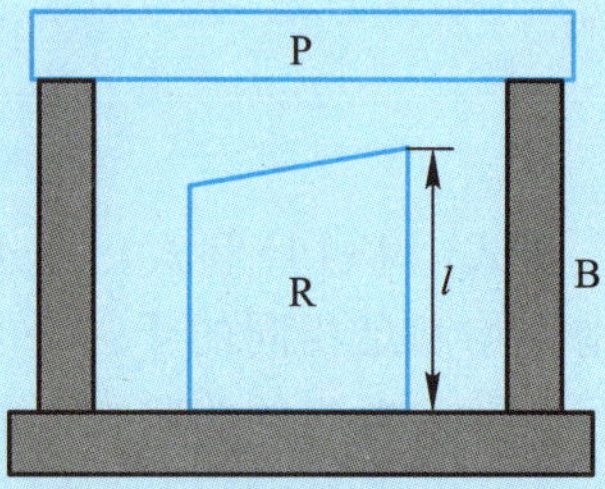

图 14-16

解 样品 R 与平玻璃板 P 之间形成一空气劈尖，热膨胀仪被加热后，由于石英的热膨胀系数可以忽略，所以劈尖的上表面位置不变；而劈尖的下表面位置升高，使干涉条纹发生了移动.下表面每升高 $\lambda/2$，干涉条纹移动 1 条，当有 m 条干涉条纹从视场中移过时，样品高度的膨胀值为

$$\Delta l=m\frac{\lambda}{2}$$

根据热膨胀系数的定义

$$\Delta l=\alpha l\Delta T$$

得该样品的热膨胀系数为

$$\alpha=\frac{\Delta l}{l\Delta T}=\frac{m\lambda}{2l\Delta T}$$

劈尖干涉在实际中有许多应用，下面举两个典型的例子.

1. 薄膜厚度的测定

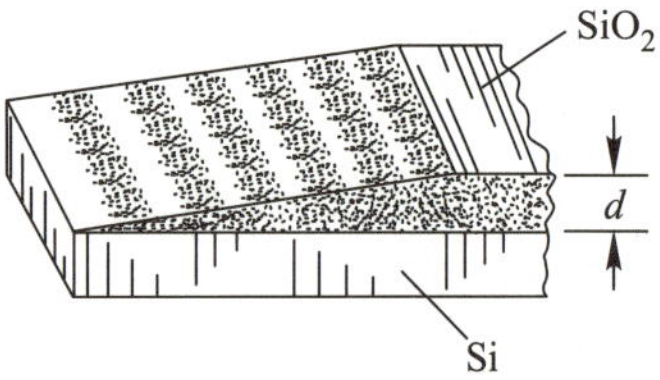

图 14-17 SiO_2 劈尖上的干涉条纹

在制造半导体元件时，经常要在硅片上生成一层很薄的二氧化硅(SiO_2)膜.若要测量其厚度，可将二氧化硅薄膜制成劈尖形状(图14-17)，测出劈尖干涉明条纹的数目，就可算出二氧化硅薄膜的厚度.

2. 光学元件表面的检验

由于每一条明条纹（或暗条纹）都代表一条等厚线，所以劈尖干涉可用于检验光学元件表面的平整度.在图 14-18(a)中，M 为透明标准平板，其平面是理想的光学平面，N 为待验平板.若待验平板的表面也是理想的光学平面，则其干涉条纹是一组间距为 b 的平行直线[图 14-18(b)]；若待验平板的表面凹凸不平，则干

涉条纹将不是平行的直线，如图 14-18(c) 所示.根据某处条纹弯曲的最大畸变量 b'，以及条纹弯曲的方向，我们就可判断待检平板的表面在该处是凹还是凸，并可由条纹弯曲的程度估算出凹凸的不平整度.这种光学测量方法的精度可达到光的波长的 1/10，即 10^{-8} m 的量级，远高于机械测量方法的精度.在图 14-18(c) 中，干涉条纹向左弯曲的地方，意味着原本应该出现在该处的某一级干涉条纹已被更高级次的干涉条纹所代替，而干涉条纹的级次越高，对应处的薄膜厚度越大.因此，该处平板是下凹的.同理可以说明，图 14-18(c) 中向右弯曲的条纹所对应的位置，平板是上凸的.

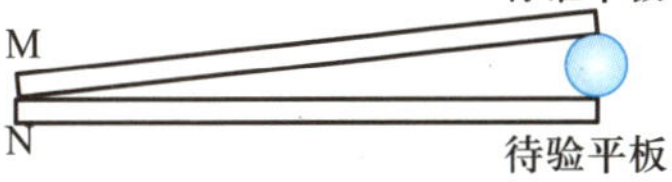

(a) 检验装置

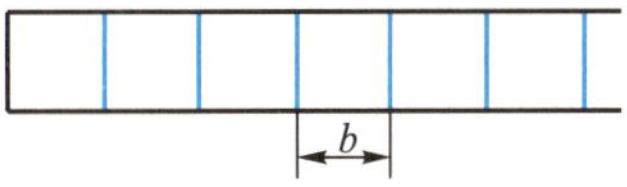

(b) 待验平板为理想平面

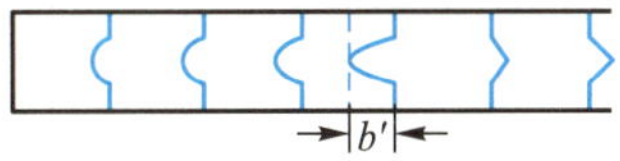

(c) 待验平板凹凸不平

图 14-18 光学元件表面的检验

三、牛顿环

图 14-19(a) 是牛顿环实验装置的示意图.一块曲率半径很大的平凸透镜与一块平玻璃相接触，构成一个上表面为球面、下表面为平面的空气劈尖.由单色光源 S 发出的光，经半透半反镜 M 反射后，垂直射向空气劈尖并在空气劈尖的上、下表面处反射，从而在显微镜 T 内可观察到如图 14-19(b) 所示的干涉图样.由于这里空气劈尖的等厚轨迹是以接触点为圆心的一系列同心圆，所以干涉条纹的形状也是明暗相间的同心圆环，因其最早是被牛顿观察到的，故称为牛顿环.

下面推求干涉条纹的半径 r、光波的波长 λ 和平凸透镜的曲率半径 R 之间的关系.考虑到空气劈尖的折射率 $n(\approx 1)$ 小于玻璃的折射率 n_1，以及光是垂直入射 $(i=0)$ 的情形，可知在厚度为 d 处，两相干光的光程差为

$$\Delta = 2d+\frac{\lambda}{2}$$

由图 14-19 可得

$$r^2 = R^2-(R-d)^2 = 2dR-d^2$$

已知 $R \gg d$，可以略去 d^2，故得

$$r=\sqrt{2dR}=\sqrt{\left(\Delta-\frac{\lambda}{2}\right)R}$$

结合式(14-13)，解得

$$\text{明环半径}\quad r=\sqrt{\left(k-\frac{1}{2}\right)R\lambda},\quad k=1,2,\cdots \tag{14-18}$$

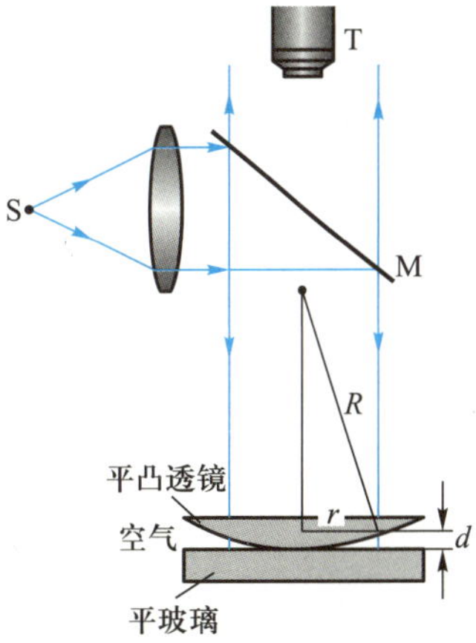

(a) 实验装置

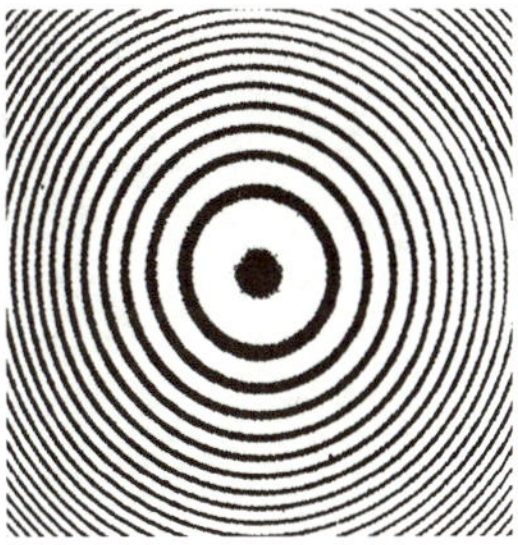
(b) 干涉图样

图 14-19 牛顿环

暗环半径 $r=\sqrt{kR\lambda},\quad k=0,1,2,\cdots$ (14-19)

在透镜与平玻璃的接触处，$d=0$，光程差 $\Delta=\dfrac{\lambda}{2}$（是由于光在平玻璃的上表面反射时相位跃变了 π），所以反射式牛顿环的中心总是暗条纹.

若取 $n=1$，则由式(14-18)可得，明环半径 $r=\sqrt{R\lambda/2}$，$\sqrt{3R\lambda/2}$，$\sqrt{5R\lambda/2}$，…，而由式(14-19)可得，暗环半径 $r=\sqrt{R\lambda}$，$\sqrt{2R\lambda}$，$\sqrt{3R\lambda}$，….这说明 k 越大，相邻明（暗）条纹之间的间距越小，条纹的分布是不均匀的.

例 5

用氦氖激光器发出的波长为 633 nm 的单色光做牛顿环实验，测得第 k 个暗环的半径为 5.63 mm，第 $k+5$ 个暗环的半径为 7.96 mm，求牛顿环装置的平凸透镜的曲率半径 R.

解 由暗环半径公式(14-19)，有

$$r_k=\sqrt{kR\lambda},\quad r_{k+5}=\sqrt{(k+5)R\lambda}$$

解得
$$5R\lambda=(r_{k+5}^2-r_k^2)$$

$$R=\frac{r_{k+5}^2-r_k^2}{5\lambda}=\frac{(7.96\ \text{mm})^2-(5.63\ \text{mm})^2}{5\times633\ \text{nm}}=10.0\ \text{m}$$

物理实验中人们常采用这样的方法确定平凸透镜的曲率半径.

14-4 迈克耳孙干涉仪

迈克耳孙

一、迈克耳孙干涉仪

1881 年，迈克耳孙(A.A.Michelson)①为了研究光速问题（参见第十五章），精心设计了一种干涉装置，后人称之为迈克耳孙干涉仪.该仪器在物理学发展史上曾起了很重要的作用，而且现代科技中有多种干涉装置都是从迈克耳孙干涉仪衍生而来的，如法布里-珀罗干涉仪和引力波探测器等，因此我们需要对它的结构

① 迈克耳孙毕生从事光速的精密测量，是光速测定的国际中心人物.1881 年他为测定地球相对以太的运动而创造了干涉仪，后又利用其精细的结构，第一次以光的波长为基准，对标准米尺进行了测定.为此，他于 1907 年成为美国获得诺贝尔物理学奖的第一人.

和原理有基本的了解.其基本结构及光路如图 14-20 所示.图中 M_1、M_2是两块平面反射镜,分别置于相互垂直的两平台顶部;G_1和 G_2是两块平板玻璃,在 G_1朝着 E 的一面上镀有一层薄薄的半透明膜,使照在 G_1上的光,一半反射一半透射.G_1、G_2与 M_1、M_2成 45°角.M_2是固定的,它的方位可由螺钉 V_2调节;M_1 由螺旋测微器 V_1 控制,可在支承面上作微小的移动.

文档:迈克耳孙

文档:引力波天文台

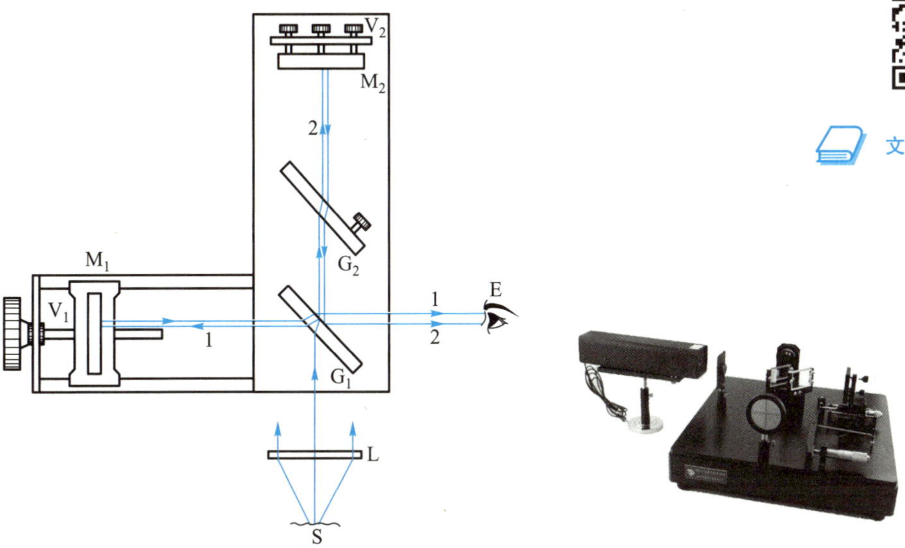

(a) 基本结构及光路图 (b) 实物图

图 14-20 迈克耳孙干涉仪

来自面光源 S 的光,经过透镜 L 后,平行射向 G_1,一部分被 G_1反射后,向 M_1传播,经 M_1反射后再穿过 G_1向 E 处传播(图中的光 1);另一部分则透过 G_1及 G_2,向 M_2传播,经 M_2反射后,再穿过 G_2经 G_1反射后也向 E 处传播(图中的光 2).显然,到达 E 处的光 1 和光 2 是相干光.G_2的作用是使光 1、光 2 都能三次穿过厚度相同的平板玻璃,从而避免光 1、光 2 间出现额外的光程差,因此 G_2也叫做补偿玻璃.

AR:迈克耳孙干涉仪

考虑了补偿玻璃的作用,就可以画出如图 14-21 所示的迈克耳孙干涉仪的原理图.M_2'是 M_2经由 G_1形成的虚像,所以从 M_2上反射的光,可看成是从虚像 M_2'处发出来的.这样,相干光 1 和 2 的光程差,主要由 G_1到 M_1和 M_2'的距离 d_1和 d_2的差所决定.通常 M_1与 M_2并不严格垂直,那么,M_2'与 M_1也不严格平行,它们之间的空气薄层就形成一个劈尖.这时,观察到的干涉条纹是等间距的等厚条纹.若入射单色光波长为 λ,则每当 M_1向前或向后移动距离 $\lambda/2$ 时,就可看到干涉条纹平移过一条.因此,只要测出视场中移过的条纹数目 Δn,就可以算出 M_1移动的距离:

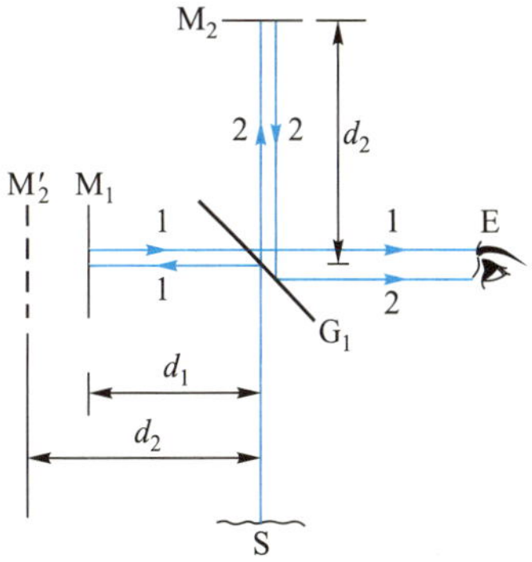

图 14-21 迈克耳孙干涉仪原理图

$$\Delta d=\Delta n\frac{\lambda}{2} \tag{14-20}$$

若已知光的波长，则利用上式可以测定长度；若已知长度，则利用上式可以测定光的波长.这种测量波长的方法要比用杨氏双缝干涉实验测量波长精确得多.

例

在迈克耳孙干涉仪的两臂中，分别插入 $l=10.0$ cm 长的玻璃管，其中一个抽成真空，另一个则贮有压强为 1.013×10^5 Pa 的空气，用以测量空气的折射率 n.设所用光波波长为 546 nm，实验时向真空玻璃管中逐渐充入空气，直至压强达到 1.013×10^5 Pa 为止.在此过程中，观察到 107.2 条干涉条纹的移动，试求空气的折射率 n.

解 设玻璃管充入空气前，两相干光的光程差为 Δ_1，充入空气后两相干光的光程差为 Δ_2，根据题意有

$$\Delta_1-\Delta_2=2(n-1)l$$

因为干涉条纹每移动一条，对应于光程差变化一个波长，所以

$$2(n-1)l=107.2\lambda$$

故空气的折射率为

$$n=1+\frac{107.2\lambda}{2l}=1+\frac{107.2\times546\times10^{-7}\ \text{cm}}{2\times10.0\ \text{cm}}$$
$$=1.000\ 29$$

*二、等倾干涉

在迈克耳孙干涉仪中，若镜面 M_1、M_2 严格互相垂直，则 M_2' 与 M_1 也严格平行（图 14-21）.而扩展光源 S 上任一点发出的光经 G_1 反射后以不同的入射角到达 M_2'、M_1.因为这时薄膜 $M_2'M_1$ 厚度均匀，由薄膜反射光的光程差计算公式（14-10）知，入射角相同的光线的光程差相同，满足同样的干涉条件，所以这些倾角相同的光线将同时干涉加强（或减弱），这就是等倾干涉.迈克耳孙干涉仪的等倾干涉条纹通常呈圆环形.

14-5 光的衍射

一、光的衍射现象

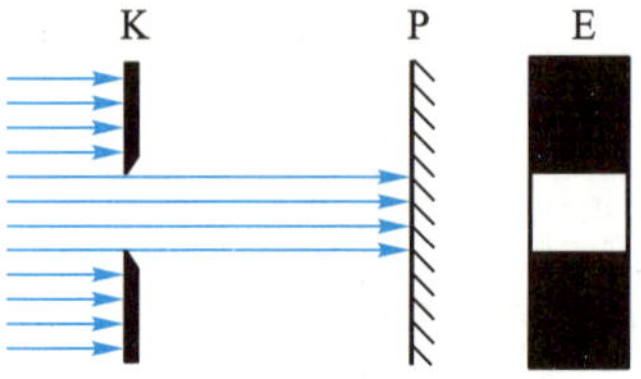

(a) 缝宽比波长大得多时，光可看成是沿直线传播

我们说过，机械波和电磁波都有衍射现象.光作为一种电磁波，在传播中若遇到尺寸比光的波长大得不多的障碍物时，它就

不再遵循直线传播的规律，而会绕过障碍物并在空间形成明暗变化的光强分布，这就是光的衍射现象.

例如，在图 14-22(a) 中，一束平行光通过狭缝 K 以后，由于缝宽比波长大得多，屏幕 P 上的光斑 E 和狭缝形状几乎完全一致，这时光可看成是沿直线传播的. 若缩小缝宽使它可与光波波长相比拟，则在屏幕上就会出现如图14-22(b)所示的明暗相间的衍射条纹.

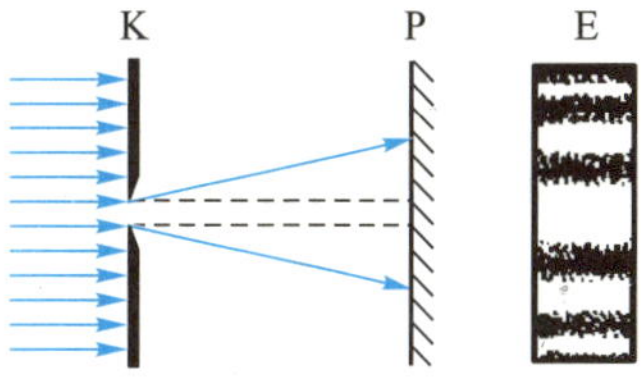

(b) 缝宽可与波长相比拟时，出现衍射条纹

图 14-22 光通过狭缝

类似的衍射现象还很多. 图14-23为一点光源发出的光线遇到一细小的圆形障碍物时，在障碍物后方所形成的衍射图样，其通常称为圆盘衍射图样. 可以看到，在障碍物阴影的中央出人意料地呈现出一个亮斑，该亮斑叫做菲涅耳斑或阿拉戈斑. 这些命名来自一段科学佳话，详见文档：菲涅耳.

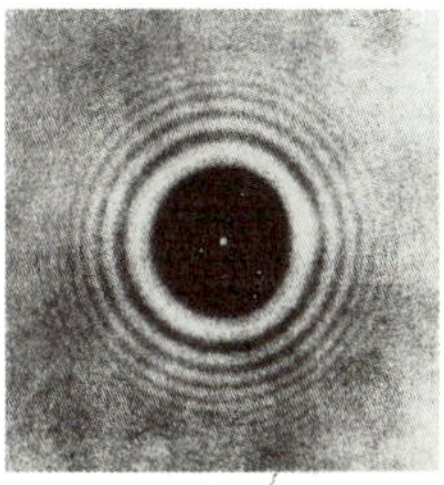

图 14-23 圆盘衍射图样

二、惠更斯-菲涅耳原理

在第六章中曾用惠更斯原理定性地解释了波的衍射. 但是惠更斯原理只能给出衍射波波阵面的形状，不能定量地给出衍射波在空间各点的波的强度.

菲涅耳根据波的叠加和干涉原理，提出了“子波相干叠加”的概念，从而对惠更斯原理作了物理性的补充. 他认为，从同一波面上各点发出的子波是相干波，在传播到空间某一点时，各子波进行相干叠加的结果，决定了该处的波振幅. 这个发展了的惠更斯原理，叫做惠更斯-菲涅耳原理.

菲涅耳

文档：菲涅耳

在图 14-24 中，$\mathrm{d}S$ 为某波阵面 S 上的任一面元，是发出球面子波的子波源，而空间任一点 P 的光振动，则取决于波阵面 S 上所有面元发出的子波在该点相互干涉的总效果. 根据惠更斯-菲涅耳原理发展起来的衍射理论，已对此作出定量的描述：球面子波在点 P 处的振幅正比于面元的面积 $\mathrm{d}S$，反比于面元到点 P 的距离 r，与 $\boldsymbol{r}$ 和 $\mathrm{d}S$ 的法线方向 $\boldsymbol{e}_{\mathrm{n}}$ 之间的夹角 θ 有关，θ 越大，在点 P 处的振幅越小，当 $\theta \geqslant \frac{\pi}{2}$ 时，振幅为零. 至于点 P 处光振动的相位，则仍由 $\mathrm{d}S$ 到点 P 的光程确定.

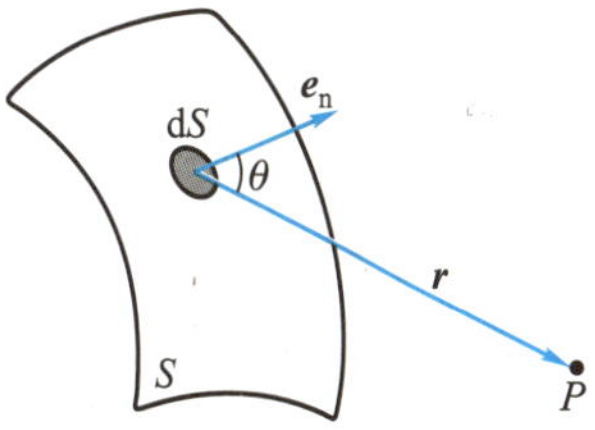

图 14-24 子波 $\mathrm{d}S$ 对点 P 处光振动的贡献

三、菲涅耳衍射和夫琅禾费衍射

依照光源、衍射孔(或障碍物)、屏幕三者的相互位置，衍射可分成两类.

图 14-25(a)所示为菲涅耳衍射.在这种衍射中,光源 S 或显示衍射图样的屏幕 P,与衍射孔(或障碍物)R 之间的距离是有限的.当把光源和屏幕都移到无限远处时,这种衍射叫做夫琅禾费衍射.这时,光到达衍射孔(或障碍物)和到达屏幕时的波阵面都是平面[图 14-25(b)].在实验室中,我们常把光源放在透镜 L_1 的焦点上,并把屏幕 P 放在透镜 L_2 的焦面上[图 14-25(c)],这样到达衍射孔(或障碍物)的光和衍射光都满足夫琅禾费衍射的条件.本书只讨论夫琅禾费衍射,不仅因为这种衍射在理论计算上比较简单,而且这种衍射也是大多数实用场合需要考虑的情形.

在实际场合中,只要光源 S 和屏幕 P 到达衍射物体的距离远远大于衍射物的尺寸,也可以近似当作夫琅禾费衍射.例如,在教室内做衍射演示实验,将激光器发出的平行光照射到尺寸一般只有 10^{-4} m 量级的衍射孔(或衍射缝)上,若衍射光不经过透镜直接照射到教室的墙壁上,这时所观察到的衍射条纹可以认为是夫琅禾费衍射图样.

值得注意的是,光源或屏幕两者中只要有一个不能视为在无限远处(或相当于无限远处),则该衍射就不是夫琅禾费衍射,而是菲涅耳衍射.图 14-23 所示就是圆盘的菲涅耳衍射图样.

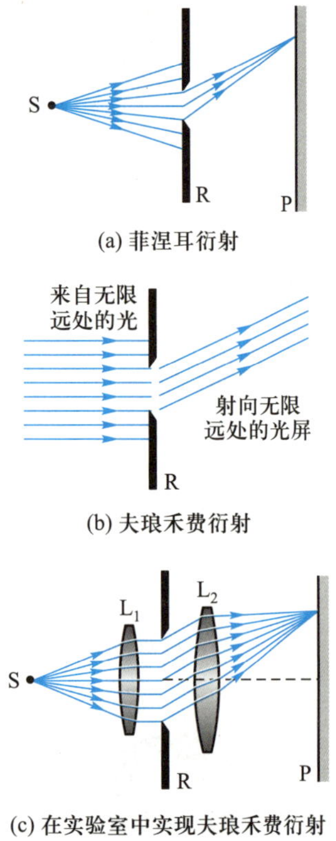

图 14-25 两类衍射

夫琅禾费

文档:夫琅禾费

14-6 单缝衍射

图 14-26 为一单缝夫琅禾费衍射的实验装置示意图.当一束平行光垂直照射宽度可与光的波长相比拟的狭缝时,光会绕过缝的边缘向阴影区衍射,衍射光经透镜 L 会聚到焦平面处的屏幕 P 上,形成衍射条纹.这种条纹叫做单缝衍射条纹(图 14-27).分析

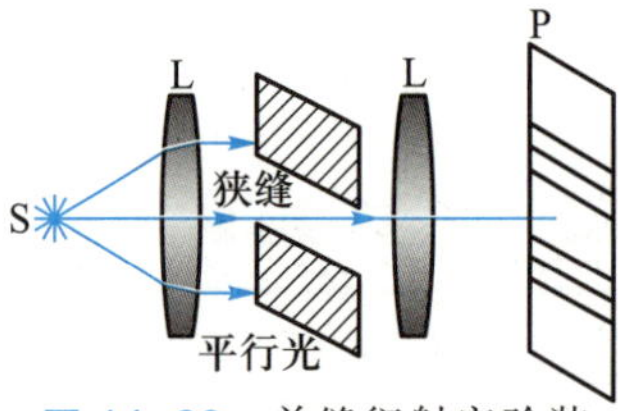

图 14-26 单缝衍射实验装置示意图

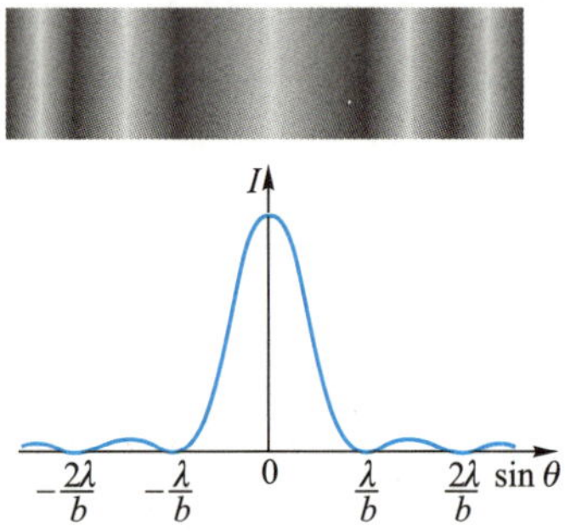

图 14-27 单缝衍射的条纹及其强度分布

这种条纹形成的原因，不仅有助于理解夫琅禾费衍射的规律，而且也是理解其他一些衍射现象的基础.

在图 14-28 中，AB 为单缝的截面，其宽度为 b.按照惠更斯-菲涅耳原理，波面 AB 上的各点都是相干的子波源.先来考虑沿入射方向传播的各子波射线（图 14-28 中的光束①），它们被透镜 L 会聚于焦点 O.由于 AB 是同相面，而透镜又不会引起附加的光程差，所以它们到达点 O 时仍保持相同的相位而互相加强.这样，在正对狭缝中心的 O 处将是一条明条纹的中心，这条明条纹叫做中央明纹.

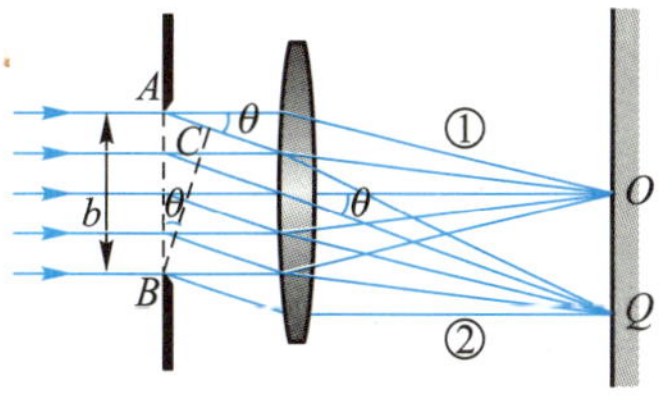

图 14-28　单缝衍射原理图

下面来讨论与入射方向成 θ 角的子波射线（图 14-28 中的光束②），θ 叫做衍射角.平行光束②被透镜会聚于屏幕上的点 Q，但要注意光束②中各子波到达点 Q 的光程并不相等，所以它们在点 Q 的相位也不相同.显然，由垂直于各子波射线的面 BC 上的各点到达点 Q 的光程都相等，换句话说，从面 AB 发出的各子波在点 Q 的相位差，就对应于从面 AB 到面 BC 的光程差.由图可见，点 A 发出的子波比点 B 发出的子波多走的光程为 $AC=b\sin\theta$，这是沿 θ 角方向各子波的最大光程差.如何从上述分析获得各子波在点 Q 处叠加的结果呢？为此，我们采用菲涅耳提出的波带法，其构思之精妙在于，无须复杂的数学推导便能得知衍射条纹分布的概貌.

设 AC 恰好等于入射单色光半波长的整数倍，即

$$b\sin\theta=\pm k\frac{\lambda}{2},\quad k=1,2,\cdots \tag{14-21}$$

这相当于把 AC 分成 k 等份.作彼此相距 $\lambda/2$ 的平行于 BC 的平面，这些平面把波面 AB 切割成了 k 个波带.

图 14-29(a)表示当 $k=4$ 时，波面 AB 被分成 AA_1、A_1A_2、A_2A_3 和 A_3B 四个面积相等的波带.可以近似地认为，所有波带发出的子波的强度都是相等的，且相邻两个波带上的对应点（如 AA_1 与 A_1A_2 的中点）所发出的子波，到达点 Q 处的光程差均为 $\lambda/2$.这就是把这种波带叫做半波带的缘由.于是，相邻两半波带的各子波将两两成对地在点 Q 处相互干涉抵消，依此类推，偶数个半波带相互干涉的总效果是，点 Q 处呈现干涉相消.因此，对于某确定的衍射角 θ，若 AC 恰好等于半波长的偶数倍，即单缝上波面 AB 恰好能分成偶数个半波带，则在屏上对应处将是暗条纹的中心.

如图 14-29(b)所示，若 $k=3$，则波面 AB 可被分成三个半波带.此时，相邻两半波带（AA_1 与 A_1A_2）上各对应点的子波，相互干

涉抵消，只剩下一个半波带(A_2B)上的子波到达点 Q 处时没有被抵消，因此点 Q 将是明条纹的中心.依此类推，当 $k=5$ 时，波面 AB 可被分成五个半波带，其中四个相邻半波带两两干涉抵消，只剩下一个半波带的子波没有被抵消，因此点 Q 处也将出现明条纹.但是对同一缝宽而言，$k=5$ 时每个半波带的面积，要小于 $k=3$ 时每个半波带的面积，因此波带越多，即衍射角 θ 越大时，明条纹的亮度越小，而且都比中央明纹的亮度小得多.若对应于某个角 θ，AB 不能被分成整数个半波带，则屏幕上的对应点将介于明暗之间.

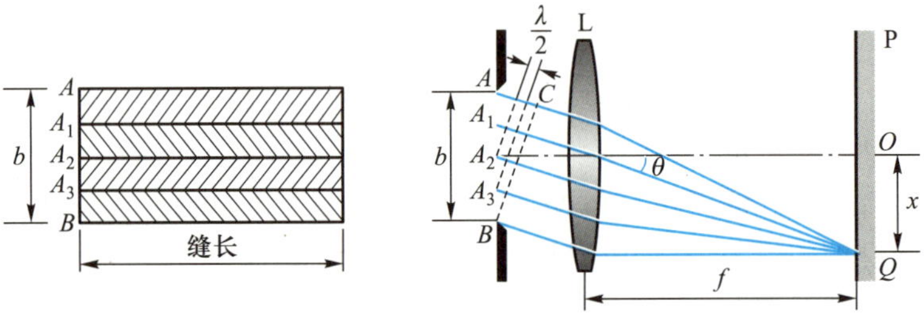

(a) $k=4$，$AC=4\times\frac{\lambda}{2}$

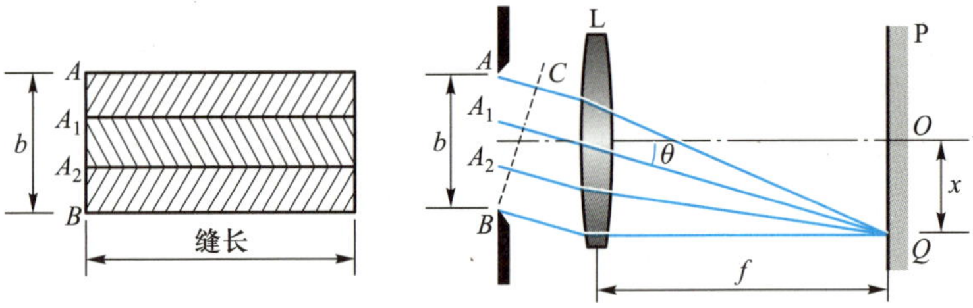

(b) $k=3$，$AC=3\times\frac{\lambda}{2}$

图 14-29 单缝的菲涅耳半波带

上述诸结论可用数学公式表述如下.当衍射角 θ 适合

$$b\sin\theta=\pm2k\frac{\lambda}{2}=\pm k\lambda,\quad k=1,2,\cdots \tag{14-22}$$

时，点 Q 处为暗条纹(中心).对应于 $k=1,2,\cdots$ 的条纹分别叫做第一级暗条纹、第二级暗条纹……式中正、负号表示条纹对称地分布于中央明纹的两侧.显然，两侧第一级暗条纹之间的距离，即中央明纹的宽度.而当衍射角 θ 适合

$$b\sin\theta=\pm(2k+1)\frac{\lambda}{2},\quad k=1,2,\cdots \tag{14-23}$$

时，点 Q 处为明条纹(中心).对应于 $k=1,2,\cdots$ 的条纹分别叫做第

一级明条纹、第二级明条纹……

应当指出，式（14-22）和式（14-23）均不包括 $k=0$ 的情形. 因为对式（14-22）来说，$k=0$ 对应着 $\theta=0$，但这却是中央明纹的中心，不符合该式的含义. 而对式（14-23）来说，$k=0$ 虽然对应于一个半波带形成的亮点，但其仍处在中央明纹的范围内，仅是中央明纹的一个组成部分，呈现不出它是个单独的明条纹. 另外，上述两式与杨氏双缝干涉条纹的形成条件，在形式上正好相反，切勿混淆.

总之，单缝衍射条纹是在中央明纹两侧对称分布着明暗条纹的一组衍射图样. 由于明条纹的亮度随 k 的增大而下降，明暗条纹的分界越来越不明显，所以一般只能看到中央明纹附近的若干条明、暗条纹（图 14-27）.

由图 14-29 的几何关系可很容易地求出条纹的宽度. 如果衍射角很小，$\sin\theta\approx\theta$，那么条纹在屏上距中心 O 的距离 x 可写为

$$x=\theta f$$

由式（14-22）可知，第一级暗条纹距中心 O 的距离为

$$x_1=\theta_1 f=\frac{\lambda}{b}f$$

所以中央明纹的宽度为

$$l_0=2x_1=\frac{2\lambda f}{b} \tag{14-24}$$

其他任意两相邻暗条纹的距离（即其他明条纹的宽度）为

$$l=\theta_{k+1}f-\theta_k f=\left[\frac{(k+1)\lambda}{b}-\frac{k\lambda}{b}\right]f=\frac{\lambda f}{b} \tag{14-25}$$

可见，所有其他明条纹均有同样的宽度，而中央明纹的宽度为其他明条纹宽度的两倍. 这和杨氏干涉图样中条纹呈等宽等亮的分布明显不同，单缝衍射图样的中央明纹既宽又亮，而两侧的明条纹窄且较暗.

从以上诸式可以看出，当单缝宽度 b 很小时，图样较宽，光的衍射效应明显. 当 b 变大时，条纹相应变得狭窄而密集. 当单缝很宽（$b\gg\lambda$）时，各级衍射条纹都收缩于中央明纹附近而分辨不清，我们只能观察到一条明纹，它就是单缝的像，这时光可看成是沿直线传播的. 此外，当缝宽 b 一定时，入射光的波长越长，衍射角也越大. 因此，若以白光入射，则单缝衍射图样的中央明纹将是白色的，但其两侧依次呈现一系列由紫到红的彩色条纹.

单缝衍射的规律在实际生活中有较多的应用，例如，单缝衍射可用于测量物体之间的微小间隔和位移，或者用于测量细微物体的线度等①.

例 1

一单色平行光垂直入射于一单缝，其衍射的第三级明条纹位置恰好与波长为 600 nm 的单色光垂直入射于该单缝时衍射的第二级明条纹位置重合，试求该单色光的波长.

解 由单缝衍射明条纹公式，有

$$b\sin\theta=(2k_1+1)\frac{\lambda_1}{2}$$

$$b\sin\theta=(2k_2+1)\frac{\lambda_2}{2}$$

令 $k_1=3, k_2=2, \lambda_2=600\ \mathrm{nm}$，得

$$\lambda_1=\frac{2k_2+1}{2k_1+1}\lambda_2=\frac{5\times600}{7}\ \mathrm{nm}=428.6\ \mathrm{nm}$$

***例 2**

如图 14-30 所示，一雷达位于路边 15 m 处，它的射束与公路成 15°角.假如发射天线的输出口宽度 $b=0.10$ m，发射的微波波长 $\lambda=18$ mm，则在它监视范围内的公路长度大约是多少？

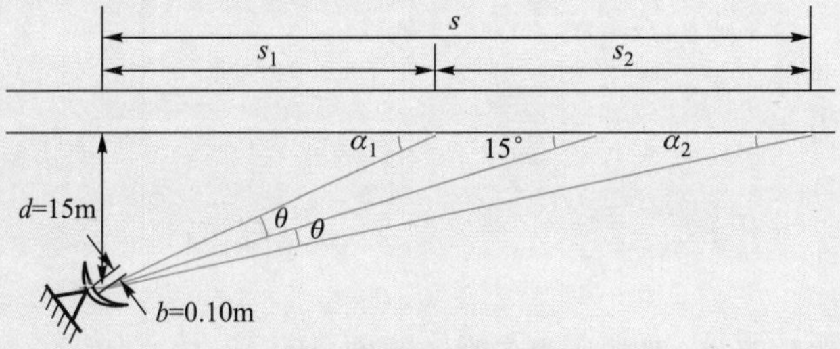

图 14-30 雷达监视

解 现将雷达天线的输出口看成发出衍射波的单缝，则衍射波的能量主要集中在中央明纹的范围之内，由此即可大致估算出雷达在公路上的监视范围.考虑到雷达距离公路较远，故可按夫琅禾费衍射作近似计算.根据单缝衍射暗条纹条件，有

$$b\sin\theta=\lambda$$

此 θ 即对应于第一级暗条纹的衍射角（图 14-30）.于是解得

$$\theta=\arcsin\frac{\lambda}{b}=\arcsin\frac{18\times10^{-3}\ \mathrm{m}}{0.10\ \mathrm{m}}=10.37^\circ$$

监视范围内的公路长度为

$$\begin{aligned}s_2=s-s_1&=d(\cot\alpha_2-\cot\alpha_1)\\&=d[\cot(15^\circ-\theta)-\cot(15^\circ+\theta)]\\&=15\ \mathrm{m}\times(\cot 4.63^\circ-\cot 25.37^\circ)\\&=153\ \mathrm{m}\end{aligned}$$

① 参阅马文蔚等主编《物理学原理在工程技术中的应用》（第四版）之“光的衍射法测细丝直径”“光的单缝衍射的一些应用”（高等教育出版社，2015 年）.

光的衍射法测细丝直径

光的单缝衍射的一些应用

14-7 圆孔衍射 光学仪器的分辨本领

上面讨论了光通过狭缝时的衍射现象.同样,光通过小圆孔时,也会产生衍射现象.如图 14-31(a)所示,当单色平行光垂直照射小圆孔时,在透镜 L 的焦平面处的屏幕 P 上将出现中央为亮圆斑,周围为明暗交替的环形衍射图样[图 14-31(b)].中央圆斑较亮,叫做艾里(Airy)斑.若艾里斑的直径为 d,透镜的焦距为 f,圆孔的直径为 D,单色光的波长为 λ,则由理论计算可得,艾里斑对透镜光心的张角 2θ[图 14-31(c)]与圆孔直径 D、单色光波长 λ 有如下关系:

$$2\theta=\frac{d}{f}=2.44\frac{\lambda}{D} \tag{14-26}$$

光学仪器中的透镜、光阑等都相当于一个透光的小圆孔.以几何光学的观点来看,物体通过光学仪器成像时,每一物点都有一对应的像点.但由于光的衍射,像点已不是一个几何的点,而是有一定大小的艾里斑.因此对相距很近的两个物点,其相对应的两个艾里斑就会互相重叠,甚至无法分辨出两个物点的像.可见,由于光的衍射,光学仪器的分辨能力受到了限制.

下面以透镜为例,说明光学仪器的分辨能力与哪些因素有关.

在图 14-32(a)中,两点光源 S_1 与 S_2 相距较远,两个艾里斑中心的距离大于艾里斑的半径($d/2$).这时,两衍射图样虽然部分重叠,但重叠部分的光强比艾里斑中心处的光强要小.因此,两个物点的像是能够被分辨的.

在图 14-32(c)中,两点光源 S_1 和 S_2 相距很近,两个艾里斑中心的距离小于艾里斑的半径.这时,两衍射图样重叠而混为一体,两个物点就不能被分辨出来了.

而在图 14-32(b)中,两点光源 S_1 和 S_2 的距离恰好使两个艾里斑中心的距离等于每一个艾里斑的半径,即 S_1 的艾里斑的中心正好和 S_2 的艾里斑的边缘相重叠,S_2 的艾里斑的中心也正好和 S_1 的艾里斑的边缘相重叠.这时,两衍射图样重叠部分的中心处的光强,约为单个衍射图样的中央最大光强的 80%.通常这种情形可作为两个物点刚好能被人眼或光学仪器所分辨的临界情形.这一判定能否分辨的准则叫做瑞利(Rayleigh)判据.而这一临界情况下两个物点 S_1 和 S_2 对透镜光心的张角 θ_0 叫做最小分辨角,由

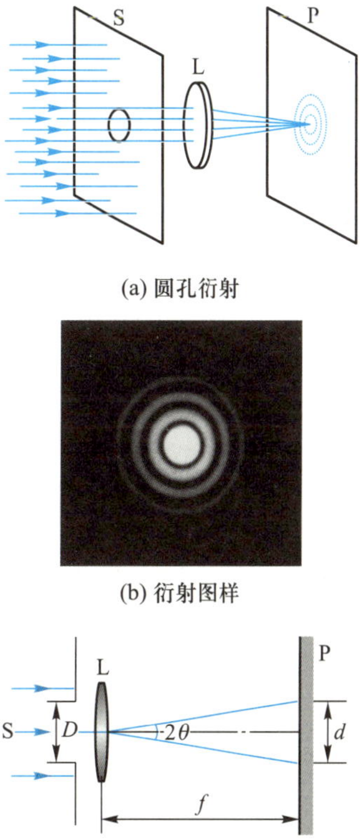

(a) 圆孔衍射

(b) 衍射图样

(c) 艾里斑对透镜光心的张角与圆孔直径、单色光波长的关系

图 14-31 圆孔衍射和艾里斑

式(14-26)可知

$$\theta_0 = 1.22\lambda/D \tag{14-27}$$

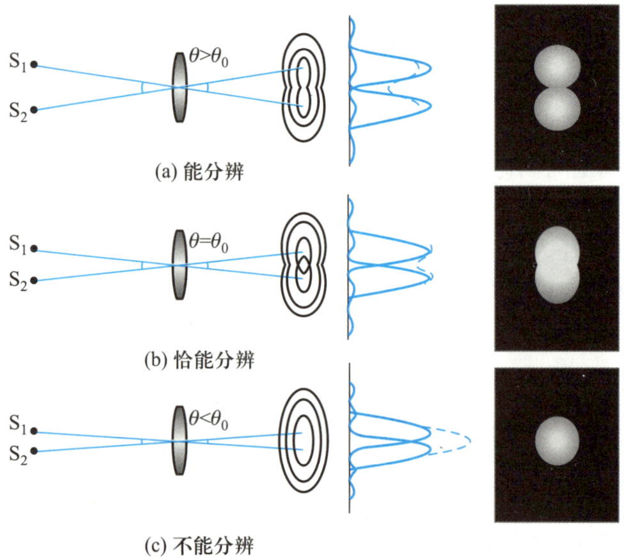

图 14-32 光学仪器的分辨本领

动画:分辨本领

在光学中,光学仪器的最小分辨角的倒数 $1/\theta_0$ 叫做分辨本领.由式(14-27)可以看出:最小分辨角 θ_0 与波长 λ 成正比,与透光孔径 D 成反比.因此,分辨本领与波长 λ 成反比,λ 越小分辨本领越大;分辨本领又与仪器的透光孔径 D 成正比,D 越大则分辨本领也越大.在天文观察上,人们采用直径很大的透镜或反射镜,可以提高望远镜的分辨本领.

近代物理学指出(参见第十六章),电子亦有波动性.与运动电子(如电子显微镜中的电子束)相应的物质波波长,比可见光的波长要小三四个数量级.因此,电子显微镜的分辨本领要比普通光学显微镜的分辨本领大数千倍.

例 1

设人眼在正常照度下的瞳孔直径约为 $D=3$ mm,而在可见光中,人眼最敏感的波长为 550 nm,问:

(1) 人眼的最小分辨角有多大?

(2) 若教室黑板上写有一等于号"=",在什么情况下,距离黑板 10 m 处的学生才不会因为衍射效应,将等于号"="看成减号"-"?

解 (1) 由于通常情况下,人眼所观察的物体的距离远大于瞳孔直径,所以可以近似应用圆孔的夫琅禾费衍射的结果进行分析.根据瑞利判据,人眼的最小分辨角为

$$\theta_0 = 1.22\lambda/D = 1.22\times5.5\times10^{-7}\ \mathrm{m}/(3\times10^{-3}\ \mathrm{m}) = 2.2\times10^{-4}\ \mathrm{rad}$$

(2) 设黑板上等于号的两横线间的距离为 s（图 14-33），当 s 太小以致它对观察者眼睛的张角 θ 小于最小分辨角 θ_0时，两横线不可分辨，此时学生

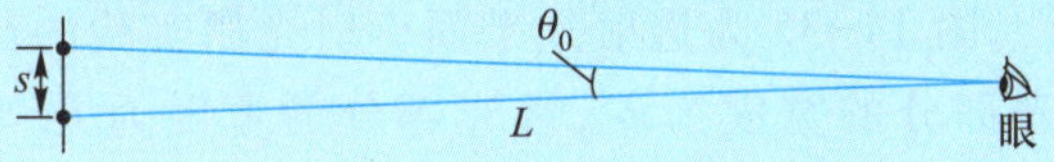

图 14-33

就可能将等于号看成减号.因此，最小可分辨的 s 为

$$s \approx \theta_0 L = 2.2\times10^{-4}\ \mathrm{rad}\times10\ \mathrm{m} = 2.2\ \mathrm{mm}$$

需要说明的是，上面算出的人眼的最小分辨角只是理想值，仅仅考虑了光的波动性引起的衍射效应，由于许多其他因素的影响，实际的可分辨距离大于这里的理想值.例如，地球上的大气环境就会对分辨角产生影响，而太空环境则可避免这一影响.

例 2

(1) 哈勃空间望远镜（Hubble Space Telescope，图 14-34）是美国于 1990 年发射升空的天文望远镜，它的主光学透镜直径约为 2.4 m.试计算哈勃空间望远镜对波长为 800 nm 的红外线的最小分辨角.

(2) 新一代詹姆斯 · 韦布空间望远镜（James Webb Space Telescope）已于 2021 年 12 月发射升空，在距离地球 150 万千米的轨道上运行，以代替将要退役的哈勃空间望远镜.韦布空间望远镜的主光学透镜直径约为 6.5 m，可在红外频率下工作.问与哈勃空间望远镜相比，韦布空间望远镜的分辨本领是其多少倍?

图 14-34 哈勃空间望远镜

解 (1) 哈勃空间望远镜对波长为 800 nm 的红外线的最小分辨角为

$$\theta = \frac{1.22\lambda}{D} = \frac{1.22\times800\ \mathrm{nm}}{2.4\ \mathrm{m}} = 4.0\times10^{-7}\ \mathrm{rad}$$

(2) 若两个望远镜所观测光的波长相同，则分辨本领仅与 D 成正比，因此韦布空间望远镜的分辨本领与哈勃空间望远镜相比为

$$\frac{D'}{D} = \frac{6.5\ \mathrm{m}}{2.4\ \mathrm{m}} = 2.7$$

据报道，人们利用韦布空间望远镜不仅可以探测更遥远的太空，而且可以研究宇宙的历史等.

14-8 衍射光栅

在单缝衍射中，若缝较宽，明条纹亮度虽较强，但相邻明条纹的间隔很窄而不易分辨；若缝很窄，明条纹的间隔虽可加宽，但亮度却显著减小.在这两种情况下，都很难精确地测定条纹宽度，因此用单缝衍射并不能精确地测定光波波长.那么，我们是否可以使获得的明条纹本身既亮又窄，且相邻明条纹分得很开呢？我们利用衍射光栅可以获得这样的衍射条纹.

一、光栅

我们在玻璃片上刻划出许多条等间距、等宽度的平行直线，刻痕处相当于毛玻璃（不透光），而两刻痕间可以透光，相当于一个单缝.这样平行排列的许多等间距、等宽度的狭缝就构成了透射式平面衍射光栅①.图 14-35 为透射式平面衍射光栅实验的截面示意图.设不透光部分的宽度为 b'，透光部分的宽度为 b，则 $b+b'$ 为相邻两缝之间的距离，叫做光栅常量.实际的光栅，通常在 1 cm 内刻划有成千上万条平行等间距的透光狭缝.若在 1 cm 内刻划有 1 000 条狭缝，则其光栅常量为 1×10^{-5} m.一般光栅的光栅常量的数量级为 $10^{-6}\sim10^{-5}$ m.

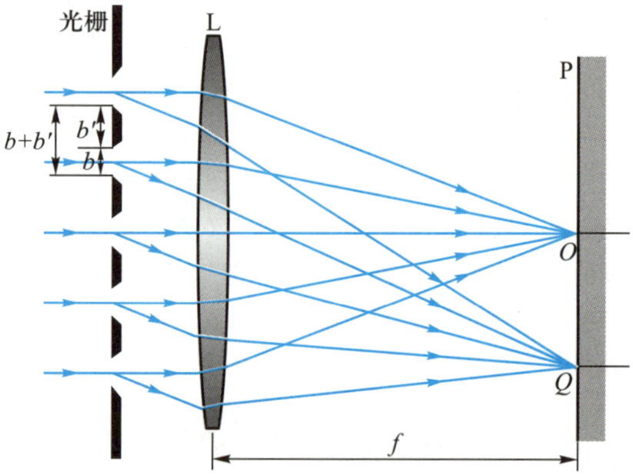

图 14-35 透射式平面衍射光栅实验的截面示意图
实际装置中，f 比 $b+b'$ 大得多

当一束平行单色光照射到光栅上时，每一狭缝都要产生衍射，而缝与缝之间透过的光又要发生干涉.用透镜 L 把光束会聚到屏幕上，就会呈现出夫琅禾费衍射图样.图 14-36 所示为光栅常量 $b+b'$ 一定而缝数 N 不同时的衍射条纹.实验表明，随着狭缝的增多，明条纹的亮度将增大，而且明条纹也变细了.

光盘表面的衍射

二、光栅衍射条纹的形成

光栅中的每一条透光缝，由于衍射都将在屏幕上呈现衍射

① 除了透射式平面衍射光栅外，还有反射式平面衍射光栅，它是在不透明的材料（如铝片）上刻划一系列等间距的平行槽纹而形成的，入射光经槽纹反射形成衍射条纹.光盘就是一种反射式平面衍射光栅，光盘表面在光线照射下形成的彩色条纹就是光栅衍射的结果.

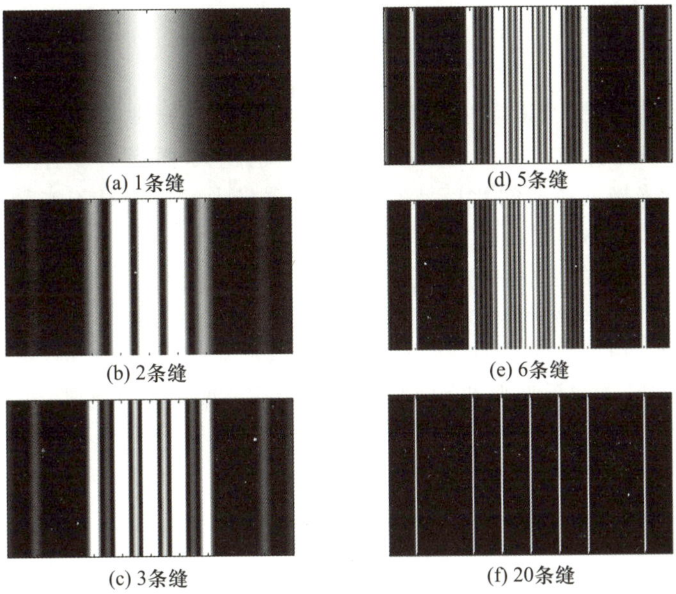

图 14-36 多缝衍射条纹

图样.而由于各缝发出的衍射光都是相干光,所以还会产生衍射光间的干涉效应.因此,光栅的衍射条纹是衍射和干涉的总效果.

下面简单讨论一下,在屏幕上某处出现光栅衍射明条纹所应满足的条件.

在图 14-37 中,试选取任意相邻两透光缝来分析.设这相邻两缝发出的沿衍射角 θ 方向的光,被透镜会聚于点 Q,若它们的光程差 $(b+b')\sin\theta$ 恰好是入射光波长 λ 的整数倍,由式(14-1)可知,这两条光线相互加强.显然,其他任意相邻两缝沿 θ 方向的光程差也等于 λ 的整数倍,它们的干涉效果也都是相互加强的.所以总体来看,光栅衍射明条纹的条件是衍射角 θ 必须满足下列关系式:

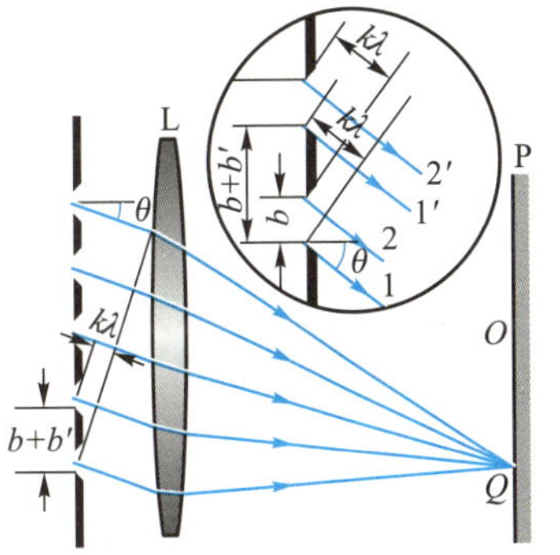

图 14-37 光栅衍射明条纹的形成

$$(b+b')\sin\theta=\pm k\lambda,\quad k=0,1,2,\cdots \tag{14-28}$$

上式通常称为光栅方程.式中,对应于 $k=0$ 的条纹叫中央明纹,对应于 $k=1,2,\cdots$ 的明条纹分别叫第一级、第二级……明条纹.正、负号表示各级明条纹对称地分布在中央明纹两侧.

可以证明,光栅中狭缝条数越多,明条纹就越亮;光栅常量越小,明条纹就越窄,明条纹间相隔得就越远.若以 θ_1 和 θ_2 分别表示第一级明条纹和第二级明条纹的衍射角,则有

$$\sin\theta_1=\frac{\lambda}{b+b'}$$

$$\sin\theta_2=\frac{2\lambda}{b+b'}$$

从上式可见，当以单色光垂直照射光栅时，光栅常量 $b+b'$越小，$\theta_2-\theta_1$越大，则在屏幕上明条纹的间隔也越大. 而当 $b+b'$不变时，不管光栅上狭缝的数目是多少，各级主极大的位置是不变的（参见图 14-36）.

下面我们对光栅衍射条纹的详细情况作一简要说明.

在图 14-38 所示的光栅衍射条纹的光强分布示意图中，可以看到，在各级衍射明条纹之间，还有一些小的光强分布，称为次明纹. 当光栅的狭缝数 N 很大时，可以证明，这些光强很小的次明纹个数也特别多（每两个明条纹之间有 $N-2$ 个次明纹）①. 因此，在两个明条纹之间几乎为一片暗区，实际应用中不需要考虑次明纹.

视频：光栅原理与相控阵雷达

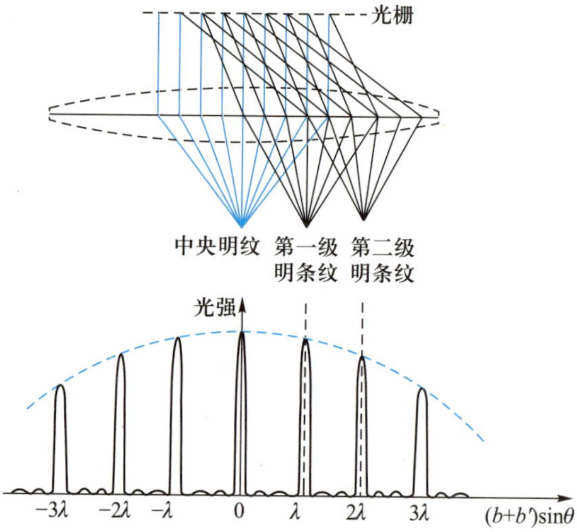

图 14-38 光栅衍射条纹的光强分布示意图

在两个明条纹之间几乎为一片暗区

然而，光栅衍射中的缺级现象是实际中需要考虑的重要现象. 什么是缺级现象呢？下面我们简述一下.

我们已经知道，光栅衍射条纹是由通过光栅的 N 个狭缝的衍射光相互干涉形成的. 这就是说，在某个衍射角 θ 方向上，首先必须存在各个缝的衍射光，然后 N 束衍射光才有可能产生干涉效应. 也就是说，即使 θ 能满足光栅方程使干涉结果为一明条纹，但若该 θ 恰又符合单缝衍射的暗纹条件，则结果就只会是暗纹了. 可以认为，在此方向上根本就没有衍射光，本该出现的明条纹不出现了，这就是缺级现象. 因此，在缺级处有

$$(b+b')\sin\theta=\pm k\lambda,\quad k=0,1,2$$

且

$$b\sin\theta=\pm k'\lambda,\quad k'=1,2,3$$

① 参阅马文蔚《物理学》（第七版）下册第十一章第 11-8 节（高等教育出版社，2020 年）.

两式相除，给出

$$\frac{b+b'}{b}=\frac{k}{k'}$$

这就是光栅衍射条纹出现缺级现象的条件.由上式可知，如果光栅常量$b+b'$与缝宽b构成整数比时(例如2∶1、3∶2等)，就会发生缺级现象.设一光栅的$b+b'$与b之比为3∶1，则在k与k'之比为3∶1的θ角位置，条纹就会缺级，即在$k=3,6,\cdots$这些明条纹原本应该出现的地方，实际上都观察不到明条纹(见图14-39).由图14-39还可明显看出，明条纹的光强同时受到单缝衍射光强分布曲线(图中虚线)形状的调制.

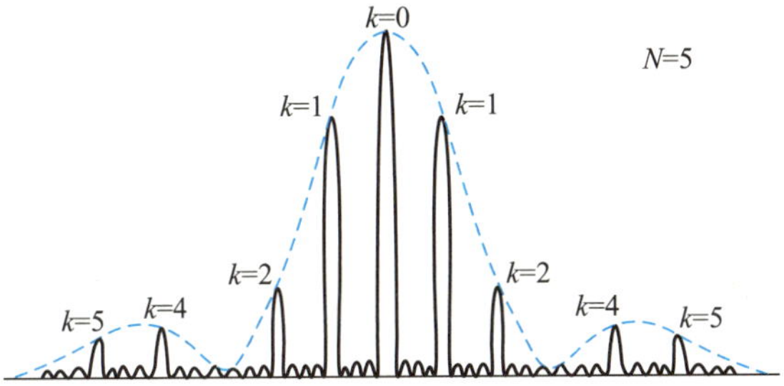

图14-39 光栅的缺级现象

读者可以看一下，图14-36中有无缺级现象.

例1

氦氖激光器发出的$\lambda=632.8$ nm的红光，垂直入射到一平面透射光栅上.现测得第一级明条纹出现在$\theta=38°$的方向上，(1) 试求这一平面透射光栅的光栅常量，这意味着该光栅在1 cm内有多少条狭缝？(2) 最多能看到第几级衍射明条纹？

解 (1) 根据光栅方程

$$(b+b')\sin\theta=\pm k\lambda,\quad k=0,1,2,\cdots$$

令$k=1$，$\theta=38°$，得

$$b+b'=\frac{1\times 632.8\ \text{nm}}{\sin 38°}=1.028\ \mu\text{m}$$

故光栅1cm内的狭缝数为

$$N=\frac{1\ \text{cm}}{1.028\ \mu\text{m}}=9\ 729$$

现在利用光刻等方法，在1 cm的宽度内刻划上万条狭缝已不成问题.

(2) 在光栅方程中，令$\theta=90°$，得

$$k=\frac{(b+b')\sin\theta}{\lambda}=\frac{1.028\ \mu\text{m}\times 1}{632.8\ \text{nm}}<2$$

说明只能看到第一级衍射明条纹，这是光栅常量很小造成的.由此例可见，若$b+b'<\lambda$，则当光线垂直入射时，任何一级衍射明条纹也看不到.

三、衍射光谱

由光栅方程可知，在光栅常量 $b+b'$ 一定时，明条纹衍射角 θ 的大小和入射光的波长有关.若用白光照射光栅，则各种波长的单色光将产生各自的衍射条纹；除中央明纹由各色光混合仍为白光外，其两侧的各级明条纹都由紫到红对称排列着.这些由各色光谱线组成的彩色光带，叫做衍射光谱（图 14-40）.由于波长短的光的衍射角小，波长长的光的衍射角大，所以紫光（图中以 V 表示）靠近中央明纹，红光（图中以 R 表示）远离中央明纹.从图中还可以看出，级数较高的光谱中有部分谱线是彼此重叠的.

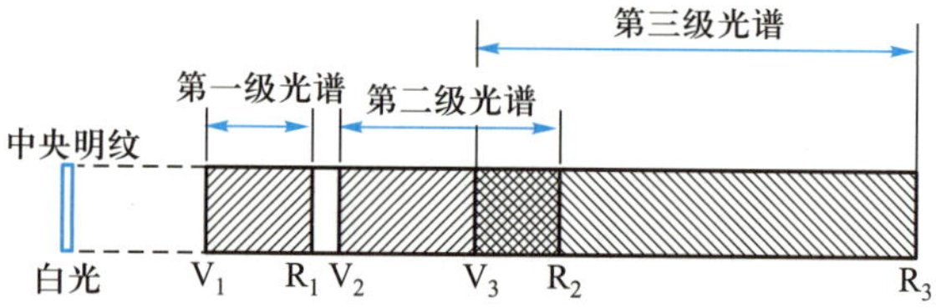

图 14-40 衍射光谱

不同种类光源发出的光所形成的光谱是各不相同的.炽热固体发出的光谱，是各色光连成一片的连续光谱；放电管中气体发出的光谱，则是由一些具有特定波长的分立的明线构成的线状光谱；也有一些光谱由若干条明带组成，而每一条明带实际上是一些密集的谱线，这类光谱叫做带状光谱，是由分子发光产生的，所以也叫做分子光谱.

由于不同元素（或化合物）各有自己特定的光谱，所以由谱线的成分，我们可以分析出发光物质所含的元素或化合物；我们还可以从谱线的强度定量地分析出元素的含量.这种分析方法叫做光谱分析，在科学研究和工业技术上有着广泛的应用.此外，我们还可以运用光栅衍射原理和信号转换技术，制成光栅秤、光栅信号显微镜等.①

① 参阅马文蔚等主编《物理学原理在工程技术中的应用》（第四版）之“相控阵雷达原理”“光栅的莫尔条纹及光栅的其他应用”（高等教育出版社，2015 年）.

相控阵雷达原理

光栅的莫尔条纹及光栅的其他应用

例 2

白光垂直照射在每厘米有 6 500 条刻线的平面光栅上，求第三级光谱的张角.

解 白光是由紫光（$\lambda_1=400\ \text{nm}$）和红光（$\lambda_2=760\ \text{nm}$）之间的各色光组成的，已知光栅常量 $b+b'=\frac{1}{6\ 500}\ \text{cm}$.

设第三级（$k=3$）紫光和红光的衍射角分别为 θ_1 和 θ_2，于是由光栅方程可得

$$\sin\theta_1=\frac{k\lambda_1}{b+b'}=3\times4\times10^{-5}\ \text{cm}\times6\ 500\ \text{cm}^{-1}=0.78$$

有

$$\theta_1=51.26^\circ$$

$$\sin\theta_2=\frac{k\lambda_2}{b+b'}=3\times7.6\times10^{-5}\ \text{cm}\times6\ 500\ \text{cm}^{-1}=1.48$$

这说明不存在第三级红光明条纹，即第三级光谱只能出现一部分.这一部分光谱的张角是 $\Delta\theta=90.00^\circ-51.26^\circ=38.74^\circ$.

设第三级光谱所能出现的最大波长为 λ'（其对应的衍射角 $\theta'=90^\circ$），则

$$\lambda'=\frac{(b+b')\sin\theta'}{k}=\frac{(b+b')\sin90^\circ}{3}=\frac{b+b'}{3}$$

$$=\frac{1}{6\ 500\times3}\ \text{cm}=5.13\times10^{-5}\ \text{cm}=513\ \text{nm}\text{（绿光）}$$

即第三级光谱只能出现紫、蓝、青、绿等色光，波长比 513 nm 长的黄、橙、红等色光则不出现.

*四、X 射线衍射简介

伦琴

文档：伦琴

1895 年伦琴发现，受高速电子撞击的金属会发射一种具有很强的穿透本领的辐射，并称之为 X 射线（又称伦琴射线）.

伦琴（W.K.Röntgen，1845—1923），德国实验物理学家，1895 年发现了 X 射线，并将其公布于世.历史上第一张 X 射线照片，就是伦琴拍摄他夫人的手的照片.由于 X 射线的发现具有重大的理论意义和实用价值，伦琴于 1901 年获得了首届诺贝尔物理学奖.

X 射线不仅穿透能力强，而且波长短（10^{-10} m 或更短），它不可能经普通光栅衍射.但晶体材料原子间距一般正好为 10^{-10} m 的量级，故对于 X 射线，晶体材料可被视为立体光栅.

1913 年，布拉格①父子提出了一种解释 X 射线衍射的方法，并作了定量的计算.他们把晶体看成是由一系列彼此相互平行的原子平面层所组成的.如图 14-41 所示，小圆点表示晶格中的原子（或离子），当 X 射线照射到它们时，按照惠更斯原理，这些原子就成为子波波源，向各方向发出子波，也就是说，入射波被原子散射了.在图 14-41 中，设两原子平面层的间距为 d，则由两相邻平面层反射的 X 射线的光程差为 $AE+EB=2d\sin\theta$；这里 θ 是 X 射线入射方向与原子平面层之间的夹角，叫做掠射角.所以，两反射 X 射线干

① 英国物理学家 W.L.布拉格（W.L.Bragg，1890—1971）和他的父亲 W.H.布拉格（W.H.Bragg，1862—1942），在用 X 射线研究晶体结构方面作出了巨大的贡献，奠定了 X 射线谱学及 X 射线结构分析的基础，他们因此于 1915 年共同获得了诺贝尔物理学奖.

涉加强的条件为

$$2d\sin\theta=k\lambda,\quad k=0,1,2,\cdots \tag{14-29}$$

从各平面层上散射的 X 射线，只有满足上述条件时才能相互加强.此时的掠射角叫做布拉格角，而式（14-29）叫做布拉格公式.由此我们可测出 X 射线的波长 λ 或晶面间距 d.

布拉格公式不仅对于 X 射线衍射适用，对于电子射线等的衍射也适用.

X 射线衍射在近代物理和工程技术等方面均有很多重要的应用，利用这项技术人们不仅可以进行材料分析，而且可以衍射成像，探测晶体生物材料表面及内部的结构.

图 14-42 为 X 射线衍射仪的示意图.由 X 射线管 T 发出的 X 射线，经过铅板 L 上的小孔后，形成一束单一方向的 X 射线投射到晶体 C 上，而衍射 X 射线的强度可由检测器 D 测出.利用测得的数据，我们可以定出入射 X 射线的波长，也可以对所测晶体的结构、成分等进行定量的分析.

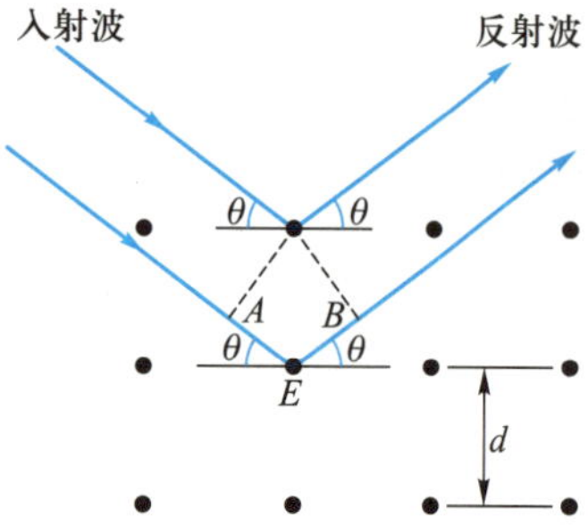

图 14-41 布拉格反射

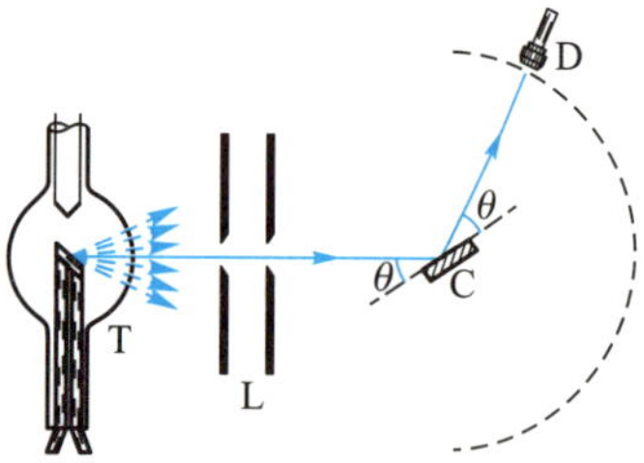

图 14-42 X 射线衍射仪

W.L.布拉格

W.H.布拉格

例 3

以铜作为阳极靶材料的 X 射线管发出的 X 射线，主要是波长 $\lambda\approx 0.15$ nm 的特征谱线.当它以掠射角 $\theta_1=11°15'$ 照射某一组晶面时，在反射方向上测得第一级衍射极大，求该组晶面的间距.若用以钨作为阳极靶材料的 X 射线管所发出的波长连续的 X 射线照射该组晶面，则在 $\theta_2=36°$ 的方向上可测得什么波长的 X 射线的第一级衍射极大？

解 由布拉格公式可知，对于第一级衍射极大，$k=1$，则

$$2d\sin\theta_1=\lambda_1$$

晶面间距为

$$d=\lambda_1/2\sin\theta_1=0.15\ \text{nm}/(2\sin 11°15')=0.38\ \text{nm}$$

若以波长连续的 X 射线入射，则令

$$2d\sin\theta_2=\lambda_2$$

得 $$\lambda_2=2\times 0.38\ \text{nm}\times\sin 36°=0.45\ \text{nm}$$

14-9 光的偏振性 马吕斯定律

我们在前面讨论光的干涉和衍射的规律时，并没有追究光是横波还是纵波，这就是说，无论是横波还是纵波都可以产生干涉和衍射现象.因此，通过这两类现象无法判定光究竟是横波还是纵波.从 17 世纪末到 19 世纪初，在这漫长的一百多年间，相信波动说的人们都将光与声波相比较，无形中已把光视为纵波了，惠更斯也是如此.相信光为横波的论点是杨于 1817 年提出的，1817 年 1 月 12 日，杨在给阿拉戈的信中，根据光在晶体中传播产生的双折射现象推断光是横波.菲涅耳当时也已独立地领悟到了这一思想，并运用横波理论解释了偏振光的干涉.事实上，双折射现象是一种偏振现象，光的偏振现象有力地证明了光是横波的论断.

一、自然光 偏振光

横波和纵波在某些方面的表现是截然不同的.我们先看一个机械波的例子.如图 14-43 所示，在机械波的传播路径上，放置一个狭缝 AB.当缝 AB 与横波的振动方向平行时[图 14-43(a)]，横波便穿过狭缝继续向前传播；当缝 AB 与横波的振动方向垂直时，由于振动受阻，横波就不能穿过狭缝继续向前传播[图 14-43(b)].而纵波却都能穿过狭缝继续向前传播[图14-43(c)、(d)].

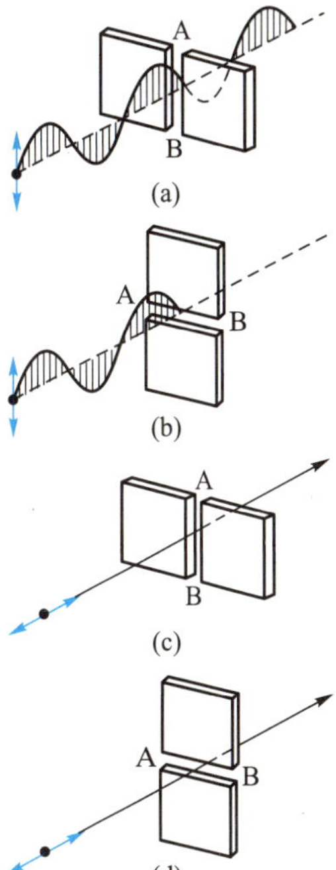

图 14-43 机械横波与纵波的区别

我们已经知道光是横波，而一般光源发出的光中，包含着各个方向的光矢量，没有哪一个方向占优势，即在所有可能的方向上，$\boldsymbol{E}$ 的振幅都相等.这样的光叫做自然光[图 14-44(a)].在任意时刻，我们可以把各个光矢量分解成互相垂直的两个分量，而用图 14-44(b)所示的方法表示自然光.但应注意，由于自然光中各个光振动是相互独立的，所以这相互垂直的两个光矢量分量之间并没有恒定的相位差.为了简明地表示光的传播，我们常用和传播方向垂直的短线表示在纸面内的光振动，而用点子表示和纸面垂直的光振动.对自然光，点子和短线作等距分布，表示没有哪一个方向的光振动占优势[图14-44(c)].

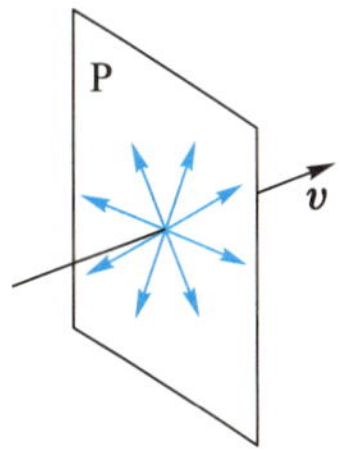

(a) 自然光中光矢量振幅在各个方向上都相等

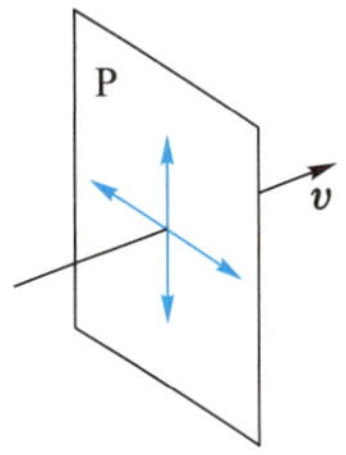

(b) 将自然光分解为两个没有恒定相位差的垂直光振动

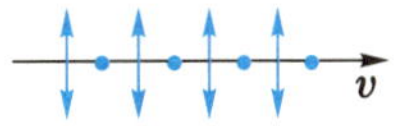

(c) 从左向右传播的自然光

图 14-44 自然光

由于光是横波，自然光经反射、折射或吸收后，可能只保留某一方向的光振动.振动只在某一固定方向上的光，叫做线偏振光，简称偏振光[图 14-45(a)、(b)]，偏振光的振动方向与传播方向组成的平面，叫做振动面.若某一方向的光振动比与之相垂直方向上的光振动占优势，则这种光叫做部分偏振光［图 14-45(c)、(d)］.

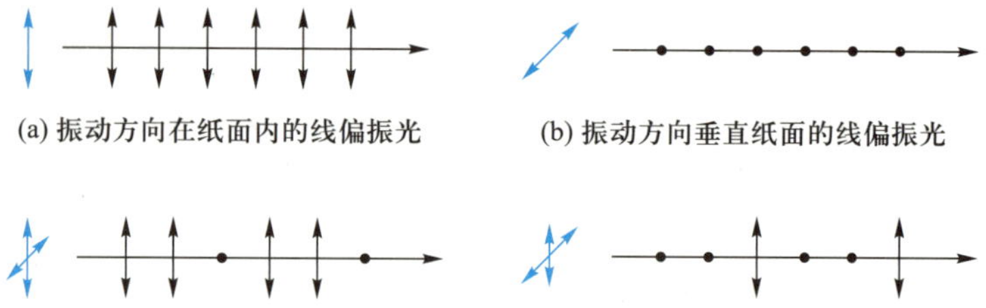

(a) 振动方向在纸面内的线偏振光

(b) 振动方向垂直纸面的线偏振光

(c) 在纸面内的振动较强的部分偏振光

(d) 垂直纸面的振动较强的部分偏振光

图 14-45 线偏振光和部分偏振光

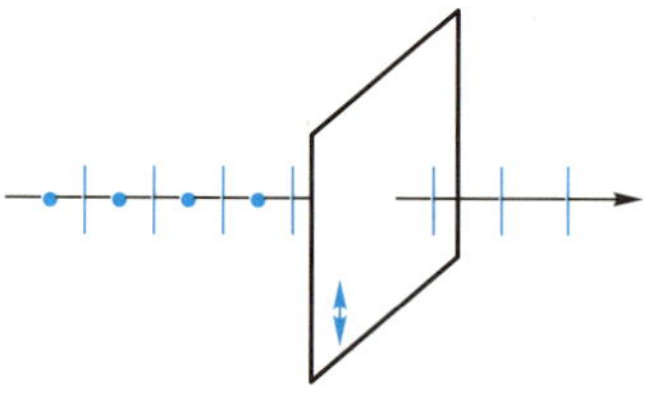

图 14-46 偏振片作为起偏器

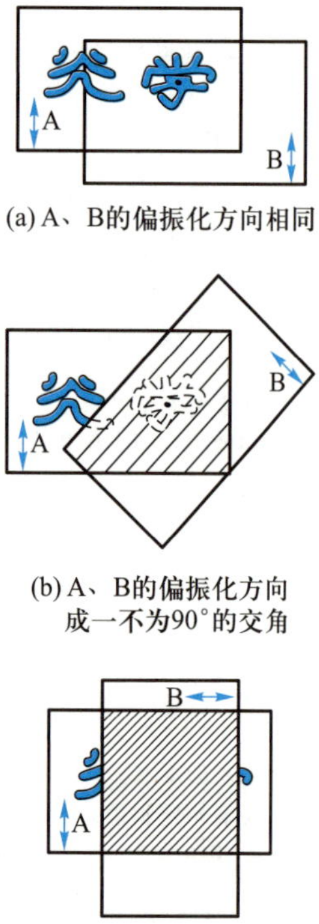

(a) A、B的偏振化方向相同

(b) A、B的偏振化方向成一不为90°的交角

(c) A、B的偏振化方向互相垂直

图 14-47 偏振片作为检偏器

二、偏振片 起偏与检偏

除激光器等特殊光源外，一般光源（如太阳光、日光灯等）发出的光都是自然光．使自然光成为偏振光的方法有多种，这里先介绍利用偏振片产生偏振光的方法．

某些物质（例如硫酸金鸡纳碱）能吸收某一方向的光振动，而只让与这个方向垂直的光振动通过，这种性质称为二向色性．把具有二向色性的材料涂敷于透明薄片上，就成为偏振片．当自然光照射在偏振片上时，它只让某一特定方向的光振动通过，这个方向叫做偏振化方向．人们通常用记号“↕”把偏振化方向标示在偏振片上．图 14-46 表示自然光从偏振片射出后，就变成了线偏振光．使自然光成为线偏振光的装置叫做起偏器．偏振片是一种起偏器．

起偏器不但可用来使自然光变成偏振光，还可用来检查某一光是否为偏振光（叫做检偏），即起偏器也可作为检偏器．如图14-47 所示，有两块偏振片 A、B，让透过偏振片 A 的偏振光投射到偏振片 B 上，若 B 与 A 的偏振化方向相同，则透过 A 的偏振光仍能透过 B［图 14-47(a)］，因此我们可清晰地看到在 A、B 后面的字迹．若把 B 绕光的传播方向转过一角度（小于 90°）［图 14-47(b)］，则 A、B 重叠部分的光比较暗淡．若两偏振化方向互相垂直［图 14-47(c)］，则 A、B 重叠部分就完全不透明了，此时透过 A 的偏振光不能透过 B，我们将看不到重叠部分后面的字迹．因此，在 B 旋转一周的过程中，透过 B 的光由全明逐渐变为全暗，又由全暗变为全明，再全明变全暗，全暗变全明，共经历了两个全明和全暗的过程．如果改用自然光照射在 B 上，那么在旋转 B 的过程中，就不会出现两明两暗的现象.根据这些现象,我们即可判断照射在偏振片上的光是否为偏振光.

三、马吕斯定律

由起偏器产生的偏振光在通过检偏器以后,其光强的变化如何?设图14-48中,OM 表示起偏器Ⅰ的偏振化方向,ON 表示检偏器Ⅱ的偏振化方向,它们的夹角为 α.自然光透过起偏器后成为沿 OM 方向的线偏振光,设其振幅为 E_0,而检偏器只允许它沿 ON 方向的分量通过,则从检偏器透出的光的振幅为

$$E=E_0\cos\alpha$$

由此可知,若入射检偏器的光强为 I_0,则从检偏器射出的光强为

$$I=I_0\cos^2\alpha \qquad (14-30)$$

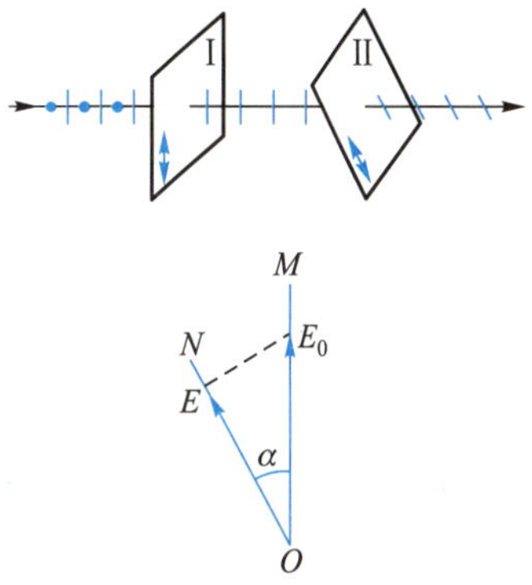

图 14-48 马吕斯定律

式(14-30)表明,强度为 I_0 的偏振光通过检偏器后,出射光的强度为 $I_0\cos^2\alpha$.这一关系是马吕斯(E.L.Malus,1775—1812)于1808年由实验发现的,故叫做马吕斯定律.

当起偏器与检偏器的偏振化方向平行,即当 $\alpha=0$ 或 $\alpha=\pi$ 时,$I=I_0$,光强最大.若两者的偏振化方向互相垂直,即当 $\alpha=\dfrac{\pi}{2}$ 或 $\alpha=\dfrac{3}{2}\pi$ 时,$I=0$,光强为零,这时没有光从检偏器中射出.若 α 介于上述各值之间,则光强在最大值和零之间.由此我们可检查入射光是否为偏振光,并确定其偏振化的方向.

例

有两个偏振片,一个用作起偏器,一个用作检偏器.当它们的偏振化方向之间的夹角为30°时,一束单色自然光穿过它们,出射光强为 I_1;当它们的偏振化方向之间的夹角为60°时,另一束单色自然光穿过它们,出射光强为 I_2,且 $I_1=I_2$.求两束单色自然光的强度之比.

解 设第一束单色自然光的强度为 I_{10},第二束单色自然光的光强为 I_{20}.它们透过起偏器后,强度都应减为原来的一半,分别为 $\dfrac{I_{10}}{2}$ 和 $\dfrac{I_{20}}{2}$.根据马吕斯定律有

$$I_1=\frac{I_{10}}{2}\cos^2 30^\circ$$

$$I_2=\frac{I_{20}}{2}\cos^2 60^\circ$$

故两束单色自然光的强度之比为

$$\frac{I_{10}}{I_{20}}=\frac{\cos^2 60^\circ}{\cos^2 30^\circ}=\frac{1}{3}$$

14-10 反射光和折射光的偏振

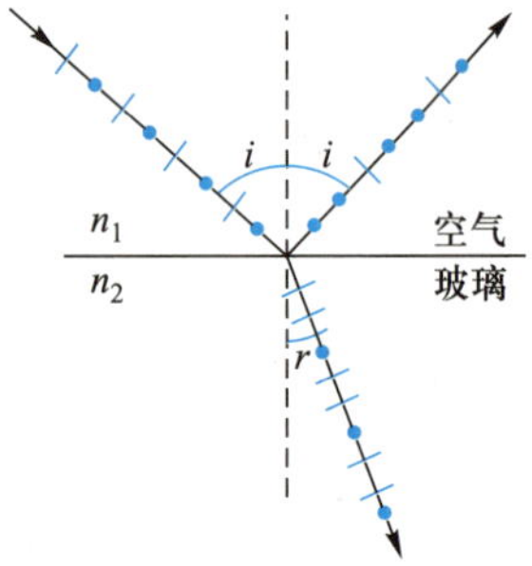

(a) 自然光经反射和折射后，产生部分偏振光

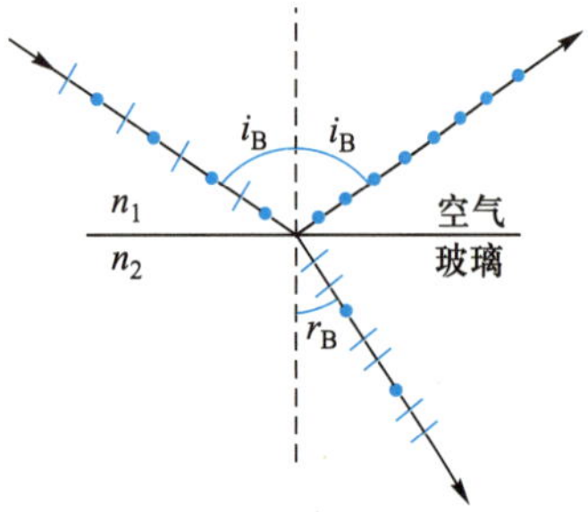

(b) 入射角为布儒斯特角时，反射光为偏振光

图 14-49

实验表明，当自然光入射到折射率分别为 n_1 和 n_2 的两种介质（如空气和玻璃）的分界面上时，反射光和折射光都是部分偏振光. 如图 14-49(a) 所示，i 为入射角，r 为折射角，入射光为自然光. 图中点子表示垂直于入射面的光振动，短线则表示平行于入射面的光振动. 反射光是垂直入射面的振动较强的部分偏振光，而折射光则是平行入射面的振动较强的部分偏振光.

实验还表明，当入射角 i 改变时，反射光的偏振化程度也随之改变. 当入射角 i_B 满足

$$\tan i_B = \frac{n_2}{n_1} \tag{14-31}$$

时，反射光中就只有垂直于入射面的光振动，而没有平行于入射面的光振动. 这时反射光为偏振光，而折射光仍为部分偏振光[图 14-49(b)]. 式(14-31)是 1811 年由布儒斯特(D. Brewster, 1781—1868)从实验中得出的，叫做布儒斯特定律. i_B 叫做起偏角或布儒斯特角.

根据折射定律，有

$$\frac{\sin i_B}{\sin r_B} = \frac{n_2}{n_1}$$

而入射角为起偏角时，又有

$$\tan i_B = \frac{\sin i_B}{\cos i_B} = \frac{n_2}{n_1}$$

所以

$$\sin r_B = \cos i_B$$

即

$$i_B + r_B = \frac{\pi}{2}$$

这说明，当入射角为起偏角时，反射光与折射光互相垂直.

由式(14-31)可以算得以下结果：若自然光从空气射到折射率为 1.50 的玻璃片上，欲使反射光为偏振光，则起偏角应为56.3°. 若自然光从空气射到折射率为 1.33 的水上，则起偏角应为 53.1°.

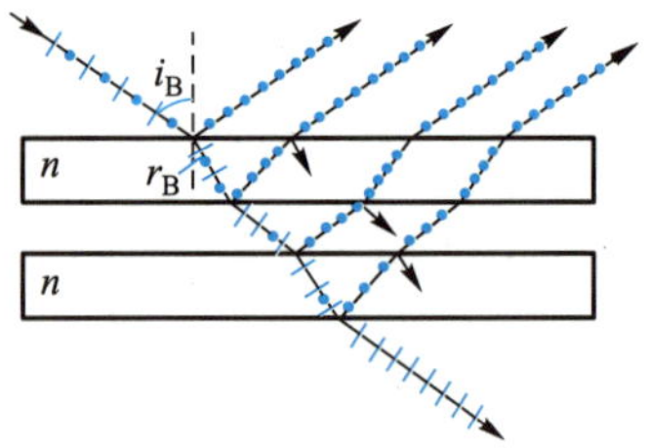

图 14-50 使光通过玻璃片堆，折射光近似为偏振光

这里只画出两片玻璃，且分开一定距离

对于一般的光学玻璃，反射的偏振光的强度约占入射光强度的 7.5%，大部分光能将透过玻璃. 因此，仅靠自然光在一块玻璃上的反射来获得偏振光，其强度是比较弱的. 但将一些玻璃片叠成玻璃片堆（图 14-50），并使入射角为起偏角，则由于在各个界

面上的反射光，都是光振动垂直于入射面的偏振光，所以经过玻璃片堆反射后，入射光中绝大部分的垂直光振动被反射掉了. 这样，从玻璃片堆透射出的光中，就几乎只有平行于入射面的光振动了，因而透射光可近似地看作线偏振光.

例

如图 14-51 所示，线偏振光分别以布儒斯特角 i_B 或任一入射角 $i(i \neq i_B)$ 从空气射向一透明介质表面，则反射光或折射光各是什么情况？

解 图 14-51(a) 中，光线以 i_B 入射，反射光本应是振动方向垂直于入射面的线偏振光，但入射光中只有振动方向平行于入射面的成分，故不会出现反射光，入射光全部被折射，如图 14-52(a) 所示.

图 14-51(b) 中，入射光只有振动方向垂直于入射面的成分，所以反射光和折射光都有，且折射光也是线偏振光，如图 14-52(b) 所示(透明介质中的折射光比反射光强).

同理可画出图 14-51(c)、(d) 中的反射光和折射光的振动情况，如图 14-52(c)、(d) 所示.

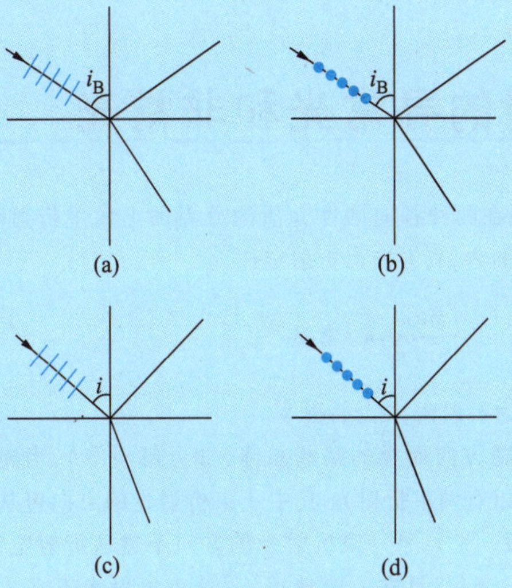

图 14-51

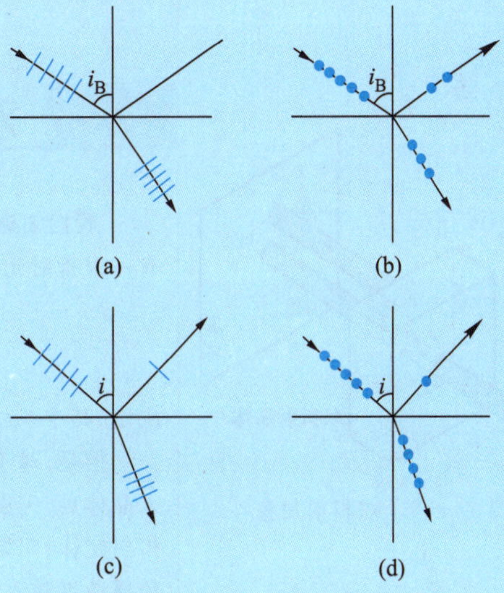

图 14-52

本节所讲的反射光的偏振现象是马吕斯在 1809 年发现的，说起这一发现，有这样一段故事. 马吕斯是法国人，他在寻求双折射现象[①]的数学理论时，深深地被方解石晶体奇妙的双折射性质所吸引. 传说 1809 年的一天傍晚，他站在家中的窗户旁研究方解石晶体. 当时夕阳西照，阳光从离他家不远的巴黎卢森堡宫的窗户玻璃上反射到他这里来. 当他观察反射光透过他手中的方解石

① 参阅本章第 14-11 节.

成像时偶然发现，方解石转到某一位置时，原本出现的两条折射光中有一条意外地消失了.这一奇怪的现象立即引起了他的注意.由此，马吕斯想到，玻璃反射的光被偏振化了.

到了 1811 年，布儒斯特通过实验定量地给出了反射光偏振的规律，这就是前面提到的布儒斯特定律.

偏振光墨镜具有的功能之一就是防止观察强烈的反射光时引起眩目.这种墨镜能阻碍反射光中垂直于镜片的偏振方向的光振动通过.由于反射光中这种光振动占多数，所以偏振光墨镜大大降低了到达眼睛的光的强度.

偏振光墨镜

*14-11 双折射现象

一、双折射的寻常光和非常光

我们知道，一束光线在两种各向同性介质的分界面上发生折射时，只有一束折射光，且在入射面内，其方向由折射定律

$$\frac{\sin i}{\sin r}=n=\text{常量}$$

决定，其中 i 为入射角，r 为折射角，n 为折射率.

但是，对于光学性质随方向而异的某些晶体（如方解石等），当光线进入晶体后，一束入射光可以有两束折射光.其中一束折射光的方向遵从上述折射定律，叫做寻常光（或 o 光），另一束折射光的方向不遵从折射定律，其传播速度随入射光的方向变化，且在一般情况下，这束折射光不在入射面内，故叫做非常光（或 e 光）.这种现象叫做双折射现象［图14-53］.能产生双折射现象的晶体叫做双折射晶体.

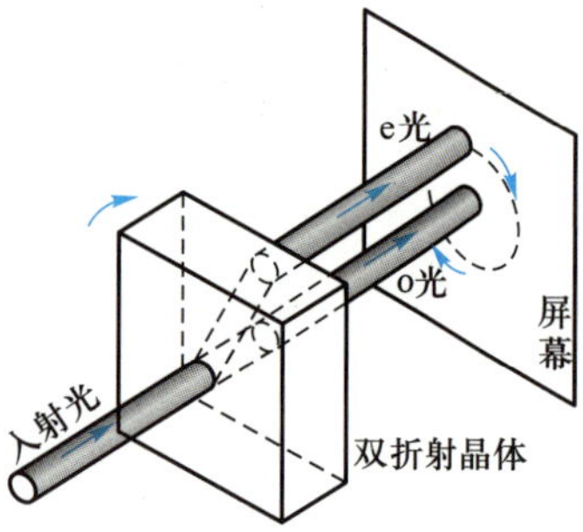

图 14-53 双折射现象

图 14-54 是个一方解石晶体的截面图.实验表明，该晶体中有一特定的方向，如果光沿着这一方向传播，就不发生双折射现象.这个方向叫做双折射晶体的光轴.若把一双折射晶体磨出两个垂直于光轴的平面（图 14-54 中虚线所示），则当光线垂直入射该平面时，不会发生双折射现象.必须注意，晶体的光轴和几何光学系统的光轴①是不同的，前者是晶体的一个固定方向，而不是某一选定的直线，后者则是通过光学系统球面中心的直线.

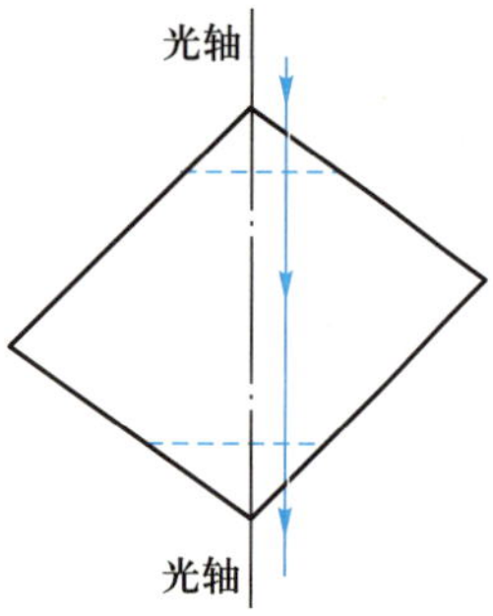

图 14-54 沿光轴方向传播的光不发生双折射现象

当光线在晶体的某一表面入射时，此表面的法线与晶体的光轴所构成的平面叫做主截面，方解石的主截面是一平行四边形［图 14-55(a)］.当自

① 参阅本书第十三章.

然光沿着如图 14-55(b)所示的方向射入方解石晶体时，入射面就是主截面，由检偏器可以检测到 o 光、e 光都是偏振光，且在这种情况下，o 光的光振动垂直于主截面，而 e 光的光振动则在主截面内.

根据折射率的定义，晶体对 o 光的折射率 $n_o=\dfrac{c}{v_o}$，由于 o 光在各方向上的传播速度 v_o 相同，o 光的波阵面是一个球面，所以 n_o 是由晶体材料决定的常数，与方向无关. 而 e 光在晶体内各方向上的传播速度不同，通常我们把真空中的光速 c 与 e 光沿垂直于光轴方向的传播速度 v_e 之比，叫做 e 光的主折射率，即 $n_e=\dfrac{c}{v_e}$. e 光在其他方向上的折射率则介于 n_o 和 n_e 之间，它的波阵面是个一围绕光轴方向的旋转椭球面.

表 14-1 列出了一些双折射晶体的折射率. 其中 $n_e>n_o$ ($v_e<v_o$) 的晶体，如石英等，称为正晶体；$n_e<n_o$ ($v_e>v_o$) 的晶体，如方解石等，称为负晶体. 正晶体的 e 光波阵面椭球的长轴与光轴方向平行[图 14-56(a)]，负晶体的 e 光波阵面椭球的短轴方向与光轴平行[图 14-56(b)].

表 14-1 一些双折射晶体的折射率

晶体	n_o	n_e
方解石	1.658	1.486
电气石	1.640	1.620
硝酸钠	1.585	1.332
石英	1.543	1.552
冰	1.309	1.310

由表 14-1 可见，冰也是一种双折射晶体，只不过其 n_o、n_e 的值非常接近，因此人眼通常观察不出它的双折射现象.

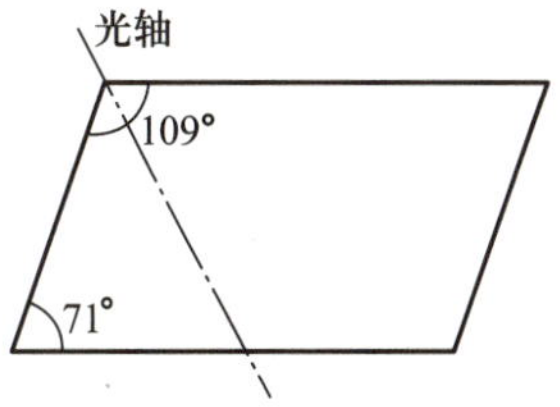

(a) 方解石的主截面

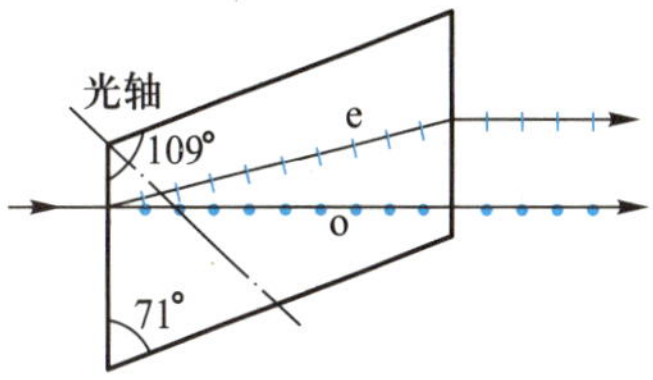

(b) 自然光通过方解石时，o光、e光的偏振情形

图 14-55 方解石的双折射

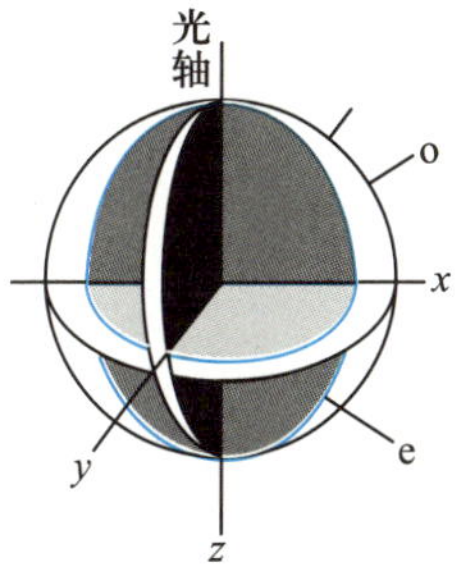

(a) 正晶体

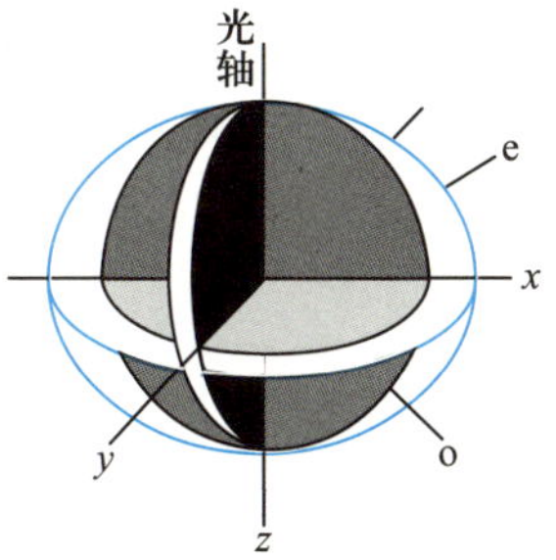

(b) 负晶体

图 14-56 o 光和 e 光的波阵面

二、人为双折射现象

上面介绍的是，光通过天然晶体时所发生的双折射现象. 用人工的方法，我们也可使某些物质产生双折射现象，这就是人为双折射现象.

1. 克尔效应

有些各向同性的透明介质，在外加电场的作用下会显示出各向异性，从而能产生双折射现象. 这种现象称为克尔效应. 这是苏格兰物理学家克尔(J.Kerr，1824—1907)于 1875 年首先发现的.

克尔效应的响应时间极短，在加上和撤去外电场的 10^{-9} s 时间内，光强即出现变化. 因此，利用克尔效应制成弛豫时间极短的“电控光开关”，这已广泛应用于电影、电视和激光通信等许多领域.

2. 光弹效应

有些各向同性的透明材料(如玻璃、塑料等)，如果内部存在应力，它就

图 14-57 光弹效应

会呈现出各向异性，当光线射入时也会产生双折射现象. 这就是光弹效应. 在存在应力的透明介质中，(n_o-n_e) 与应力分布有关. 在厚度均匀应力不同的地方，由于 (n_o-n_e) 不同会引起 o 光、e 光间不同的相位差，所以我们在观察干涉图像时，屏幕上就会呈现出反映应力差别情况的干涉条纹. 因此，我们可以通过检测干涉条纹来分析材料中是否存在应力. 若材料中某处的应力越大，则该处材料的各向异性越厉害，干涉条纹也就越细密.

若对各向同性的透明材料施加外力，也会引起材料的各向异性，从而产生光弹效应. 光测弹性仪就是利用光弹效应测量应力分布的装置，在工程技术中应用很广. 试验时我们可用透明材料制成待测工件的模型，按实际情形对模型施力，并通过检测模型显示的干涉条纹，分析出实际工件内部的应力分布情况. 图14-57所示是用光弹效应测得的工件模型中由于外力作用引起的干涉条纹.

*14-12 旋光现象

偏振光通过某些物质后，其振动面将以光的传播方向为轴线转过一定的角度，这种现象叫做旋光现象. 能产生旋光现象的物质叫做旋光物质. 石英晶体、糖溶液、酒石酸溶液等都是旋光物质.

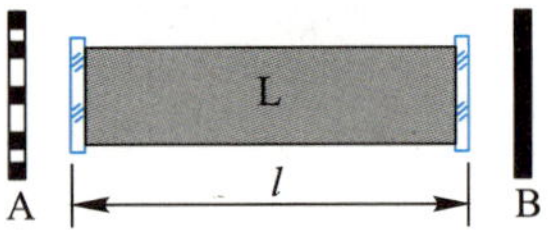

图 14-58 旋光仪

图 14-58 所示是一种观察偏振光振动面旋转的旋光仪. A 为起偏器，B 为检偏器，L 为盛有液体旋光物质的管子，两端为透明的玻璃片. 观察前，管中没有注入液体，并使 A 和 B 的偏振化方向互相垂直. 这时，若以单色自然光照射 A，则透过 B 的光强为零，视场全暗. 然后，把液体旋光物质注入管内，由于偏振面的旋转，在 B 后我们将看到视场由原来的全暗变为明亮. 旋转检偏器 B，使其视场再度变为全暗，这时 B 所转过的角度，就是偏振光振动面所转过的角度 $\Delta\psi$. 由实验得知，对于溶液旋光物质，当入射的单色光波长一定时，其振动面的旋转角 $\Delta\psi$ 取决于

$$\Delta\psi=\alpha l\rho \tag{14-32}$$

式中 l 为旋光物质的透光长度，ρ 为旋光物质的浓度，α 为旋光率，是与旋光物质等有关的常量.

在制糖工业中，利用如图 14-58 所示的旋光仪，在已知糖溶液的 α 及 l 的条件下测出 $\Delta\psi$，就可根据式(14-32)算出糖溶液的浓度 ρ. 这种旋光仪又叫做糖量计，在化学及制药工业中有着广泛的应用.

对于固体旋光物质，光振动面的旋转角 $\Delta\psi$ 取决于

$$\Delta\psi=\alpha l \tag{14-33}$$

式中 α 为与旋光物质及入射光的波长有关的常量. 如厚度为 1 mm 的石英晶片，可使波长 $\lambda=589$ nm 的黄光的振动面旋转 21.7°，可使 $\lambda=405$ nm 的紫光的振动面旋转 45.9°.

使光振动面旋转的旋光物质有右旋和左旋①两种，前者叫右旋物质，后者叫左旋物质.有趣的是，蔗糖（或葡萄糖）中既有左旋糖又有右旋糖，它们的分子式相同，但分子构造不同②.

用人工方法也可以产生旋光现象.例如，外加一定强度的磁场，可以使某些不具有自然旋光性的物质产生旋光现象.这种旋光现象称为磁致旋光（图 14-59）.实验表明，对于给定的磁性介质，光振动面的旋转角 $\Delta\psi$ 与外加磁场的磁感强度 B 和介质的透光长度 l 成正比，即

$$\Delta\psi = VlB \tag{14-34}$$

式中 V 叫做韦尔代（Verdet）常量.

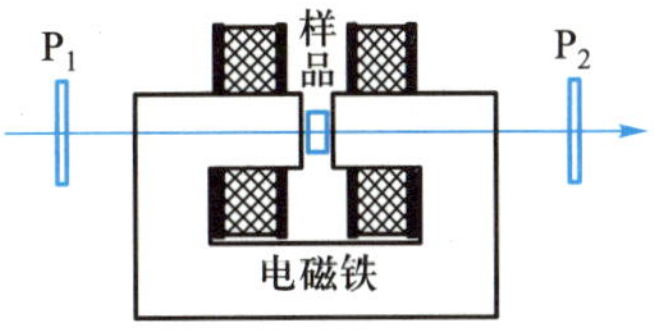

图 14-59　磁致旋光

复习自测题

问题

14-1　如图所示，两盏钠灯发出波长相同的光，照射到点 P，问能否产生干涉？为什么？如果只用一盏钠灯，并用黑纸盖住钠灯的中部，使 A、B 两部分的光同时照射到点 P，问能否产生干涉？为什么？

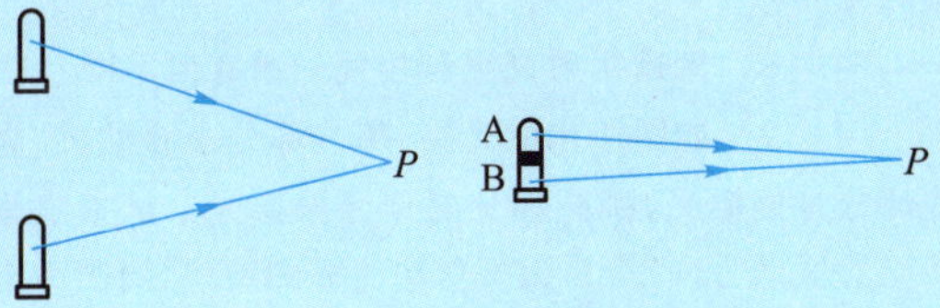

问题 14-1 图

14-2　如图所示，由相干光源 S_1 和 S_2 发出的波长为 λ 的单色光，分别通过两种介质（折射率分别为 n_1 和 n_2，且 $n_1>n_2$）射到这两种介质分界面上的一点 P.已知两光源到 P 的距离均为 r.问这两束光的几何路程是否相等？光程是否相等？光程差是多少？

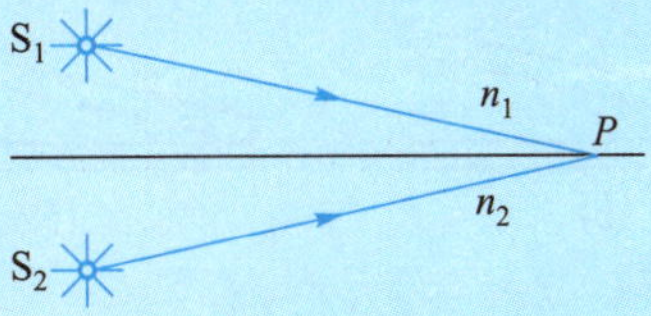

问题 14-2 图

14-3　在杨氏双缝干涉中，若作如下一些情况的变动，则屏幕上的干涉条纹将如何变化？（1）将钠黄光换成波长为 632.8 nm 的氦氖激光；（2）将整个装置浸入水中；（3）将双缝（S_1 和 S_2）的间距 d 增大；（4）将屏幕向双缝靠近；（5）在双缝之一的后面放一折射率为 n 的透明薄膜.

14-4　在空气中的肥皂泡膜，随着膜厚度的变薄，膜上将出现颜色，当膜进一步变薄并将破裂时，膜上将出现黑色，试解释之.

---

① 右旋和左旋的规定是：面对着光源观察时，旋转方向为顺时针的是右旋，旋转方向为逆时针的是左旋.

② 天然的植物提炼出的蔗糖及生物体内的葡萄糖都是右旋糖；而人工合成的糖分子总是既有左旋结构，又有右旋结构.生物学发现，人只能消化吸收右旋糖，而左旋糖的能量和化学性质虽然与右旋糖相同，但对人体毫无用处.这其中的奥秘有待人类去揭开.

*14-5 窗玻璃也是一块介质板,但在通常日光照射下,为什么我们观察不到干涉现象?

14-6 为什么眼镜上经常镀有一层膜?

14-7 单色光垂直照射空气劈尖,我们观察到的条纹宽度为 $b=\lambda/2\theta$,问相邻两暗条纹处劈尖的厚度差为多少?

14-8 上题中如用折射率为 n 的物质构成劈尖,问条纹宽度有何变化?相邻两暗条纹处的厚度差为多少?

14-9 如图所示,若劈尖的上表面向上平移,干涉条纹会发生怎样的变化[图(a)]?若劈尖的上表面向右方平移,干涉条纹又会发生怎样的变化[图(b)]?若劈尖的角度增大,干涉条纹又会发生怎样的变化[图(c)]?

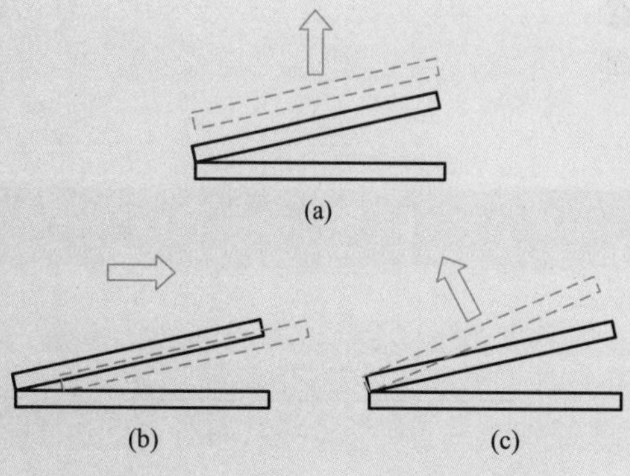

问题 14-9 图

14-10 工业上常用光学平面验规(表面经过精密加工,作为标准的平板玻璃)来检验金属平面的平整程度.如图所示,将验规放在待检平面上形成一个空气劈尖,并用单色光照射.若待检平面上有不平处,则干涉条纹将发生弯曲.试判定图中 A 处,待检平面是隆起还是凹下.隆起或凹下的最大尺度为多少?

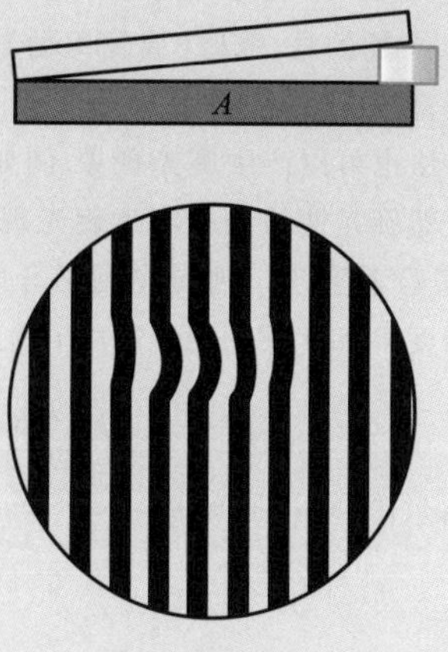

问题 14-10 图

*14-11 如图所示,平凸透镜可以上下移动.若以单色光垂直照射,则看见条纹向中心移动,问透镜是向上还是向下移动?

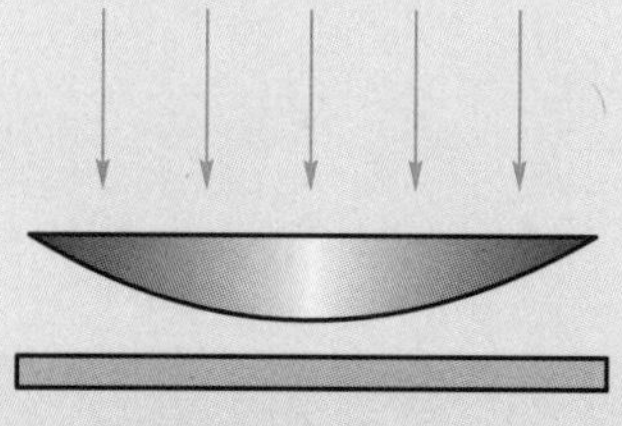

问题 14-11 图

14-12 为什么在日常生活中声波的衍射比光波的衍射更加显著?

14-13 在夫琅禾费单缝衍射中,为保证至少出现衍射强度的第一级极小,单缝的宽度不能小于多少?

14-14 光栅衍射和单缝衍射有何区别?为何光栅衍射的明条纹特别明亮?

*14-15 为什么在光栅表面常看到彩色的明条纹?

*14-16 光盘表面为什么会出现彩色的条纹?

14-17 为什么作晶体结构分析时用 X 射线而不用可见光?

14-18 光栅衍射光谱和棱镜光谱有何不同?

14-19 如图所示的光路,哪些部分是自然光,哪些部分是偏振光,哪些部分是部分偏振光?试指出偏振光的振动方向.若 B 为折射率为 n 的玻璃,周围为空气,则入射角 i 应满足什么条件?

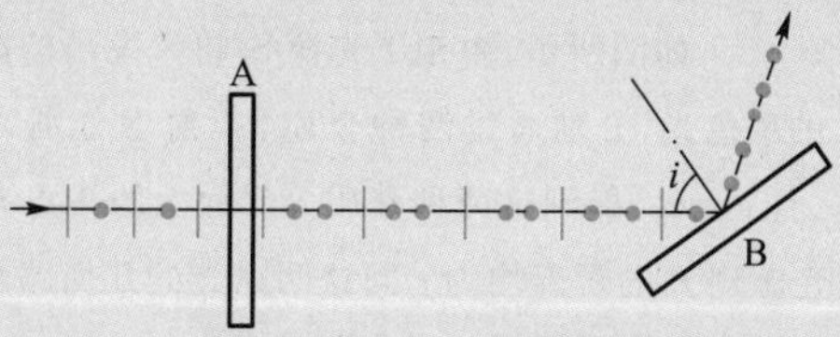

问题 14-19 图

*14-20 如图所示,Q 为起偏器,G 为检偏器.今以单色自然光垂直入射.若保持 Q 不动,将 G 绕 OO' 轴转动 360°,问转动过程中,通过 G 的光的光强怎样变化?若保持 G 不动,将 Q 绕 OO' 轴转动 360°,问转动过程中,通过 G 的光的光强又怎样变化?

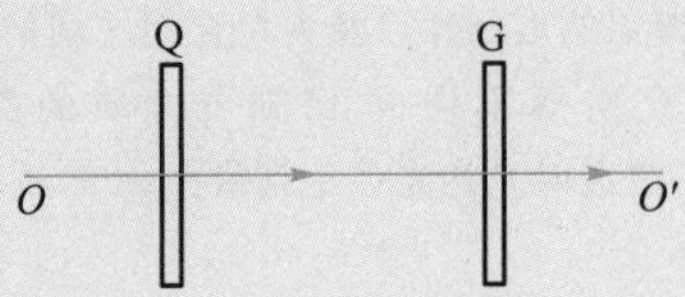

问题 14-20 图

14-21　怎样获得偏振光？什么是起偏角？

14-22　在夏天，炽热的阳光照射在马路上，反射出刺眼的光，汽车司机需要戴上一副墨镜来遮挡.问是否可用偏振片做眼镜，这比普通墨镜有什么优点？

习题

14-1　在双缝干涉实验中，若单色光源 S 到两缝 S_1、S_2 距离相等，则观察屏上中央明纹位于图中 O 处.现将光源 S 向下移动到示意图中的 S′位置，则（　　）.

（A）中央明纹向上移动，且条纹间距增大

（B）中央明纹向上移动，且条纹间距不变

（C）中央明纹向下移动，且条纹间距增大

（D）中央明纹向下移动，且条纹间距不变

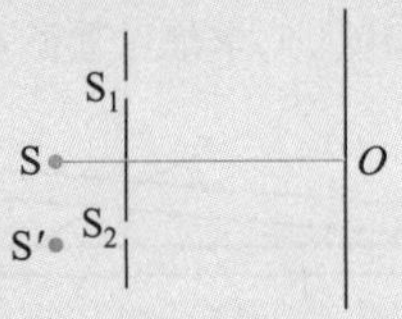

习题 14-1 图

14-2　如图所示，折射率为 n_2，厚度为 e 的透明介质薄膜的上方和下方的透明介质的折射率分别为 n_1 和 n_3，且 $n_1<n_2$，$n_2>n_3$.若用真空中波长为 λ 的单色平行光垂直入射到该薄膜上，则从薄膜上、下两表面反射的光的光程差是（　　）.

（A）$2n_2e$　　（B）$2n_2e-\dfrac{\lambda}{2}$

（C）$2n_2e-\lambda$　　（D）$2n_2e-\dfrac{\lambda}{2n_2}$

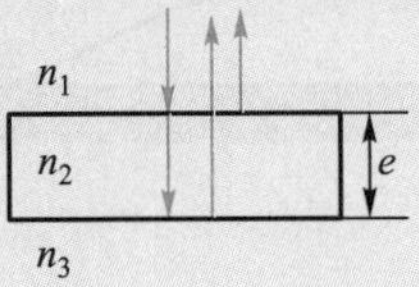

习题 14-2 图

14-3　如图所示，两个直径有微小差别的彼此平行的滚柱之间的距离为 L，夹在两块平面晶体的中间，形成空气劈尖.当单色光垂直入射时，产生等厚干涉条纹.如果滚柱之间的距离 L 变小，那么在 L 范围内干涉条纹的（　　）.

（A）数目减小，间距变大

（B）数目减小，间距不变

（C）数目不变，间距变小

（D）数目增加，间距变小

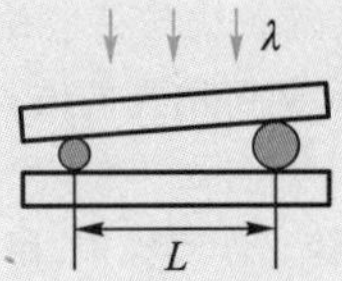

习题 14-3 图

14-4　在迈克耳孙干涉仪的一条光路中，放入一折射率为 n、厚度为 d 的透明薄片.若入射光波长为 λ，则在视场中可以观察到移过的条纹数为（　　）.

（A）$(n-1)d/\lambda$　　（B）$2(n-1)d/\lambda+1/2$

（C）$2nd/\lambda$　　（D）$2(n-1)d/\lambda$

14-5　当单色平行光垂直照射在单缝上时，可观察夫琅禾费衍射.若屏上点 P 处为第二级暗条纹，则相应的单缝波阵面可分成的半波带数为（　　）.

（A）3 个　　（B）4 个　　（C）5 个　　（D）6 个

14-6　波长 $\lambda=550$ nm 的单色光垂直入射于光栅常量 $d=1.0\times10^{-4}$ cm 的光栅上，可能观察到的光谱线的最大级次为（　　）.

（A）4　　（B）3　　（C）2　　（D）1

*14-7　一个双缝的缝宽为 b，缝间距为 $2b$，则在单缝的中央包络线内对双缝干涉而言实际可以出现的明条纹有（　　）.

（A）1 条　　（B）3 条　　（C）4 条　　（D）5 条

14-8　三个偏振片 P_1、P_2 与 P_3 堆叠在一起，P_1 与 P_3 的偏振化方向相互垂直，P_2 与 P_1 的偏振化方向间的夹角为 30°，强度为 I_0 的自然光入射于偏振片 P_1，并依

次通过偏振片 P_1、P_2 与 P_3，则通过三个偏振片后的光的光强为(　　).

(A) $\frac{3I_0}{16}$　(B) $\frac{\sqrt{3}I_0}{8}$　(C) $\frac{3I_0}{32}$　(D) 0

14-9　自然光以 60°的入射角照射到两介质的交界面上时，反射光为完全线偏振光，则折射光为(　　).

(A) 完全线偏振光，且折射角是 30°

(B) 部分偏振光，且只是在该光由真空入射到折射率为$\sqrt{3}$的介质时，折射角是 30°

(C) 部分偏振光，但须知两种介质的折射率才能确定折射角

(D) 部分偏振光，且折射角是 30°

14-10　在双缝干涉实验中，两缝间距为 0.30 mm，用单色光垂直照射双缝，在离缝1.20 m的屏上测得中央明纹一侧第五级暗条纹与另一侧第五级暗条纹间的距离为 22.78 mm. 问所用光的波长为多少？是什么颜色的光？

14-11　在双缝干涉实验中，用波长 $\lambda=546.1$ nm 的单色光照射，双缝与屏的距离 $d'=300$ mm. 现测得中央明纹两侧的两个第五级明条纹的间距为 12.2 mm，求双缝间的距离.

14-12　一个微波发射器置于岸上，离水面的高度为 d，对岸在离水面高度 h 处放置一接收器，水面宽度为 D，且 $D \gg d$，$D \gg h$，如图所示. 发射器向对面发射波长为 λ 的微波，且$\lambda<d$，问接收器测得极大值时，至少离地多高？

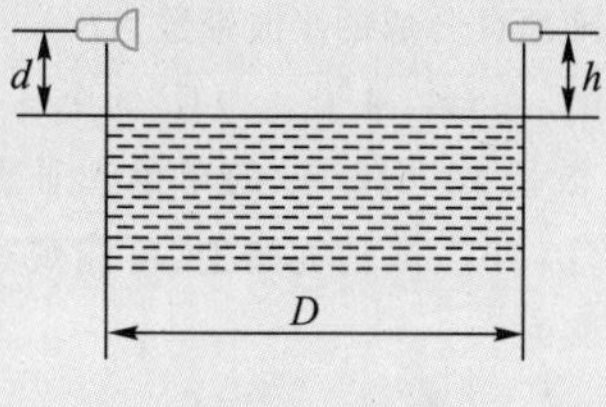

习题 14-12 图

14-13　如图所示，将一折射率为 1.58 的云母片覆盖于杨氏双缝的一条缝上，使得屏上原中央极大的所在点 O 改变为第五级明条纹. 假定 $\lambda=550$ nm，问：(1) 条纹如何移动？(2) 云母片厚度 d 是多少？

14-14　宇航员观察太阳的色球层所用的过滤片只允许波长为 656.3 nm 的红光通过. 这一过滤片是由两块局部镀铝的玻璃片以及夹在它们之间的厚度为 d 的透明电介质薄膜构成. 已知电介质的折射率为 1.378. 若要使透射光的光强达到最大，d 的最小可能取值为多少？

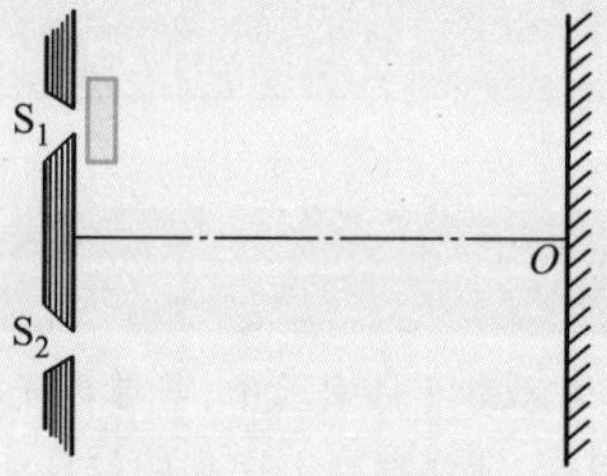

习题 14-13 图

14-15　白光垂直照射到空气中一厚度为 380 nm 的肥皂膜上. 设肥皂膜的折射率为 1.32，试问该膜的正面呈现什么颜色？

14-16　如图所示，利用空气劈尖测细丝直径. 已知 $\lambda=589.3$ nm，$L=2.888\times10^{-2}$ m，若测得 30 条条纹的总宽度为 4.295×10^{-3} m，求细丝直径 d.

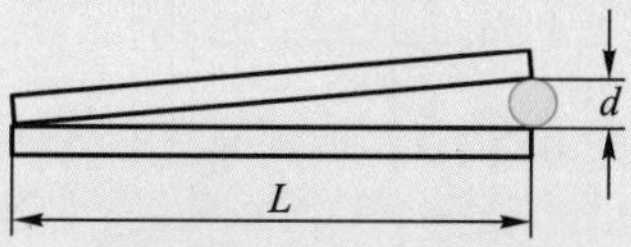

习题 14-16 图

14-17　集成光学中的楔形薄膜耦合器原理图如图所示. 沉积在玻璃衬底上的是氧化钽(Ta_2O_5)薄膜，其楔形端从 A 到 B 厚度逐渐减小为零. 为测定薄膜的厚度，现用波长 $\lambda=632.8$ nm的氦氖激光垂直照射，观察到薄膜楔形端共出现 11 条暗条纹，且 A 处对应一条暗条纹. 试求氧化钽薄膜的厚度.(Ta_2O_5 对 632.8 nm 激光的折射率为 2.21.)

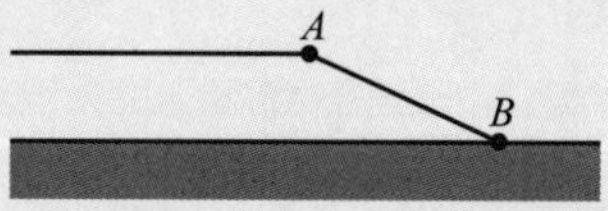

习题 14-17 图

14-18　折射率为 1.60 的两块标准平面玻璃板之间形成一个劈形膜(劈尖角 θ 很小). 用波长 $\lambda=600$ nm 的单色光垂直入射，产生等厚干涉条纹. 假如在劈形膜内充满 $n=1.40$ 的液体时的相邻明条纹间距，比劈形

膜内是空气时的间距缩小 $\Delta l = 0.5$ mm，那么劈尖角 θ 应是多少？

14-19 如第 14-3 节图 14-16 所示的干涉膨胀仪，已知样品的平均高度为 3.0×10^{-2} m，用 $\lambda=589.3$ nm 的单色光垂直照射．当温度由 17℃ 上升至 30℃时，看到有 20 条条纹移过，问样品的热膨胀系数为多少？

14-20 在牛顿环装置的平凸透镜和平板玻璃间充满某种透明液体，第 10 个明环的直径由充液前的 14.8 cm 变成充液后的 12.7 cm．试求这种液体的折射率 n．

14-21 在利用牛顿环测未知单色光波长的实验中，当用波长为 589.3 nm 的钠黄光垂直照射时，测得第 1 和第 4 个暗环的距离为 $\Delta r = 4.0\times10^{-3}$ m；当用波长未知的单色光垂直照射时，测得第 1 和第 4 个暗环的距离为 $\Delta r' = 3.85\times10^{-3}$ m．求该单色光的波长．

14-22 如图所示，折射率 $n_2 = 1.2$ 的油滴落在 $n_3 = 1.50$ 的平板玻璃上，形成一上表面近似于球面的油膜，测得油膜中心最高处的高度 $d_m = 1.1$ μm，用 $\lambda=600$ nm 的单色光垂直照射油膜．问：(1) 油膜周边是暗环还是明环？(2) 对整个油膜我们可看到几个完整暗环？

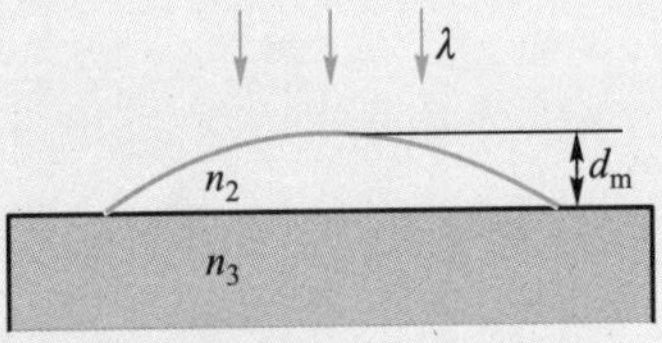

习题 14-22 图

14-23 把折射率 $n=1.40$ 的薄膜放入迈克耳孙干涉仪的一臂，如果由此产生了 7.0 条条纹的移动，试求薄膜的厚度．设入射光的波长为 589 nm．

14-24 如图所示，狭缝宽度 $b=0.60$ mm，透镜焦距 $f=0.40$ m，一个与狭缝平行的屏放置在透镜的焦平面处．若以波长为 600 nm 的单色平行光垂直照射狭缝，则在屏上离点 O 为 $x=1.4$ mm 的点 P 处看到衍射明条纹．试求：(1) 点 P 处条纹的级数；(2) 从点 P 处来看，对该光波而言，狭缝处的波阵面可分成半波带的数目．

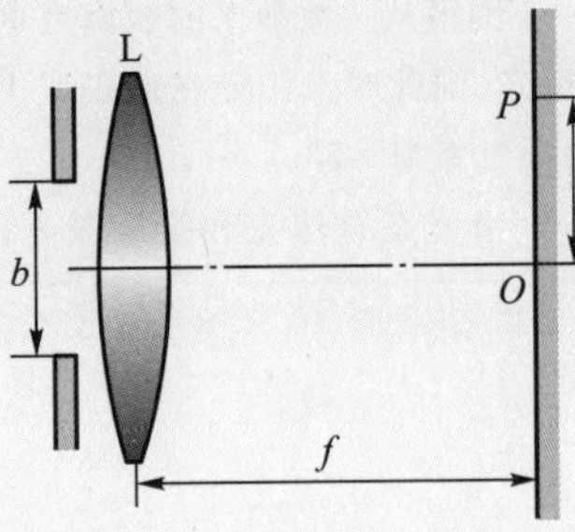

习题 14-24 图

14-25 一单色平行光垂直照射于一单缝，若其第三级明条纹位置正好和波长为 600 nm 的单色光入射时的第二级明条纹位置一样，则求前一种单色光的波长．

14-26 已知单缝宽度 $b=1.0\times10^{-4}$ m，透镜焦距 $f=0.50$ m，用 $\lambda_1=400$ nm 和 $\lambda_2=760$ nm的单色平行光分别垂直照射，求这两种光的第一级明条纹离屏中心的距离，以及这两条明条纹之间的距离．若用每厘米刻有 1 000 条刻线的光栅代替这个单缝，则这两种单色光的第一级明条纹分别距屏中心多远？这两条明条纹之间的距离又是多少？

14-27 老鹰眼睛的瞳孔直径约为 6 mm，问其最高飞翔多高时可看清地面上身长为5 cm的小鼠？设光在空气中的波长为 600 nm．

14-28 一束平行光垂直入射到某个光栅上，该光束有两种波长的光，$\lambda_1=440$ nm 和 $\lambda_2=660$ nm．实验发现，两种波长的谱线（不计中央明纹）第二次重合于衍射角 $\varphi=60°$ 的方向上，求此光栅的光栅常量．

*14-29 波长为 600 nm 的单色光垂直入射到一光栅上，其透光和不透光部分的宽度比为 1∶3，第二级主极大出现在 $\sin\varphi=0.20$ 处．试问：(1) 光栅上相邻两缝的间距是多少？(2) 光栅上狭缝的宽度有多大？(3) 在 $-90°<\varphi<90°$ 范围内，呈现的全部明条纹的级数有哪些？

*14-30 以波长为 0.11 nm 的 X 射线照射岩盐晶体，实验测得 X 射线与晶面夹角为 11.5°时获得第一级反射极大．(1) 问岩盐晶体原子平面之间的间距 d 为多大？(2) 若以另一束待测 X 射线照射，测得 X 射线与晶面夹角为 17.5°时获得第一级反射极大，求该 X 射线的波长．

14-31 今测得从一池静水的表面反射出来的太阳光是线偏振光，问此时太阳处在地平线上的多大仰角处？（水的折射率为 1.33.）

14-32 一束光是自然光和线偏振光的混合，当它通过一偏振片时，发现透射光的强度取决于偏振片的取向，其强度可以变化 5 倍.问入射光中两种光的强度各占总入射光强度的几分之几？

第十四章习题答案

第十五章　狭义相对论

预习自测题

麦克斯韦电磁场理论不仅用一个统一的理论体系对宏观电磁现象进行了总结，而且预言了之后被实验所证实的电磁波的存在.这样，麦克斯韦电磁场理论就获得了普遍承认，并被确立起来.同时，通过测量，人们还发现电磁波在真空中的传播速度是一个常量，且与光速十分接近.此后，人们相继发现电磁波的一些性质与光波完全相同，于是有人提出了光的电磁理论，认为光是在一定频率范围内的电磁波.当时人们认为作为光波载体的“以太”，也是电磁波的载体.

麦克斯韦电磁场理论虽然取得了巨大成功，但在该理论赖以建立的时空关系的问题上，却遇到了很大的困难.这是因为麦克斯韦电磁场理论的一个重要结论是：电磁波在真空中的速度（即光速）$c=1/\sqrt{\varepsilon_0\mu_0}$是一个与参考系无关的常量，然而按照经典力学的伽利略变换式，物体的速度是和惯性系的选取有关的，这样，光速就应随惯性系的选取而异，不再是一个常量了.这就产生了一个问题：经典力学的相对性原理即伽利略变换式，能否应用于麦克斯韦电磁场理论？当时，许多物理学家都想通过保留以太这一绝对惯性系，来寻求问题的解决.于是，试图说明以太存在的实验便层出不穷.1887 年，迈克耳孙和莫雷为此做了一个具有历史意义的判别性的实验，却得出了否定的结果，即以太是不存在的.以太既已不存在，那么上述矛盾又应如何解决呢？洛伦兹和庞加莱等人虽然做了许多工作，但未能取得突破性的进展.

爱因斯坦对经典力学的相对性原理与麦克斯韦电磁场理论之间的矛盾是有所察觉的.他在坚信电磁场理论正确性的基础上，摆脱了经典力学时空观的束缚，革命性地提出了以光速不变原理和“普遍的”相对性原理为基础的狭义相对论.狭义相对论不仅正确地说明了电磁现象，而且还适用于力学中的各个现象.不仅如此，狭义相对论还是研究高能物理和“微观”粒子的基础.

我们在本书上册第四章的“经典力学的成就和局限性”一节中，曾简略地提及物体在高速运动时，其相对速度、动量、动能与物体运动速度的依赖关系，以及质量与能量的关系等有关狭义相对论的内容.现在本章将对狭义相对论作较全面的介绍,主要内容有经典力学的伽利略变换式、狭义相对论的基本原理、洛伦兹变换式、狭义相对论的时空观和相对论力学的一些结论.

15-1 伽利略变换式 经典力学相对性原理遇到的困难

一、伽利略变换式 经典力学的相对性原理

在力学中,我们曾处理过在不同的惯性参考系中物体的速度、加速度的关系.这里我们再作进一步的讨论.

如图 15-1 所示,有两个惯性参考系 S($Oxyz$)和 S′($O'x'y'z'$),它们的对应坐标轴相互平行,且 S′系相对 S 系以速度 $\boldsymbol{v}$ 沿 Ox 轴的正方向运动.开始时,两惯性参考系重合.由经典力学可知,在时刻 t,点 P 在这两个惯性参考系中的位置坐标有如下对应关系:

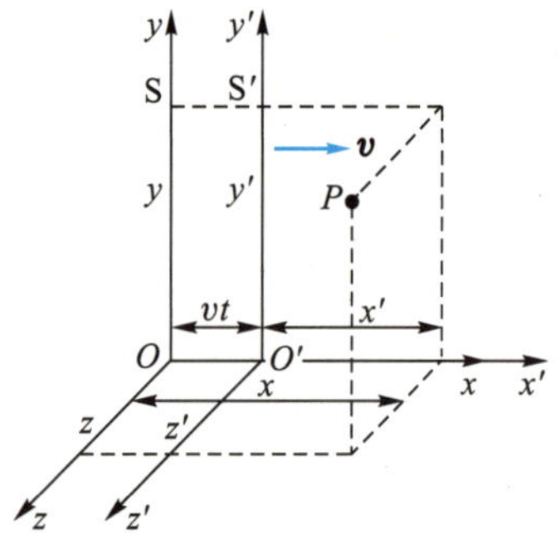

图 15-1 惯性系 S′以速度 $\boldsymbol{v}$ 相对惯性系 S 运动

$$\begin{cases} x'=x-vt \\ y'=y \\ z'=z \end{cases} \tag{15-1}$$

这就是经典力学(也称牛顿力学)中的伽利略位置坐标变换式.若在惯性系 S′中沿 Ox'轴放置一根细棒(图 15-2),此棒两端点在 S′系和 S 系中的坐标分别为 x_1'、x_2'和 x_1、x_2,则它们之间的关系可由式(15-1)给出:

$$x_1=x_1'+vt,\quad x_2=x_2'+vt$$

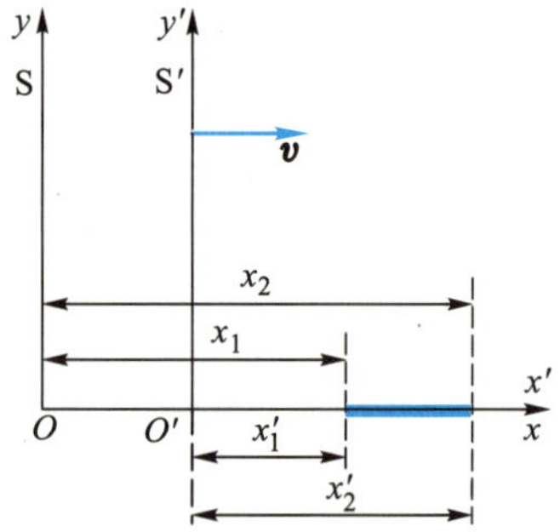

图 15-2 在伽利略坐标变换式中空间的量度是绝对的

于是有

$$x_2-x_1=x_2'-x_1'$$

上式表明,由惯性系 S 和 S′分别量度同一物体的长度时,按伽利略坐标变换式所得的量值是相同的,与两惯性系的相对速度 $\boldsymbol{v}$ 无关.也就是说,经典力学认为:空间的量度是绝对的,与参考系无关.

此外,在经典力学中,时间的量度也是绝对的,与参考系无

关.一事件在 S′系中所经历的时间与在 S 系中所经历的时间相同,即 $\Delta t'=\Delta t$.因此,如果把经典力学中的绝对时间也考虑进来,并以两惯性参考系相重合的时刻作为在两参考系中计时的起点,那么,式(15-1)应写成如下形式:

$$\begin{cases}x'=x-vt\\y'=y\\z'=z\\t'=t\end{cases}\quad 或\quad \begin{cases}x=x'+vt\\y=y'\\z=z'\\t=t'\end{cases}\tag{15-2}$$

这些变换式就叫做伽利略时空坐标变换式.它以数学形式表述了经典力学的时空观.

把式(15-2)中的前三式对时间求一阶导数,就得到经典力学中的速度变换法则:

$$\begin{cases}u'_x=u_x-v\\u'_y=u_y\\u'_z=u_z\end{cases}\tag{15-3a}$$

式中 u'_x、u'_y、u'_z是点 P 对于 S′系的速度分量,u_x、u_y、u_z是点 P 对于 S 系的速度分量.式(15-3a)为点 P 在 S 系和 S′系中的速度变换关系,叫做伽利略速度变换式.其矢量形式为

$$\boldsymbol{u}'=\boldsymbol{u}-\boldsymbol{v}\tag{15-3b}$$

式中 $\boldsymbol{v}$ 就是第一章相对运动中所描述的牵连速度,$\boldsymbol{u}$ 和 $\boldsymbol{u}'$分别为点 P 在 S 系和 S′系中的速度.显然,上式表明,在不同的惯性系中质点的速度是不同的.

把式(15-3a)对时间求一阶导数,就得到经典力学中的加速度变换法则:

$$\begin{cases}a'_x=a_x\\a'_y=a_y\\a'_z=a_z\end{cases}\tag{15-4a}$$

其矢量形式为

$$\boldsymbol{a}'=\boldsymbol{a}\tag{15-4b}$$

上式表明,在惯性系 S 和 S′中,点 P 的加速度是相同的,即在伽利略变换中,对不同的惯性系而言,加速度是个不变量.

由于经典力学认为质点的质量是与运动状态无关的常量,所以由式(15-4)可知,在两个相互作匀速直线运动的惯性系中,牛

顿运动定律的形式也应是相同的,即有如下形式:

$$\boldsymbol{F}=m\boldsymbol{a},\quad \boldsymbol{F}'=m\boldsymbol{a}' \tag{15-5}$$

上述结果表明,当由惯性系 S 变换到惯性系 S′时,牛顿运动方程的形式不变,即牛顿运动方程对伽利略变换式来讲是不变式.由此不难推断,对于所有的惯性系,经典力学的规律都应具有相同的形式.这就是经典力学的相对性原理.应当指出,经典力学的相对性原理在宏观、低速的范围内,是与实验结果相一致的.

二、经典力学的绝对时空观

经典力学认为空间只是物质运动的“场所”,是与其中的物质完全无关而独立存在的,并且是永恒不变、绝对静止的.因此,空间的量度(如两点间的距离)就应当与惯性系无关,是绝对不变的.另外,经典力学还认为,时间也是与物质的运动无关,而在永恒地、均匀地流逝着的,时间是绝对的.因此,对于不同的惯性系,就可以用同一时间($t'=t$)来讨论问题.举例来说,对于一个惯性系,两件事是同时发生的,那么,从另一个惯性系来看,其也应该是同时发生的,而事件所持续的时间,则不论从哪个惯性系来看都是相同的.这就是经典力学的绝对时空观.

然而,实践已证明,绝对时空观是不正确的,相对论否定了这种绝对时空观,并建立了新的时空概念.关于狭义相对论的时空观,我们将在后面再作介绍.

三、光速依赖于惯性参考系的选取吗?

确如上面所说,在物体低速运动范围内,伽利略变换和经典力学的相对性原理是符合实际情况的.可以肯定地说,利用牛顿运动定律和伽利略变换原则上可以解决任何惯性系中所有低速物体运动的问题.

然而,在涉及电磁现象,包括光的传播现象时,经典力学的相对性原理和伽利略变换却遇到了不可克服的困难.大家知道,麦克斯韦电磁场理论所预言的电磁波,在真空中传播的速度与光的传播速度相同,尤其在赫兹实验确认存在电磁波以后,光作为电磁波的一部分,在理论上和实验上就逐步被确定了.另一方面,人们早就明白,传播机械波需要弹性介质,例如,空气可以传播声波，而真空却不能.因此，在光的电磁理论发展初期，人们自然会想到光和电磁波的传播也需要一种弹性介质.19 世纪的物理学家们称这种介质为以太.他们认为，以太充满于整个空间，即使是真空也不例外，并且可以渗透到一切物质的内部.在相对以太静止的参考系中，光的速度在各个方向都是相同的，这个参考系被称为以太参考系.于是，以太参考系就可以作为所谓的绝对参考系了.若运动参考系 S′以速度 v 相对绝对参考系 S 沿 Ox 轴正方向运动，这时在绝对参考系 S 中有光信号以光速 c 亦沿 Ox 轴正方向传播，则由经典力学的伽利略速度变换式可知，光信号在 S′中的光速 c'为

$$c'=c-v$$

这表明，从运动参考系中测得光信号的速度 c'与从绝对参考系中测得光信号的速度 c 不相等.这也就是说，在运动参考系中测得光信号的速度是与运动参考系的速度有关的.这一点跟麦克斯韦电磁场理论是不相容的.按照麦克斯韦电磁场理论，在真空中，在所有惯性系中光的速度均为 $c=\sqrt{\mu_0\varepsilon_0}$，光速是不随惯性参考系的选取而改变的，是一常量.显然两者是相互矛盾的，且关乎作为绝对参考系以太是否存在的大问题，以及电磁波的传播能否应用伽利略变换的问题.

不难想象，如果能借助某种方法测出运动参考系相对绝对参考系——以太的速度，那么，作为绝对参考系的以太也就被确定了.为此，历史上确曾有许多物理学家做过很多实验来寻找绝对参考系，但都得出了否定的结果.其中最著名的是迈克耳孙（A.A.Michelson，1852—1931）和莫雷（E.W.Morley，1838—1923）所做的实验①.这些实验都无法分辨出光在不同方向上的差别，当然，也无法分辨出在不同参考系中光速的差别.因此得出结论，光速是不依赖于惯性参考系的选择的一个常量.

然而，迈克耳孙-莫雷实验以及其他一些实验结果给人们带来了一些困惑，似乎相对性原理只适用于牛顿运动定律，而不能用于麦克斯韦电磁场理论.看来要解决这一难题，必须在物理观念上来个变革.这使许多物理学家都预感到一个新的基本理论即将产生.在洛伦兹、庞加莱等人为探求新理论所做的先期工作的基础上，一位具有变革思想的青年学者——爱因斯坦于 1905 年创立了狭义相对论，为物理学的发展树立了新的里程碑.

① 读者如有兴趣了解迈克耳孙-莫雷实验较详细的讨论，可参阅马文蔚《物理学》（第七版）下册第十四章第14-2节“迈克耳孙-莫雷实验否定了绝对参考系的存在”.

15-2 狭义相对论的基本原理 洛伦兹变换式

一、狭义相对论的基本原理

爱因斯坦坚信世界的统一性和合理性.他在深入研究经典力学和麦克斯韦电磁场理论的基础上,认为相对性原理具有普适性,无论是对经典力学还是对麦克斯韦电磁场理论皆如此.此外,他还认为相对以太的绝对运动是不存在的,光速是一个常量,它与惯性系的选取无关.1905 年,爱因斯坦在一篇论文①中,摒弃了以太假说和绝对参考系的假设,提出了两条狭义相对论的基本原理:

(1) 狭义相对性原理 物理定律在所有的惯性系中都具有相同的表达形式,即所有的惯性系对运动的描述都是等效的.这就是说,不论在哪一个惯性系中做实验都不能确定该惯性系的运动.换言之,对运动的描述只有相对意义,绝对静止的参考系是不存在的.

(2) 光速不变原理 真空中的光速是常量,它与光源或观测者的运动无关,即不依赖于惯性系的选择.

在专利局工作

在思考统一场论?

文档:爱因斯坦

爱因斯坦(Albert Einstein,1879—1955,理论物理学家)是 20 世纪最伟大的物理学家,他否定了经典力学的绝对时空观.1902—1909 年期间爱因斯坦在瑞士伯尔尼专利局工作,这是他进行科学研究最旺盛最富有成果的时期.1905 年和 1915 年他先后创立了狭义相对论和广义相对论.在普朗克能量子假设的基础上,爱因斯坦于 1905 年还提出了说明光电效应现象的光量子假设,并于 1916 年被密立根的光电效应实验所证实,为此,他于 1921 年获得诺贝尔物理学奖.他对量子理论的贡献是多方面的:1906 年用量子理论说明了固体热容与温度的关系;1912 年用光量子概念建立了光化学定律;1916 年提出自发辐射和受激辐射的概念,为激光的出现奠定了理论基础;1924 年提出了量子统计法——玻色-爱因斯坦统计法.爱因斯坦用广义相对论研究整个宇宙的时空结构,于 1917 年开创了宇宙学研究的新纪元,导致宇宙膨胀理论的建立,该理论于 1946 年后发展成为宇宙大爆炸理

① 这篇名为《论动体的电动力学》的论文发表在 1905 年 9 月出版的德国《物理学年鉴》第 17 卷上.

论.从 1925 年到临终的前一天,他一直不懈地致力于把引力场和电磁场统一起来的统一场论的研究;而统一场论的思想导致了 20 世纪 70 年代的电弱统一(电磁相互作用与弱相互作用统一)理论的建立.

这两条原理非常简明,但它们的意义非常深远,是狭义相对论①的基础.狭义相对论和量子论是 20 世纪初物理学的两项最伟大最深刻的变革,它们以极大的创新性促进了 20 世纪的科学技术,尤其是能源科学、材料科学、生命科学和信息科学等巨大的发展,并将在 21 世纪继续产生重大影响.

应当指出,爱因斯坦提出的狭义相对论的基本原理,是与伽利略变换(或经典力学时空观)相矛盾的.例如,对一切惯性系,光速都是相同的,这就与伽利略速度变换公式相矛盾.机场照明跑道的灯光相对于地球以速度 c 传播,若从相对于地球以速度 v 运动着的飞机上看,按光速不变原理,光仍是以速度 c 传播的.而按伽利略变换,则当光的传播方向与飞机的运动方向一致时,从飞机上测得的光速应为 $c-v$;当两者的方向相反时,从飞机上测得的光速应为 $c+v$.但这与实际观测是相矛盾的.

当然,狭义相对论的这两条基本原理的正确性,最终仍要以由它们所导出的结果与实验事实是否相符来判定.

洛伦兹

二、洛伦兹变换式

文档:洛伦兹

伽利略变换与狭义相对论的基本原理不相容,因此人们需要寻找一个满足狭义相对论基本原理的变换式.爱因斯坦导出了这个变换式,人们一般称它为洛伦兹变换式②.

设有两个惯性系 S 和 S′,其中惯性系 S′沿 xx' 轴以速度 $\boldsymbol{v}$ 相对 S 系运动(图 15-3),以两个惯性系的原点相重合的瞬时作为计时的起点.若有一个事件发生在点 P,从惯性系 S 测得点 P 的坐标是 x、y、z,时间是 t;而从惯性系 S′测得点 P 的坐标是 x'、y'、z',时间是 t'.这里务必请读者注意,在伽利略变换中,$t=t'$,即事件发生的时间是与惯性系的选取无关的.这是被伽利略变换采纳的一条直接来自日常经验的定则,然而在狭义相对论中,却不能如

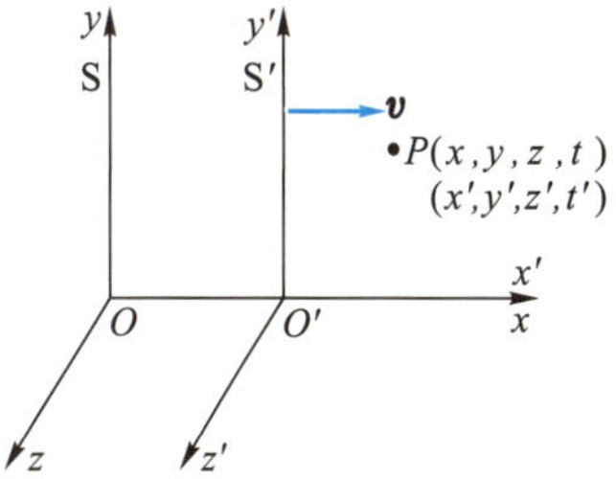

图 15-3 洛伦兹变换式用图

① 狭义相对论中的"狭义"是指这个理论只适用于惯性参考系.1915 年爱因斯坦又将相对性原理推广到非惯性系,建立了广义相对论.

② 洛伦兹(H. A. Lorentz,1853—1928),荷兰物理学家.洛伦兹变换式原来是洛伦兹在 1904 年研究电磁场理论时提出的,当时他未给予正确解释.第二年爱因斯坦从狭义相对论的基本原理出发,独立地导出了这个变换式,但是这个变换式通常仍以洛伦兹变换式命名.

此了.由狭义相对论的相对性原理和光速不变原理,可导出该事件在两个惯性系 S 和 S′中的时空坐标变换式如下:

$$\begin{cases} x'=\dfrac{x-vt}{\sqrt{1-\beta^2}}=\gamma(x-vt) \\ y'=y \\ z'=z \\ t'=\dfrac{t-\dfrac{vx}{c^2}}{\sqrt{1-\beta^2}}=\gamma\left(t-\dfrac{vx}{c^2}\right) \end{cases} \tag{15-6}$$

式中 $\beta=\dfrac{v}{c}$,$\gamma=\dfrac{1}{\sqrt{1-\beta^2}}$,$c$ 为光速.从式(15-6)可解得 x、y、z 和 t,即逆变换式为

$$\begin{cases} x=\dfrac{x'+vt'}{\sqrt{1-\beta^2}}=\gamma(x'+vt') \\ y=y' \\ z=z' \\ t=\dfrac{t'+\dfrac{vx'}{c^2}}{\sqrt{1-\beta^2}}=\gamma\left(t'+\dfrac{vx'}{c^2}\right) \end{cases} \tag{15-7}$$

式(15-6)和式(15-7)都叫做洛伦兹变换式.应当特别注意的是:在洛伦兹变换式中,t 和 t'都依赖于空间的坐标,即 t 是 t'和 x'的函数,t'是 t 和 x 的函数.这与伽利略变换式迥然不同.

容易看出,当惯性系 S′相对惯性系 S 的速度 v 远小于光速 c 时,$\beta=v/c\ll1$,洛伦兹变换式就转换为伽利略变换式了.由此,我们可以说,当物体的运动速度远小于光速时,洛伦兹变换与伽利略变换是等效的.可见伽利略变换式只适用于低速运动的物体.

*三、洛伦兹速度变换式

利用洛伦兹时空坐标变换式可以得到洛伦兹速度变换式.

设有惯性参考系 S′和 S,且 S′以速度 $\boldsymbol{v}$ 相对 S 沿 xx'轴运动.考虑一点 P 在空间运动.从 S 系来看,点 P 的速度为 $\boldsymbol{u}(u_x,u_y,u_z)$;从 S′系来看,其速度为 $\boldsymbol{u}'(u'_x,u'_y,u'_z)$.它们的速度分量分别为

$$u_x=\frac{\mathrm{d}x}{\mathrm{d}t},\quad u_y=\frac{\mathrm{d}y}{\mathrm{d}t},\quad u_z=\frac{\mathrm{d}z}{\mathrm{d}t}$$

及

$$u'_x=\frac{\mathrm{d}x'}{\mathrm{d}t'},\quad u'_y=\frac{\mathrm{d}y'}{\mathrm{d}t'},\quad u'_z=\frac{\mathrm{d}z'}{\mathrm{d}t'}$$

我们的目的是要找出这些分量之间的关系，为此对式(15-6)取微分，有

$$\mathrm{d}x'=\gamma(\mathrm{d}x-v\mathrm{d}t)$$
$$\mathrm{d}y'=\mathrm{d}y$$
$$\mathrm{d}z'=\mathrm{d}z$$
$$\mathrm{d}t'=\gamma\left(\mathrm{d}t-\frac{v}{c^2}\mathrm{d}x\right)$$

因此，$\boldsymbol{u}'$的 x 分量为

$$u'_x=\frac{\mathrm{d}x'}{\mathrm{d}t'}=\frac{\mathrm{d}x-v\mathrm{d}t}{\mathrm{d}t-\frac{v\mathrm{d}x}{c^2}}=\frac{\frac{\mathrm{d}x}{\mathrm{d}t}-v}{1-\frac{v}{c^2}\frac{\mathrm{d}x}{\mathrm{d}t}}=\frac{u_x-v}{1-\frac{v}{c^2}u_x}$$

由此类推可得

$$\begin{cases}u'_x=\dfrac{u_x-v}{1-\dfrac{v}{c^2}u_x}\\[2ex] u'_y=\dfrac{u_y}{\gamma\left(1-\dfrac{v}{c^2}u_x\right)}\\[2ex] u'_z=\dfrac{u_z}{\gamma\left(1-\dfrac{v}{c^2}u_x\right)}\end{cases}\tag{15-8}$$

式(15-8)叫做洛伦兹速度变换式.同理，我们还可以写出上式的逆变换式：

文档：速度变换应用举例

$$\begin{cases}u_x=\dfrac{u'_x+v}{1+\dfrac{v}{c^2}u'_x}\\[2ex] u_y=\dfrac{u'_y}{\gamma\left(1+\dfrac{v}{c^2}u'_x\right)}\\[2ex] u_z=\dfrac{u'_z}{\gamma\left(1+\dfrac{v}{c^2}u'_x\right)}\end{cases}\tag{15-9}$$

将式(15-8)与式(15-3)相比较可以看出，相对论力学中的速度变换公式与经典力学中的速度变换公式不同，不仅速度的 x 分量要变换，而且 y 分量和 z 分量也要变换.但在 $v\ll c$ 的情况下，式(15-8)将转换为式(15-3).因此式(15-3)仅适用于低速运动的物体.

现在不妨来对比一下，经典力学与相对论力学是如何看待光在真空中的速度的.设一光束沿 xx' 轴运动，已知光相对 S 系的速度是 c，即 $u_x=c$.那么，根据洛伦兹速度变换式，光相对 S′系的速度为

$$u'_x=\frac{u_x-v}{1-\frac{u_xv}{c^2}}=\frac{c-v}{1-\frac{cv}{c^2}}=c$$

也就是说，光相对 S 系和相对 S′系的速度相等.这个结论显然与伽利略速度变换的结果不同，但却符合光速不变原理和迈克耳孙-莫雷实验事实.

15-3 狭义相对论的时空观

运用洛伦兹变换式可以得到许多与我们的日常经验大相径庭的、令人惊奇的重要结论.这些结论后来被近代高能物理中许多实验所证实.例如，两点之间的距离或物体的长度随进行量度的惯性系的不同而不同，某一过程所经历的时间也随惯性系而异，以及动量与速度的关系和质能关系等.下面我们首先讨论同时的相对性，它是从狭义相对论基本原理得出的结论，然后再讨论长度的收缩和时间的延缓.

一、同时的相对性

在经典力学中，时间是绝对的.如果两事件在惯性系 S 中是被同时观测到的，那么在另一惯性系 S′中也是被同时观测到的.但是狭义相对论认为，这两个事件在惯性系 S 中被观测时是同时的，但在惯性系 S′中被观测时，一般来说就不再是同时的了.这就是狭义相对论的同时的相对性.

下面介绍爱因斯坦的用逻辑推理说明同时的相对性的思想实验.

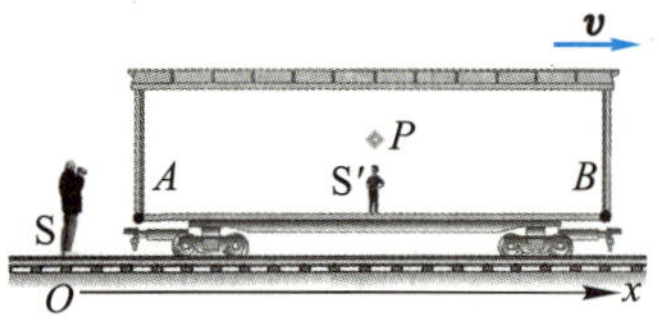

图 15-4 同时的相对性的思想实验

如图 15-4 所示，设想有一车厢以速度 $\boldsymbol{v}$ 相对地面惯性系 S 沿 Ox 轴运动.在车厢正中间的灯 P 闪了一下后，有光信号同时向车厢两端的点 A 和点 B 传去，且 $PA=PB$.现在要问：分别从地面惯性系 S 的观测者和随车厢一起运动的惯性系 S′的观测者来看，这两个光信号达到 A 和 B 的时间间隔是否相等？先后次序是否相同？显然，对 S′系的观测者来说，光向 A 和 B 的传播速度是相同的，光信号应该同时到达 A 和 B.可是对 S 系来说情况就不一样

了,A 是以速度 $\boldsymbol{v}$ 迎向光(灯 P 发出的光,而不是 P)运动的,而 B 则以速度 $\boldsymbol{v}$ 背离光运动,所以光信号到达 A 比到达 B 要早一些.可见,从灯 P 发出的光信号到达点 A 和到达点 B 这两个事件所经历的时间,是与所选取的惯性系有关的.

从上述思想实验可以明白,两个事件在一个惯性系中是同时的,一般来说在另一个惯性系中却是不同时的,不存在与惯性系无关的所谓绝对时间.这就是同时的相对性,它是由狭义相对性原理和光速不变原理导出的必然结论之一.

二、长度的收缩

在伽利略变换中,两点之间的距离或物体的长度是不随惯性系而变的.例如对于长为 1 m 的尺子,不论在运动的车厢里或者在车站上去测量它,其长度都是1 m.那么,在洛伦兹变换中,情况又是怎样的呢?

设有两个观测者分别静止于惯性参考系 S 和 S′中,S′系以速度 $\boldsymbol{v}$ 相对 S 系沿 Ox 轴运动.一细棒静止于 S′系中并沿 Ox' 轴放置,如图 15-5 所示.一般来说,棒的长度应是在同一时刻测得的棒两端点的距离,若 S′系中的观测者测得棒两端点的坐标为 x'_1 和 x'_2,则棒长为 $l'=x'_2-x'_1$.通常我们把观测者相对棒静止时所测得的棒长称为棒的固有长度 l_0,在此处 $l'=l_0$.而 S 系中的观测者则认为棒相对 S 系运动,并同时测得其两端点的坐标为 x_1 和 x_2,即棒长为 $l=x_2-x_1$.根据洛伦兹变换式(15-6),有

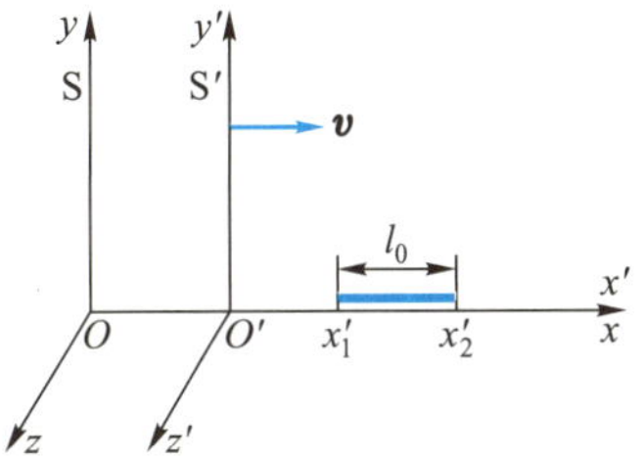

图 15-5 长度的收缩

$$x'_1=\frac{x_1-vt_1}{\sqrt{1-\beta^2}},\quad x'_2=\frac{x_2-vt_2}{\sqrt{1-\beta^2}}$$

式中 $t_1=t_2$.将上两式相减,得

$$x'_2-x'_1=\frac{x_2-x_1}{\sqrt{1-\beta^2}}$$

即

$$l=l'\sqrt{1-\beta^2}=l_0\sqrt{1-\beta^2} \tag{15-10}$$

由于 $\sqrt{1-\beta^2}<1$,所以 $l<l'$.这就是说,从 S 系中测得的运动细棒的长度 l,是从相对细棒静止的 S′系中所测得的长度 l' 的 $\sqrt{1-\beta^2}$ 倍.物体的这种沿运动方向发生的长度收缩称为洛伦兹收缩.容易证明,若棒静止于 S 系中,则从 S′系中测得的棒的长度,也只有其固有长度 l_0 的 $\sqrt{1-\beta^2}$ 倍.

我们知道，在经典力学中棒的长度是绝对的，与惯性系的运动无关.而在狭义相对论中，同一根棒在不同的惯性系中测量所得的长度不同.物体相对观测者静止时，其长度的测量值最大；而当它相对观测者以速度 $\boldsymbol{v}$ 运动时，在运动方向上物体的长度要缩短，其测量值只有固有长度的 $\sqrt{1-\beta^2}$ 倍.

从表面上看，棒长的相对收缩不符合日常经验，这是因为人们在日常生活和生产领域中所遇到的运动，都比光速要慢得多.对于这些运动，由于 $\beta \ll 1$，式(15-10)可简化为

$$l' \approx l$$

这就是说，对于相对运动速度较小的惯性参考系来说，长度可以近似看作一个绝对量.在地球上，宏观物体所达到的最大速度一般为若干千米每秒，此最大速度与光速之比的数量级为 10^{-5} 左右.在这样的速度下，长度相对收缩的数量级约为 10^{-10}，故可以忽略不计.

例 1

设想一光子火箭相对地球以速率 $v=0.95c$ 作直线运动.若以火箭为参考系测得火箭长为 15 m，问以地球为参考系，此火箭有多长？

解 由式(15-10)可得

$$l=l_0\sqrt{1-\beta^2}=15\sqrt{1-0.95^2}\ \text{m}=4.68\ \text{m}$$

即从地球参考系中测得光子火箭的长度只有 4.68 m.

三、时间的延缓

在狭义相对论中，如同长度不是绝对的那样，时间间隔也不是绝对的.设在 S′系中有一只静止的钟，两个事件先后发生在同一地点 x'，此钟记录的时刻分别为 t'_1 和 t'_2，于是在 S′系中的钟所记录两事件的时间间隔为 $\Delta t'=t'_2-t'_1$，$\Delta t'$ 常称为固有时 Δt_0.而在相对 S′系以速度 $\boldsymbol{v}$ 沿 Ox' 轴运动的 S 系中的钟所记录的时刻分别为 t_1 和 t_2，即此钟所记录的两事件的时间间隔为 $\Delta t=t_2-t_1$，Δt 常称为运动时.根据洛伦兹变换式(15-7)，有

$$t_1=\gamma\left(t'_1+\frac{vx'}{c^2}\right)$$

$$t_2=\gamma\left(t'_2+\frac{vx'}{c^2}\right)$$

于是可得

$$\Delta t=t_2-t_1=\gamma(t'_2-t'_1)=\gamma\Delta t'$$

即

$$\Delta t=\frac{\Delta t'}{\sqrt{1-\beta^2}}=\frac{\Delta t_0}{\sqrt{1-\beta^2}} \tag{15-11}$$

由式(15-11)可以看出，由于$\sqrt{1-\beta^2}<1$，所以 $\Delta t>\Delta t'$. 这就是说，在 S′系中所记录的某一地点发生的两个事件的时间间隔，小于在 S 系中所记录的该两个事件的时间间隔. 换句话说，S 系中的钟记录 S′系内某一地点发生的两个事件的时间间隔，比 S′系中的钟记录该两个事件的时间间隔要长些，由于 S 系是以速度 $\boldsymbol{v}$ 沿 Ox'轴方向相对 S′系运动，所以可以说，运动着的钟走慢了，这就称为时间延缓效应. 同样，从 S 系看 S′系中的钟，也认为运动着的 S′系中的钟走慢了.

在经典力学中，我们把发生两个事件的时间间隔看作量值不变的绝对量. 与此不同，在狭义相对论中，发生两个事件的时间间隔，在不同的惯性系中是不相同的. 这就是说，两个事件之间的时间间隔是相对的概念，它与惯性系的选择有关. 只有在运动速度 $v\ll c$，即 $\beta\ll 1$ 时，式(15-11)才简化为

$$\Delta t'\approx\Delta t$$

也就是说，对于缓慢运动的情形来说，两个事件的时间间隔近似为一绝对量. 所以在低速运动情况下，人们是很难感受到时间延缓效应的.

综上所述，狭义相对论指出了时间和空间的量度与惯性参考系的选择有关. 时间与空间是相互联系的，并与物质有着不可分割的联系. 不存在孤立的时间，也不存在孤立的空间. 时间、空间与运动三者之间的紧密联系①，深刻地反映了时空的性质，这是正确认识自然界乃至人类社会所应持有的基本观点. 因此说，狭义相对论的时空观为科学的、辩证的世界观提供了物理学上的论据.

视频：狭义相对论中的佯谬问题

① 有关时间延缓和长度收缩的实验证明，可参阅马文蔚《物理学》(第七版)下册第十四章第 14-4 节之四(高等教育出版社，2020 年).

例 2

设想一光子火箭相对地球以速率 $v=0.95c$ 作直线运动.若火箭上宇航员的计时器记录他观测星云用去 10 min,则地球上的观测者测得此事用去了多少时间?

解 由式(15-11)可得

$$\Delta t=\frac{\Delta t'}{\sqrt{1-\beta^2}}=\frac{10\ \text{min}}{\sqrt{1-0.95^2}}=32.03\ \text{min}$$

即地球上的观测者记录宇航员观测星云用去了 32.03 min,似乎是运动的钟走得慢了.

*15-4 光的多普勒效应

在上册第 6-6 节,我们从经典力学时空观出发,讨论了声波的多普勒效应.这里我们将从狭义相对论的相对性原理和光速不变原理出发,来讨论光的多普勒效应.

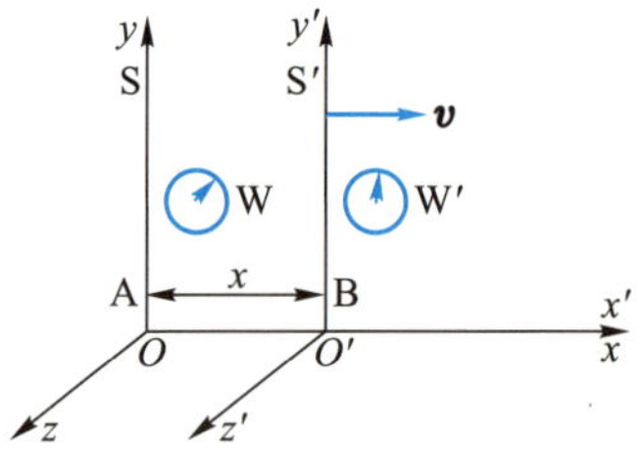

图 15-6 光的多普勒效应

如图 15-6 所示,B 为一光源,A 为一接收光信号的探测器,B 放在 S′系的原点 O',A 放在 S 系的原点 O.在某一瞬时两者相距为 x,B 发出光信号,且 B 以速度 $\boldsymbol{v}$ 沿 Ox'轴正方向相对 A 运动.设想有两个相同的钟 W 和 W′分别放在 S 系和 S′系中,并设当 B 与 A 重合时,两钟开始计时.S′系中的光源 B 在 Δt_{B}时间内发出频率为 ν_{B}的光信号.在此时间内,光源从发射第一个波前开始到发射第 N_{B}个波前为止,一共发射了 N_{B}个波前,这些波前都以光速 c 传播.第 N_{B}个波前传播的距离为 $c\Delta t_{\mathrm{B}}$.考虑到两相邻波前(或波面)之间的距离为波长 λ_{B},于是可得 $N_{\mathrm{B}}=c\Delta t_{\mathrm{B}}/\lambda_{\mathrm{B}}=\nu_{\mathrm{B}}\Delta t_{\mathrm{B}}$.

此外,由 S′系中的钟 W′测得该信号持续的时间为 $\Delta t_{\mathrm{B}}(=t_2'-t_1')$.根据式(15-11)可知,由 S 系中的钟 W 测得该信号持续的时间则应为 $\Delta t_{\mathrm{A}}(=t_2-t_1)=\gamma\Delta t_{\mathrm{B}}$,其中 $\gamma=1/(1-\beta^2)^{1/2}$.

由于光源 B 与探测器 A 之间有相对运动,所以探测器 A 接收波数为 N 的光信号所需的时间 Δt_N与光源 B 发出光信号的时间是不同的.考虑到光源 B 与探测器 A 之间的距离为 x,光信号的传播速度为 c,则光信号刚开始被探测器接收到的时刻为

$$t_{1N}=t_1+\frac{x}{c}$$

此外,从 S 系来看,光信号持续的时间为 Δt_{A},在这段时间里 A 与 B 之间的距离增加了 $x+v\Delta t_{\mathrm{A}}$.因此,光信号最终被探测器接收的时刻为

$$t_{2N}=t_2+\frac{x+v\Delta t_{\mathrm{A}}}{c}$$

这样一来,整个光信号被探测器接收所经历的时间为

$$\Delta t_{AN}=t_{2N}-t_{1N}=\left(1+\frac{v}{c}\right)\Delta t_{A}=(1+\beta)\Delta t_{A} \tag{15-12}$$

因为光源和探测器之间的相对运动不会影响探测器接收光源所发光信号的波前数，所以光源发出的波前数与接收器所接收的波前数是相等的，即$N_B=N_A=N$.则有

$$\nu_B\Delta t_B=\nu_A\Delta t_{AN}$$

把式(15-12)代入上式，有

$$\nu_B\Delta t_B=\nu_A(1+\beta)\Delta t_A$$

考虑到$\Delta t_A=\Delta t_B/(1-\beta^2)^{1/2}$，则由上式可得

$$\nu_A=\left(\frac{1-\beta}{1+\beta}\right)^{1/2}\nu_B \quad \text{(B 离 A 而去)} \tag{15-13}$$

式中ν_B为S′系中光源所发光信号的频率，ν_A为S系中探测器所接收到的光信号的频率.应注意，式(15-13)是指光源B与探测器A相远离时的情形，显然，此时探测器测得的光信号的频率要小于光源发出的光信号的频率.通常我们把光源发出的光信号的频率称为本征频率.于是，上述结果也可以说明，当光源与探测器相远离时，探测器测得的光信号的频率要小于光的本征频率.这就是光的谱线的红移现象.在天体物理学中，谱线红移有着非常重要的意义.它是解释"宇宙大爆炸"学说的基础.在1917—1918年间斯莱弗(V.M.Slipher,1875—1969)发现河外星系的谱线有红移现象，这说明宇宙呈现出一幅膨胀的图景；1929年哈勃(E.M.Hubble,1889—1953)指出，由红移计算出的河外星系的退行速度与该星系与地球的距离大致呈线性关系.因此，河外星系呈现出的多普勒效应，即谱线红移现象是宇宙膨胀的表现.

仿此可得，若光源与探测器相向运动，则探测器接收到的光信号的频率为

$$\nu_A=\left(\frac{1+\beta}{1-\beta}\right)^{1/2}\nu_B \quad \text{(A、B 相向运动)} \tag{15-14}$$

上式表明，当光源与探测器相向运动时，探测器接收到的光信号的频率要大于本征频率.这就是光的谱线的蓝移现象.

应当指出，无论是式(15-13)还是式(15-14)，都只能直接应用于光源和探测器沿两者连线方向运动的情况.

光的多普勒效应已广泛用于卫星导航、系外行星发现、车速测量等领域.①

文档：系外行星的发现与诺贝尔物理学奖

① 参阅马文蔚等主编《物理学原理在工程技术中的应用》(第四版)之"监测车速"(高等教育出版社，2015年).

监测车速

15-5 相对论性动量和能量

一、动量与速度的关系

在经典力学中，速度为 $\boldsymbol{v}$，质量为 m 的质点的动量表达式为

$$\boldsymbol{p}=m\boldsymbol{v} \tag{15-15}$$

对于一个由许多质点组成的系统，其动量为

$$\boldsymbol{p}=\sum \boldsymbol{p}_i=\sum m_i\boldsymbol{v}_i$$

在没有外力作用于系统的情况下，系统的总动量是守恒的，即

$$\sum m_i\boldsymbol{v}_i=\text{常矢量}$$

由于在经典力学中，质点的质量是不依赖于速度的常量，而且在不同惯性系中质点的速度变换遵守伽利略变换，所以我们可以说，经典力学中的动量守恒定律是建立在伽利略速度变换和质量与运动速度无关的基础之上的.

但是，在狭义相对论中，质点在惯性系间的速度变换是遵守洛伦兹变换的，这时若要使动量守恒表达式在高速运动情况下仍然保持不变，就必须对式(15-15)所给出的动量表达式进行修正，使之适合洛伦兹速度变换式.按照狭义相对论的相对性原理和洛伦兹速度变换式，当动量守恒表达式在任意惯性系中都保持不变时，质点的动量表达式应为

$$\boldsymbol{p}=\frac{m_0\boldsymbol{v}}{\sqrt{1-(v/c)^2}}=\gamma m_0\boldsymbol{v} \tag{15-16}$$

式中 m_0 为质点静止时的质量，$\boldsymbol{v}$ 为质点相对某惯性系运动时的速度.当质点的速率远小于光速，即 $v \ll c$ 时，有 $\gamma\approx 1$，$\boldsymbol{p}\approx m_0\boldsymbol{v}$，这与经典力学的动量表达式(15-15)是相同的.式(15-16)称为相对论性动量表达式.

为了不改变动量的基本定义(质量×速度)，人们便把式(15-16)改写成

$$\boldsymbol{p}=m\boldsymbol{v} \tag{15-17}$$

式中

$$m=\gamma m_0=\frac{m_0}{\sqrt{1-(v/c)^2}} \tag{15-18}$$

可见，在狭义相对论中，质量 m 是与速度有关的，称为相对论性质量，而 m_0 则是质点相对某惯性系静止时（$v=0$）的质量，故称为静质量.式（15-18）是质量与速度的关系式，从该式可以看出，当质点的速率远小于光速，即 $v \ll c$ 时，其相对论性质量近似等于其静质量，即 $m \approx m_0$.这时相对论性质量 m 与静质量 m_0 就没有明显的差别了，我们可以认为质点的质量为一常量.这表明，在 $v \ll c$ 的情况下，经典力学仍然是适用的.

式（15-18）所表达的质量的相对性可用图 15-7 表示出来.一般来说，宏观物体的运动速度比光速小得多，其质量和静质量很接近，因而我们可以忽略其质量的改变.但是对于微观粒子，如电子、质子、介子等，其速度可以与光速很接近，这时其质量和静质量就有显著的不同.例如，当加速器中被加速的质子的速度达到 0.90 时，其质量已达

$$m=\frac{m_0}{\sqrt{1-0.9^2}}=\frac{m_0}{\sqrt{1-0.81}}\approx 2.3m_0$$

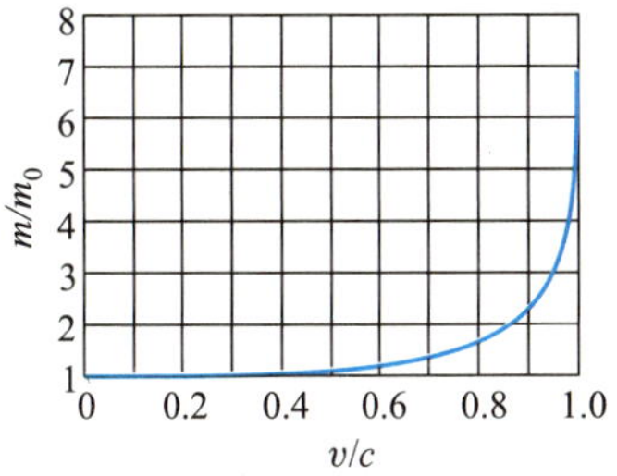

图 15-7 质量的相对性

二、狭义相对论力学的基本方程

当有外力 $\boldsymbol{F}$ 作用于质点时，由相对论性动量表达式可得

$$\boldsymbol{F}=\frac{\mathrm{d}\boldsymbol{p}}{\mathrm{d}t}=\frac{\mathrm{d}}{\mathrm{d}t}(m\boldsymbol{v})=\frac{\mathrm{d}}{\mathrm{d}t}\left[\frac{m_0\boldsymbol{v}}{(1-\beta^2)^{1/2}}\right] \tag{15-19}$$

上式为相对论力学的基本方程.显然，若作用在质点系上的合外力为零，则系统的总动量应当不变，为一守恒量.由相对论性动量表达式可得，系统的动量守恒表达式为

$$\sum \boldsymbol{p}_i=\sum m_i\boldsymbol{v}_i=\sum \frac{m_{0i}}{(1-\beta^2)^{1/2}}\boldsymbol{v}_i=\text{常矢量} \tag{15-20}$$

当质点的速率远小于光速，即 $\beta=(v/c)\ll 1$ 时，式（15-19）可写成

$$\boldsymbol{F}=\frac{\mathrm{d}(m_0\boldsymbol{v})}{\mathrm{d}t}=m_0\frac{\mathrm{d}\boldsymbol{v}}{\mathrm{d}t}=m_0\boldsymbol{a}$$

这正是经典力学中的牛顿第二定律.这表明，在质点的速率远小于光速的情形下，相对论性质量 m 与静质量 m_0 一样，可视为常

量，牛顿第二定律的形式 $\boldsymbol{F}=m_0\boldsymbol{a}$ 是成立的.同样在 $\beta=(v/c)\ll 1$ 的情形下，系统的总动量亦可由式(15-20)写成

$$\sum \boldsymbol{p}_i=\sum m_{0i}\boldsymbol{v}_i=\text{常矢量}$$

这正是经典力学中的动量守恒定律.

总之，相对论性的动量概念、质量概念，以及相对论的力学方程式(15-19)和动量守恒表达式(15-20)具有普遍的意义，而经典力学则只是相对论力学在物体低速运动条件下的很好的近似.

三、质量与能量的关系

由相对论力学的基本方程式(15-19)出发，我们可以得到狭义相对论中另一重要的关系式——质量与能量关系式①，该式为

$$mc^2=E_k+m_0c^2 \tag{15-21}$$

2005 年(国际物理年)德国发行的纪念邮票

爱因斯坦对式(15-21)作出了具有深刻意义的说明：他认为 mc^2 是质点运动时具有的总能量，而 m_0c^2 是质点静止时具有的静能量.这样，式(15-21)表明质点的总能量等于质点的动能和其静能量之和，或者说，质点的动能是其总能量与静能量之差.表 15-1 列出了一些微观粒子和轻核的静能量.从相对论的观点来看，质点的总能量等于其质量与光速的二次方的乘积，若以符号 E 代表质点的总能量，则有

$$E=mc^2 \tag{15-22}$$

表 15-1　一些微观粒子和轻核的静能量

粒子	符号	静能量/MeV
光子	γ	0
电子(或正电子)	e^-(或 e^+)	0.511
质子	p	938.272
中子	n	939.565
氘核	^{2}H	1 875.613
氚核	^{3}H	2 808.921
氦核(α 粒子)	^{4}He	3 727.379

① 质量与能量关系式的导出方法，可参阅马文蔚《物理学》(第七版)下册第十四章第 14—6 节(高等教育出版社，2020 年).

这就是质能关系式.它是狭义相对论的一个重要结论,具有重要的意义.式(15-22)指出,质量和能量这两个重要的物理量之间有着密切的联系.如果一个物体或物体系统的质量有 Δm 的变化,那么无论能量的形式如何,其能量必有相应的改变,其值为 ΔE.由式(15-22)可知,它们之间的关系为

$$\Delta E=(\Delta m)c^2 \tag{15-23}$$

在日常现象中,观测系统能量的变化并不难,但其相应的质量变化却极微小,不易觉察到.例如,1 kg 水由 0 ℃ 被加热到 100 ℃ 时所增加的能量为

$$\Delta E=4.18\times10^3\times100\ \text{J}=4.18\times10^5\ \text{J}$$

而质量相应地只增加了

$$\Delta m=\frac{\Delta E}{c^2}=4.6\times10^{-12}\ \text{kg}$$

可是,在研究核反应时,实验却完全验证了质能关系式.

*四、质能关系式在原子核裂变和聚变中的应用

我国于 1958 年建成的首座重水反应堆

山东荣成石岛湾核电站是世界上首个高温气冷堆核电站,即将投产发电

如同核反应一样,在原子核的裂变(如原子弹)和聚变(如氢弹)过程中,都会有大量的能量被释放出来,并遵守能量守恒定律.所释放的能量可用相对论的质能关系式进行计算.

1. 核裂变

我们知道,有些重原子核能分裂成两个较轻的核,同时释放出能量,这个过程称为裂变.其中典型的是铀原子核 ${}^{235}_{92}\text{U}$ 的裂变.${}^{235}_{92}\text{U}$ 中有 235 个核子,其中 92 个为质子,143 个为中子.在热中子的轰击下,${}^{235}_{92}\text{U}$ 裂变为 2 个新的原子核和 2 个中子,并释放出能量 Q,其反应式为

$${}^{235}_{92}\text{U}+{}^{1}_{0}\text{n}\longrightarrow{}^{139}_{54}\text{Xe}+{}^{95}_{38}\text{Sr}+2{}^{1}_{0}\text{n}$$

实际上,Q 是在核裂变过程中,铀原子核与生成的原子核和中子之间的能量之差.在这种情况下,生成物的总静质量比 ${}^{235}_{92}\text{U}$ 的质量要减少 0.22 u①.因此,由质能关系式可知,1 个 ${}^{235}_{92}\text{U}$ 在裂变时释放的能量为

$$Q=\Delta E=(\Delta m)c^2=3.28\times10^{-11}\ \text{J}=205\ \text{MeV}$$

这个能量值看似很小,其实不然,因为 1 g ${}^{235}_{92}\text{U}$ 的原子核数约为 6.02×10^{23}/

① 原子和原子核的质量单位,通常用"原子质量单位",其符号为 u.它的定义是:一个原子质量单位等于一个处于基态的 ${}^{12}\text{C}$ 中性原子的静质量的 1/12.一般计算时,取 $1\ \text{u}=1.66\times10^{-27}\ \text{kg}$.

$235=2.56\times10^{21}$. 所以，1 g $^{235}_{92}U$ 的原子核全部裂变时所释放的能量可达 $3.28\times10^{-11}\times2.56\times10^{21}\ J=8.4\times10^{10}$ J. 值得注意的是，在热中子轰击 $^{235}_{92}U$ 原子核的生成物中有多于一个的中子；若它们被其他铀核所俘获，将会发生新的裂变. 这一连串的裂变称为链式反应，利用链式反应可制成各种型号和用途的反应堆. 在费米领导下世界第一座裂变链式反应堆于 1942 年建成，第一颗原子弹于 1945 年造出，第一座核电站于 1954 年建成.

迈特纳

文档：迈特纳与核裂变

2. 核聚变

核聚变有许多种，它们都是由轻核结合在一起形成较大的核，同时还有能量被释放出来的过程. 一个典型的轻核聚变是两个氘核（^2_1H，氢的同位素）聚变为氦核（^4_2He），其反应式为

$$^2_1H+^2_1H \longrightarrow {}^4_2He$$

该过程释放出能量 Q. 在上述聚变过程中，生成物 ^4_2He 的静质量比两个 ^2_1H 的静质量之和要小，它们相差约为 $\Delta m=0.026\ u=4.3\times10^{-29}$ kg. 因此，由质能关系式可知，因聚变而释放的能量为

$$Q=\Delta E=(\Delta m)c^2=3.88\times10^{-12}\ J=24\ MeV$$

费米

文档：费米

应当强调指出，似乎聚变过程释放的能量比起裂变过程释放的能量要小，其实不然. 因为氘核的质量小，1 g ^2_1H 的原子核数约为 10^{23} 数量级，所以就单位质量而言，轻核聚变释放的能量要比重核裂变释放的能量大许多.

虽然轻核聚变能释放出巨大的能量，这为建造轻核聚变反应堆、发电厂提供了美好的前景，但是，要实现受控轻核聚变，必须要克服两个 ^2_1H 核之间的库仑排斥力. 据计算，只有 ^2_1H 核具有 10 keV 的动能，才可以克服库仑排斥力引起的障碍，这就是说，只有温度达到 10^8 K，才能使 ^2_1H 核的动能具有 10 keV，从而实现两轻核的聚变. 恒星（如太阳）内部的温度已超过 10^8 K，所以在太阳内部充斥着等离子体（带正、负电的粒子群），它们进行着剧烈的核聚变. 太阳内部的核聚变为地球上的生命提供了强大的能量，这是因为太阳的强大引力能把 10^8 K 高温的等离子体控制在太阳的内部. 氢弹爆炸无可辩驳地证明了氢同位素聚变的热核反应. 然而，在地球上的实验室里，人们想把等离子体控制在一定的区域内却要困难得多. 现在世界上许多国家都在研究用一种称为"托卡马克"的磁约束装置来约束等离子体，以实现人工控制核聚变. 2006 年起，中国参与了国际热核聚变实验堆（ITER）计划，这项巨大的工程旨在建立一个能产生大规模核聚变反应的超导托卡马克，俗称"人造太阳". 而我国自主研制的核聚变实验装置——中国环流器二号已于 2020 年 12 月 4 日实现了首次放电. 我们相信，总有一天人类会实现核聚变能量的和平利用.

ITER 托卡马克内部结构示意图

五、动量与能量的关系

相对论性动量 p、静能量 E_0 和总能量 E 之间的关系，是非常简单而又很有用的. 下面我们来给出这一关系.

由前述可知，在相对论中，静质量为 m_0、运动速度为 v 的质点的总能量和动量，可由下列公式表示：

$$E=mc^2=\frac{m_0c^2}{\sqrt{1-v^2/c^2}},\quad p=mv=\frac{m_0v}{\sqrt{1-v^2/c^2}}$$

从这两个公式中消去速度 v 后，我们将得到动量和能量之间的关系为

$$(mc^2)^2=(m_0c^2)^2+m^2v^2c^2$$

由于 $p=mv, E_0=m_0c^2$ 和 $E=mc^2$，所以上式可写成

$$E^2=E_0^2+p^2c^2 \tag{15-24}$$

这就是相对论性动量与能量的关系式. 为便于记忆，它们之间的关系可用图 15-8 中的三角形表示出来.

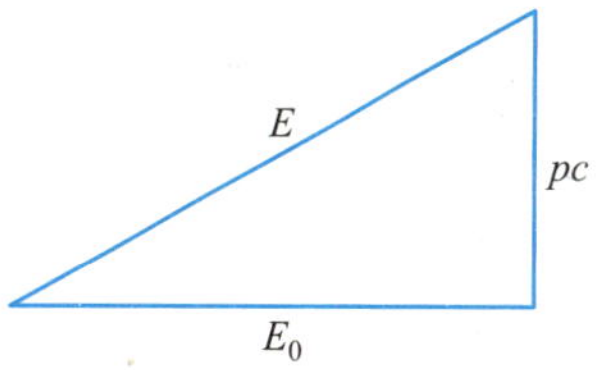

图 15-8 相对论性动量、静能量和总能量间的关系

上面我们叙述了狭义相对论的时空观和相对论力学的一些重要结论. 狭义相对论的建立是物理学发展史上的一个里程碑，具有深远的意义. 它揭露了空间和时间之间，以及时空和运动物质之间的深刻联系. 这种相互联系，把经典力学中认为互不相关的绝对空间和绝对时间，结合成为一种统一的运动物质的存在形式.

与经典物理学相比较，狭义相对论更客观、更真实地反映了自然界的规律. 目前，狭义相对论不但已经被大量的实验事实所证实，而且已经成为研究宇宙学、粒子物理以及一系列工程物理（如反应堆中能量的释放、带电粒子加速器的设计）等问题的基础. 当然，随着科学技术的不断发展，一定还会有新的、目前尚不知道的事实被发现，甚至还会有新的理论出现. 然而，以大量实验事实为根据的狭义相对论在科学中的地位是无法否定的. 这就像在低速、宏观物体的运动中，经典力学仍然是十分精确的理论一样.

例 1

设一质子以速度 $v=0.80c$ 运动.求其总能量、动能和动量.

解 从表 15-1 中知道,质子的静能量为 $E_0=m_0c^2=938\ \mathrm{MeV}$,因此质子的总能量为

$$E=mc^2=\frac{m_0c^2}{(1-v^2/c^2)^{1/2}}=1\ 563\ \mathrm{MeV}$$

质子的动能为

$$E_k=E-m_0c^2=625\ \mathrm{MeV}$$

质子的动量为

$$p=mv=\frac{m_0v}{(1-v^2/c^2)^{1/2}}=6.68\times10^{-19}\ \mathrm{kg\cdot m\cdot s^{-1}}$$

质子的动量也可这样求得:

$$cp=\sqrt{E^2-(m_0c^2)^2}=1\ 250\ \mathrm{MeV}$$

$$p=1\ 250\ \mathrm{MeV}/c$$

注意,在 MeV/c 中“c”是光速的量符号而不是数值.在核物理中,人们经常用“MeV/c”作为动量的单位.

例 2

已知一个氚核($^3_1\mathrm{H}$)和一个氘核($^2_1\mathrm{H}$)可聚变成一个氦核($^4_2\mathrm{He}$),并产生一个中子($^1_0\mathrm{n}$).试问在该核聚变中有多少能量被释放出来?

解 上述核聚变的反应式为

$$^2_1\mathrm{H}+^3_1\mathrm{H}\longrightarrow{}^4_2\mathrm{He}+^1_0\mathrm{n}$$

从表 15-1 中可以知道,氘核和氚核的静能量之和为

$$(1\ 875.613+2\ 808.921)\ \mathrm{MeV}=4\ 684.534\ \mathrm{MeV}$$

而氦核和中子的静能量之和为

$$(3\ 727.379+939.565)\ \mathrm{MeV}=4\ 666.944\ \mathrm{MeV}$$

可见,在氘核和氚核聚变为氦核的过程中,静能量减少了

$$\Delta E=(4\ 684.534-4\ 666.944)\ \mathrm{MeV}=17.59\ \mathrm{MeV}$$

上述反应发生在太阳内部的核聚变过程中.由此可见,太阳因不断辐射能量而使其质量不断减小.

复习自测题

问题

15-1 洛伦兹变换和伽利略变换两者之间的差别在哪里?

15-2 假设光子在某惯性系中的速度等于 c,那么,是否存在这样一个惯性系,光子在这个惯性系中的速度不等于 c?

15-3 你能说明经典力学的相对性原理与狭义相对论的相对性原理之间的异同吗?

15-4 在宇宙飞船上,有人拿着一个立方形物体.若飞船以接近光速的速度背离地球飞行,则分别从地球上和飞船上观察此物体,他们观察到物体的形状是一样的吗?

15-5 两个观测者分别处于惯性系 S 和 S′内.在

这两个惯性系中各有一根分别与 S 系和 S′系相对静止的米尺，而且两米尺分别沿 Ox 和 Ox' 轴放置. 这两个观测者从测量中发现，在另一个惯性系中的米尺总比自己惯性系中的米尺要短些，你怎样看待这个问题呢？

15-6 在惯性系 S′中，在 $t'=0$ 时刻，一细棒两端点的坐标分别为 x_1' 和 x_2'，则棒长为 $x_2'-x_1'$. 现要求此棒在实验室坐标系 S 中的长度，若利用变换式 $x=(x'+vt)/\sqrt{1-\beta^2}$，则得 $x_2-x_1=(x_2'-x_1')/\sqrt{1-\beta^2}$，于是运动着的棒变长了，这与狭义相对论中长度收缩的结论是相左的，问题出在哪里？试解释之.

15-7 一民航客机以 200 $m\cdot s^{-1}$ 的平均速度相对地面飞行. 机上的乘客下机后，是否需要因时间延缓而对手表进行修正？

15-8 若一粒子的速率由 $1.0\times10^8\ m\cdot s^{-1}$ 增加到 $2.0\times10^8\ m\cdot s^{-1}$，则该粒子的动量是否增加为 2 倍呢？其动能是否增加为 4 倍呢？

15-9 如果一粒子的质量为其静质量的 1 000 倍，那么该粒子必须以多大的速率运动（以光速表示）？

习题

15-1 有下列几种说法：(1) 两个相互作用的粒子系统对某一个惯性系满足动量守恒，对另一个惯性系来说，其动量不一定守恒；(2) 在真空中，光的速度与光的频率、光源的运动状态无关；(3) 在任何惯性系中，光在真空中沿任何方向的传播速率都相同.

下述判断正确的是（　　）.

(A) (1)、(2)是正确的

(B) (1)、(3)是正确的

(C) (2)、(3)是正确的

(D) 三种说法都是正确的

15-2 按照相对论的时空观，下列说法正确的是（　　）.

(A) 在一个惯性系中，两个同时的事件，在另一个惯性系中一定是同时事件

(B) 在一个惯性系中，两个同时的事件，在另一个惯性系中一定是不同时事件

(C) 在一个惯性系中，两个同时又同地的事件，在另一个惯性系中一定是同时同地事件

(D) 在一个惯性系中，两个同时不同地的事件，在另一个惯性系中只可能同时不同地

(E) 在一个惯性系中，两个同时不同地的事件，在另一个惯性系中只可能同地不同时

15-3 一细棒固定在 S′系中，它与 Ox' 轴的夹角 $\theta'=60°$，如果 S′系以速度 u 沿 Ox 轴方向相对 S 系运动，那么 S 系中的观测者测得细棒与 Ox 轴的夹角（　　）.

(A) 等于 60°

(B) 大于 60°

(C) 小于 60°

(D) 当 S′系沿 Ox 轴正方向运动时大于 60°，而当 S′系沿 Ox 轴负方向运动时小于 60°

15-4 一飞船的固有长度为 L，相对地面以速度 v_1 作匀速直线运动，从飞船中的后端向飞船中的前端的一个靶子发射一颗相对飞船的速度为 v_2 的子弹. 在飞船上测得子弹从射出到击中靶的时间间隔是（　　）.（c 表示真空中的光速.）

(A) $\dfrac{L}{v_1+v_2}$　　(B) $\dfrac{L}{v_2-v_1}$

(C) $\dfrac{L}{v_2}$　　(D) $\dfrac{L}{v_1\sqrt{1-(v_1/c)^2}}$

15-5 设 S′系以速率 $v=0.60c$ 相对 S 系沿 Ox 轴运动，且在 $t=t'=0$ 时，有 $x=x'=0$. (1) 若有一事件，在 S 系中发生于 $t=2.0\times10^{-7}$ s，$x=50$ m 处，则该事件在 S′系中发生于何时刻？(2) 若有另一事件，在 S 系中发生于 $t=3.0\times10^{-7}$ s，$x=10$ m 处，则在 S′系中测得这两个事件的时间间隔为多少？

15-6 设有两个参考系 S 和 S′，它们的原点在 $t=0$ 和 $t'=0$ 时重合在一起. 一个事件在 S′系中发生于 $t'=8.0\times10^{-8}$ s，$x'=60$ m，$y'=0$，$z'=0$ 处，若 S′系相对 S 系以速率 $v=0.60c$ 沿 Ox 轴运动，问该事件在 S 系中的时空坐标各为多少？

*15-7 一列火车长 0.30 km（火车上的观测者测得），以 100 $km\cdot h^{-1}$ 的速度行驶，地面上的观测者发现有两个闪电同时击中火车前后两端. 问火车上的观测者测得两个闪电击中火车前后两端的时间间隔为多少？

*15-8 在惯性系 S 中，某一事件 A 发生于 x_1 处，2.0×10^{-6} s 后，另一事件 B 发生于 x_2 处，已知 $x_2-x_1=300$ m. 问：(1) 能否找到一个相对 S 系作匀速直线运动的参考系 S′，在 S′系中两事件发生于同一地点？(2) 在 S′系中，上述两事件之间的时间间隔为多少？

15-9 设在正负电子对撞机中，电子和正电子以速度 $0.90c$ 相向飞行，问它们之间的相对速度为多少？

15-10 设想有一粒子以 $0.050c$ 的速率相对实验室参考系运动. 此粒子衰变时发射一个电子，电子的速率为 $0.80c$，电子速度的方向与粒子运动的方向相同. 试求电子相对实验室参考系的速度.

15-11 设在宇宙飞船中的观测者测得脱离它而去的航天器相对它的速度为 $1.2\times10^8\ \mathrm{m\cdot s^{-1}}\,\boldsymbol{i}$. 同时，航天器发射一枚空间火箭，航天器中的观测者测得此火箭相对它的速度为 $1.0\times10^8\ \mathrm{m\cdot s^{-1}}\,\boldsymbol{i}$. 问：(1) 此火箭相对宇宙飞船的速度为多少？(2) 如果以激光光束替代空间火箭，那么此激光光束相对宇宙飞船的速度又为多少？请将上述结果与伽利略速度变换所得结果相比较，并理解光速是物体速度的极限.

15-12 以速度 v 沿 x 方向运动的粒子，在 y 方向上发射一个光子，求地面观测者所测得的光子的速度.

15-13 在惯性系 S 中观测到有两个事件发生在同一地点，其时间间隔为 4.0 s，从另一惯性系 S′中观测到这两个事件的时间间隔为 6.0 s，试问从 S′系中测得这两个事件的空间间隔是多少？设 S′系以恒定速率相对 S 系沿 Ox 轴运动.

15-14 在惯性系 S 中，有两个事件同时发生在 Ox 轴上相距为 1.0×10^3 m 的两处，从惯性系 S′中观测到这两个事件相距为 2.0×10^3 m，试问由 S′系测得这两个事件的时间间隔为多少？

15-15 一根米尺沿着它的长度方向相对观测者以 $0.6c$ 的速度运动，问米尺通过观测者面前要花多长时间？

15-16 一个立方体的（固有）体积为 1 000 $\mathrm{cm^3}$. 求沿与立方体的一边平行的方向以 $0.8c$ 的速率运动的观测者所测得的体积.

15-17 若从一个惯性系中测得宇宙飞船的长度为其固有长度的一半，试问宇宙飞船相对此惯性系的速度为多少（以光速 c 表示）？

15-18 一固有长度为 4.0 m 的物体，若以速率 $0.60c$ 沿 Ox 轴相对某惯性系运动，试问从此惯性系来测量，该物体的长度为多少？

15-19 若一个电子的总能量为 5.0 MeV，求该电子的静能、动能、动量和速率.

15-20 一个被加速器加速的电子，其能量为 3.00×10^9 eV. 试问：(1) 这个电子的质量是其静质量的多少倍？(2) 这个电子的速率为多少？

15-21 在电子偶的湮没过程中，一个电子和一个正电子相碰撞而消失，并产生电磁辐射. 假定正负电子在湮没前均静止，由此估算辐射的总能量 E.

15-22 若将电子由静止加速到速率为 $0.10c$，则需对它做多少功？若将电子的速率由 $0.80c$ 加速到 $0.90c$，则又需对它做多少功？

第十五章习题答案

第十六章 量 子 物 理

17 世纪到 19 世纪这段时期内，经典物理学取得了很大的成就.在牛顿力学的基础上，拉格朗日(J.L.Lagrange，1736—1813)等人的工作使经典力学日臻完善，而且物理学研究的范围也扩大了，从机械运动的范畴进入了热运动和电磁运动范畴.在这段时期内，通过克劳修斯、开尔文、玻耳兹曼等人对热现象的研究，人们建立了热力学和统计物理学；通过牛顿、惠更斯、杨、菲涅耳等人对光现象的研究，人们建立了光学；而安培、法拉第、麦克斯韦等人对电磁现象的研究，则为电动力学的建立奠定了基础.至 19 世纪末，经典物理学已发展到相当完善的阶段，当时许多物理学家，包括像开尔文那样知名的、对物理学理论有着多方面贡献的物理学家，都认为物理学的基本规律已被揭露出来，今后的任务只是使这些规律进一步完善、物理学常量更加精确，并把物理学的基本定律应用到具体问题的处理上，以及用来说明新的实验事实而已.

预习自测题

正当物理学家们为经典物理学的成就感到满意和欣喜的时候，一些新的实验事实却给经典物理学以有力的冲击，这些冲击主要来自以下三个方面.一是 1887 年的迈克耳孙-莫雷实验否定了绝对参考系的存在；二是 1900 年瑞利和金斯用经典的能量均分定理来说明热辐射现象时，出现了所谓的“紫外灾难”；三是 1897 年 J.J.汤姆孙发现电子，这说明原子不是物质的基本单元，原子是可分的.经典物理理论无法对这些新的实验结果作出正确的解释，因此处于非常困难的境地，这也使一些物理学家深感困惑和忧虑.

为摆脱经典物理学的困境，一些思想敏锐而又不为旧观念束缚的物理学家，重新思考了物理学中的某些基本概念，经过艰苦而又曲折的道路，终于在 20 世纪初期建立了相对论和量子理论.关于相对论，上一章已作了初步介绍.本章介绍量子理论，其主要内容有：黑体辐射、普朗克能量子假设，光电效应、光的波粒二象性，康普顿效应，氢原子的玻尔理论，德布罗意假设、实物粒子的二象性，不确定关系，量子力学中的波函数、薛定谔方程、一维无限深势阱、一维方势垒、隧道效应，多电子原子中电子的分布，激光、半导体、超导体、纳米材料等.

16-1 黑体辐射 普朗克能量子假设

自古以来，人们都认为物质由一些最小的基本单元所组成.最初，人们相信原子是构成物质的基本单元，而且这种基本单元是不可分的.1897 年 J.J.汤姆孙发现电子是比原子更基本的物质单元，后来，人们又相继发现了中子、质子、介子、超子等粒子.正是这些不连续的基元通过多种多样的组合方式，才得以构成如此丰富多彩的物质世界.但是，20 世纪以前，人们从来不曾怀疑过物质的能量是连续的.在以牛顿为代表的经典力学理论，以玻耳兹曼为代表的统计物理学理论和以麦克斯韦为代表的经典电磁学理论中，人们一直认为能量是可以连续变化的，物体之间能量的传递也是以连续的方式进行的.这些观念为世人所公认，似乎是不言而喻的.直到 1900 年，普朗克试图从理论上解释黑体辐射的规律时，才打破了能量连续变化这一传统的观念，提出了不连续的能量子概念，从而开创了物理学革命的新纪元，宣告了量子物理的诞生.

一、黑体 黑体辐射

任何一个物体，在任何温度下都要发射电磁波.这种由于物体中的分子、原子受到热激发而发射电磁辐射的现象，称为热辐射.另一方面，任何物体在任何温度下都要接收外界射来的电磁辐射，除一部分反射回外界外，其余部分都被物体所吸收.这就是说，物体在任何时候都存在着发射和吸收电磁辐射的过程.实验表明，不同物体在某一频率范围内发射和吸收电磁辐射的能力是不同的，例如，深色物体吸收和发射电磁辐射的能力比浅色物体要大一些.但是，对同一个物体来说，若它在某一频率范围内发射电磁辐射的能力越强，则它吸收该频率范围内电磁辐射的能力也越强；反之亦然.

一般来说，入射到物体上的电磁辐射，并不能全部被物体所吸收.通常人们认为,最黑的煤烟也只能吸收入射电磁辐射的95%.我们设想有一种物体,它能全部吸收一切外来的电磁辐射,则这种物体称为黑体(也称绝对黑体),黑体只是一种理想模型.如果在一个由任意材料(钢、铜、陶瓷或其他)做成的空腔壁上开一个小孔(图16-1),那么小孔就可近似地看作黑体.这是因为射入小孔的电磁辐射,要被腔壁多次反射,每反射一次,腔壁就要吸收一部分电磁辐射能,以致射入小孔的电磁辐射很少有可能从小孔逃逸出来.不妨设想一个单位的电磁辐射从小孔射入空腔中,在空腔内经100次反射后,才从小孔射出来.若每次反射时仅被腔壁吸收10%,则从小孔射出的电磁辐射就只能有 $0.9^{100}=2.656\times10^{-5}$ 了.

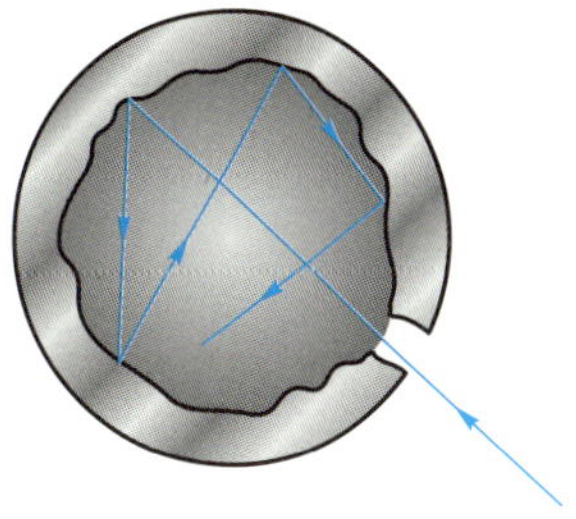

图16-1 空腔壁上的小孔可看作黑体

另外,如前所述,此空腔处于某确定的温度时,也应有电磁辐射从小孔发射出来.显然,从小孔发射出来的电磁辐射就可作为黑体的辐射.总之,无论从吸收还是发射电磁辐射来看,空腔的小孔都可以看作黑体.实验分析表明,空腔小孔向外发射的电磁辐射是含有各种频率成分的,而且不同频率成分的电磁辐射的强度也不同,仅随黑体的温度而异.

在定量介绍热辐射的基本规律之前,下面先说明一下有关的物理量.

1. 单色辐出度

从热力学温度为 T 的黑体的单位面积上,单位时间内,在波长 λ 附近单位波长范围内所辐射出的电磁波能量,称为单色辐射出射度,简称单色辐出度.研究表明,单色辐出度是黑体的热力学温度 T 和波长 λ 的函数,用 $M_\lambda(T)$ 表示.当电磁波的能量用频率表示时,其单色辐出度亦可用 $M_\nu(T)$ 表示.至于 $M_\lambda(T)$ 与 $M_\nu(T)$ 之间的关系,可参见本节的小字部分.

2. 辐出度

在单位时间内,从热力学温度为 T 的黑体的单位面积上,所辐射出的各种波长的电磁波的能量总和,称为辐射出射度,简称辐出度,它只是黑体的热力学温度 T 的函数,用 $M(T)$ 表示.其值显然可由 $M_\lambda(T)$ 或 $M_\nu(T)$ 对所有波长或频率的积分求得,即

$$M(T)=\int_0^\infty M_\lambda(T)\,\mathrm{d}\lambda$$

或

$$M(T)=\int_0^\infty M_\nu(T)\,\mathrm{d}\nu$$

二、斯特藩-玻耳兹曼定律 维恩位移定律

图 16-2 是测定黑体单色辐出度与波长(或频率)关系的实验原理图.图中 A 是热力学温度为 T 的空腔,S 是腔壁上可当作黑体的小孔,从小孔辐射出来的各种波长的电磁波经透镜 L_1 和平行光管 B_1 后,投射到起分光作用的棱镜 P 上.不同波长的电磁波经过棱镜后以不同的方向射出,由会聚透镜 L_2 依次沿不同方向将各种波长的电磁波聚焦在探测器 C(如光电管、热电偶等)上,即可测得单色辐出度 $M_\lambda(T)$ 与波长 λ 之间的关系曲线[图 16-3(a)].至于 $M_\nu(T)$ 与频率 ν 之间的关系曲线[图 16-3(b)],下面将要提及.

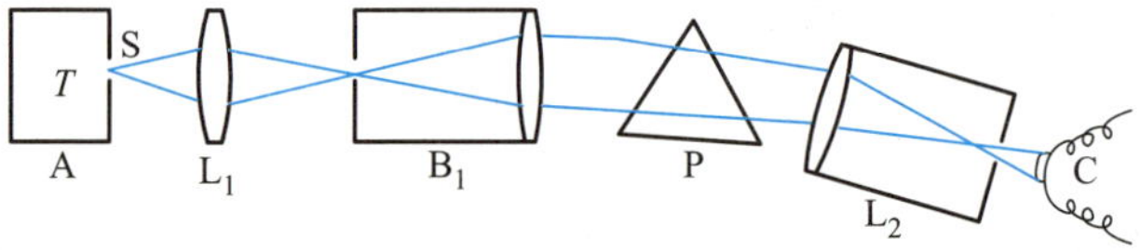

图 16-2 测定黑体单色辐出度的实验原理图

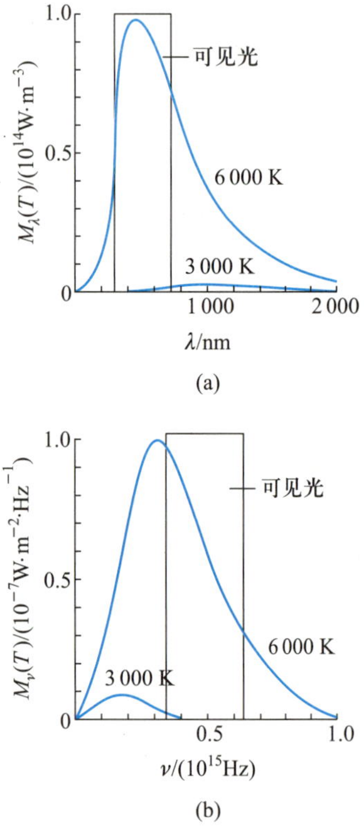

图 16-3 黑体单色辐出度的实验曲线

1. 斯特藩-玻耳兹曼定律

此定律首先由斯特藩①于 1879 年从实验数据的分析中发现,5 年以后,1884 年玻耳兹曼从热力学理论出发也得出同样的结果.定律的内容为:黑体的辐出度[即图 16-3(a)或(b)曲线下的面积]与黑体的热力学温度的四次方成正比,即

$$M(T)=\int_0^\infty M_\lambda(T)\,\mathrm{d}\lambda=\int_0^\infty M_\nu(T)\,\mathrm{d}\nu=\sigma T^4 \qquad (16-1)$$

这就是斯特藩-玻耳兹曼定律,式中 σ 叫做斯特藩-玻耳兹曼常量,其值为 $5.670\times10^{-8}\ \mathrm{W\cdot m^{-2}\cdot K^{-4}}$.

2. 维恩位移定律

从图 16-3(a)中可以看到,随着黑体温度的升高,每一曲线的峰值波长 λ_m 与 T^{-1} 成比例地减小.维恩②于 1893 年用热力学理论找到了 T 与 λ_m 之间的关系,即

① 斯特藩(J. Stefan, 1835—1893),奥地利物理学家.

② 维恩(W. Wien,1864—1928),德国物理学家.他提出热辐射的维恩位移定律和维恩辐射公式,因此于 1911 年获得诺贝尔物理学奖.后来知道,其辐射公式虽只适用于短波波段,但维恩的工作对量子理论的建立起了一定的作用.普朗克提出的黑体辐射公式不仅适用于短波波段,也适用长波波段.

$$\lambda_{m}T=b \qquad (16-2)$$

式中 b 为常量，其值为 2.898×10^{-3} m · K. 上式表明，当黑体的热力学温度升高时，在 $M_{\lambda}(T)-\lambda$ 的曲线上，与单色辐出度 $M_{\lambda}(T)$ 的峰值相对应的波长 λ_{m} 向短波方向移动. 这就是维恩位移定律.

维恩

文档：维恩

维恩位移定律有许多实际的应用，例如通过测定星体的谱线分布来确定其热力学温度，瓷窑、冶金炉中的温度也是以此原理测量的；也可以通过比较物体表面不同区域的颜色变化情况，来确定物体表面的温度分布，这种以图形表示出的热力学温度分布又称为热像图. 利用热像图的遥感技术人们可以监测森林防火，也可以监测人体某些部位的病变. 热像图的应用范围日益广泛，在宇航、工业、医学、军事等方面应用前景很好.

应用斯特藩-玻耳兹曼定律的一个很有趣的例子，就是说明温室效应①.

下面说明 $M_{\lambda}(T)$ 和 $M_{\nu}(T)$ 之间的关系. 由于电磁波的波长和频率的乘积等于光速 c，即 $\lambda\nu=c$，所以单色辐出度 $M_{\lambda}(T)$ 也可以用频率和温度的函数 $M_{\nu}(T)$ 来表示. 这两个函数之间当然是有确定关系的. 热力学温度为 T 的黑体，在波长为 $\lambda\sim\lambda+\mathrm{d}\lambda$ 的范围内，单位时间内从单位面积上辐射电磁波的能量为 $M_{\lambda}(T)\mathrm{d}\lambda$. 若以频率表示，则在频率为 $\nu\sim\nu+\mathrm{d}\nu$ 的范围内，该能量为 $M_{\nu}(T)\mathrm{d}\nu$. 显然，这两种方式表示的能量应相等，即

$$M_{\lambda}(T)\mathrm{d}\lambda=-M_{\nu}(T)\mathrm{d}\nu$$

式中负号表示 $\mathrm{d}\lambda$ 与 $\mathrm{d}\nu$ 始终反号，当 $\mathrm{d}\nu$ 为正时，$\mathrm{d}\lambda$ 为负，反之亦然. 由 $\lambda\nu=c$，有

$$\mathrm{d}\lambda=-\frac{\lambda^{2}}{c}\mathrm{d}\nu$$

故

$$M_{\nu}(T)=M_{\lambda}(T)\frac{\lambda^{2}}{c} \qquad (16-3)$$

视频：地球为什么足够温暖？

利用式(16-3)及图 16-3(a)可作出单色辐出度 $M_{\nu}(T)$ 与频率 ν 之间的关系曲线，如图 16-3(b)所示. 从图中可以看出，随着温度的升高，与单色辐出度的峰值相对应的频率向高频方向移动.

① 参阅马文蔚等主编《物理学原理在工程技术中的应用》(第四版)之“温室效应”(高等教育出版社，2015 年).

温室效应

例 1

（1）温度为室温（20 ℃）的黑体，其单色辐出度的峰值所对应的波长是多少？（2）若使一黑体单色辐出度的峰值所对应的波长在红色谱线范围内，其温度应为多少？（3）以上两个辐出度的比值为多少？

解 （1）室温的热力学温度 $T_1=293\ \text{K}$，故由维恩位移定律，得

$$\lambda_m=\frac{b}{T_1}=9\ 891\ \text{nm}$$

此波长的辐射已属红外辐射，远远超出人眼的视觉范围.

（2）若取红光谱线的波长为 6.50×10^{-7} m，则由维恩位移定律，得

$$T_2=\frac{b}{\lambda_m}=4.46\times10^3\ \text{K}$$

（3）由斯特藩－玻耳兹曼定律，可得

$$\frac{M(T_2)}{M(T_1)}=\left(\frac{T_2}{T_1}\right)^4=5.37\times10^4$$

例 2

从太阳光谱的观测实验中，测得单色辐出度的峰值所对应的波长 λ_m 约为 483 nm. 试由此估算太阳表面的温度.

解 相对于太阳表面的发光情况，其背景可视为黑体. 这样发光的太阳亦可视为黑体中的小孔. 于是，由维恩位移定律得，太阳表面的热力学温度约为

$$T=\frac{b}{\lambda_m}=6\ 000\ \text{K}$$

用这种方法估算太阳表面的温度是可行的. 宇宙中其他发光星体表面的温度也可用这种方法进行推测.

三、黑体辐射的瑞利－金斯公式 经典物理的困难

探求单色辐出度 $M_\nu(T)$ 的数学表达式，对热辐射的理论研究和实际应用都是很有意义的. 因此，19 世纪末，许多物理学家试图由经典电磁学和经典统计物理学出发，从理论上找出与图 16-4 相一致的 $M_\nu(T)$ 的数学表达式，并对黑体辐射的能量分布作出理论说明. 但他们都未能如愿，反而得出与实验不相符合的结果. 其中最有代表性的是瑞利（J.W.Rayleigh，1842—1919）和金斯（J.H.Jeans，1877—1946）按照经典理论得出的 $M_\nu(T)$ 的数学表达式，即

$$M_\nu(T)\,\mathrm{d}\nu=\frac{2\pi\nu^2}{c^2}kT\mathrm{d}\nu \qquad (16-4)$$

式中 k 为玻耳兹曼常量，c 为光速.上式叫做热辐射的瑞利-金斯公式.①

根据式(16-4)可作出单色辐出度 $M_{\nu}(T)$ 与频率 ν 之间的关系曲线，如图 16-4 所示.从图中可以看到，在低频(长波)部分，由经典理论得出的瑞利-金斯公式与实验结果符合得较好，但是在高频(短波)部分，却出现巨大的分歧.从图中还可以看出，对于温度给定的黑体，由瑞利-金斯公式给出的黑体的单色辐出度 $M_{\nu}(T)$ 将随频率的增高(即波长的变短)而趋于“无限大”，这通常称为“紫外灾难”.但实验结果却指出，对于温度给定的黑体，在高频范围内，随着频率的增高，单色辐出度 $M_{\nu}(T)$ 将趋于零.热辐射的经典理论与实验结果之间的分歧是不可调和的，“紫外灾难”给 19 世纪末期看来很和谐的经典物理理论带来了很大的困难，使许多物理学家感到困惑不解.正如开尔文在 1900 年指出的那样，物理学理论大厦的上空飘浮着两朵乌云②，它们动摇了经典物理理论的基础.

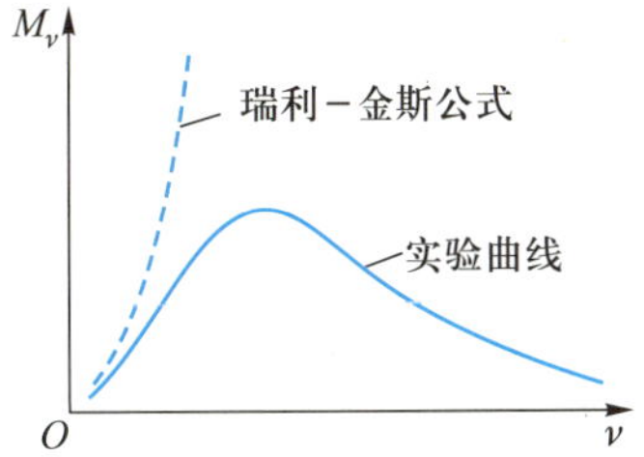

图 16-4 黑体辐射的能量分布实验曲线与瑞利-金斯公式的比较

四、普朗克假设 普朗克黑体辐射公式

普朗克(Max Karl Ernst Ludwig Planck，1858—1947)，德国理论物理学家，量子论的奠基人.1900 年 12 月 14 日他在德国物理学会的例会上，宣读了题为《关于正常光谱的能量分布定律的理论》的论文，该论文提出了能量的量子化假设，并导出了黑体辐射的能量分布公式.劳厄称这一天是“量子论的诞生日”.量子论和相对论一起构成了近代物理学的理论基础.

普朗克

文档：普朗克

1900 年德国物理学家普朗克为了得到与实验曲线相一致的公式，提出了一个与经典物理概念不同的新假设：金属空腔壁上电子的振动可视为一维谐振子，它吸收或者发射电磁辐射能量时，不是过去经典物理所认为的那样可以连续地吸收或发射能量，而是以与振子的频率成正比的能量子

$$\varepsilon=h\nu$$

为基本单元来吸收或发射能量.这就是说，空腔壁上的带电谐振子吸收或发射的能量，只能是 $h\nu$ 的整数倍，即

① 关于这个公式较多的讨论，可参阅马文蔚《物理学》(第七版)下册第 15 章第 15-1 节(高等教育出版社，2020 年).

② 这两朵乌云，一个是迈克耳孙和莫雷关于绝对参考系不存在的实验，另一个就是这里所说的热辐射的“紫外灾难”.

$$\varepsilon = nh\nu \qquad (16-5)$$

式中 n 为正整数,称为量子数.普朗克并假设,比例常量 h 对所有谐振子都是相同的,后来人们把 h 称为普朗克常量.

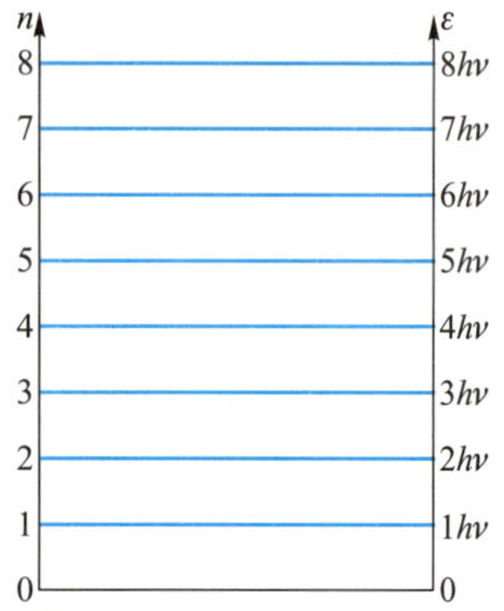

图 16-5 按照普朗克假设,一维谐振子的能量只能取分立值

应当指出,在经典物理中,谐振子的能量正比于振幅的二次方和频率的二次方,尤其重要的是对于给定频率的谐振子,其振幅是任意的.这就是说,给定频率为 ν 的谐振子可以具有任意连续的能量值.而按照普朗克的假设,频率为 ν 的谐振子,其能量值只能取 $0, 1h\nu, 2h\nu, 3h\nu, 4h\nu, \cdots, nh\nu$ 等不连续的值中的一个(图 16-5),即谐振子能量是按量子数 n 作阶梯式分布的.后来人们把谐振子处于某些能量状态,形象地称为处于某个能级.上述普朗克假设,一般叫做普朗克能量子假设,或简称普朗克量子假设.这个假设与经典物理能量连续的概念格格不入,为物理学带来了新的概念和活力.

普朗克按照他的能量子假设得到,在单位时间内,从温度为 T 的黑体的单位面积上,在频率为 $\nu \sim \nu+\mathrm{d}\nu$ 的范围内,所辐射的能量为

$$M_\nu(T)\,\mathrm{d}\nu = \frac{2\pi h\nu^3}{c^2}\,\frac{\mathrm{d}\nu}{\mathrm{e}^{h\nu/kT}-1} \qquad (16-6)$$

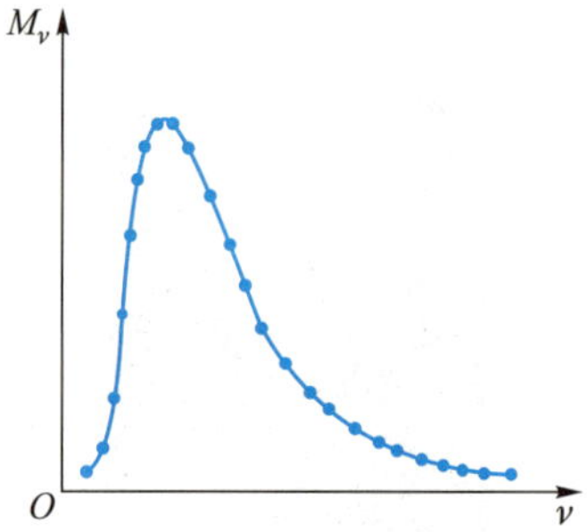

图 16-6 黑体辐射能量分布的实验值与普朗克公式的理论曲线的比较(图中的圆点表示实验值)

这就是著名的普朗克黑体辐射公式.图 16-6 给出了普朗克公式与实验结果的比较,从图中可见,两者是十分吻合的.一般计算时取 $h = 6.63\times10^{-34}$ J·s.

由式(16-3),普朗克黑体辐射公式(16-6)还可以写成

$$M_\lambda(T)\,\mathrm{d}\lambda = \frac{2\pi hc^2}{\lambda^5}\,\frac{\mathrm{d}\lambda}{\mathrm{e}^{hc/\lambda kT}-1} \qquad (16-7)$$

普朗克按照能量子假设,虽然从理论上得出了与实验结果相一致的黑体辐射能量分布,但是他并未因此而高兴.相反,他却认为自己做了一件错事,把本来很和谐的经典物理学弄得一团糟,内心不安,诚惶诚恐,甚至试图将能量量子化纳入经典物理学的轨道之内.持有类似态度的物理学家,当时不止普朗克一人,他们还想从经典物理概念中找出路,当然,这些努力都是徒劳的.甚至当 1905 年爱因斯坦在普朗克的能量量子化的启发下,提出了光量子概念以说明光电效应之后,普朗克的观点仍无改变.接着,1913 年玻尔发展了量子化概念,正确地解释了氢原子光谱的规律.直到 1915 年,普朗克才逐渐认识到量子化的重要作用.普朗克在回忆这段往事时说:“试图使量子与经典物理协调起来的这种

徒劳无益的打算，使我耗去了很多精力，直到1915年.我的许多同事认为这近乎是一个悲剧，但我并不这样认为，因为我由此获得的透彻的启示是更有价值的.现在我知道作用量子 h 比我当初想象的重要得多."科学家是人，不是神.一种科学观点的变革，即使对像普朗克这样有开创精神的科学家，也不是那么容易接受的.但科学是不会忘记普朗克的开创精神的，人们称普朗克为量子之父.由于普朗克对建立量子论的贡献，1918年他被授予诺贝尔物理学奖.

16-2 光电效应 光的波粒二象性

1887年，赫兹发现了光电效应现象.18年以后(即1905年)，爱因斯坦发展了普朗克关于能量量子化的假设，提出了光量子概念，从理论上成功地说明了光电效应实验的规律.为此，爱因斯坦获得了1921年的诺贝尔物理学奖.①

一、光电效应实验的规律

图16-7是研究光电效应的实验装置示意图.当紫外线照射在金属K的表面上时，若K接电源的负极，A接电源的正极，则可以观察到电路中有电流.这是由于当光照射到金属K上时，金属中的电子从表面上逸出来，并在加速电势差 $U=V_A-V_K$ 的作用下，从K到达A，从而在电路中形成电流 I，这称为光电流.在光照射下，电子从金属表面逸出的现象，叫做光电效应.逸出的电子，叫做光电子.若将K接正极，A接负极，则光电子离开K后，将受到电场力的阻碍作用.当K、A之间的反向电势差等于 U_0 时，从K逸出的动能最大(即 $E_{k,max}$)的电子刚好不能到达A，此时电路中没有电流，则 U_0 叫做遏止电势差.此时，U_0 与 $E_{k,max}$ 之间有如下关系：

$$E_{k,max}=eU_0$$

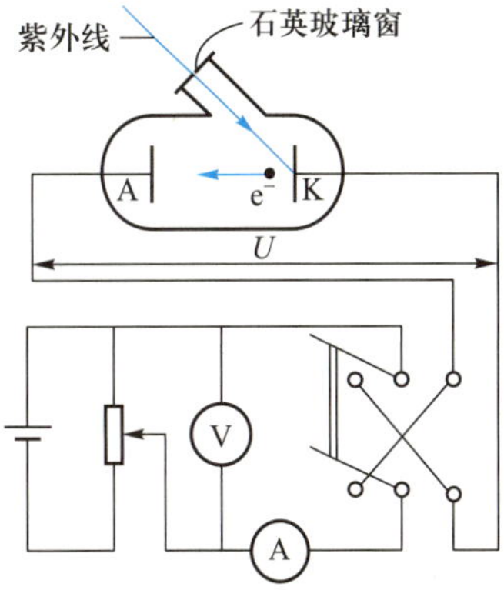

图16-7 光电效应实验装置示意图

① 值得回味的是：爱因斯坦获诺贝尔物理学奖的原因是光电效应，而非同一年提出的狭义相对论，而后者却是改变世界的科学思想的重大变革.你知道这是为什么吗？

式中 e 为元电荷.

从光电效应实验我们可归纳出如下规律.

(1) 对某一种金属来说,只有当入射光的频率大于某一频率 ν_0时,光电子才能从金属表面逸出,电路中才有光电流.这个频率 ν_0叫做截止频率(也称为红限频率).如果入射光的频率小于截止频率(即 $\nu<\nu_0$),那么,无论光的强度有多大,都没有光电子从金属表面逸出.表 16-1 列出了几种纯金属的截止频率.

表 16-1 几种纯金属的截止频率

金属	铯	钠	锌	铱	铂
ν_0/Hz	4.545×10^{14}	4.39×10^{14}	8.065×10^{14}	1.153×10^{15}	1.929×10^{15}
所在波段	可见光(红)	可见光(绿)	近紫外线	远紫外线	远紫外线

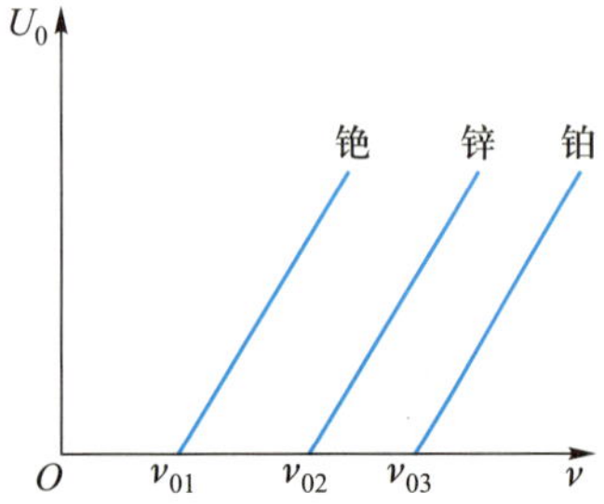

图 16-8 遏止电势差与入射光的频率之间的关系

(2)当用不同频率的光照射金属 K 的表面时,只要入射光的频率大于截止频率,遏止电势差(对应于光电子动能的最大值)与入射光的频率就具有线性关系,如图 16-8 所示.

(3) 无论入射光的强度如何,只要其频率大于截止频率,当光照射到金属表面上时,几乎立即就有光电子逸出.根据测量,从光开始照射金属表面,到光电子首次逸出来,其时间间隔不超过 10^{-9} s.这就是常说的光电效应的“瞬时性”.

这种由于光照射到金属表面上而产生的光电效应,叫做外光电效应.光也可以入射到物体的内部(如半导体的内部),这时物体内部会释放出电子,但这些电子仍留在物体内,从而增加物体的导电性.这种光电效应,叫做内光电效应.本章第 16-10 节中的“四、光生伏打效应”就属内光电效应.这里,我们只讨论外光电效应.

人们用经典物理学中光的电磁波理论说明光电效应的实验规律时,遇到很大困难.这主要表现在,按照经典理论,无论何种频率的入射光,只要其强度足够大,就能使电子具有足够的能量逸出金属表面;然而实验却指出,若入射光的频率小于截止频率,无论其强度有多大,都不能产生光电效应.此外,按照经典理论,电子逸出金属表面所需的能量,需要有一定的时间来积累,一直积累到足以使电子逸出金属表面为止;然而实验却指出,光的照射和光电子的释放几乎是同时发生的,在 10^{-8}s 这一测量精度范围内,人们观察不到这种滞后现象,即光电效应可认为是“瞬时的”.

游戏:光电效应

二、光子 光电效应方程

为了解决光电效应的实验规律与经典物理理论的矛盾，1905年爱因斯坦对光的本性提出了新的理论.他认为，光束可以看成由微粒构成的粒子流，这些粒子叫做光量子，以后简称为光子.在真空中，每个光子都以光速$c=3\times10^{8}\ \mathrm{m\cdot s^{-1}}$运动.对于频率为$\nu$的光束，其中光子的能量为

$$\varepsilon=h\nu \tag{16-8}$$

式中h为普朗克常量.按照爱因斯坦的光子假设，频率为ν的光束可看成是由许多能量均为$h\nu$的光子所构成的；频率ν越大的光束，其中光子的能量也越大；对给定频率的光束来说，光的强度越大，就表示光子的数目越多.由此可见，对单个光子来说，其能量取决于频率，而对一束光来说，其能量既与频率有关，又与光子数有关.

爱因斯坦认为，当频率为ν的光束照射在金属表面上时，光子的能量被单个电子所吸收，使电子获得能量$h\nu$.当入射光的频率ν足够大时，光子可以使电子具有足够的能量从金属表面逸出，逸出时所需要做的功，称为逸出功W.设电子逸出金属表面后具有的最大初动能为$mv^2/2$，由能量守恒定律得

$$h\nu=\frac{1}{2}mv^2+W \tag{16-9}$$

这个方程叫做爱因斯坦的光电效应方程.表16-2列出了几种金属的逸出功的近似值①.

表16-2 几种金属的逸出功的近似值

金属	钠	铝	锌	铜	银	铂
W/eV	1.90~2.46	2.50~3.60	3.32~3.57	4.10~4.50	4.56~4.73	6.30

从光电效应方程(16-9)可以看出，当光子的频率达到ν_0时($W=h\nu_0$)，电子的初动能$mv^2/2=0$，电子刚好能逸出金属表面，此时ν_0即前述的截止频率，其值为$\nu_0=W/h$.显然，只有频率大于ν_0的入射光照射在金属表面上时，电子才能从金属表面上逸出来，并具有一定的初动能.如果入射光的频率小于ν_0，电子吸收的

① 金属的逸出功是由实验测定的，它的值取决于金属的晶体结构、表面的清洁程度和所处的环境，表中列出了其近似值的范围.

光子能量就小于逸出功 W，在这种情况下，电子是不能逸出金属表面的，这与实验结果是一致的. 因此，只要 $\nu>\nu_0$，电子就会从金属中被释放出来，而不需要积累能量的时间，光电子的释放和光的照射几乎是同时发生的，是“瞬时的”，没有滞后现象. 这与实验结果也是一致的. 从式(16-9)还可看出，光电子的动能是与入射光的频率成正比的，这正说明了遏止电势差 U_0 与频率 ν 成正比的实验结果.

此外，从光子假设还可以知道，光的强度越大，光束中所含光子的数目就越多. 因此，只要入射光的频率大于截止频率，随着光子数的增加，单位时间内吸收光子的电子数就增多，光电流也就增大. 所以说，光电流与入射光的强度成正比，这也与实验结果相符合.

至此，我们可以说，由经典理论出发解释光电效应实验所遇到的困难，在爱因斯坦光子假设提出后，都顺利地得到了解决. 不仅如此，通过爱因斯坦对光电效应的研究，我们还对光的本性在认识上有了一个飞跃. 光电效应显示了光的微粒性. 这就是说，某一频率的光束，是由一些能量相同的光子所构成的光子流. 在光电效应中，当电子吸收光子时，它吸收光子的全部能量，而不能只吸收其一部分. 光子与电子一样，也是构成物质的一种微观粒子. 有意思的是，当初密立根想通过实验验证爱因斯坦光电效应理论是错误的，可却得出了理论是正确的结论，并测出了普朗克常量的值.①

20 世纪 20 年代末，爱因斯坦应密立根之邀任美国加州理工学院访问教授. 前排左一为迈克耳孙(1931 年去世)，左二为爱因斯坦，左三为密立根.

文档：密立根

例

设有一半径为 1.0×10^{-3} m 的薄圆片，它距光源 1.0 m. 此光源的功率为 1 W，发射波长为 589 nm 的单色光. 假设光源向各个方向发射的能量是相同的，试计算在单位时间内落在薄圆片上的光子数.

① 参阅马文蔚《物理学》(第七版)下册第 338 页(高等教育出版社，2020 年).

解 从题意可知,圆片的面积 $S=\pi\times(1.0\times10^{-3}\ \text{m})^2=\pi\times10^{-6}\ \text{m}^2$.由于光源发射出来的能量在各个方向上是相同的,所以在单位时间内落在薄圆片上的能量为

$$P'=P\frac{S}{4\pi r^2}$$

式中 r 为光源到圆片的距离,$r=1.0$ m;P 为光源的功率,$P=1\ \text{J}\cdot\text{s}^{-1}$.于是有

$$P'=2.5\times10^{-7}\ \text{J}\cdot\text{s}^{-1}$$

故在单位时间落在薄圆片上的光子数为

$$N=\frac{P'}{h\nu}=\frac{P'\lambda}{hc}=7.4\times10^{11}\ \text{s}^{-1}$$

即每秒钟有 7.4×10^{11} 个光子落在薄圆片上.

*三、光电效应在近代技术中的应用

这里只介绍常见的外光电效应的几种应用.

利用光电管制成的光控继电器,可以用于自动控制,如自动计数、自动报警、自动跟踪等.图 16-9 是光控继电器的示意图,它的工作原理是:当光照在光电管上时,光电管电路中产生光电流,经过放大器放大,使电磁铁 M 磁化,从而把衔铁 N 吸住.当光电管上没有光照时,光电管电路中没有电流,电磁铁 M 就把衔铁 N 放开.我们将衔铁和控制机构相连接,就可以进行自动控制.利用光电效应还可测量一些转动物体的转速①.

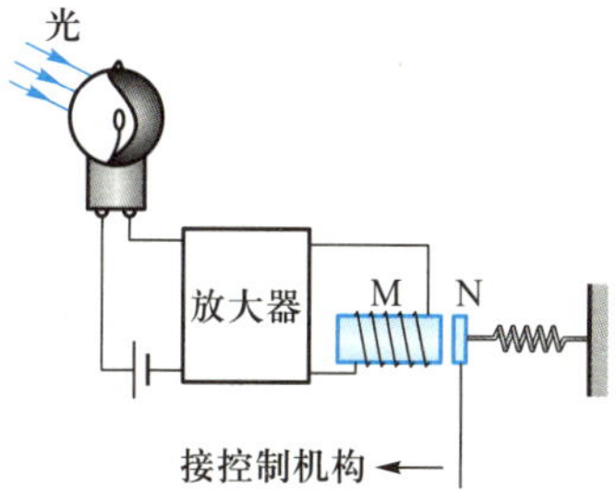

图 16-9 光控继电器示意图

光电光度计也是利用光电管制成的.它是利用光电流与入射光强度成正比的原理,通过测量光电流来测定入射光强度的.有些曝光表就是一种光电光度计.

除光电管外,利用光电效应还可以制造多种光电器件,如光电倍增管、电视摄像管等.这里介绍一下光电倍增管,这种管子可以测量非常微弱的光.图 16-10 是光电倍增管的大致结构,它的管内除有一个阴极 K 和一个阳极 A 外,还有若干个倍增电极 K_1、K_2、K_3、K_4、K_5等.使用时,不但要在阴极和阳极之间加上电压,各倍增电极也要加上电压,使阴极电势最低,各个倍增电极的电势依次升高,阳极电势最高.这样,相邻两个电极之间都有加速电场.当阴极受到光的照射时,就发射出光电子,光电子在加速电场的作用下,以较大的动能撞击到第一个倍增电极上.光电子能从这个倍增电极上激发出较多的电子,这些电子在电场的作用下,又撞击到第二个倍增电极上,从而激发出更多的电子.这样,激发出的光电子数不断增加,最后阳极收集到的光电子数将比最初从阴极发射出的光电子数增加很多倍(一般为 10^5 ~ 10^8 倍).因此,这种管子只要受到很微弱的光照,就能产生很大的电流,它在天文、军事、工程等方面都有重要的应用.

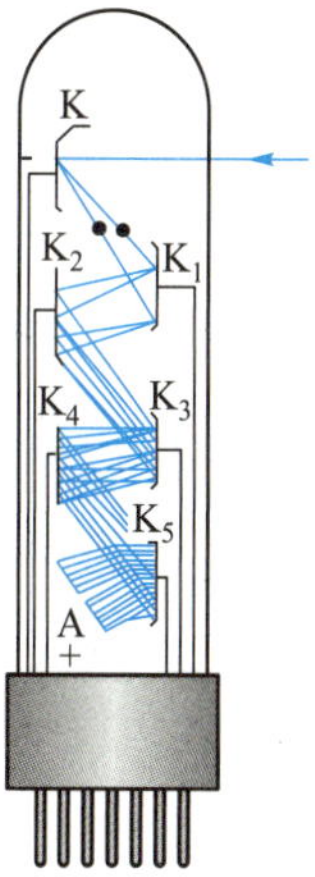

图 16-10 光电倍增管

① 参阅马文蔚等主编《物理学原理在工程技术中的应用》(第四版)之"光电法测转速"(高等教育出版社,2015 年).

光电法测转速

四、光的波粒二象性

我们先讨论一下光子的质量、动量和能量.我们知道,光在真空中的传播速度为 c,即光子的速度应为 c,则由 $m=\dfrac{m_0}{\sqrt{1-v^2/c^2}}$ 可得光子的静质量 $m_0=0$.又由狭义相对论的动量和能量的关系式

$$E^2=p^2c^2+E_0^2$$

可知,由于光子的静能量 $E_0=m_0c^2=0$,所以光子的能量和动量的关系可写成

$$E=pc$$

其动量也可写成

$$p=\frac{E}{c}=\frac{h\nu}{c}=\frac{h}{\lambda}$$

因此,对于频率为 ν 的光子,其能量和动量分别为

$$E=h\nu,\quad p=\frac{h}{\lambda} \tag{16-10}$$

在这里,大家可以看到,描述光的粒子性的量(E 和 p)与描述光的波动性的量(ν 和 λ)通过普朗克常量 h 联系起来,所以人们把 h 称为作用量子,也就基于此.

光电效应实验表明,光由光子组成的看法是正确的,体现出光具有粒子性.而前面所讲述的光的干涉、衍射和偏振现象,又明显地体现出光的波动性.所以说,光既具有波动性,又具有粒子性,即光具有波粒二象性.一般来说,光在传播过程中,波动性表现比较显著;当光和物质相互作用时,粒子性表现比较显著.光所表现出的这两重性质,反映了光的本性.应当指出,光子具有粒子性并不意味着光子一定没有内部结构,光子也许由其他粒子组成,只是迄今为止,尚无任何实验显露出光子存在内部结构的迹象.光的粒子性将在下一节讨论康普顿效应时,得到进一步的体现.

16-3 康普顿效应

在光电效应中,光子与电子作用时,光子被电子所吸收,电子

得到光子的全部能量.若被吸收的光子能量大于金属的逸出功，电子就会携带一定的动能逸出金属表面.

光子与电子作用的形式还有其他种类，康普顿效应就是其中之一.

1920 年，康普顿在观察 X 射线被物质散射时，发现散射线中含有波长变化了的成分.图 16-11 是 X 射线散射实验装置的示意图.由单色 X 射线源 R 发出的波长为 λ_0的 X 射线，通过光阑 D 成为一束狭窄的 X 射线，并投射到散射物质 C（如石墨）上，用摄谱仪 S 可探测到不同散射角 θ 的散射 X 射线的相对强度 I.图 16-12 是康普顿得到的实验结果.从实验结果中我们可以看到，在散射 X 射线中除有波长与入射波长相同的射线外，还有波长比入射波长更大的射线，这种现象就叫做康普顿效应.我国物理学家吴有训在这方面也作出了卓有成效的贡献.

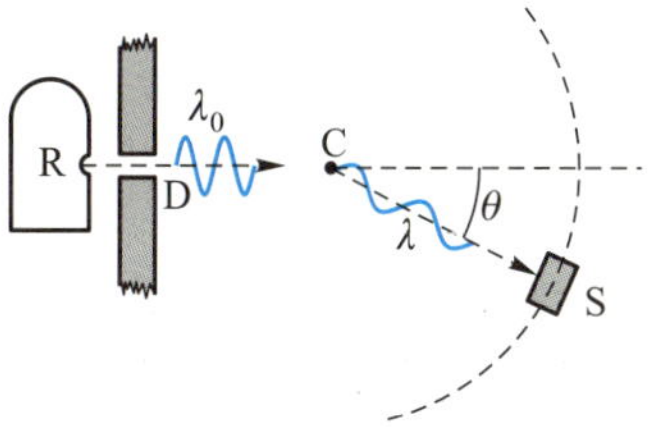

图 16-11 X 射线散射实验装置示意图

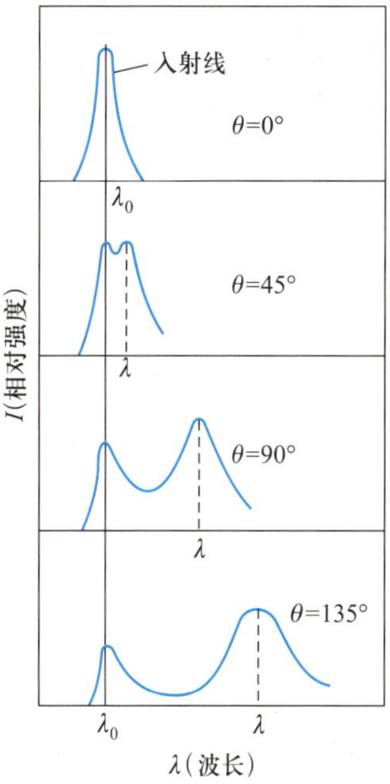

图 16-12 康普顿的 X 射线散射实验结果

然而，经典电磁理论不能对康普顿效应作出合理的解释.这是因为，按照经典电磁理论，当单色电磁波作用在尺寸比波长还要小的带电粒子上时，带电粒子将以与入射电磁波相同的频率作电磁受迫振动，并向各个方向辐射出同一频率的电磁波.于是经典电磁理论预言，散射波具有和入射波一样的频率（或波长）.对于像可见光这类波长较大的电磁波，经典电磁理论的这个预言是比较符合实际的.在日常生活中经常可以看到，可见光照射在悬浮于乳胶溶液中的微小粒子上时，由微小粒子散射到各个方向的光，其波长与入射光的波长几乎完全一样.然而，在康普顿的 X 射线散射实验中，确实出现了散射射线的波长明显变大的现象.这表明经典电磁理论与康普顿效应是不相容的.

康普顿（Arthur Holly Compton，1892—1962），美国物理学家.1920 年开始从事 X 射线经石墨或金属等物质的散射光谱的研究，用光子和电子相互碰撞的理论解释了散射 X 射线中波长变大的实验结果，有力地证实了爱因斯坦的光量子假说.由于这方面的贡献，他于 1927 年获得诺贝尔物理学奖.

康普顿

吴有训（1897—1977），中国物理学家.1920 年毕业于南京高等师范学校.1921 年赴美师从康普顿作 X 射线散射光谱的研究.1924 年他们合作发表《经过轻元素散射后的钼 K_α 射线的波长》一文，1926 年他单独发表《在康普顿效应中变线与不变线的能量分布》等两篇论文.他从实验中得到的关于 15 种不同元素的 X 射线散射谱图受到康普顿的赞许.这一谱图十分关键，以雄辩的事实佐证了康普顿效应的理论.

怎样正确认识康普顿的 X 射线散射实验结果呢？1922 年康普顿提出，按照光子假设，频率为 ν_0的 X 射线可看成是由一些能

文档:康普顿

吴有训

量为 $\varepsilon_0=h\nu_0$ 的光子组成的,并假设光子与受原子束缚较弱的电子或自由电子之间的碰撞类似于完全弹性碰撞.依照这个观点,我们可对康普顿效应作如下解释:当能量为 $\varepsilon_0(h\nu_0)$ 的入射光子与散射物质中的电子发生弹性碰撞时,电子会获得一部分能量,因此碰撞后散射光子的能量 $\varepsilon(h\nu)$ 比入射光子的能量小.因而散射光子的频率 ν 比入射光子的频率 ν_0 要小,即散射光子的波长 λ 比入射光子的波长 λ_0 要大一些.这就定性地说明了散射射线中会出现波长大于入射射线波长的成分的原因.下面来定量地计算波长的变化量,从而可看出波长的变化量与哪些因素有关.

图 16-13 表示一个光子和一个束缚较弱(看作自由)的电子作弹性碰撞的情形.由于电子的速度远小于光子的速度,所以可认为电子在碰撞前是静止的,即 $v_0=0$,并设频率为 ν_0 的光子沿 x 轴正方向入射.碰撞后,频率为 ν 的散射光子沿着与 x 轴成 θ 角的方向散射,电子则获得了速度 v,并沿与 x 轴成 φ 角的方向运动,这个电子称为反冲电子.

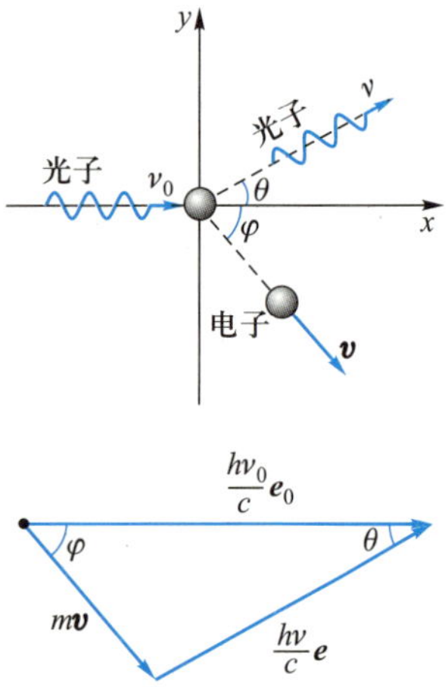

图 16-13 光子与束缚较弱的电子的碰撞及动量变化

因为碰撞是完全弹性的,所以应同时满足能量守恒定律和动量守恒定律.又考虑到所研究的问题涉及光子,故这两个定律应写成相对论性的形式.设电子碰撞前后的静质量和相对论性质量分别为 m_0 和 m,由狭义相对论的质能关系可知,其相应的能量分别为 m_0c^2 和 mc^2.所以,在碰撞过程中,根据能量守恒定律有

$$h\nu_0+m_0c^2=h\nu+mc^2$$

或

$$mc^2=h(\nu_0-\nu)+m_0c^2 \qquad (16-11)$$

而光子在碰撞后所损失的动量便是电子所获得的动量,如图 16-13 所示.设 $\boldsymbol{e}_0$ 和 $\boldsymbol{e}$ 分别为碰撞前后光子运动方向上的单位矢量,于是,根据动量守恒定律可得

$$\frac{h\nu_0}{c}\boldsymbol{e}_0=\frac{h\nu}{c}\boldsymbol{e}+m\boldsymbol{v} \qquad (16-12)$$

由此式的三角形边长关系有

$$(mv)^2=\left(\frac{h\nu_0}{c}\right)^2+\left(\frac{h\nu}{c}\right)^2-2\left(\frac{h\nu_0}{c}\frac{h\nu}{c}\cos\theta\right)$$

或

$$(mvc)^2=(h\nu_0)^2+(h\nu)^2-2h^2\nu_0\nu\cos\theta \qquad (16-13)$$

将式(16-11)两端平方并与式(16-13)相减,得

$$m^2c^4\left(1-\frac{v^2}{c^2}\right)=m_0^2c^4-2h^2\nu_0\nu(1-\cos\theta)+2m_0c^2h(\nu_0-\nu)$$

由狭义相对论的质量与速度的关系式可知,电子碰撞后的质量为 $m=m_0(1-v^2/c^2)^{-1/2}$.这样,上式可化为

$$\frac{c}{\nu}-\frac{c}{\nu_0}=\frac{h}{m_0c}(1-\cos\theta) \tag{16-14a}$$

或

$$\Delta\lambda=\lambda-\lambda_0=\frac{h}{m_0c}(1-\cos\theta)=\frac{2h}{m_0c}\sin^2\frac{\theta}{2} \tag{16-14b}$$

式中 λ_0为入射光子的波长,λ 为散射光子的波长.式(16-14b)给出了散射光子波长的改变量与散射角 θ 之间的函数关系.即 $\theta=0$ 时,波长不变;θ 增大时,$\lambda-\lambda_0$也随之增加.这个结论与图 16-13 所表示的实验结果是一致的.

在式(16-14b)中,h/m_0c 是一个常量,称为康普顿波长,其值为

$$\frac{h}{m_0c}=\frac{6.63\times10^{-34}}{9.11\times10^{-31}\times3.00\times10^{8}}\ \mathrm{m}=2.43\times10^{-12}\ \mathrm{m}$$

由上式可见,散射光子波长的改变量 $\Delta\lambda$ 的数量级为 10^{-12} m.对于波长较大的可见光(波长的数量级为 10^{-7} m)以及无线电波等波长更大些的波来说,波长的改变量 $\Delta\lambda$ 与入射光子的波长 λ_0相比,要小得多,例如对于 $\lambda_0=10$ cm 的微波,$\Delta\lambda/\lambda_0\approx2.43\times10^{-11}$.因此,对这些波长较大的电磁波来说,康普顿效应是难以观察到的.这时,量子理论结果与经典理论结果是一致的.只有对于波长较小的电磁波(如 X 射线,其波长的数量级为 10^{-10} m),波长的改变量与入射光子的波长才可以相比拟,例如 $\lambda_0=10^{-10}$ m,$\Delta\lambda/\lambda_0\approx2.43\times10^{-2}$,这时才能观察到康普顿效应.在这种情况下,经典理论就失效了,也就是说,对于波长较小的波,其量子效应较为显著.这也是和实验结果相符合的.

上面研究的是光子和受原子束缚较弱的电子发生碰撞时的情况,它只说明散射射线中含有波长比入射射线波长更大的射线,那么,如何说明散射射线中也有与入射射线波长相同的射线呢?这是因为,光子除了与上述那种电子发生碰撞外,还要与原子中束缚很紧的电子发生碰撞,这种碰撞可以看作光子与整个原子的碰撞.由于原子的质量很大,根据碰撞理论,光子碰撞后不会显著地失去能量,所以散射射线的频率几乎不变,因此在散射射线中也有与入射射线波长相同的射线.由于轻原子中电子束缚较弱,重原子中内层电子束缚很紧,所以相对原子质量(以前称为原子量)小的物质康普顿效应较显著,相对原子质量大的物质康普

顿效应不明显,这和实验结果也是一致的.

康普顿效应的发现以及理论分析和实验结果的一致,不仅有力地证实了光子假设的正确性,而且也证实了微观粒子在相互作用过程中,同样是严格地遵守能量守恒定律和动量守恒定律的.

例

设波长 $\lambda_0=1.00\times10^{-10}$ m 的 X 射线的光子与自由电子作弹性碰撞,散射 X 射线的散射角 $\theta=90°$.问:(1) 散射射线波长的改变量 $\Delta\lambda$ 为多少?(2) 反冲电子获得多少动能?在碰撞中,光子的能量损失了多少?(3)反冲电子的动量的大小和方向如何?

解 (1) 由式(16-14b)知

$$\Delta\lambda=\frac{h}{m_0c}(1-\cos\theta)$$

代入已知数值,可得

$$\Delta\lambda=2.43\times10^{-12}\ \text{m}$$

(2) 由式(16-11),有

$$mc^2-m_0c^2=h\nu_0-h\nu$$

式中 $mc^2-m_0c^2$ 即反冲电子的动能 E_k,故

$$E_k=h\nu_0-h\nu=\frac{hc}{\lambda_0}-\frac{hc}{\lambda}$$

得

$$E_k=hc\left(\frac{1}{\lambda_0}-\frac{1}{\lambda_0+\Delta\lambda}\right)=\frac{hc\Delta\lambda}{\lambda_0(\lambda_0+\Delta\lambda)}$$

将已知数值代入上式,得

$$E_k=4.72\times10^{-17}\ \text{J}=295\ \text{eV}$$

光子损失的能量就等于反冲电子所获得的动能,也为 295 eV.

(3)根据散射矢量图 16-14,有

$$p_e^2=(h/\lambda)^2+(h/\lambda_0)^2$$

式中 $\lambda=\lambda_0+\Delta\lambda$

则 $p_e=9.27\times10^{-24}\ \text{kg}\cdot\text{m/s}$

$$\tan\phi=\frac{h/\lambda}{h/\lambda_0}=\frac{\lambda_0}{\lambda}=0.976$$

即 $\phi=44.3°$

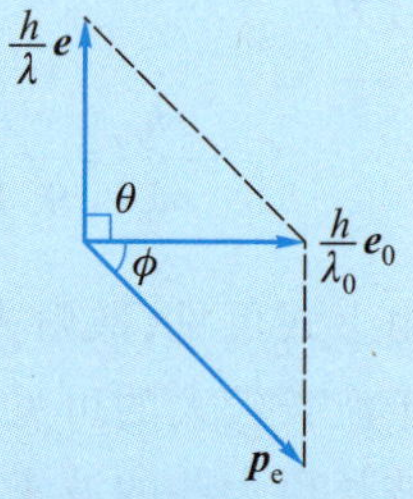

图 16-14

读者可以计算一下,如果用波长为 1.88×10^{-12} m 的 γ 射线与自由电子碰撞,那么上述各个问题的结果又如何?

16-4 氢原子的玻尔理论

从以上讨论中已经知道,1900 年,普朗克引入了能量子概念,从而解决了经典理论解释黑体辐射时所遇到的困难,为量子理论的建立奠定了基础.继而,爱因斯坦又提出了光量子假设,完满地说明了光电效应的实验规律,为量子理论的发展开创了新的局面.因此,20 世纪初物理学革命的重大成果之一,就是建立了早

期的量子论.另一方面在 19 世纪 80 年代,光谱学得到了长足的发展,特别是瑞士数学家巴耳末(J.J.Balmer,1825—1898)于 1885 年把看来似乎毫无规律可言的氢原子可见光部分的线光谱,归结成一个有规律的公式,这促使人们意识到光谱规律的实质是显示了原子内部机理的信息.接着,在 1897 年,J.J.汤姆孙发现了电子,这进一步促使人们去探索原子的结构.应当说,量子论、光谱学、电子这三大发现的线索,为运用量子论研究原子的结构提供了坚实的理论和实验基础.在所有的原子中,氢原子是最简单的,这里就先从氢原子的光谱着手.

一、氢原子光谱的规律

氢原子线光谱中可见光部分的实验结果,如图 16-15 所示.巴耳末发现氢原子线光谱在可见光波段的谱线规律,可归纳为如下公式:

$$\lambda = 364.56\frac{n^2}{n^2-2^2}\ \text{nm},\quad n=3,4,5,\cdots \tag{16-15}$$

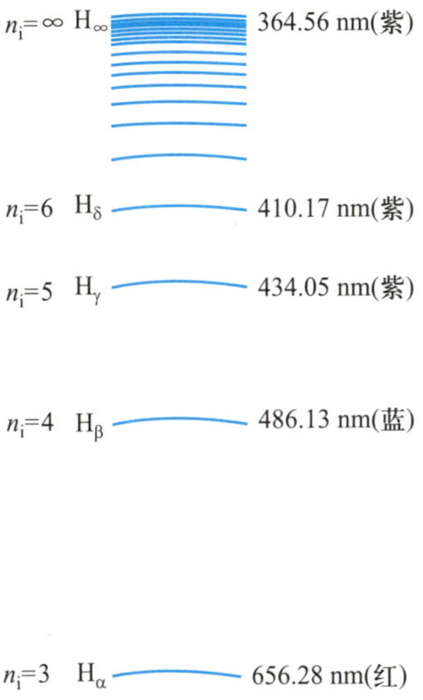

图 16-15 氢原子光谱的巴耳末系

当 $n=3$ 时,由上式可得 $\lambda_\alpha=656.21$ nm,这与谱线 H_α 波长的实验值 656.28 nm 是相当吻合的;当 $n=4,5,6,\cdots$ 时,由式(16-15)所得的值与实验值也是相当吻合的.因此,我们可以认为式(16-15)反映了氢原子光谱中可见光范围内,谱线按波长分布的规律.这个谱线系叫做巴耳末系,式(16-15)叫做巴耳末公式.而当 $n\to\infty$ 时,谱线 H_∞ 的波长为 364.56 nm,这个波长为巴耳末系波长的极限值.

1890 年瑞典物理学家里德伯(J.R.Rydberg,1854—1919)用波长的倒数来替代巴耳末公式中的波长,并将 $\sigma=1/\lambda$ 称为波数,从而得出氢原子光谱公式的常见形式:

$$\sigma = R\left(\frac{1}{2^2}-\frac{1}{n^2}\right),\quad n=3,4,5,\cdots \tag{16-16}$$

式中 R 称为里德伯常量,其近代实验测定值 $R_H=1.096\ 7758\times10^7$ m,一般计算时取 $1.097\times10^7\ \text{m}^{-1}$.

在氢原子光谱中,除了可见光部分的巴耳末谱线系以外,还有紫外线和红外线部分的谱线系.它们都概括在类似式(16-16)的式(16-17)中.现列表 16-3 如下.

文档:巴耳末

表 16-3 氢原子光谱线系

谱线系名称及发现年代	谱线波段	n_f	n_i	谱线公式
莱曼(Lyman)系,1914	紫外线	1	2,3,…	$\sigma=\frac{1}{\lambda}=R\left(\frac{1}{1^2}-\frac{1}{n_i^2}\right)$
巴耳末(Balmer)系,1885	可见光	2	3,4,…	$\sigma=\frac{1}{\lambda}=R\left(\frac{1}{2^2}-\frac{1}{n_i^2}\right)$
帕邢(Paschen)系,1908	红外线	3	4,5,…	$\sigma=\frac{1}{\lambda}=R\left(\frac{1}{3^2}-\frac{1}{n_i^2}\right)$
布拉开(Brackett)系,1922	红外线	4	5,6,…	$\sigma=\frac{1}{\lambda}=R\left(\frac{1}{4^2}-\frac{1}{n_i^2}\right)$
普丰德(Pfund)系,1924	红外线	5	6,7,…	$\sigma=\frac{1}{\lambda}=R\left(\frac{1}{5^2}-\frac{1}{n_i^2}\right)$
汉弗莱(Humphreys)系,1953	红外线	6	7,8,…	$\sigma=\frac{1}{\lambda}=R\left(\frac{1}{6^2}-\frac{1}{n_i^2}\right)$

表中各谱线系的光谱线规律,可以统一写成

$$\sigma=R\left(\frac{1}{n_f^2}-\frac{1}{n_i^2}\right) \tag{16-17}$$

对于给定的 $n_f(=1,2,3,\cdots)$,n_i的值分别取 $n_f+1,n_f+2,n_f+3,\cdots$,就可以得到各谱线系.

应当指出,氢原子光谱的谱线规律被发现以后,里德伯和里兹[①]等人又于 1908 年发现碱金属的光谱线也有类似于氢原子光谱线的规律性.至此原先人们觉得十分零乱而无序的原子光谱谱线,经过巴耳末、里德伯、里兹等人的归纳整理后,不仅显现出谱线系的规律性,而且还可以用简单的公式表示出来.这无疑启示人们,原子的内部存在着固有的规律性,而这种规律性又为原子结构理论的建立提供了丰富的信息和不尽的畅想.

二、卢瑟福的原子有核模型

要正确解释原子光谱的规律性,必须知道原子的结构.在电子发现之前,这一点是很难实现的.自 1897 年 J.J.汤姆孙发现电

① 里兹(W.Ritz,1878—1909),瑞士物理学家.他发现碱金属光谱线的规律性与氢原子光谱线相似时,年仅 30 岁,第二年即因伤病逝.他是爱因斯坦在瑞士苏黎世联邦高等工业大学时的同学.

子以后，人们就知道，原子中除有电子以外，一定还存在着带正电的部分，而且原子内正、负电荷应相等.在原子中，电子和正电荷如何分布，就成了 19 世纪末、20 世纪初物理学的重要研究课题之一，这个问题也困扰了许多物理学家.

1903 年，J.J.汤姆孙提出了一个原子结构模型.他假定，原子中的正电荷和原子的质量均匀地分布在半径为 10^{-10} m 的球体范围内，而原子中的电子则浸于此球体中.人们曾把这个原子结构模型比喻为“葡萄干蛋糕模型”.

卢瑟福曾经相信他的老师所提出的这个模型.为了检验这个模型，1909 年，在卢瑟福的建议下，盖革和马斯登[①]进行了如图 16-16所示的 α 粒子的散射实验.图中 R 是放射源镭，从中可放射出电荷为+2e、质量约为电子质量 7 400 倍的 α 粒子，其速度约为光速的 1/15.α 粒子穿过小孔 S 射在金箔 F 上，被 F 散射后朝各个方向运动.当 α 粒子射到荧光屏 P 上时，P 将发出荧光.荧光屏 P 与显微镜 T 构成的 α 粒子探测器，可绕点 O 在纸平面内转动，从而可测定在不同散射角 θ 方向上的 α 粒子数.

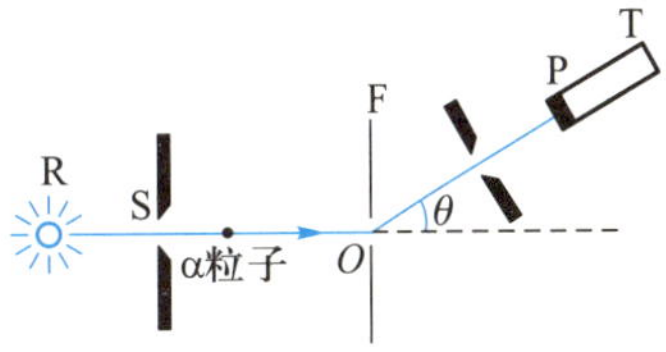

图 16-16 α 粒子散射实验装置示意图

卢瑟福(Ernest Rutherford，1871—1937)，英国物理学家，出生于新西兰.1895 年他成为卡文迪什实验室主任 J.J.汤姆孙的研究生.1899 年 1 月他发现铀盐放射出 α 射线和 β 射线，并提出天然放射性元素的衰变理论和衰变定律 $N=N_0e^{-\lambda t}$.天然放射性的发现与电子和 X 射线的发现，是 19 世纪末三项最伟大的发现.为此，他于 1908 年获得诺贝尔化学奖.卢瑟福还判定 α 粒子是带正电的氦原子核.他根据 α 粒子散射实验提出原子的有核模型.卢瑟福被誉为原子物理学之父，又是原子核物理学的奠基人.

卢瑟福

文档:卢瑟福

图 16-17(a)为从实验得出的散射 α 粒子相对数与散射角 θ 之间的关系.从图中可发现，绝大多数 α 粒子穿透金箔后沿原来方向(即散射角 $\theta=0$)或沿散射角很小的方向(一般 θ 只为 2°~3°)运动.但在每 8 000 个 α 粒子中，约有一个 α 粒子的散射角大于 90°，甚至有散射角接近于 180°的情况.顺便指出，α 粒子大角度散射的实验结果，是卢瑟福不曾料到的.他原先是想验证汤姆孙的原子结构模型，结果却是相反的，犹如前文提到的密立根验证爱因斯坦光电效应理论一般.在科学史上这类事例是很多的，只有思想敏锐、有创新精神的科学工作者才能把握住这原先不曾料到的信息，从而有所发现，促进科学事业的发展.

经过深入思考，卢瑟福认为只有原子的质量集中于中心处狭小的范围内，且带正电荷，才能使少许 α 粒子发生大角度散射.于

① 盖革(H.W.Geiger，1882—1945)，德国物理学家；马斯登(E.Marsden，1889—1970)，新西兰物理学家.

是，卢瑟福于 1911 年提出原子的有核模型或称原子的行星模型．他认为，原子的中心有一带正电的原子核，它几乎集中了原子的全部质量，电子围绕这个核旋转，核的尺寸与整个原子相比是很小的．按照这个模型，原子核是很小的，绝大多数 α 粒子穿过原子时，因受原子核的作用很小，它们的散射角 θ 很小．只有少数 α 粒子能进入到距原子核很近的地方，这些 α 粒子受原子核的作用较大，故它们的散射角也较大．极少数 α 粒子正对原子核运动，故它们的散射角可接近 180°．这与图 16-17(a) 所示实验测定的结果是相符的．图 16-17(b) 为一束 α 粒子流经过原子核附近时被散射的示意图．

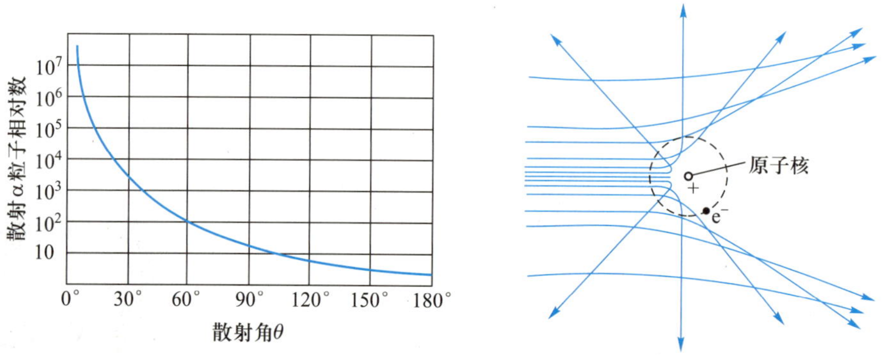

(a) 散射α粒子相对数与散射角θ之间的关系　　(b) α粒子流在原子核附近散射的示意图

图 16-17　α 粒子散射实验

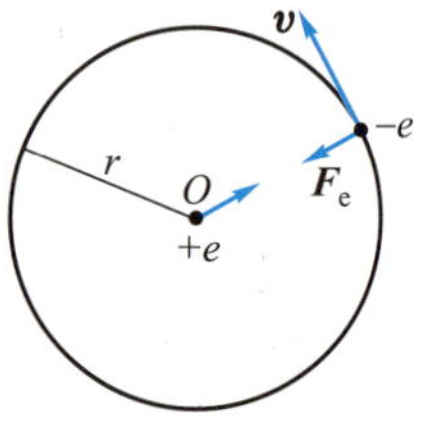

图 16-18　氢原子

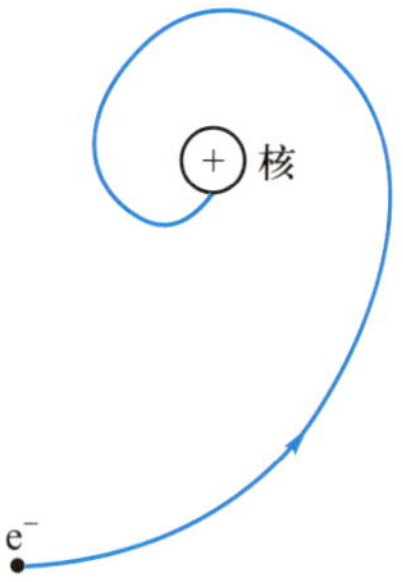

图 16-19　按经典电磁理论氢原子结构是不稳定的

按照卢瑟福的原子有核模型，氢原子的结构是最简单的．它是由原子核和一个核外电子所组成的，电子的电荷为 $-e$，原子核的电荷为 $+e$，原子核的质量约为电子质量的 1 837 倍，所以氢原子绝大部分的质量集中于原子核．氢原子中的电子将以速率 v 绕原子核作半径为 r 的圆轨道运动，如图 16-18 所示．后来知道，这个原子核就是质子．实验测出，原子核线度的数量级为 10^{-15} ~ 10^{-14} m，原子线度的数量级约为 10^{-10} m．

然而，卢瑟福的原子结构模型和经典电磁理论有着深刻的矛盾．这是因为核外电子在库仑力 $\boldsymbol{F}_e$ 作用下，要作匀速率圆周运动．根据经典电磁理论，作加速运动的电子会不断地向外辐射电磁波，其频率等于电子绕核旋转的频率．由于原子不断地向外辐射能量，它的能量要逐渐地减少，电子绕核旋转的频率也要逐渐地改变，所以原子发射的光谱应该是连续光谱．不但如此，由于原子总能量的减少，电子将逐渐地接近原子核且最后和核相遇（图 16-19），所以原子应该是一个不稳定的系统．以氢原子为例，若开始时电

子轨道半径为 10^{-10} m，则大约只要经过 10^{-10} s 的时间，电子就会落到原子核上.但事实是：在一般情况下，氢原子是稳定的，而且氢原子所发射的线光谱具有一定的规律性.例如氢原子线光谱在可见光波段的谱线，其波长总是服从巴耳末公式.

卢瑟福的原子有核模型正确地解释了 α 粒子的散射实验.但这个模型又与经典物理学有着深刻的矛盾，使原子具有不稳定性，并且不能说明氢原子光谱线的规律.针对上述矛盾，许多物理学家包括卢瑟福本人都在积极地思索，寻找解决之道，以使卢瑟福的有核模型能与光谱线规律相一致.1913 年，玻尔在卢瑟福的有核模型的基础上提出了三条假设，即氢原子的玻尔理论，它可以说明氢原子光谱的谱线（波长）规律.

三、氢原子的玻尔理论

玻尔（Niels Henrik David Bohr，1885—1962），丹麦理论物理学家，近代物理学的创始人之一.1911 年，他来到卡文迪什实验室在 J.J.汤姆孙的指导下学习和研究.当得知卢瑟福从 α 粒子散射实验提出了原子的有核模型后，他深感钦佩，同时也非常理解该模型所遇到的困难.于是他又转赴卢瑟福实验室求学，并参加 α 粒子散射的实验工作.他坚信卢瑟福的有核模型，认为要解决原子的稳定性问题，必须用量子概念对经典物理来一番改造.终于在 1913 年他发表了《论原子构造与分子构造》等三篇论文，正式提出了在卢瑟福原子有核模型基础上的关于原子稳定性和量子跃迁理论的三条假设，从而完满地解释了氢原子光谱的谱线（波长）规律.玻尔理论的成功，使量子理论取得重大进展，推动了量子物理学的形成，具有划时代的意义.为此，玻尔于 1922 年 12 月 10 日诺贝尔诞生 100 周年之际，在瑞典首都接受了当年的诺贝尔物理学奖.

玻尔

文档：玻尔

玻尔理论是氢原子结构的早期量子理论，玻尔理论是以下述三条假设为基础的.

（1）定态假设.电子在原子中，可以在一些特定的圆轨道上运动而不辐射电磁波，这时原子处于稳定状态（简称定态），并具有一定的能量.

（2）轨道量子化假设.电子以速率 v 在半径为 r 的圆周上绕核运动时，只有电子的角动量 L 等于 $h/2\pi$ 的整数倍的那些轨道才是稳定的，即

$$L=mvr=n\frac{h}{2\pi} \tag{16-18}$$

式中 h 为普朗克常量，$n=1,2,3,4,\cdots$ 叫做主量子数. 式(16-18)叫做量子化条件，也称量子条件.

(3) 跃迁频率假设. 当原子从高能量的定态跃迁到低能量的定态，亦即电子从高能量 E_{i} 的轨道跃迁到低能量 E_{f} 的轨道上时，要发射频率为 ν 的光子，且

$$h\nu=E_{\mathrm{i}}-E_{\mathrm{f}} \tag{16-19}$$

此式叫做频率条件.

在这三条假设中，第一条虽是经验性的，但它是玻尔对原子结构理论的重大贡献，因为它对经典概念作了重大的修改，从而解决了原子稳定性的问题. 第三条是从普朗克量子假设引申来的，它能解释线光谱的起源. 第二条则表述了电子绕核运动的角动量量子化，它可以从德布罗意假设自然得出①.

现在我们从玻尔的三条假设出发来推求氢原子的能级公式，并解释氢原子光谱的规律. 设在氢原子中，质量为 m、电荷绝对值为 e 的电子，在半径为 r_n 的稳定轨道上以速率 v_n 作圆周运动，作用在电子上的库仑力为有心力，因此有

$$\frac{mv_n^2}{r_n}=\frac{1}{4\pi\varepsilon_0}\frac{e^2}{r_n^2} \tag{16-20}$$

由第二条假设的式(16-18)，得

$$v_n=\frac{nh}{2\pi mr_n} \tag{16-21}$$

把它代入式(16-20)有

$$r_n=\frac{\varepsilon_0h^2}{\pi me^2}n^2=a_0n^2,\quad n=1,2,3,\cdots \tag{16-22}$$

式中 $a_0=\varepsilon_0h^2/(\pi me^2)$. 由于 ε_0、h、m 和 e 均已知，我们可算得 $a_0=5.29\times10^{-11}$ m. 这 a_0 其实是电子的第一个(即 $n=1$)轨道的半径，叫做玻尔半径. 因此，由式(16-22)可知，电子绕核运动的轨道半径的可能值为 $a_0,4a_0,9a_0,16a_0,\cdots$. 人们注意到，$a_0$ 的数量级与

① 参阅本章第 16-5 节例 2.

经典统计所估计的原子半径相符合，初步显示出玻尔理论的正确性.

电子在第 n 个轨道上的总能量是其动能和势能之和，即

$$E_n=\frac{1}{2}mv_n^2-\frac{1}{4\pi\varepsilon_0}\frac{e^2}{r_n}$$

利用式(16-21)和式(16-22)，上式可写为

$$E_n=-\frac{me^4}{8\varepsilon_0^2h^2}\frac{1}{n^2}=\frac{E_1}{n^2} \tag{16-23}$$

式中 $E_1=-me^4/(8\varepsilon_0^2h^2)=-13.6\ \mathrm{eV}$，它的绝对值就是把电子从氢原子的第一个轨道上移到无限远处所需的能量，$|E_1|$就是电离能.令人高兴的是，由式(16-23)算得的$|E_1|$值与实验测得的氢的电离能值(13.599 eV)吻合得十分好.进一步，由式(16-23)可以看出，当 $n=1,2,3,4,\cdots$时，氢原子所能具有的能量为

$$E_1, E_2=\frac{E_1}{4}, E_3=\frac{E_1}{9}, E_4=\frac{E_1}{16}, \cdots \tag{16-24}$$

这就是说，氢原子具有的能量 E_n是不连续的.这一系列不连续的能量值，就构成了通常所说的能级.式(16-23)就是玻尔理论的氢原子能级公式.此外，从式中还可看出，原子的能量都是负值.这说明原子中的电子若没有足够的能量，就不能脱离原子核对它的束缚.

图 16-20 是氢原子能级与相应的电子轨道的示意图.在正常情况下，氢原子处于最低能级 E_1，也就是电子处于 $n=1$ 的轨道上.这个最低能级对应的状态叫做基态.电子受到外界激发时，可从基态跃迁到较高的 $E_2, E_3, E_4, \cdots$能级上，这些能级对应的状态叫做激发态.电子所处的轨道半径相应地为 $4a_0, 9a_0, 16a_0, \cdots$.

当电子从较高能级 E_i跃迁到较低能级 E_f时，由式(16-19)可得，原子辐射的单色光的光子能量为

$$h\nu=E_i-E_f$$

式中 ν 是所辐射单色光光子的频率.把式(16-23)代入上式，有

$$\nu=\frac{me^4}{8\varepsilon_0^2h^3}\left(\frac{1}{n_f^2}-\frac{1}{n_i^2}\right),\quad n_i>n_f$$

因为 $\lambda=c/\nu$，所以可得

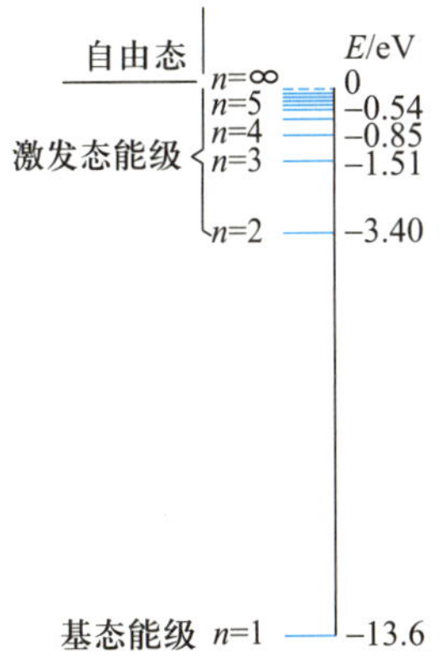

(a) 对应不同的量子数，氢原子可能的能量状态

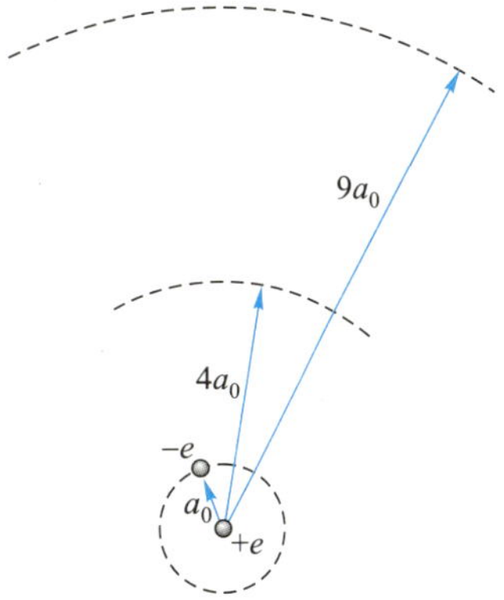

(b) 在不同状态下，电子圆轨道的相对尺寸

图 16-20 氢原子能级与相应的电子轨道示意图

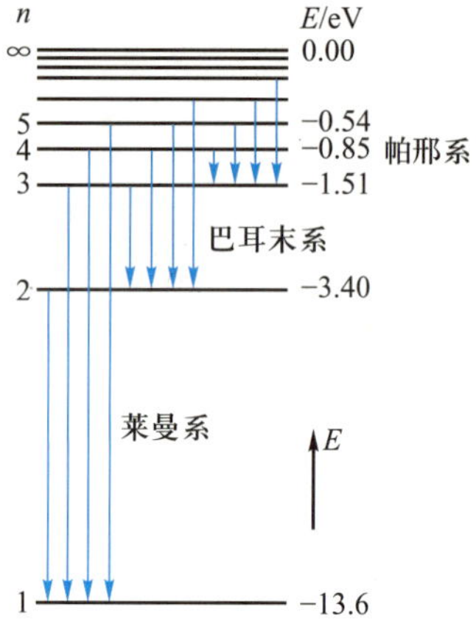

图 16-21 氢原子的能级跃迁与谱线系

$$\frac{1}{\lambda}=\sigma=\frac{me^4}{8\varepsilon_0^2h^3c}\left(\frac{1}{n_f^2}-\frac{1}{n_i^2}\right),\quad n_i>n_f \tag{16-25}$$

式中 σ 为氢原子由高能级 E_i 跃迁到低能级 E_f 时，原子所辐射单色光的波数.式(16-25)中 $me^4/(8\varepsilon_0^2h^3c)=1.097\ 373\times10^7\ \mathrm{m}^{-1}$，这个值与式(16-16)中的里德伯常量的近代实验测定值 R_H 十分接近.于是，由式(16-25)可得出氢原子的线光谱各谱线系.$n_f=1$，$n_i=2,3,4,\cdots$ 为莱曼系；$n_f=2$，$n_i=3,4,5,\cdots$ 为巴耳末系；$n_f=3$，$n_i=4,5,6,\cdots$ 为帕邢系…….这些由氢原子玻尔理论得出的谱线系与由实验得出的谱线系吻合得很好.图 16-21 是氢原子的能级跃迁与谱线系之间的关系.

四、氢原子玻尔理论的困难

氢原子的玻尔理论圆满地解释了氢原子光谱的谱线规律，从理论上算出了里德伯常量，并能对只有一个价电子的原子或离子(即类氢离子)光谱给予说明.他提出的能级概念，不久被弗兰克-赫兹实验①所证实.

但是，氢原子的玻尔理论也有一些缺陷.例如，玻尔理论只能说明氢原子及类氢离子的光谱规律，不能解释多电子原子的光谱规律；对谱线的强度、宽度也无能为力；也不能说明原子是如何组成分子、构成液体和固体的.此外，玻尔理论还存在逻辑上的缺陷，它把微观粒子看作遵守经典力学的质点，同时，又赋予它们量子化的特征(角动量量子化、能量量子化)，这使得微观粒子多么不协调.难怪有人比喻说，玻尔理论每星期 1、3、5 是经典的，2、4、6 是量子化的.

后来，在波粒二象性基础上建立起来的量子力学，以更正确的概念和理论，完满地解决了玻尔理论所遇到的困难.即使如此，玻尔理论对量子力学的发展是有着重大的先导作用和影响的，并且由于它所使用的电子轨道，能级等纯粒子性的语言较为形象，至今仍为人们所袭用.

① 参阅马文蔚《物理学》(第七版)下册第十五章第 15-5 节(高等教育出版社，2020 年).

16-5 德布罗意波 实物粒子的二象性

一、德布罗意假设

通过概括前面对光的性质的研究,我们可以说,光的干涉和衍射现象为光的波动性提供了有力的证明,而新的实验事实——黑体辐射、光电效应和康普顿效应则为光的粒子性(即量子性)提供了有力的论据.光束可以看作以光速运动的光子流,而每个光子具有能量和动量.从式(16-10)已知,光子的能量和动量分别为$E=h\nu$和$p=h/\lambda$.能量和动量是粒子性的特征量,而频率和波长是波动性的特征量,它们通过作用量子h联系起来.这样,在1923年到1924年间,光具有波粒二象性已被人们所理解和接受.但是,像电子这样的粒子,它的粒子性早已为人们所认识,它是否也具有波动性呢?法国一位年轻人德布罗意于1924年11月27日,在佩兰的主持下通过了博士论文答辩,他在题目为《关于量子理论的研究》的论文中指出:光学理论的发展历史表明,曾有很长一段时间,人们徘徊于光的粒子性和波动性之间,实际上这两种解释并不是对立的,量子理论的发展证明了这一点.同时他又认为:20世纪初发展起来的光量子理论,似乎过于强调粒子性.他企盼把粒子观点和波动观点统一起来,给予"量子"以真正的含义.他并且假设所有具有动量和能量的像电子那样的物质客体都具有波动性.

德布罗意

德布罗意(Louis Victor de Broglie,1892—1987),法国物理学家.他原来学习历史,随着作用量子h越来越深入到物质结构的各个领域,在求知欲的驱使下,改学理论物理学.他善于用历史的观点,用对比的方法分析问题.1923年,他就试图把粒子性和波动性统一起来.德布罗意波是他在1924年的博士论文《关于量子理论的研究》中提出的.爱因斯坦觉察到德布罗意物质波思想的重大意义,誉之为"揭开一幅大幕的一角".五年后,他因这篇论文而获得诺贝尔物理学奖.这时德布罗意关于物质波的假设已被实验所证实.情形确如后来发展的那样,它为量子力学的建立提供了物理基础.

文档:德布罗意

德布罗意把对光的波粒二象性的描述,应用到了实物粒子上.一个质量为m以速率v作匀速运动的实物粒子,既具有以能量E和动量p所描述的粒子性,也具有以频率ν和波长λ所描述的波动性.它的能量 E 与频率 ν、动量 p 与波长 λ 之间的关系,和光子的能量、动量公式[式(16-10)]相类似①,即

$$E=h\nu,\quad p=\frac{h}{\lambda}$$

按照德布罗意假设,以动量 p 运动的实物粒子的波的波长为

$$\lambda=\frac{h}{p} \tag{16-26}$$

式中 h 为普朗克常量.这种波叫做德布罗意波,或物质波,上式叫做德布罗意公式,它给出了与实物粒子相联系着的波的波长和实物粒子动量之间的关系.应当指出,实物粒子的波动性和粒子性统一在一个客体上,是因其具有波粒二象性的本质.

若有一静质量为 m_0 的粒子,其速率 v 比光速 c 小很多,则粒子的动量可写为 $p=m_0v$,粒子的德布罗意波长为

$$\lambda=\frac{h}{m_0v}$$

若粒子的速率 v 与光速 c 可以比较,则按照相对论,其动量可写为 $p=\gamma m_0v$,此处 $\gamma=1/(1-v^2/c^2)^{1/2}$,于是该粒子的德布罗意波长为

$$\lambda=\frac{h}{\gamma m_0v}$$

在宏观尺度范围内,由于 h 非常小,实物粒子物质波的波长非常小,所以实物粒子的波动性显现不出来.可若在微观尺度范围内,情况就不一样了,请见例 1.

例 1

在一电子束中,电子的动能为 200 eV,求此电子的德布罗意波长.

解 由于电子的动能并不大,不必用相对论来处理问题,即可从 $E_k=m_0v^2/2$ 得到电子运动的速度:

$$v=\sqrt{\frac{2E_k}{m_0}}$$

已知电子静质量 $m_0=9.1\times10^{-31}$ kg, 1 eV $=1.6\times10^{-19}$ J,代入上式得

$$v=8.4\times10^6\ \mathrm{m\cdot s^{-1}}$$

果然,电子的速率 $v\ll c$,由式(16-26)得电子的德布

① 应当注意,对光子来说,其能量与动量之间的关系为 $E=pc$;对速率可以与光速相比较的实物粒子,这种关系为 $E^2=p^2c^2+m_0^2c^4$;而对 $v\ll c$ 情况下的实物粒子,其能量(指动能)与动量之间的关系则为 $E_k=p^2/2m$.

罗意波长为

$$\lambda=\frac{h}{m_0 v}=8.67\times10^{-2}\ \mathrm{nm}$$

此波长的数量级和 X 射线波长的数量级相同，故其具有的衍射性应该与 X 射线的衍射性相当.

例 2

从德布罗意波导出氢原子的玻尔理论中角动量的量子化条件.

解 我们知道，如果在一根两端固定的弦上引起了波动，并且如果弦长等于波长，那么在此弦上可形成稳定的驻波[图 16-22(a)].若将此弦逐渐弯曲，使之成为半径为 r 的圆，则弦上的波仍将是一稳定的驻波[图 16-22(b)、(c)].此时，弦所形成的圆周长等于波长，即

$$2\pi r=\lambda$$

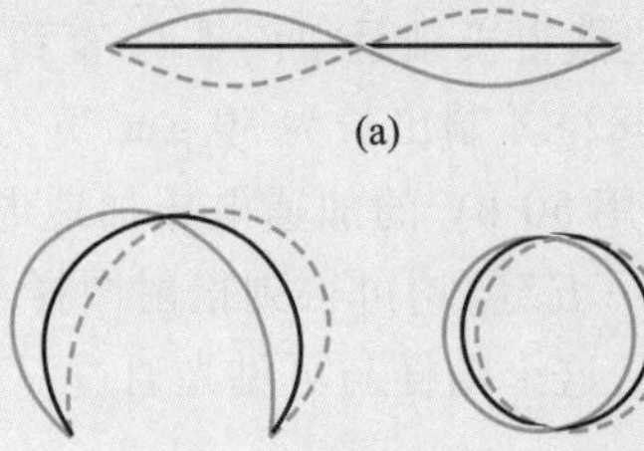

图 16-22 形成驻波的条件

一般来说，当半径为 r 的圆的周长等于波长的整数倍时，同样都可以在弦上形成稳定的驻波，故有

$$2\pi r=n\lambda \tag{1}$$

式中 $n=1,2,3,\cdots$.图 16-23 所示为 $n=4$ 时，弦上所形成的驻波图样.

德布罗意在 1924 年就认为，从微观粒子具有波粒二象性来看，电子以半径 r 绕核作稳定的圆轨道运动，就相当于电子波在此圆周上形成了稳定的驻波.如同图 16-23 所表示的那样，当电子波在半径为 r 的圆周上形成驻波时，必须满足式(1) $2\pi r=n\lambda$，$n=1,2,3,\cdots$ 的条件.此时 λ 为电子的德布罗意波长.

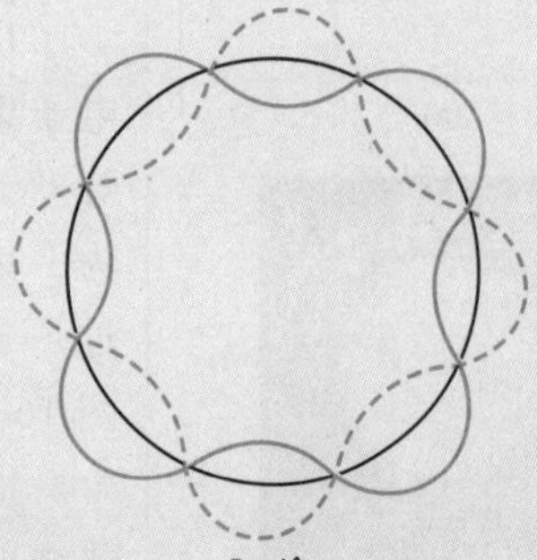

图 16-23 周长是波长的四倍时的驻波图样

由德布罗意假设知道，质量为 m 的电子，以速率 v 绕半径为 r 的圆周运动时，其波长为

$$\lambda=\frac{h}{mv} \tag{2}$$

把式(2)代入式(1)，得

$$2\pi rmv=nh$$

有

$$L=mvr=n\frac{h}{2\pi},\quad n=1,2,3,\cdots$$

这就是氢原子的玻尔理论所假设的角动量量子化条件.它给予玻尔角动量量子化条件以合理解释.但应当指出，上述推导虽较形象，但却很不严格，这主要是因为在保留了轨道概念的同时，又用了德布罗意波的图像，使讨论混杂于经典理论和量子理论之中.关于这个问题更为完善的讨论，需用量子力学来处理.

二、德布罗意波的实验证明——G.P.汤姆孙[1]的电子衍射实验[2]

德布罗意博士论文答辩委员会主席佩兰(J.B.Perrin,1870—1942)曾向德布罗意提出如何用实验来证实物质波存在的问题.德布罗意回答:用晶体对电子衍射的实验可验证物质波的存在.果然,三年以后电子衍射就被实验相继发现了.

1927 年,英国物理学家 G.P.汤姆孙独立地从实验中观察到电子束透过多晶薄片时的衍射现象.如图 16-24(a)所示,电子从灯丝 K 逸出后,经过加速电压为 U 的加速电场,再通过小孔 D,成为一束很细的平行电子束,其能量约为数千电子伏.当电子束穿过一多晶薄片 M(如铝箔)后,再射到照相底片 P 上,就获得了如图 16-24(b)所示的衍射图样.

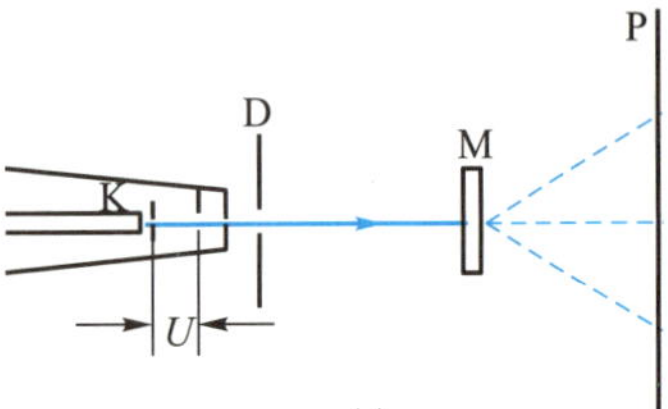

(a)

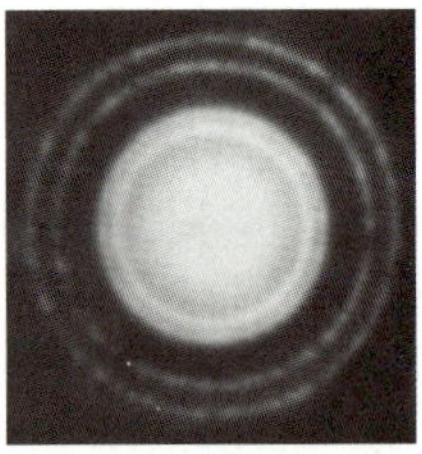

(b)

图 16-24 电子束透过多晶铝箔的衍射

应该指出的是,证实电子波动性的最直观的实验是电子通过狭缝的衍射实验.但要将狭缝做得极细是很困难的.直到 1961 年,约恩孙(C.Jönsson,1901—1982)才制出长为 50 μm,宽为 0.3 μm,缝间距为 1.0 μm 的多缝.他用 50 kV 的加速电压加速电子,使电子束分别通过单缝、双缝……五缝,均可得到衍射图样.图 16-25 是电子通过双缝的衍射图样,这个图样与可见光通过双缝的衍射图样很相似.

需要特别指明,不仅电子,而且其他实物粒子,如质子、中子、氦原子和氢分子等都已被证实有衍射现象,都是具有波动性的.因此我们可以说,波动性乃是粒子自身固有的属性,而德布罗意公式正是反映实物粒子波粒二象性的基本公式.

G.P.汤姆孙

文档:G.P.汤姆孙

三、应用举例

微观粒子的波动性已经在现代科学技术上得到应用.一个常见的例子是电子显微镜,其分辨率比光学显微镜高,这是电子束的波长比可见光的波长要小得多的缘故.第十四章中曾指出,光学仪器的分辨率和波长成反比,波长越小,分辨率越高.普通的光

① G.P.汤姆孙(G.P.Thomson,1892—1975)的父亲 J.J.汤姆孙,曾因发现电子(1897 年),于 1906 年获得诺贝尔物理学奖.父子二人,一个人发现了电子,另一个人证实了电子的波动性,都得到了诺贝尔物理学奖.这一巧合,在科学史上是罕有的趣事.

② 1927 年戴维森和革末也通过实验观察到电子的衍射现象.读者可参阅马文蔚《物理学》(第七版)下册第十五章第 15-6 节之二(高等教育出版社,2020 年).

学显微镜由于受可见光波长的限制，分辨率不可能很高.而电子的德布罗意波长比可见光小得多，按上面例 1 的计算，当加速电压为几百伏特时，电子的波长和 X 射线相近.若加速电压增大到几十万伏特，则电子的波长更小.由于技术上的原因，直到 1932 年电子显微镜（SEM）才由德国人鲁斯卡（E.Ruska，1906—1988）及其合作者研制成功，其原理与光学显微镜相似，只不过电子束是由磁透镜聚焦后照射在样品表面上而形成衍射图像的.目前电子显微镜的分辨率已达 0.2 nm，因此，电子显微镜在研究物质结构、观察微小物体方面具有显著的功能，是当代科学研究的重要工具之一.它在工业、生物学、医学等方面的应用正在日益发展.

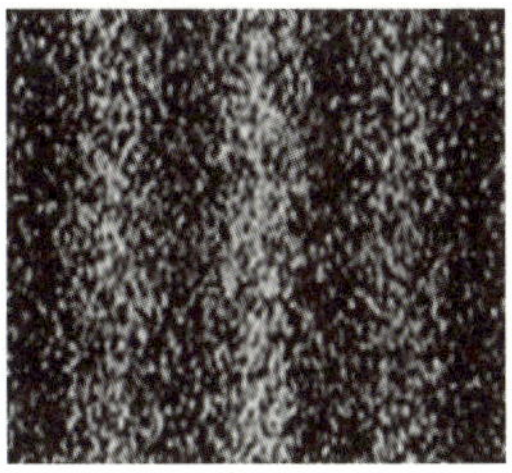

图 16-25 电子通过双缝的衍射图样

电子显微镜下的海绵针状体

1981 年，德国人宾尼希（G.Binnig，1947— ）和瑞士人罗雷尔（H.Rohrer，1933—2013）仍然利用电子的波动性制成了扫描隧穿显微镜（STM），他们两人因此与鲁斯卡共获 1986 年的诺贝尔物理学奖.扫描隧穿显微镜横向分辨率可达 0.1 nm，纵向分辨率已达 0.001 nm，它对纳米材料、生命科学和微电子学有着不可估量的作用.

四、德布罗意波的统计解释

为了理解实物粒子的波动性，我们不妨重温一下光的情形.对于光的衍射图样来说，根据光是一种电磁波的观点，在衍射图样的亮处，波的强度大，在暗处波的强度小.而波的强度与波幅的二次方成正比，所以图样亮处的波幅的二次方比图样暗处的波幅的二次方要大.同时，根据光子的观点，在频率一定的情况下，某处光的强度大，表示单位时间内到达该处的光子数多，某处光的强度小，则表示单位时间内到达该处的光子数少，而从统计的观点来看，这就相当于说，光子到达亮处的概率要远大于光子到达暗处的概率.由此可以说，粒子在某处附近出现的概率是与该处波的强度成正比的.

现在我们应用上述观点来分析电子的衍射图样.从粒子的观点来看，衍射图样的出现，是由于电子射到各处的概率不同而引起的，电子密集的地方概率很大，电子稀疏的地方则概率很小；而从波动的观点来看，电子密集的地方则表示波的强度大，电子稀疏的地方则表示波的强度小.所以，某处附近电子出现的概率就反映了在该处德布罗意波的强度.对于电子是如此，对于其他微观粒子也是如此.普遍地说，在某处德布罗意波的强度是与粒子在该处附近出现的概率成正比的.这就是德布罗意波的统计解释.

应该强调指出，德布罗意波与经典物理学中研究的波是截然不同的.例如，机械波是机械振动在空间的传播，而德布罗意波则是对微观粒子运动的统计描述.因此，我们绝不能把微观粒子的波动性机械地理解为经典物理学中的波.

16-6 不确定关系

在经典力学中，粒子(质点)的运动状态是用位置坐标和动量来描述的，而且这两个量都可以同时准确地予以测定，这就是我们在本书上册第四章第 4-6 节中讲述过的经典力学的确定性.因此可以说，同时准确地测定粒子(质点)在任意时刻的位置坐标和动量是经典力学赖以保持有效的关键.然而，对于具有二象性的微观粒子来说，是否也能用确定的位置坐标和确定的动量来描述呢？下面我们以电子通过单缝的衍射为例来进行讨论.

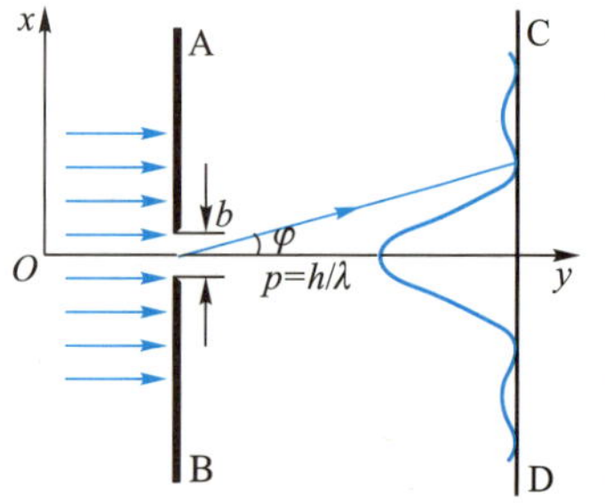

图 16-26 用电子衍射说明不确定关系

设有一束电子沿 Oy 轴射向屏 AB 上缝宽为 b 的狭缝.于是，在照相底片 CD 上，可以观察到如图 16-26 所示的衍射图样.如果我们仍用坐标 x 和动量 p 来描述电子的运动状态，那么，我们不禁要问：一个电子通过狭缝的瞬时，它是从缝上哪一点通过的呢？也就是说，电子通过狭缝的瞬时，其坐标 x 为多少？显然，这一问题，我们无法准确地回答，因为该电子是以一定的概率出现在狭缝区域内的，即我们不能准确地确定该电子通过狭缝时的坐标.然而，该电子确实通过了狭缝，因此我们可以认为，电子在 Ox 轴上的坐标的不确定范围①为

$$\Delta x = b$$

在同一瞬时，由于衍射，电子动量的大小虽未变化，但动量的方向有了改变.由图 16-26 可以看到，若只考虑一级(即 $k=1$)衍射图样，则电子被限制在一级最小的衍射角范围内，有 $\sin\varphi = \lambda/b$.因此，电子动量沿 Ox 轴方向的分量的不确定范围为

$$\Delta p_x = p\sin\varphi = p\frac{\lambda}{b}$$

由德布罗意公式 $\lambda = h/p$，上式可写为

① 符号“Δ”的含义在此是“不确定范围”或“不确定度”，注意不能把这里的“Δ”理解为通常意义的“变化”或“增量”.因此，Δx 是位置沿 x 方向的不确定范围，同理，Δp_x 是动量沿 x 方向分量的不确定范围.

$$\Delta p_x = \frac{h}{b}$$

这样,在电子通过狭缝的瞬间,其坐标和动量都存在着各自的不确定范围.并且由上面的讨论可知,这两个量的不确定度是互相关联着的:缝愈窄(b 越小),则 Δx 越小而 Δp_x 越大,反之亦然.不难看出,Δx 和 Δp_x 具有下述关系,即

$$\Delta x \Delta p_x = h$$

式中 Δx 是电子在 Ox 轴上坐标的不确定范围,Δp_x 是电子动量沿 Ox 轴方向分量的不确定范围.

一般来说,如果把衍射图样的级次也考虑在内,那么上式应改写成

$$\Delta x \Delta p_x \geqslant h \tag{16-27}$$

这个关系式叫做不确定关系,有时人们也把这个关系式称为不确定原理.不确定关系不仅适用于电子,也适用于其他微观粒子,不确定关系表明:微观粒子不能同时用确定的位置和确定的动量来描述.

海森伯

文档:海森伯

海森伯(Werner Karl Heisenberg,1901—1976),德国理论物理学家.他于 1925 年为量子力学的创立作出了最早的贡献,而他 26 岁时提出的不确定关系与物质波的概率解释,一起奠定了量子力学的基础.为此,他于 1932 年获得诺贝尔物理学奖.

不确定关系是海森伯于 1927 年提出的.这个关系明确指出,对微观粒子来说,试图同时确定其位置和动量是办不到的,也是没有意义的.不确定关系对这种试图给出了定量的界限,即位置不确定范围和动量不确定范围的乘积,不能小于作用量子 h.微观粒子的这个特性,是它既具有粒子性,又具有波动性的缘故,是微观粒子波粒二象性的必然表现.

然而应强调的是,作用量子 h 是一个极小的量,其数量级仅为 10^{-34} J·s.因此,不确定关系只对微观粒子起作用,而对宏观物体(质点)就不起作用了,这也说明了为什么经典力学对宏观物体(质点)仍是十分有效的.这也就是说,不确定关系提供了一个是否可用经典理论的判据.关于这一点,参阅下面两个例子可能会有助于理解.

例 1

一颗质量为 10 g 的子弹，具有 200 $m\cdot s^{-1}$ 的速率.若其动量的不确定范围为动量的 0.01%（这在宏观范围内是十分精确的了），则该子弹位置的不确定范围有多大？

解 子弹的动量为

$$p=mv=2\ kg\cdot m\cdot s^{-1}$$

动量的不确定范围为

$$\Delta p=0.01\%\times p=2\times10^{-4}\ kg\cdot m\cdot s^{-1}$$

由不确定关系式（16-27）得，子弹位置的不确定范围为

$$\Delta x=\frac{h}{\Delta p}=3.3\times10^{-30}\ m$$

我们知道，原子核线度的数量级为 10^{-15} m，因此这颗子弹位置的不确定范围更是微不足道.可见，子弹的位置和动量都能精确地确定，换言之，不确定关系对宏观物体来说，实际上是不起作用的.

例 2

一个电子具有 200 $m\cdot s^{-1}$ 的速率，其动量的不确定范围为动量的 0.01%（这也是足够精确的了），则该电子位置的不确定范围有多大？

解 电子的动量为

$$p=mv=1.8\times10^{-28}\ kg\cdot m\cdot s^{-1}$$

动量的不确定范围为

$$\Delta p=0.01\%\times p=1.8\times10^{-32}\ kg\cdot m\cdot s^{-1}$$

由不确定关系式（16-27）得，电子位置的不确定范围为

$$\Delta x=\frac{h}{\Delta p}=3.7\times10^{-2}\ m$$

我们知道，原子线度的数量级为 10^{-10} m，电子的则更小.在这种情况下，电子位置的不确定范围比原子的大小还要大几亿倍.可见，电子的位置和动量不可能都被精确地确定.

从以上两个例子可以看出，当不确定关系可忽略时，我们可以用经典理论，否则只能用量子理论了.

16-7 量子力学简介

从 19 世纪末期到 20 世纪 20 年代，在差不多 1/4 世纪的时间内，人们从对微观领域研究的工作中，发现微观粒子有着与宏观物体不同的属性和规律.光和微观粒子的二象性、原子光谱的规律性和原子能级的分立性等，都使经典理论遇到不可克服的困难.旧的理论对微观世界不再适用，人们必须建立正确反映微观世界客观规律的理论.在一系列实验的基础上，经过德布罗意、薛

定谔、海森伯、玻恩[①]和狄拉克[②]等人的工作，人们最终建立了反映微观粒子属性和规律的量子力学.

这一节简要介绍非相对论性量子力学的一些最基本的概念和薛定谔方程，且着重介绍薛定谔方程建立的思路.量子力学的应用和成就是多方面的，迄今仍保有旺盛的生命力，硕果频传.按照本课程的教学要求，本节将较详细地介绍一维无限深势阱，我们从中亦能领悟到量子力学的主要精神.

薛定谔(Erwin Schrödinger，1887—1961)，奥地利理论物理学家.在德布罗意假设的基础上，他于1926年在《量子化就是本征值问题》的论文中，提出氢原子中电子所遵循的波动方程，人们称之为薛定谔方程，提出以薛定谔方程为基础的波动力学，并建立了量子力学的近似方法.他和狄拉克一道，为量子力学的建立做了开创性的工作.为此，他们于1933年共获诺贝尔物理学奖.薛定谔还是现代分子生物学的奠基人，1944年，他写的一本名为《什么是生命——活细胞的物理面貌》的书出版.该书从能量、遗传和信息方面探讨了生命的奥秘.

薛定谔

文档：薛定谔

一、波函数　概率密度

薛定谔认为像电子、中子、质子等这样具有波粒二象性的微观粒子，也可像声波或光波那样用波函数[③]来描述它们的波动性.只不过电子波函数中的频率和能量的关系、波长和动量的关系，应如同光的二象性关系那样，遵从德布罗意提出的物质波关系式而已.这就是说微观粒子的波动性与机械波(如声波)的波动性有本质的不同，但目前为了较直观地写出电子等微观粒子的波函数，我们不妨先从机械波的波函数出发.当然，如此所得的结果是否可靠，最终还是要由实验来检验的.

在第六章中，我们曾得出平面机械波的波函数为

① 玻恩(M.Born，1882—1970)，德国物理学家.

② 狄拉克(Paul Adrien Maurice Dirac，1902—1984)，英国理论物理学家.1925年，他作为一名研究生时便提出了非对易代数理论，而成为量子力学的创立者之一.第二年他提出了全同粒子的费米-狄拉克统计法.1928年他提出了电子的相对论性运动方程，奠定了相对论性量子力学的基础，并由此预言了正负电子偶的湮没与产生，导致人们承认反物质的存在，使人们对物质世界的认识更加深入.他还有许多创见(如磁单极等)都是当代物理学中的基本问题.由于他对量子力学所作的贡献，他与薛定谔共同获得1933年的诺贝尔物理学奖.

③ 波函数这个名称是薛定谔在研究微观粒子的波动性时提出来的.为便于大学物理基础教学，我们称 $y(x,t)$ 为平面机械波的波函数，称 $E(x,t)$ 和 $B(x,t)$ 为平面电磁波的波函数.

$$y(x,t)=A\cos 2\pi\left(\nu t-\frac{x}{\lambda}\right) \tag{16-28}$$

现在将平面机械波的波函数写成复数形式，有

$$y(x,t)=Ae^{-i2\pi\left(\nu t-\frac{x}{\lambda}\right)} \tag{16-29}$$

实际上，式(16-28)是式(16-29)的实数部分①.对于动量为 p、能量为 E 的粒子，它的波长 λ 和频率 ν 分别为

$$\lambda=\frac{h}{p},\quad \nu=\frac{E}{h}$$

若粒子不受外力场的作用，则粒子为自由粒子，若初始时刻粒子具有确定的能量，则其能量和动量亦将是不变的.因而，自由粒子的德布罗意波的波长和频率也是不变的，我们可以认为它是一平面单色波.若其波函数用 $\Psi(x,t)$ 表示，则有

$$\Psi(x,t)=\psi_0 e^{-i2\pi\left(\nu t-\frac{x}{\lambda}\right)} \tag{16-30}$$

上式也可以写成

$$\Psi(x,t)=\psi_0 e^{-i\frac{2\pi}{h}(Et-px)} \tag{16-31}$$

前面在第 16-5 节中论述德布罗意波的统计意义时曾指出，对电子等微观粒子来说，粒子分布多的地方，粒子的德布罗意波的强度大，而粒子在空间分布数目的多少，是和粒子在该处出现的概率成正比的.因此，某一时刻出现在某处附近体积元 dV 中的粒子的概率，与 $\Psi^2 dV$ 成比例.由式(16-31)知，波函数 Ψ 为一复数.而波的强度应为实正数，所以 $\Psi^2 dV$ 应由下式所替代：

$$|\Psi|^2 dV=\Psi\Psi^* dV$$

式中 Ψ^* 是 Ψ 的共轭复数.$|\Psi|^2$ 为粒子出现在某处附近单位体积元中的概率，称为概率密度.因此，德布罗意波也叫做概率波.若在空间某处 $|\Psi|^2$ 的值越大，则粒子出现在该处的概率也越大，若 $|\Psi|^2$ 的值越小，则粒子出现在该处的概率也越小.然而，无论 $|\Psi|^2$ 如何小，只要它不等于零，粒子就总有可能出现在该处.这就是波函数的统计意义.波函数的统计意义是玻恩于 1926 年提出来的，为此，他与德国物理学家博特(W.Bothe，1891—1957)共同获得 1954 年的诺贝尔物理学奖.

① $e^{-ikx}=\cos kx-i\sin kx$，$e^{ikx}=\cos kx+i\sin kx$，$i=\sqrt{-1}$.

由于粒子要么出现在空间的这个区域，要么出现在其他区域，所以某时刻在整个空间内发现粒子的概率应为1，即

$$\int |\Psi|^2 \mathrm{d}V = 1 \qquad (16-32)$$

上式叫做归一化条件.满足式(16-32)的波函数，叫做归一化波函数.

二、定态薛定谔方程

在经典力学中，如果我们知道质点的受力情况，以及质点在初始时刻的运动状态，那么由牛顿运动方程可求得质点在任意时刻的运动状态.在量子力学中，微观粒子的运动状态是由波函数描述的，如果我们知道它所遵循的运动方程，那么由它的初始状态和能量就可以求得它的可能状态了.薛定谔指出，若质量为 m 的微观粒子，在势能为 E_p 的势场中作一维运动，而且其势能仅是坐标的函数，与时间无关的话，则微观粒子的定态波函数将遵循如下规律：

$$\frac{h^2}{8\pi^2 m}\frac{\mathrm{d}^2\psi(x)}{\mathrm{d}x^2}+(E-E_p)\psi(x)=0$$

或

$$\frac{\mathrm{d}^2\psi(x)}{\mathrm{d}x^2}+\frac{8\pi^2 m}{h^2}(E-E_p)\psi(x)=0 \qquad (16-33)$$

显然，由于上式中波函数 $\psi(x)$ 只是坐标 x 的函数，而与时间 t 无关，所以上式称为势场中作一维运动粒子的定态薛定谔方程.此方程之所以被称为定态，不仅是因为势场中的势能只是坐标的函数，与时间无关，而且因为系统的能量也为一个与时间无关的常量，概率密度 $\psi\psi^* = |\psi|^2$ 亦不随时间而改变，这些是定态所具有的特性.下面将讲述的微观粒子在无限深势阱中的状态和一维方势垒、隧道效应都可视为应用定态薛定谔方程来处理问题的典型例子.

若粒子是在三维势场中运动的，则可把式(16-33)推广为

$$\frac{\partial^2\psi(x,y,z)}{\partial x^2}+\frac{\partial^2\psi(x,y,z)}{\partial y^2}+\frac{\partial^2\psi(x,y,z)}{\partial z^2}+\frac{8\pi^2 m}{h^2}[E-E_p(x,y,z)]\psi(x,y,z)=0$$

或简写成

$$\frac{\partial^2\psi}{\partial x^2}+\frac{\partial^2\psi}{\partial y^2}+\frac{\partial^2\psi}{\partial z^2}+\frac{8\pi^2 m}{h^2}(E-E_p)\psi=0$$

引入拉普拉斯(Laplace)算符$\nabla^2=\frac{\partial^2}{\partial x^2}+\frac{\partial^2}{\partial y^2}+\frac{\partial^2}{\partial z^2}$,上式便可写成

$$\nabla^2\psi+\frac{8\pi^2 m}{h^2}(E-E_p)\psi=0 \qquad (16-34)$$

这就是一般的定态薛定谔方程,它是在势能 E_p 仅与坐标有关的力场中运动的粒子的德布罗意波的波动方程.

至此,我们要补充量子力学的一个基本原理,否则就无法真正理解花大力气求解薛定谔方程获得波函数的意义.

在量子力学理论中,如何进行物理量的计算?需要两个量,一个是波函数 ψ,另一个是物理量算符 $\hat{A}$(在物理量符号 A 上加个“^”).关于波函数前面已经讲了许多,它用来描述量子体系的状态.物理量算符是对波函数的作用或操作,它是计算物理量的数学工具.在量子力学中,任何一个可观察的物理量都对应一个(厄米)算符,例如 x 方向的位置算符 $\hat{x}=x(\hat{y}=y,\hat{z}=z)$,$x$ 方向的动量算符 $\hat{p}_x=-\mathrm{i}\hbar\frac{\partial}{\partial x}\left(\hat{p}_y=-\mathrm{i}\hbar\frac{\partial}{\partial y},\hat{p}_z=-\mathrm{i}\hbar\frac{\partial}{\partial z}\right)$,其中 $\hbar=\frac{h}{2\pi}$. 其他物理量的算符一般都可以用位置算符和动量算符组合而成,例如 x 方向的角动量算符 $\hat{L}_x=(\hat{r}\times\hat{p})_x=y\left(-\mathrm{i}\hbar\frac{\partial}{\partial z}\right)-z\left(-\mathrm{i}\hbar\frac{\partial}{\partial y}\right)$等.当一个体系的波函数 ψ 确定后,要得到某一物理量 A 的平均值,就用这个物理量的算符 $\hat{A}$ 作如下运算(操作):

$$\overline{A}=\int_{全域}\psi^*\hat{A}\psi\mathrm{d}\tau$$

有了这个形式理论,我们就知道求解薛定谔方程是多么重要了.但许多体系的波函数不是那么容易求得的,量子力学的许多近似方法就应运而生了,此处就不作深入介绍了.下面我们仍回到薛定谔方程上来.

应当指出,式(16-33)不是由任何原理导出的,而是按照物质波的性质而得出的.薛定谔方程和物理学中的其他基本方程(如牛顿运动方程、麦克斯韦电磁场方程等)一样,其正确性只能由实验来验证.下面我们将看到,由定态薛定谔方程推得的结论确能解释一些实验结果,因此它是反映了微观粒子的运动规律的.

由定态薛定谔方程不仅可以解得在给定势场中运动的粒子的波函数,从而知道粒子处于空间某一体积内的概率,而且还可以得到定态时系统的能量及其他物理量.但要使式(16-34)解得的波函数 ψ 是合理的,还需要对 ψ 明确一些条件.这些条件是:

(1) $\psi(x,y,z)$应仅为坐标的单值函数;

(2) $\int_{-\infty<x,y,z<+\infty}|\psi|^2\mathrm{d}x\mathrm{d}y\mathrm{d}z$ 应为有限值,ψ 可以归一化;

(3) ψ 以及$\frac{\partial\psi}{\partial x}$、$\frac{\partial\psi}{\partial y}$、$\frac{\partial\psi}{\partial z}$应连续.

上述条件常称为波函数的标准条件.

1927 年 10 月 24—27 日在比利时首都布鲁塞尔的第五届索尔维国际物理学会议上，物理学家们基本完成了量子力学的综合工作.故这次会议的召开被认为是量子力学的正式诞生.第一排左二是普朗克，左三是 M.居里，左四是洛伦兹，左五是爱因斯坦；第二排左三是 W.L.布拉格，左五是狄拉克，左六是康普顿，左七是德布罗意，左九是玻尔；站立者，左六是薛定谔，左八是泡利，左九是海森伯.

三、一维势阱问题

就本课程而言，对一维势阱中粒子运动问题的讨论，是应用定态薛定谔方程的一个简明的例子，有助于加深对能量量子化和薛定谔方程及其波函数的意义的理解.

如图 16-27 所示，设想一粒子处于势能为 E_p 的力场中，并沿 x 轴作一维运动.粒子的势能 E_p 满足下述边界条件：

(1) 当粒子在 $0<x<a$ 的范围内时，$E_p=0$；

(2) 当 $x\leqslant 0$ 及 $x\geqslant a$ 时，$E_p\to\infty$.

这就是说，粒子只能在宽度为 a 的两个无限高势壁之间自由运动，就像一小球被限制在无限深的平底深谷中运动那样.我们把这理想化了的势能曲线叫做无限深方势阱.因为粒子限于沿 x 轴方向运动，所以这个势阱称为一维无限深方势阱，简称一维方势阱.

按照经典理论，处于无限深方势阱中的粒子，其能量可取任意的有限值.那么，从量子力学来看，粒子在此势阱中的能量可否

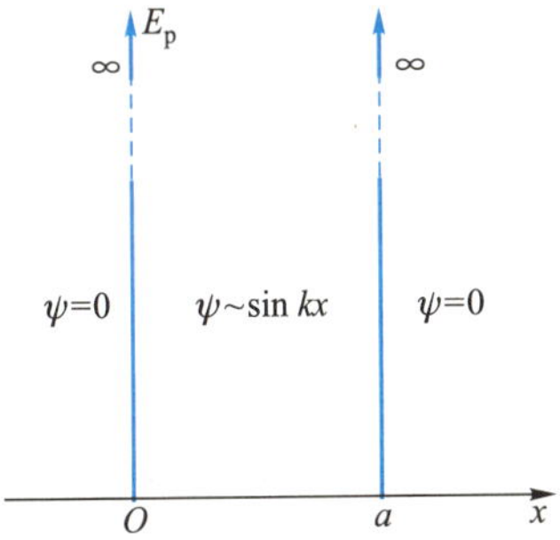

图 16-27 一维无限深方势阱中的粒子

也取任意的有限值呢？此外，从经典理论来看，粒子出现在宽度为 a 的势阱内各处的概率应当是相等的.从量子力学来看，这个问题又当如何呢？下面我们应用定态薛定谔方程，求出被限制在一维无限深方势阱中的粒子所能允许具有的能量和粒子的波函数.

由上述边界条件已知，粒子在势阱中的势能 $E_p(x)$ 与时间无关，且 $E_p=0$.因此，由式(16-33)，粒子在一维无限深方势阱中的定态薛定谔方程为

$$\frac{d^2\psi}{dx^2}+\frac{8\pi^2 mE}{h^2}\psi=0 \quad (0\leqslant x\leqslant a)$$

势阱外的波函数为

$$\psi(x)=0 \quad (x\leqslant 0, x\geqslant a)$$

式中 m 为粒子的质量，E 为粒子的总能量.若令 k 为

$$k=\sqrt{\frac{8\pi^2 mE}{h^2}} \tag{16-35}$$

则上式可写成

$$\frac{d^2\psi}{dx^2}+k^2\psi=0$$

这在数学形式上与典型的简谐振动方程是一样的，只是由 x 替代了 t，故知其通解为

$$\psi(x)=A\sin kx+B\cos kx \tag{16-36}$$

A、B 为两个常数，可用边界条件和波函数连续性条件求出.根据左侧边界连续性条件，$x=0$ 时，$\psi(0)=0$，则式(16-36)表明，只有 $B=0$，才能使 $\psi(0)=0$.于是，式(16-36)化为

$$\psi(x)=A\sin kx \tag{16-37}$$

又根据右侧边界连续性条件，$x=a$ 时，$\psi(a)=0$.此时式(16-37)写为

$$\psi(a)=A\sin ka=0$$

一般来说，A 可不为零，故 $\sin ka=0$，则有

$$ka=n\pi$$

式中 $n=1,2,3,\cdots$①.上式也可写成

$$k=\frac{n\pi}{a}$$

将上式与式(16-35)相比较可得,势阱中粒子可能的能量值为

$$E=n^2\frac{h^2}{8ma^2} \tag{16-38}$$

式中 n 为量子数,表明粒子的能量只能取离散的值.由式(16-38)可以看到,$n=1$ 时,势阱中粒子的能量为 $E_1=\frac{h^2}{8ma^2}$;$n=2,3,4,\cdots$ 时,势阱中粒子的能量则为 $4E_1,9E_1,16E_1,\cdots$,如图16-28(a)所示.这就是说,一维无限深方势阱中粒子的能量是量子化的.由此可见,能量量子化乃是物质的波粒二象性的自然结论,而不像早期量子论那样,需以人为假定的方式引入.

下面再来确定常数 A.由于粒子被限制在 $0\leqslant x\leqslant a$ 的势阱中,所以,按照归一化条件,粒子在此区间内出现的概率总和应等于1,即

$$\int_0^a \psi\psi^*\,\mathrm{d}x=\int_0^a |\psi|^2\mathrm{d}x=1$$

或

$$A^2\int_0^a \sin^2\frac{n\pi}{a}x\,\mathrm{d}x=1$$

令 $\theta=\pi x/a$, $\mathrm{d}\theta=(\pi/a)\mathrm{d}x$,则上式左侧积分为

$$A^2\int_0^{\pi}\frac{a}{\pi}\sin^2 n\theta\,\mathrm{d}\theta=\left(\frac{A^2a}{\pi}\right)\frac{\pi}{2}=\frac{1}{2}A^2a$$

于是,可得

$$A=\sqrt{\frac{2}{a}}$$

这样,式(16-37)所表示的波函数为

$$\psi(x)=\sqrt{\frac{2}{a}}\sin\frac{n\pi}{a}x,\quad 0\leqslant x\leqslant a \tag{16-39a}$$

由此可得,能量为 E 的粒子在势阱中的概率密度为

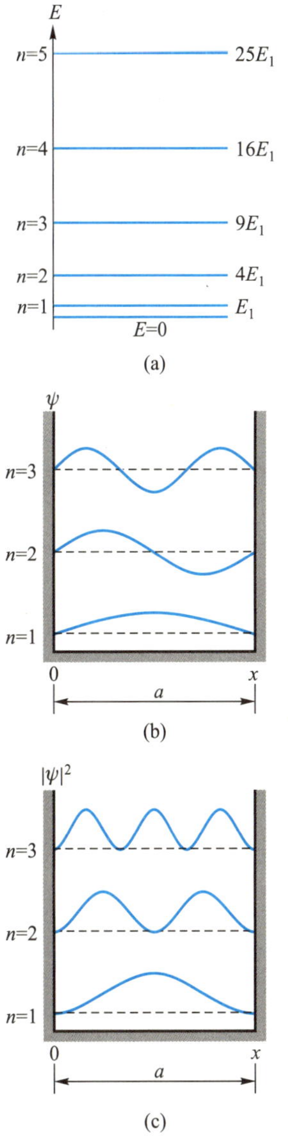

图16-28 在一维无限深方势阱中,粒子的能级、波函数和概率密度

① $n=0$ 应当除去,这是因为 $n=0$ 时,波函数 $\psi=0$,势阱中没有粒子,故取 $n=0$ 是无意义的.此外,n 取负整数值时的波函数,与 n 取相应的正整数值时只差一负号,对 $|\psi(x)|^2$ 及能量值均无影响.因此,可以只考虑 n 取正整数值.

动画：一维无限深方势阱

$$|\psi(x)|^2=\frac{2}{a}\sin^2\frac{n\pi}{a}x \tag{16-39b}$$

图 16-28(b)和(c)给出在一维无限深方势阱中，粒子在前三个能级的波函数和概率密度.从图中可以看出，粒子在势阱中各处的概率密度并不是均匀分布的，而是随量子数而改变.例如，当量子数$n=1$时，粒子在势阱中部(即$x=a/2$附近)出现的概率最大，而在两端出现的概率为零.这一点与经典力学很不相同.按照经典力学，粒子在势阱中各处的运动是不受限制的，粒子在势阱中各处出现的概率亦应当是相等的.此外，从图中还可以看出，随着量子数n的增大，概率密度分布曲线的峰值的个数也增多.例如，$n=2$时有两个峰值，$n=3$时有三个峰值……而且两相邻峰值之间的距离随n的增大而变小.可以想象，当n很大时，两相邻峰值之间的距离将缩得很小，彼此靠得很近.这就非常接近于经典力学中，粒子在势阱中各处概率相等的情况了.

为了印证本节中所提到的物理量计算问题，即用物理量算符对波函数的作用来求物理量的预期值，我们根据得出的无限深方势阱中的粒子运动的波函数式(16-39a)，计算一下能量算符作用在此波函数上从而得出的能量(平均)值.

由于无限深方势阱中的粒子的能量只含动能项，所以能量算符为$\frac{\hat{p}_x^2}{2m}=-\frac{\hbar^2}{2m}\frac{\partial^2}{\partial x^2}$，因此有

$$\overline{E}_n=\int_{-\infty}^{+\infty}\psi^*\frac{\hat{p}_x^2}{2m}\psi\mathrm{d}x=\int_0^a\psi^*\frac{\hat{p}_x^2}{2m}\psi\mathrm{d}x$$

将能量算符和波函数式(16-39a)代入上式，并考虑到$\int_0^a\psi^*\psi\mathrm{d}x=\int_0^a|\psi|^2\mathrm{d}x=1$，可得

$$\overline{E}_n=n^2\frac{h^2}{8ma^2}$$

这正是式(16-38).注意，用此方法得到的能量值是一个定值，并不是平均值，这是因为式(16-39a)恰好为能量本征态.有关此问题的讨论可参阅相关量子力学书籍.

*四、对应原理

经典物理的规律和量子物理的规律，无论从内容上还是从形式上，似乎毫无共同之处.其实并非如此，在某些极限条件下，其彼此可以趋于一致，也

就是说,量子规律可以转化为经典规律,这就是量子物理的对应原理.回想起来,我们对对应原理并不陌生,当物体的运动速度远小于光速时,相对论性效应变得很不显著,这时的相对论力学就趋同于经典力学了.下面我们以一维无限深方势阱中的能量为例,来介绍量子物理的对应原理.

由式(16-38)可以看出,势阱中两相邻能级之间的间隔(即能级差)为

$$\Delta E=E_{n+1}-E_n=(2n+1)\frac{h^2}{8ma^2} \tag{16-40}$$

上式表明,两相邻能级之间的间隔,随量子数 n 的增大而增大,而且与粒子的质量 m 和势阱的宽度 a 有关.

先来看 a 的影响,若势阱的宽度 a 很小,小到原子的尺度范围以内,则能级之间的间隔较大,因此电子在原子内运动时,能级的量子化特征特别显著.若势阱的宽度 a 在普通宏观尺度范围以内,则能级之间的间隔很小,因此能量的量子化特征就不显著,此时我们可以把粒子的能量看作是连续变化的.例如,质量为 $m=9.1\times10^{-31}$ kg 的电子,在宽度为 $a=1.0\times10^{-2}$ m 的势阱中时,可以算出

$$E=n^2\frac{h^2}{8ma^2}=n^2\frac{(6.63\times10^{-34})^2}{8\times9.1\times10^{-31}\times10^{-4}}\ \mathrm{J}$$
$$\approx n^2\times6.04\times10^{-34}\ \mathrm{J}=n^2\times3.77\times10^{-15}\ \mathrm{eV}$$

两相邻能级之间的间隔为

$$\Delta E\approx2n\frac{h^2}{8ma^2}=n\times7.54\times10^{-15}\ \mathrm{eV}$$

而即使在 n 值较大时,两相邻能级之间的间隔仍是非常小的,此时我们可以把电子的能量看作是连续变化的.但如果电子处在宽度为原子尺度大小的势阱中,如 $a=0.10$ nm,那么同样可以算出

$$E=n^2\times37.7\ \mathrm{eV}$$

两相邻能级之间的间隔可达

$$\Delta E\approx n\times75.4\ \mathrm{eV}$$

即两相邻能级之间的间隔非常大,此时电子能量的量子化特征就明显地表现出来了.这就告诉我们,在微观领域内,能量的量子化特征特别显著,而在宏观情况下,我们完全可以把能量视为是连续变化的.

其次,能级之间的相对间隔近似为

$$\frac{\Delta E_n}{E_n}\approx\frac{2n\dfrac{h^2}{8ma^2}}{n^2\dfrac{h^2}{8ma^2}}=\frac{2}{n}$$

可以看出,随着 n 的增大,比值 $\Delta E_n/E_n$ 随 n 成反比地减小.当 $n\to\infty$ 时,ΔE_n 比 E_n 的值要小得很多.这时,能量的量子化特征也就不显著了,我们可认为能量是连续的,即经典图像和量子图像趋于一致.因此,经典物理可以看成

是量子物理在量子数 $n\to\infty$ 时的极限情况.

事实上，每当新理论建立以后，如何看待旧理论，也就是新理论与旧理论之间的关系问题，总是一个值得探讨的问题.玻尔在提出氢原子理论之后指出："任何一个新理论的极限情况，必须与旧理论一致."人们常称之为普遍的对应原理.以上述一维无限深方势阱为例，大家已经看到，经典物理可看成是量子数 $n\to\infty$ 时量子物理的特殊情况.此外，我们还知道，当质点的速度 v 比光速 c 小很多，即 $v\ll c$ 时，洛伦兹变换式退化为伽利略变换式，爱因斯坦的相对论力学退化为经典力学.这也是符合对应原理的.我们也曾指出当 $v\ll c$ 时，由质点的相对论性动能表达式 $E_k=mc^2-m_0c^2$，可得经典力学的动能表达式 $E_k=\frac{1}{2}m_0v^2$.这都是符合对应原理的.

*五、一维方势垒 隧道效应

图 16-29 所示的势能分布为

$$E_p(x)=\begin{cases}0, & x<0 \text{ 和 } x>a\\ E_{p0}, & 0\leqslant x\leqslant a\end{cases}$$

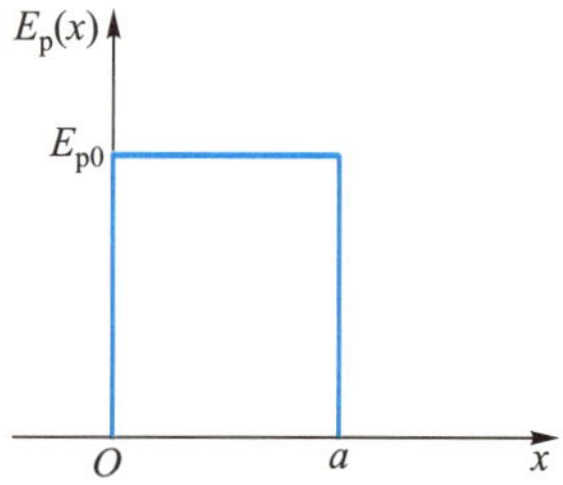

图 16-29 一维方势垒

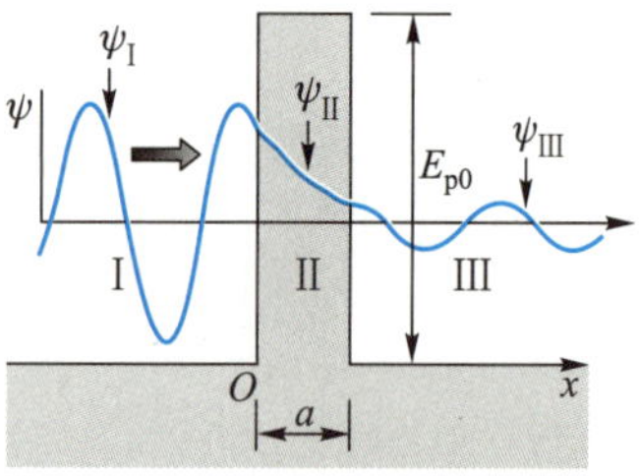

图 16-30 从左方射入的粒子在各区域内的波函数

ψ_{I} 为区域Ⅰ($x<0$)的波函数，ψ_{II} 为区域Ⅱ($0\leqslant x\leqslant a$)的波函数，ψ_{III} 为区域Ⅲ($x>a$)的波函数

上述势能分布称为一维方势垒.开始时，若粒子处在 $x<0$ 的区域内，而且其能量 E 又小于势垒的高度 E_{p0}，则从经典物理来看，粒子无法越过此高度进入 $x>0$ 的区域，只能逗留在 $x<0$ 的区域内，更不能穿过宽度为 a 的势垒进入 $x>a$ 的区域.以上分析，从经典物理来看确实是无可非议的，跳蚤能跳得很高也很远，但它要跳过 10 m 的高墙，确实是不可能的.

然而，量子力学的分析的结果却与此不同.我们略去具体的求解过程，直接给出各区域内的波函数于图 16-30 中.它表明，即使粒子的能量在 $E<E_{p0}$ 的情况下，粒子在势垒区($0\leqslant x\leqslant a$)的波函数，甚至在势垒后区域($x>a$)的波函数，也都不为零.这就是说，粒子有一定的概率处于势垒内，甚至还有一定的概率能穿透(注意，不是越过)势垒而进入 $x>a$ 的区域.粒子的能量虽不足以超越势垒，但在势垒中似乎有一个"隧道"，它能使少量粒子穿过而进入 $x>a$ 的区域.因此人们就形象地称之为隧道效应.

量子力学的隧道效应来源于微观粒子的波粒二象性，这已被许多实验所证实.前已述及，1981 年宾尼希和罗雷尔利用电子的隧道效应制成了扫描隧穿显微镜(STM).现在利用扫描隧穿显微镜能给出晶体表面的三维图像，可以观察到单个原子在物质表面的排列及行为，这对表面科学、纳米科学以及生命科学的研究有重大的意义.1986 年，宾尼希又在扫描隧穿显微镜的基础上研制成原子力显微镜.从电子显微镜到原子力显微镜，它们无一不是量子物理和量子力学理论启发下的产物.由此可见，先进的科学技术离不开先进的科学理论的指导，两者是相辅相成的.

用扫描隧穿显微镜得到的硅晶体表面原子排列的图像，其放大倍数约为 1 000 万倍

*16-8 多电子原子中的电子分布

我们知道氢原子中只有一个电子，而其他原子中都有两个以上的电子. 这些电子在原子中是如何分布的呢？下面作一简要说明.

一、四个量子数

1. 能量量子化和主量子数

由第 16-4 节氢原子的玻尔理论知道，氢原子能量是量子化的，其值为

$$E_n=-\frac{1}{n^2}\left(\frac{me^4}{8\varepsilon_0^2h^2}\right),\quad n=1,2,3,\cdots \tag{16-41}$$

式中 n 为能量量子数，亦称主量子数.

2. 角动量量子化和角量子数

当氢原子的主量子数 n 给定时，电子的角动量不能取任意值，而是量子化的. 由薛定谔方程可以算出电子的角动量 L 为

$$L=\sqrt{l(l+1)}\frac{h}{2\pi},\quad l=0,1,2,3,\cdots,(n-1) \tag{16-42}$$

式中 l 称为轨道角动量量子数，简称角量子数. 从式(16-42)可以看出，角量子数 l 要受主量子数 n 的限制. 例如当 $n=1$ 时，l 只能取 0；当 $n=2$ 时，l 只能取 0 和 1……显然，与能量是量子化的一样，角动量也是量子化的.

3. 空间量子化和磁量子数

电子的角动量由角量子数 l 决定. 但是，式(16-42)只给出了角动量的值，而角动量是一矢量，因此要完全确定电子的角动量，还需要知道它在空间的方位. 那么，角动量矢量在空间的取向有没有限制呢？

由薛定谔方程可得，角动量 L 在某特定方向(如 z 轴)上的分量 L_z 为

$$L_z=m_l\frac{h}{2\pi},\quad m_l=0,\pm1,\pm2,\cdots,\pm l \tag{16-43}$$

式中 m_l 称为轨道角动量磁量子数，简称磁量子数. 这就是说，角动量在空间的方位不是任意的，它在某特定方向上的分量是量子化的，这叫做空间量子化①.

应当指出，磁量子数 m_l 的可能值要受角量子数 l 的限制，并且 l 越大，m_l 的可能值越多. 例如，当 $l=1$ 时，m_l 的值可以为 $0,\pm1$，共有三个值，这表示角动量在空间有三种可能取向；当 $l=2$ 时，$m_l=0,\pm1,\pm2$，共有五个值，即角动量在空间有五种可能取向(图 16-31). 对于给定的 l 值，m_l 共有 $(2l+1)$ 个

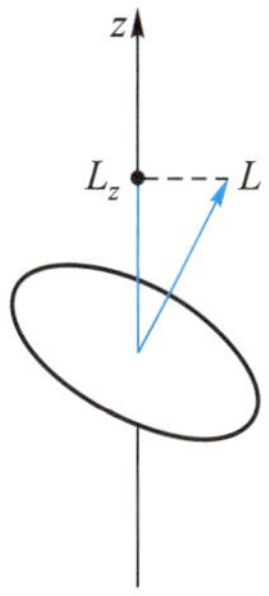

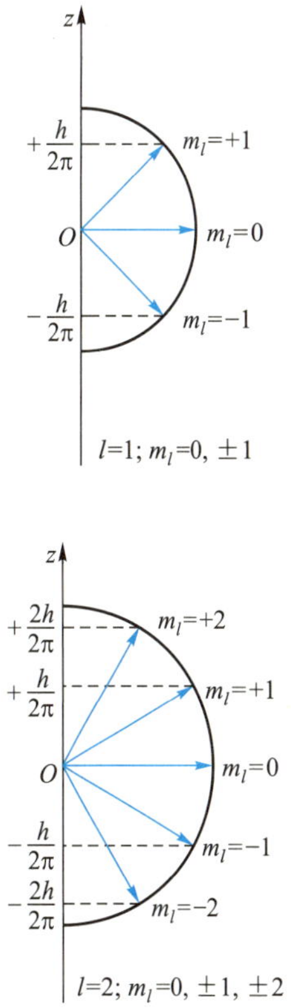

图 16-31 空间量子化

① 空间量子化的概念，最早是由索末菲(A.J. Sommerfeld，1868—1951，德国物理学家)发展氢原子的玻尔理论时提出的. 读者可参阅徐绪笃等编《物理学教程》下册 § 13-6 索末菲对玻尔理论的扩展(高等教育出版社，1989 年).

图 16-32 钙原子光谱线分裂的正常塞曼效应

AR:塞曼效应实验仪

可能值.

1896 年,塞曼(P.Zeeman,1865—1943,荷兰物理学家)发现在强磁场中光谱线会发生分裂.例如,波长为 422.673 nm 的钙原子光谱线,分裂为波长分别为 422.690 nm、422.673 nm 和 422.656 nm 的三条谱线,其示意图如图 16-32 所示.塞曼曾和 H.A.洛伦兹用经典理论作出了分析,为此,他们于 1902 年共同获得诺贝尔物理学奖.人们把在外磁场中谱线的三分裂现象称为正常塞曼效应.在正常塞曼效应中相邻谱线的间距是相等的.此外,水银、镉等元素也有正常塞曼效应.然而,大多数元素并不都显示正常塞曼效应.例如,钠原子光谱线在弱磁场中分裂为四条或六条谱线,这称为反常塞曼效应.

4. 电子自旋 自旋磁量子数

原子中的电子除在核外运动外,还要绕自身的轴旋转.这是沿用经典图像来描述的电子自旋,而按波粒二象性来说,自旋是电子的一种固有运动.尽管如此,由于经典图像比较形象,人们通常仍沿用它.现在发现,许多微观粒子,如光子、中子等,都具有自旋的属性.

电子在自旋过程中,也有自旋角动量.与轨道角动量一样,自旋角动量也是量子化的,若以 $\boldsymbol{S}$ 代表自旋角动量,则其值为 $S=\sqrt{s(s+1)}\,h/2\pi$,s 为自旋角动量量子数,简称自旋量子数,由量子力学计算和实验得知,$s=1/2$.故电子自旋角动量 $\boldsymbol{S}$ 的值为 $(3/4)^{1/2}h/2\pi$.应当说明的是,之所以把电子的自旋量子数 s 取为半整数,起先完全是为了说明原子射线在磁场中分裂的实验(下面即将介绍).但是,它对相对论性量子力学的建立起了诱导作用.

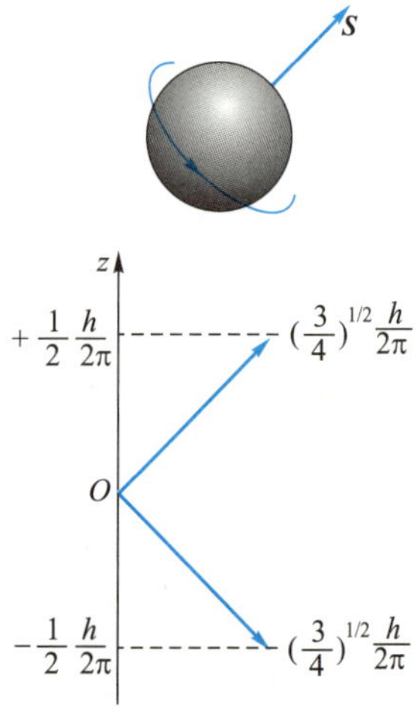

图 16-33 电子自旋角动量 S 及其在 z 轴上的分量都是量子化的

电子自旋角动量在特定方向(如 z 轴)上的分量也是量子化的.如图 16-33所示,自旋角动量在 z 轴上的分量为

$$S_z=m_s\frac{h}{2\pi},\quad m_s=\pm\frac{1}{2}\tag{16-44}$$

式中 m_s 称为自旋角动量磁量子数,简称自旋磁量子数.这说明自旋角动量在特定方向上的分量只能取两种数值.

施特恩和格拉赫①于 1921 年首先从实验中发现类氢元素中的电子具有自旋.图 16-34 是实验装置简图.其中 F 为原子射线源,D 为狭缝,N 和 S 为产生不均匀磁场的磁铁的两个磁极,P 为屏.实验发现,处于基态的锂原子射线在磁场作用下,分裂为上、下对称的两条.这个实验结果说明,在外磁场中,锂原子中电子的自旋有两个取向,一个平行于磁场方向,另一个与磁场方向相反.因此,人们从实验中观察到锂原子射线在磁场中分裂为对称的两条.此外人们还发现,银、铜这些原子也有相同的结果.

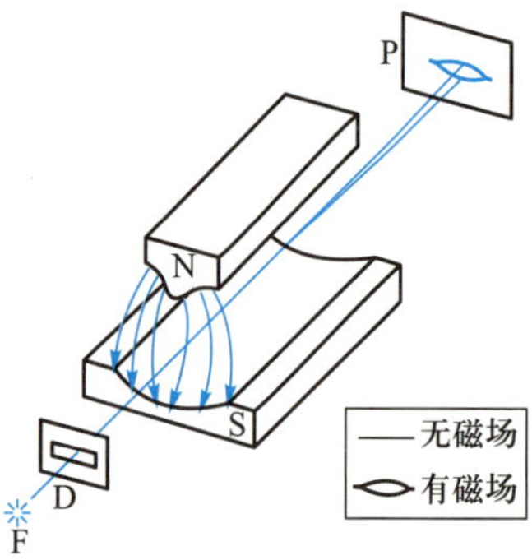

图 16-34 施特恩-格拉赫实验装置简图

这样一来,考虑了电子的自旋以后,原子中电子的运动状态,就应由四个量子数 n、l、m_l、m_s 所确定.主量子数 n 决定电子的能量;角量子数 l 决定电子在核外运动的轨道角动量;磁量子数 m_l 决定轨道角动量在特定方向上的

① 施特恩(O.Stern,1888—1969),美国实验物理学家.格拉赫(W.Gerlach,1889—1979),德国实验物理学家.施特恩因发展了核物理研究中的分子束方法并发现了质子的磁矩,于 1943 年获得诺贝尔物理学奖.

分量；自旋磁量子数 m_s 决定自旋角动量在特定方向上的分量.运用这四个量子数我们可以确定多电子原子中的电子分布.

施特恩

文档：施特恩

二、多电子原子中的电子分布

除了氢原子以外，其他原子都有两个以上的电子，电子之间的相互作用也要影响电子的运动状态.在多电子原子中，电子的分布是分层次的，这种电子的分布层次叫做电子壳层.一般来说，壳层的主量子数 n 越小，电子能级越低.这些壳层由主量子数 n 来区分，$n=1$ 的壳层叫 K 壳层，$n=2$ 的壳层叫 L 壳层，依次有 M 壳层、N 壳层等.在每一壳层上，对应于 $l=0,1,2,3,\cdots$ 又可分成 $s,p,d,f,\cdots$ 分壳层.由于原子中的电子只能处于一系列特定的运动状态，所以在每一壳层上就只能容纳一定数量的电子.其电子数的分布由下面两个原理来确定.

1. 泡利不相容原理

在一个原子中，不可能有两个或两个以上的电子具有完全相同的量子态.也就是说，任何两个电子不可能有完全相同的一组量子数 (n,l,m_l,m_s).这个原理称为泡利不相容原理.

对处于基态（即 $n=1$）的氢原子，其量子态 (n,l,m_l) 为 $(1,0,0)$，再考虑电子的自旋磁量子数，其量子态 (n,l,m_l,m_s) 为 $(1,0,0,+1/2)$ 和 $(1,0,0,-1/2)$，即基态氢原子共有 2 个量子态.若氢原子处于第一激发态（即 $n=2$），则这时包括 $(2,0,0,+1/2)$、$(2,0,0,-1/2)$、$(2,1,0,+1/2)$、$(2,1,0,-1/2)$、$(2,1,1,+1/2)$、$(2,1,1,-1/2)$、$(2,1,-1,+1/2)$、$(2,1,-1,-1/2)$ 等 8 个量子态.同一能级所具有的量子态数，也叫做简并度.一般来说，当 n 给定时，l 的可能值为 $0,1,2,\cdots,(n-1)$，共有 n 个值；当 l 给定时，m_l 的可能值为 $-l,(-l+1),\cdots,0,\cdots,(+l-1),+l$，共有 $2l+1$ 个值；当 n、l、m_l 都给定时，m_s 可取 $+1/2$ 或 $-1/2$，有 2 个值.因此，能级 n 的量子态数为

$$z_n = \sum_{l=0}^{n-1} 2(2l+1) = 2n^2 \tag{16-45}$$

从泡利不相容原理可知，能级 n 所允许容纳的电子数最多为 $2n^2$.

泡利

文档：泡利

泡利（Wolfgang Pauli，1900—1958），美籍奥地利物理学家.他 21 岁取得博士学位，并由导师索末菲推荐为《数学科学百科全书》写了关于相对论的长篇综述文章，并受到爱因斯坦的高度赞许.25 岁那年，他提出了后来以泡利命名的"不相容原理"，从而把早期量子论发展到极高的程度.这给当时许多正在探讨原子中电子分布问题的物理学家提供了一把金钥匙，并进而得以阐明元素的周期律.他 45 岁时，因发现"泡利不相容原理"而获得诺贝尔物理学奖.至今，这个原理仍是量子力学和量子统计等理论的重要基础之一.

由式（16-45）可得，在 $n=1$ 的 K 壳层上，最多能容纳 2 个电子，以 $1s^2$ 表示；在 $n=2$ 的 L 壳层上，最多能容纳 8 个电子，其中对应于 $l=0$ 的电子有 2 个，以 $2s^2$ 表示，而对应于 $l=1$ 的电子有 6 个，以 $2p^6$ 表示，以此类推.表 16-4

列出了多电子原子的各个壳层和分壳层中所能容纳的电子数.

表 16-4 原子壳层和分壳层中所能容纳的电子数

n \ l		0 s	1 p	2 d	3 f	4 g	5 h	6 i	$z_n(2n^2)$
1	K	2(1s)							2
2	L	2(2s)	6(2p)						8
3	M	2(3s)	6(3p)	10(3d)					18
4	N	2(4s)	6(4p)	10(4d)	14(4f)				32
5	O	2(5s)	6(5p)	10(5d)	14(5f)	18(5g)			50
6	P	2(6s)	6(6p)	10(6d)	14(6f)	18(6g)	22(6h)		72
7	Q	2(7s)	6(7p)	10(7d)	14(7f)	18(7g)	22(7h)	26(7i)	98

2. 能量最小原理

在原子系统内,每个电子都趋向于占有最低的能级.当原子中电子的能量最小时,整个原子的能量最小,这时原子处于最稳定的状态,即基态,这就是能量最小原理.根据能量最小原理,原子中的所有电子总是从最内层开始向外排列.由于能级主要取决于主量子数 n,所以一般来说,最靠近原子核的壳层最容易被电子占据.例如,氦原子有 2 个电子,正好排满 K 层;锂原子有 3 个电子,两个排在 K 层,第三个排在 L 层……图 16-35 为一些多电子原子结构的示意图.原子的最外层电子叫做价电子.如锂原子有 1 个价电子,铍原子有 2 个价电子,钠原子有 1 个价电子.锂原子的基态有 2 个量子态,即(2,0,0,-1/2)和(2,0,0,+1/2),正是这 2 个态造成施特恩-格拉赫实验中锂原子的两条射线发生偏转.

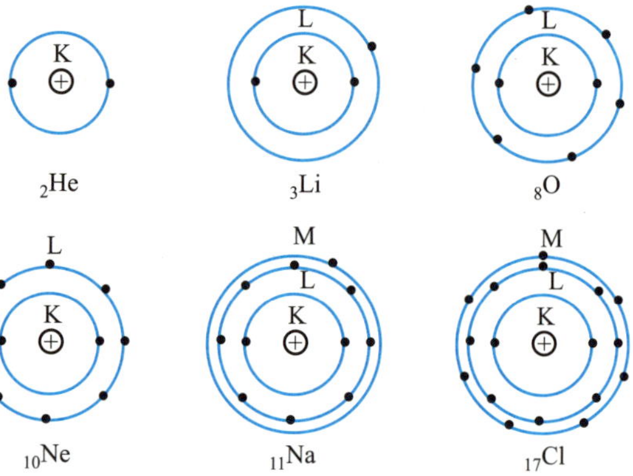

图 16-35 多电子原子结构的示意图

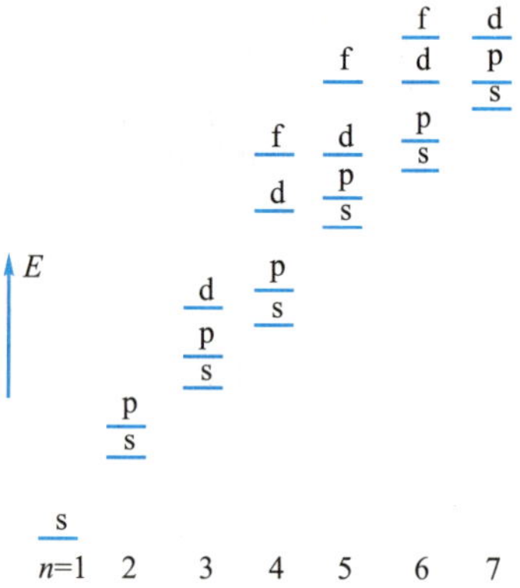

图 16-36 原子量子态的次序图

原子能级除了由主量子数 n 决定以外,还与其他量子数有关.因此,按能量最小原理排列时,电子并不是完全按照 K、L、M…壳层次序来排列,而是按下列量子态的次序在各个分壳层上排列:1s、2s、2p、3s、3p、4s、3d、4p、5s、4d、5p、6s、4f、5d、6p、7s、6d…(图16-36).

1869—1871 年俄国化学家门捷列夫(Д.И. Менделéев,1834—1907)发

现，元素按原子序数排列可得一个周期表，在该周期表中，同一列元素的化学性质是相似的.表 16-5 是从泡利不相容原理和能量最小原理得出的周期表中原子序数 36 以前的元素的基态电子组态.表 16-6 是元素周期表.

表 16-5 原子序数 36 以前的元素的基态电子组态

原子序数及元素	基态电子组态
1 H(氢)	1s
2 He(氦)	$1s^2$
3 Li(锂)	$1s^2 2s$
4 Be(铍)	$1s^2 2s^2$
5 B(硼)	$1s^2 2s^2 2p$
6 C(碳)	$1s^2 2s^2 2p^2$
7 N(氮)	$1s^2 2s^2 2p^3$
8 O(氧)	$1s^2 2s^2 2p^4$
9 F(氟)	$1s^2 2s^2 2p^5$
10 Ne(氖)	$1s^2 2s^2 2p^6$
11 Na(钠)	$1s^2 2s^2 2p^6 3s$
12 Mg(镁)	$1s^2 2s^2 2p^6 3s^2$
13 Al(铝)	$1s^2 2s^2 2p^6 3s^2 3p$
14 Si(硅)	$1s^2 2s^2 2p^6 3s^2 3p^2$
15 P(磷)	$1s^2 2s^2 2p^6 3s^2 3p^3$
16 S(硫)	$1s^2 2s^2 2p^6 3s^2 3p^4$
17 Cl(氯)	$1s^2 2s^2 2p^6 3s^2 3p^5$
18 Ar(氩)	$1s^2 2s^2 2p^6 3s^2 3p^6$
19 K(钾)	$1s^2 2s^2 2p^6 3s^2 3p^6 4s$
20 Ca(钙)	$1s^2 2s^2 2p^6 3s^2 3p^6 4s^2$
21 Sc(钪)	$1s^2 2s^2 2p^6 3s^2 3p^6 3d 4s^2$
22 Ti(钛)	$1s^2 2s^2 2p^6 3s^2 3p^6 3d^2 4s^2$
23 V(钒)	$1s^2 2s^2 2p^6 3s^2 3p^6 3d^3 4s^2$
24 Cr(铬)	$1s^2 2s^2 2p^6 3s^2 3p^6 3d^5 4s$
25 Mn(锰)	$1s^2 2s^2 2p^6 3s^2 3p^6 3d^5 4s^2$
26 Fe(铁)	$1s^2 2s^2 2p^6 3s^2 3p^6 3d^6 4s^2$
27 Co(钴)	$1s^2 2s^2 2p^6 3s^2 3p^6 3d^7 4s^2$
28 Ni(镍)	$1s^2 2s^2 2p^6 3s^2 3p^6 3d^8 4s^2$
29 Cu(铜)	$1s^2 2s^2 2p^6 3s^2 3p^6 3d^{10} 4s$
30 Zn(锌)	$1s^2 2s^2 2p^6 3s^2 3p^6 3d^{10} 4s^2$
31 Ga(镓)	$1s^2 2s^2 2p^6 3s^2 3p^6 3d^{10} 4s^2 4p$
32 Ge(锗)	$1s^2 2s^2 2p^6 3s^2 3p^6 3d^{10} 4s^2 4p^2$
33 As(砷)	$1s^2 2s^2 2p^6 3s^2 3p^6 3d^{10} 4s^2 4p^3$
34 Se(硒)	$1s^2 2s^2 2p^6 3s^2 3p^6 3d^{10} 4s^2 4p^4$
35 Br(溴)	$1s^2 2s^2 2p^6 3s^2 3p^6 3d^{10} 4s^2 4p^5$
36 Kr(氪)	$1s^2 2s^2 2p^6 3s^2 3p^6 3d^{10} 4s^2 4p^6$

表16-6 元素周期表

周期	ⅠA	ⅡA	ⅢB	ⅣB	ⅤB	ⅥB	ⅦB	ⅧB			ⅠB	ⅡB	ⅢA	ⅣA	ⅤA	ⅥA	ⅦA	0
1	1 氢 H $1s^1$																	2 氦 He $1s^2$
2	3 锂 Li $2s^1$	4 铍 Be $2s^2$											5 硼 B $2s^22p^1$	6 碳 C $2s^22p^2$	7 氮 N $2s^22p^3$	8 氧 O $2s^22p^4$	9 氟 F $2s^22p^5$	10 氖 Ne $2s^22p^6$
3	11 钠 Na $3s^1$	13 镁 Mg $3s^2$											13 铝 Al $3s^23p^1$	14 硅 Si $3s^23p^2$	15 磷 P $3s^23p^3$	16 硫 S $3s^23p^4$	17 氯 Cl $3s^23p^5$	18 氩 Ar $3s^23p^6$
4	19 钾 K $4s^1$	20 钙 Ca $4s^2$	21 钪 Sc $3d^14s^2$	22 钛 Ti $3d^24s^2$	23 钒 V $3d^34s^2$	24 铬 Cr $3d^54s^1$	25 锰 Mn $3d^54s^2$	26 铁 Fe $3d^64s^2$	27 钴 Co $3d^74s^2$	28 镍 Ni $3d^84s^2$	29 铜 Cu $3d^{10}4s^1$	30 锌 Zn $3d^{10}4s^2$	31 镓 Ga $4s^24p^1$	32 锗 Ge $4s^24p^2$	33 砷 As $4s^24p^3$	34 硒 Se $4s^24p^4$	35 溴 Br $4s^24p^5$	36 氪 Kr $4s^24p^6$
5	37 铷 Rb $5s^1$	38 锶 Sr $5s^2$	39 钇 Y $4d^15s^2$	40 锆 Zr $4d^25s^2$	41 铌 Nb $4d^45s^1$	42 钼 Mo $4d^55s^1$	43 锝 Tc $4d^55s^2$	44 钌 Ru $4d^75s^1$	45 铑 Rh $4d^85s^1$	46 钯 Pd $4d^{10}$	47 银 Ag $4d^{10}5s^1$	48 镉 Cd $4d^{10}5s^2$	49 铟 In $5s^25p^1$	50 锡 Sn $5s^25p^2$	51 锑 Sb $5s^25p^3$	52 碲 Te $5s^25p^4$	53 碘 I $5s^25p^5$	54 氙 Xe $5s^25p^6$
6	55 铯 Cs $6s^1$	56 钡 Ba $6s^2$	57~71 La-Lu (镧系)	72 铪 Hf $5d^26s^2$	73 钽 Ta $5d^36s^2$	74 钨 W $5d^46s^2$	75 铼 Re $5d^56s^2$	76 锇 Os $5d^66s^2$	77 铱 Ir $5d^76s^2$	78 铂 Pt $5d^96s^1$	79 金 Au $5d^{10}6s^1$	80 汞 Hg $5d^{10}6s^2$	81 铊 Tl $6s^26p^1$	82 铅 Pb $6s^26p^2$	83 铋 Bi $6s^26p^3$	84 钋 Po $6s^26p^4$	85 砹 At $6s^26p^5$	86 氡 Rn $6s^26p^6$
7	87 钫 Fr $7s^1$	88 镭 Ra $7s^2$	89~103 Ac-Lr (锕系)	104 𬬻* Rf $6d^27s^2$	105 𬭊* Db $6d^37s^2$	106 𬭳* Sg $6d^47s^2$	107 𬭛* Bh $6d^57s^2$	108 𬭶* Hs $6d^67s^2$	109 鿏* Mt $6d^77s^2$	110 𫟼* Ds $6d^87s^2$	111 𬬭* Rg $6d^97s^2$	112 鎶* Cn $6d^{10}7s^2$	113 鿭* Nh	114 𫓧* Fl $7s^27p^2$	115 镆* Mc	116 𫟷* Lv $7s^27p^4$	117 鿬* Ts	118 鿫* Og

57~71 镧系元素	57 镧 La $5d^16s^2$	58 铈 Ce $4f^15d^16s^2$	59 镨 Pr $4f^36s^2$	60 钕 Nd $4f^46s^2$	61 钷 Pm $4f^56s^2$	62 钐 Sm $4f^66s^2$	63 铕 Eu $4f^76s^2$	64 钆 Gd $4f^75d^16s^2$	65 铽 Tb $4f^96s^2$	66 镝 Dy $4f^{10}6s^2$	67 钬 Ho $4f^{11}6s^2$	68 铒 Er $4f^{12}6s^2$	69 铥 Tm $4f^{13}6s^2$	70 镱 Yb $4f^{14}6s^2$	71 镥 Lu $4f^{14}5d^16s^2$
89~103 锕系元素	89 锕 Ac $6d^17s^2$	90 钍 Th $6d^27s^2$	91 镤 Pa $5f^26d^17s^2$	92 铀 U $5f^36d^17s^2$	93 镎 Np $5f^46d^17s^2$	94 钚 Pu $5f^67s^2$	95 镅* Am $5f^77s^2$	96 锔* Cm $5f^76d^17s^2$	97 锫* Bk $5f^97s^2$	98 锎* Cf $5f^{10}7s^2$	99 锿* Es $5f^{11}7s^2$	100 镄* Fm $5f^{12}7s^2$	101 钔* Md $(5f^{13}7s^2)$	102 锘* No $(5f^{14}7s^2)$	103 铹* Lr $(5f^{14}6d^17s^2)$

*16-9 激光

激光(laser①)是20世纪60年代初期发展起来的一门新兴技术,它不但引起了现代光学应用技术的巨大变革,还促进了物理学和其他相关学科的发展.本节将简要介绍激光的产生原理和它的特性.

一、自发辐射 受激辐射

1. 自发辐射

原子在没有外界干扰的情况下,电子会由处于激发态的高能级 E_2 自动跃迁至低能级 E_1,这种跃迁称为自发跃迁.由自发跃迁而引起的光辐射称为自发辐射.图16-37是自发辐射的示意图.由式(16-19)可知,自发辐射所发出光子的频率为

$$\nu=\frac{E_2-E_1}{h}$$

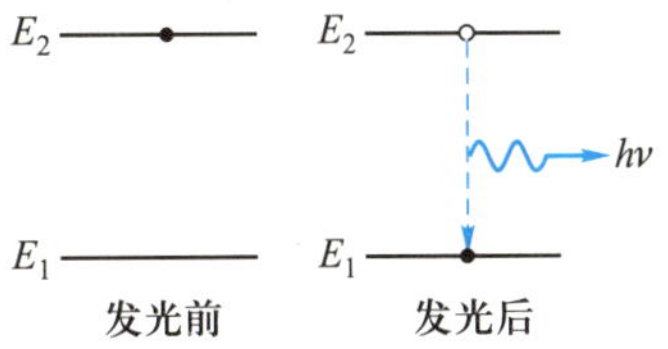

图16-37 自发辐射

白炽灯、日光灯、高压水银灯等普通光源,它们的发光过程就是上述的自发辐射.这些光源的发光物质中,各个原子在进行自发辐射时所发出的光,是彼此独立的,它们所发出的光,无论是频率、振动方向,还是相位,都不一定相同.因此,自发辐射所发出的光不是相干光.

2. 光吸收

当原子中的电子处于低能级 E_1 时,若外来光子的能量 $h\nu$ 恰等于激发态的高能级 E_2 与低能级 E_1 的能量差,即 $h\nu=E_2-E_1$,则原子就会吸收光子的能量,并从低能级 E_1 跃迁到高能级 E_2.这个过程称为光吸收.图16-38是光吸收的示意图.

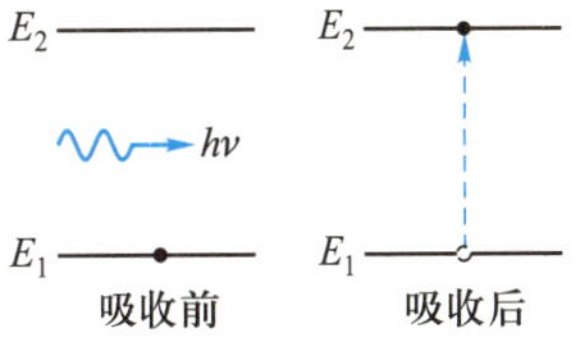

图16-38 光吸收

3. 受激辐射

1916年爱因斯坦在研究光辐射与原子间的相互作用时指出,原子除光吸收和自发辐射外,还会有受激辐射.他认为,当原子中的电子处于如图16-39所示的高能级 E_2 时,若外来光子的频率恰好满足 $h\nu=E_2-E_1$,则原子中处于高能级 E_2 的电子,会在外来光子的诱发下向低能级 E_1 跃迁,并发出与外来光子一样特征的光子.这就是所说的受激辐射.实验表明,受激辐射产生的光子与外来光子具有相同的频率、相位和偏振方向.在受激辐射中,通过一个光子的作用,得到两个特征完全相同的光子.如果这两个光子再引起其他原子产生受激辐射,就能得到更多的特征完全相同的光子.这个现象称为光放大,如图16-40所示.可见,在受激辐射中,各原子所发出的光具有同频率、同相位、同偏振态的特性,因此说,由受激辐射得到的放大了的光是相干

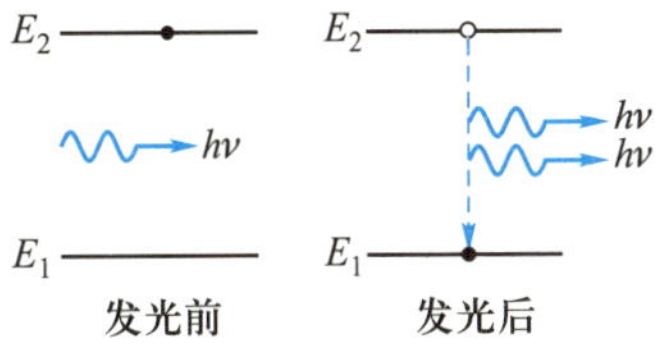

图16-39 受激辐射

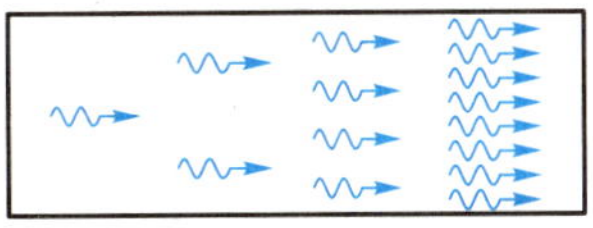
图16-40 受激辐射的光放大示意图

① laser由light amplification of stimulated emission of radiation中的五个首字母组成,原意是"辐射的受激发射的光放大",中文名称是激光.过去也曾有人称之为莱塞或镭射.

光,称为激光.

二、激光原理

1. 粒子数正常分布和粒子数反转分布

在一般情况下,就热平衡物质而言,处于低能级的电子数比处于高能级的电子数要多,因此在正常情况下,光通过物质时,光吸收的概率要大于光受激辐射的概率.从宏观来看,光通过物质时表现出来的是光吸收.由统计分布定律可知,在温度为 T 的平衡态时,原子中的电子处于能级 E_i 的数目 N_i 为

$$N_i = Ce^{-E_i/kT}$$

由上式可得,原子中的电子处于 E_1 和 E_2 的数目之比为

$$N_1/N_2 = e^{-(E_1-E_2)/kT}$$

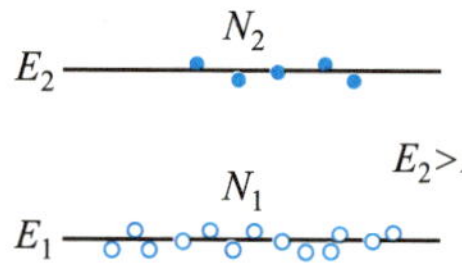

图 16-41 粒子数的正常分布

已知 $E_2>E_1$,所以 $N_1>N_2$,这也表明,处于低能级的电子数大于处于高能级的电子数.这种分布叫做粒子数的正常分布(图 16-41).因为在正常情况下,处于低能级的电子数比处于高能级的电子数多,所以从整体来看,光吸收过程比光受激辐射过程要占优势.这就是在正常情况下,难以产生连续受激辐射的原因.由此可以看出,要使光通过物质后获得光放大,就必须使处于高能级的电子数大于处于低能级的电子数,即 $N_2>N_1$.这种分布与正常分布相反,故叫做粒子数布居反转,简称粒子数反转或布居反转,如图 16-42 所示.总之,使粒子数反转是实现受激辐射,得到光放大的必要条件.

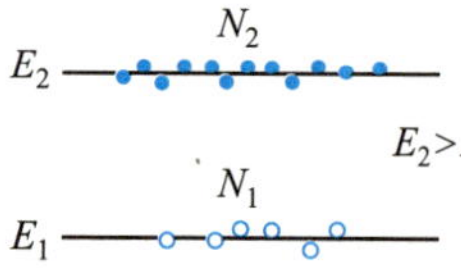

图 16-42 粒子数的反转分布

下面先简略介绍如何实现粒子数反转,然后再介绍光学谐振腔.

为了使工作物质实现粒子数反转,我们可以从外界输入能量(如光照、放电、发射高能粒子等),把低能级上的原子激发到高能级上去,这个过程叫做激励(也叫泵浦).但是,仅仅从外界进行激励是不够的,还必须选取能实现粒子数反转的工作物质.我们知道,原子可以长时间处于基态,而处于激发态的时间(即激发态寿命),一般是很短的,约为 10^{-8} s,因此激发态是不稳定的.除基态和激发态外,有些物质还具有亚稳态,它不如基态稳定,但比激发态要稳定得多.氦原子、氖原子、氩原子、钕离子、二氧化碳等粒子都存在亚稳态.具有亚稳态的工作物质,就能实现粒子数反转.下面以红宝石为例加以说明.

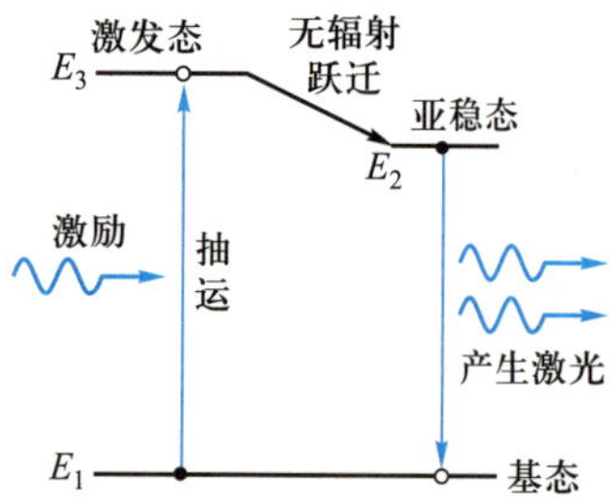

图 16-43 红宝石中铬离子能级示意图

红宝石是在人工制造的刚玉(Al_2O_3)中,掺入少量的铬离子(Cr^{3+})而构成的晶体.在红宝石中,起发光作用的是铬离子.当红宝石受到强光照射时,铬离子被激励,处于基态 E_1 的大量铬离子吸收光能而跃迁到激发态 E_3(图 16-43).被激发的铬离子在激发态 E_3上停留的时间很短,只有约 10^{-8} s,它很快地以无辐射跃迁的方式转移到亚稳态 E_2,这种跃迁放出的能量只使红宝石发热.铬离子在亚稳态 E_2上停留的时间较长,约为 10^{-3} s,因而不立即以自发辐射的方式返回基态;加上外界强光的不断激励,亚稳态 E_2上的粒子

数不断积累,这使得亚稳态 E_2上的粒子数 N_2大于基态的粒子数 N_1,即 $N_2>N_1$.从而,亚稳态 E_2和基态 E_1之间形成了粒子数反转,达到了光放大的目的.

2. 光学谐振腔　激光的形成

仅仅使工作物质处于反转分布,产生光放大,虽可得到激光,但这时的激光寿命比较短、强度也很小、相干性和方向性也很差,没有实用价值.为获得有一定寿命和强度以及方向性、相干性好的激光,还必须加上一个光学谐振腔.图 16-44 是光学谐振腔的示意图.这是一个最简单的光学谐振腔,它是由两个放置在工作物质两边的平面反射镜组成的.这两个反射镜严格平行,其中一个是全反射镜,另一个是部分透光反射镜.谐振腔的作用主要是产生和维持光振荡.光在粒子数反转的工作物质中传播时,得到光放大,当光到达反射镜时,又反射回来穿过工作物质,进一步得到光放大.光这样往返地传播,使谐振腔内的光子数不断增加,从而产生很强的光.这种现象叫做光振荡.但是,光在工作物质中传播时还有损耗(包括光的输出、工作物质对光的吸收等),当光的放大作用与光的损耗作用达到动态平衡时,就形成稳定的光振荡.此时,从部分透光反射镜透射出的光很强,这就是输出的激光.

此外,在谐振腔中,受激辐射的光可以向不同的方向传播.但凡是不沿谐振腔轴线传播的光,都将从腔内逸出(图 16-44),只有沿谐振腔轴线传播的光,才能从部分透光反射镜射出.因此激光的方向性很好.

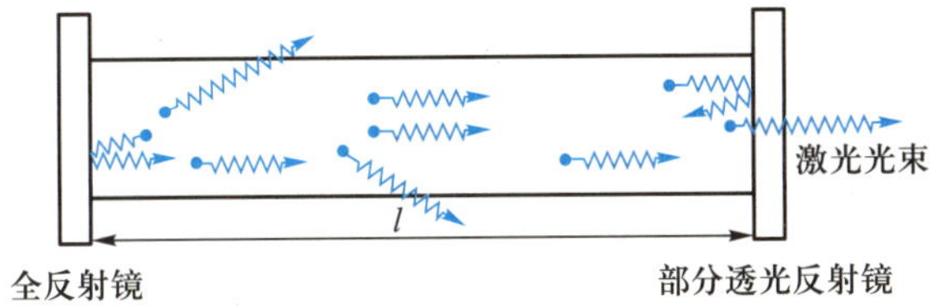

图 16-44　光学谐振腔示意图

再则,光在谐振腔内传播时形成以反射镜为节点的驻波.由驻波条件可得,加强的光必须满足

$$l=k\frac{\lambda}{2}$$

式中 l 是谐振腔的长度,λ 是光的波长,k 是正整数.波长满足上述条件的光会相干不断加强,反之,则会很快减弱而消失.因此,谐振腔又起到选频的作用,使输出的激光频率宽度很小,即激光的单色性很好.

三、激光器

目前已经研制成功的激光器种类很多.它们按照工作物质来分,可分为气体激光器、固体激光器、半导体激光器和液体激光器等;它们按照激光的输出方式来分,又可分为连续输出激光器和脉冲输出激光器.下面介绍两种简单的激光器,一种是气体激光器,另一种是固体激光器.

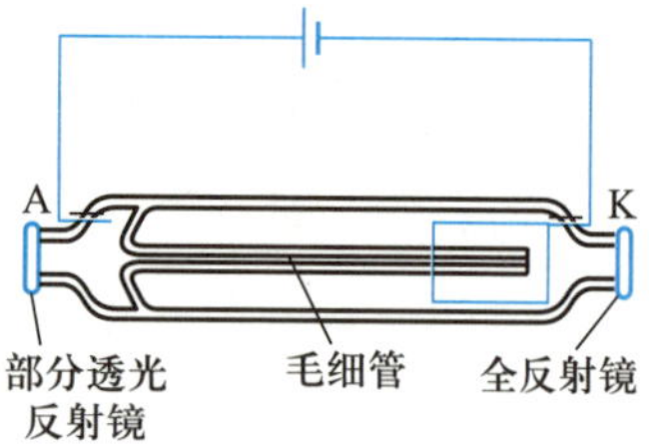

图 16-45 氦氖激光器示意图

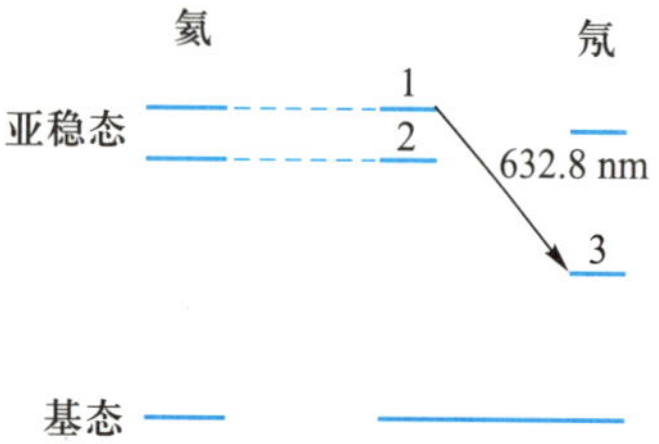

图 16-46 氦和氖的原子能级示意图

1. 氦氖激光器

氦氖(He-Ne)激光器的构造如图 16-45 所示.激光管的外壳用硬质玻璃制成,中间用一根毛细管作为放电管.制造时先抽去管内空气,然后按(5~10)∶1 的比例充入氦、氖混合气体,直至总压强为 2.66×10^2 Pa~3.99×10^2 Pa. 管的两端面为反射镜,组成光学谐振腔.激励是用高压气体放电的方式进行的.为了使气体放电,在阳极 A 和阴极 K 之间加上几千伏特的高压.形成的激光通过部分透光反射镜输出.这种激光器发出的激光波长为 632.8 nm.

氦、氖气体中粒子数的布居反转是如何形成的呢?在这两种气体的混合物中,产生受激辐射的是氖原子,氦原子只起传递能量的作用.在通常情况下,绝大多数的氦原子和氖原子都处在基态(图 16-46).氦原子的能级中有两个亚稳态,氖原子有两个与氦原子的这两个亚稳态十分接近的能级 1 和 2,并存在一个寿命极短的能级 3.激光器两电极间加上几千伏特的电压时,产生气体放电,电子在电场的作用下加速运动,与氦原子发生碰撞,使氦原子被激发到两个亚稳态上.这些处于亚稳态的氦原子又与处在基态的氖原子发生碰撞,并使氖原子被激发到能级 1 和 2 上.由于处于能级 3 上的氖原子数极少,这样在能级 1、2 和能级 3 之间就形成了粒子数的布居反转.当辐射引起氖原子在能级 1 和能级 3 之间跃迁时,氖原子即发射波长为 632.8 nm 的红色激光.能级 2、3 间和其他能级间的跃迁所产生的辐射为红外线,我们采取一定的措施可以把它遏止掉.

氦氖激光器的输出功率不大,25 cm 长的激光管输出功率约为 1 mW,50 cm 长的激光管输出功率为 3~10 mW.输出方式是连续输出.目前,在各种常用的激光器中,氦氖激光器输出激光的单色性最好.因此,在精密测量中人们常采用这种激光器.此外,它还具有结构简单、使用方便、成本低等优点.

2. 红宝石激光器

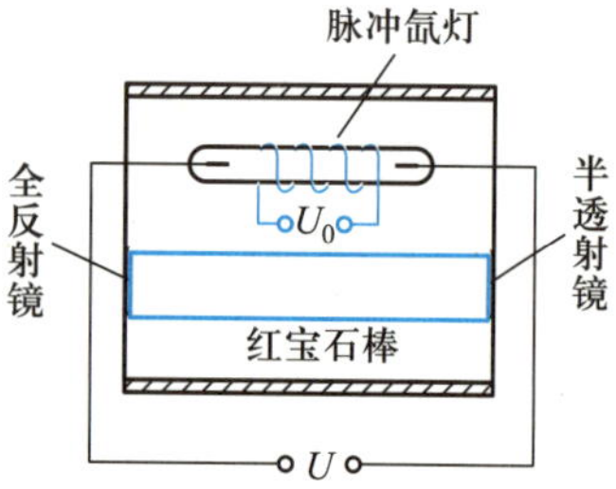

图 16-47 红宝石激光器示意图

红宝石激光器的工作物质是棒状红宝石晶体(图 16-47),棒的两端面做得很光洁并严格平行.谐振腔的两个反射镜可以单独制成,也可将棒的两端面镀上反射膜.激励是利用脉冲氙灯发出的强烈光脉冲进行的.为了提高激励功率,激光器常装有聚光器,另外附有一套用于点燃氙灯的电源设备.为了防止红宝石温度升高,激光器还附有冷却设备(一般采用水冷却).

红宝石晶体中粒子数布居反转的原理如图 16-43 所示.红宝石激光器发出的是脉冲激光,它的波长为 694.3 nm.棒长 10 cm、直径 1 cm 的红宝石激光器,每次脉冲输出的能量为 10 J,脉冲持续的时间为 1 ms,平均功率为 10 kW.

在以氦氖激光器为代表的可连续输出激光的气体激光器和以红宝石激光器为代表的以脉冲输出激光的固体激光器问世以后,各种类型的激光器接连不断地被发明出来.进展的主要方面如下.

(1) 激光的波长范围扩展了,现在人们已能制成波长从亚毫米直到极紫外波段的激光器.

(2) 激光的功率大大提高,如 CO_2 激光器的连续功率已达 10 kW,脉冲

的瞬时功率可达 10^{14} W. 2006 年美国的自由电子激光器①,使激光的峰值功率可达 1 GW.

(3) 激光器已能实现小型化.由于半导体激光器的发明,目前单元激光器的长度可以小到 10^{-6} m 数量级.波长覆盖范围大、连续功率和瞬时功率大、尺寸小的激光器的出现,使激光的应用领域已十分广泛.

四、激光的特性和应用②

1. 方向性好

激光的方向性很好.如果使一根氦氖激光管发光,人们就可看到一条细而亮、笔直前进、很少发散的激光束,它几乎是一束平行光.激光束每行进 200 km,其扩散的直径不到 1 m.若把激光束射到距地球 3.84×10^{5} km 的月球上,光束扩散的直径还不到 2 km.而对于普通光源,即使是具有抛物形反射面的探照灯,它的光束在几千米之外,也要扩散到几十米的直径.激光的这种方向性好的特性,可用于定位、导向、测距等.例如,利用激光测定地球与月球的距离,其精度可达到±15 cm.利用激光照射在运动物体上产生的多普勒频移,人们可以测量运动物体的速度,所测速度大小可从 10 μm · s^{-1} 到 10^{2} m · s^{-1}.人们利用激光准直仪可使长为 2.5 km 的隧道掘进偏差不超过 16 mm.

2. 单色性好

激光的单色性很好.例如,氦氖激光器发出的红光的频率为 4.74×10^{14} Hz,其频率宽度只有 9×10^{-2} Hz;而普通的氦氖混合气体放电管所发出的同样频率的光,其频率宽度可达 1.52×10^{9} Hz,比激光的频率宽度大 10^{10} 倍以上.也就是说,激光的单色性比普通光好 10^{10} 倍以上.目前,普通光源中最好的单色光源是氪灯,激光的单色性比氪灯还好 10^{4} 倍.利用激光单色性好的特性,人们可把激光的波长作为长度标准从而进行精密测量.在光纤通信中,人们可利用激光单色性好的特性,来减小光在光纤中传播时信号的损耗.

3. 能量集中

普通光源(如白炽灯)发出的光,射向四面八方,能量分散,即使通过透镜也只能会聚它的一部分光,而且还不能将这部分光会聚在一个很小的范围内.而激光器发出的激光,由于方向性很好,几乎是一束平行光,通过透镜后可以会聚在一个很小的范围内,即激光的能量在空间上是高度集中的.在医学上,人们利用连续发光的激光器,可制成激光手术刀.若使用脉冲激光器,则激光的能量可集中在很短的时间内,以脉冲的形式发射出去,即激光的能量在时间上也是高度集中的.它可以对金属或非金属材料进行打孔、切割、焊接等精密机械加工.此外,激光在激光同位素制备、激光受控核聚变研

① 读者若有兴趣了解自由电子激光器的工作原理、特点和发展趋势,可参阅张礼主编《近代物理学进展》(第二版)中的"自由电子激光"(清华大学出版社,2009 年).

② 有关激光应用的介绍,可参阅蔡枢等编《大学物理:当代物理前沿专题部分》(第二版)第 38—76 页(高等教育出版社,2004 年).

究和激光武器等方面也有广泛的发展前景. 2002 年我国已研制出最大输出功率为 10^4 W 的光纤激光器.

4. 相干性好

前面已经指出,普通光源的发光过程是自发辐射,发出的光不是相干光.激光器的发光过程是受激辐射,发出的光是相干光.因此,激光具有很好的相干性.激光的相干性也有很重要的应用.例如,人们用激光干涉仪进行检测,比普通干涉仪速度快、精度高;用激光作为全息照相的光源有其独特的稳定性优点.

*16-10 半导体

一、固体的能带

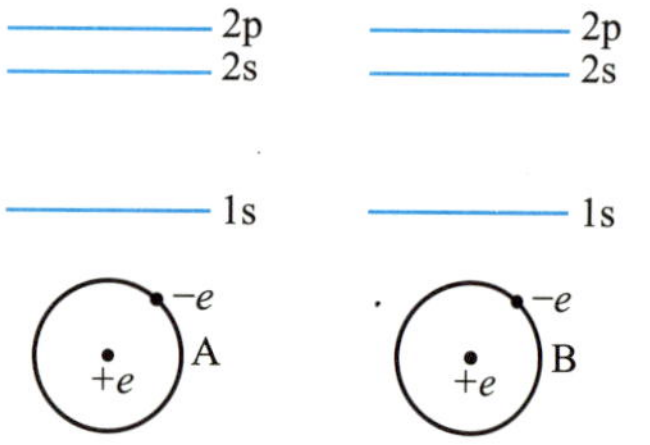

图 16-48 完全分离的两个氢原子能级

理想晶体中的原子是按一定规则排列着的,原子间有着不同程度的相互作用,从而可形成能带.下面简略介绍能带的形成.

如图 16-48 所示,设有两个相距较远的孤立氢原子,由于原子中的电子被束缚在原子核的周围,所以孤立原子的能态是以分立能级形式出现的.电子可分别处于不同的能级上,形成 1s,2s,2p,3s,…电子壳层.

当两个原子靠得很近时,原子 A 上的电子除受到自己原子核的作用外,还受到另一个靠得很近的原子 B 的作用;同样,原子 B 上的电子也要受到原子 A 和自己的原子核的作用.原子间相互作用的结果是,原子的各个子能级不再具有原先的单一值,而使两个原子具有稍为不同的能量状态,使原先的能级分裂成两个相距很近的子能级[图 16-49(a),图中 r 是原子间距].图 16-49(b)是 5 个彼此靠得很近的原子,它们原先的每一个能级分裂成 5 个相距很近的子能级.

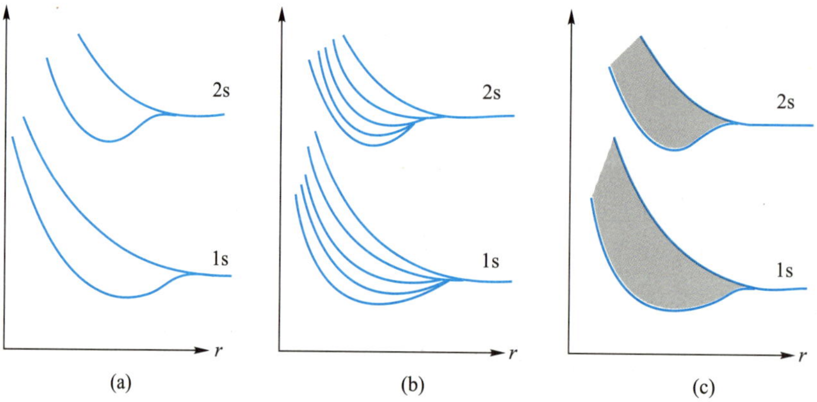

图 16-49 重叠能级分裂形成能带

在理想的固态晶体中，原子之间的间距很小．设晶体由数量巨大的 N 个（如 10^{29}）原子构成．由于原子中的电子受到电子和核的共同作用，原有能级将分裂成 N 个间距极近的子能级，这些子能级几乎是靠在一起的，形成如图 16-49(c) 所示的能带．我们有时把这种能带称为准连续能带．能带的符号仍沿用子能级的符号，如 1s，2s，2p，3s，3p，….

从式(16-45)知，每个能级有 $2(2l+1)$ 个量子态．又由泡利不相容原理知，每个量子态容纳的电子不能超过 1 个，所以每个能级能容纳 $2(2l+1)$ 个电子．考虑到每个能带上有 N 个分裂的能级，因此每个能带上能容纳的电子数为 $2(2l+1)N$．按以上讨论，对 N 个原子构成的晶体，由于 1s，2s，3s，…的能带中 $l=0$，所以 1s，2s，3s，…的能带中能容纳的电子数为 $2N$；在 2p，3p，…的能带中，由于 $l=1$，所以这些能带中能容纳的电子数为 $6N$；而在 3d，4d，…的能带中，由于 $l=2$，这些能带所能容纳的电子数为 $10N$；依此类推.

我们把相邻能带之间不存在能级的区域，叫做禁带．如某一能带中，各能级均被电子所填满，这种能带叫做满带．如能带中各能级没有电子填入，这种能带叫做空带．价电子的能级分裂而成的能带叫做价带，价带可以是满带，也可以不是满带．空带和未被电子填满的价带统称为导带．图 16-50 是晶体能带结构的示意图，其中 E_g 是禁带的宽度，即相邻两能带间的最小能量差.

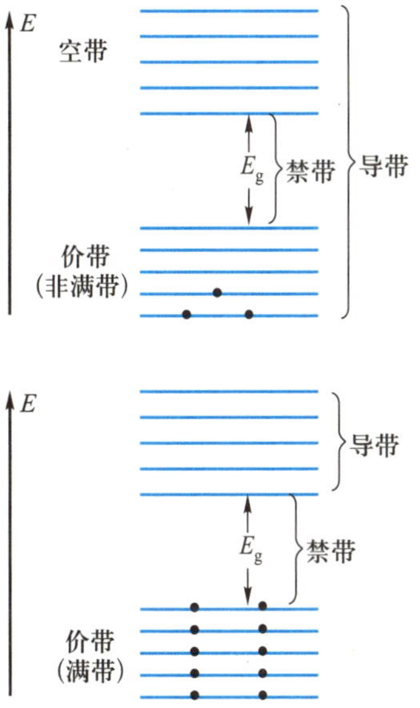

图 16-50 晶体能带结构的示意图

我们知道，在一定温度下，不同固体的电阻率有很大的差异．通常，电阻率在 $10^{-8}\sim10^{-4}\ \Omega\cdot m$ 范围内，温度系数为正的固体为导体；电阻率在 $10^{-4}\sim10^{8}\ \Omega\cdot m$ 范围内，温度系数为负的固体为半导体；而电阻率在 $10^{8}\sim10^{20}\ \Omega\cdot m$ 范围内，温度系数为负的固体为绝缘体．显然，导体的导电性最好，因为它的价带已是导带；绝缘体的导电性最差，半导体则介于两者之间.

虽然半导体和绝缘体都有禁带，但禁带的宽度是不同的．半导体的禁带宽度比绝缘体要小得多．例如，在 0 K 时，绝缘体金刚石的禁带宽度 E_g 约为 5 eV，而半导体锗(Ge)的禁带宽度 E_g 却只有 0.67 eV．在通常情况下，绝缘体中的价带被价电子所填满，没有空着的能级，从而形成了满带，加之禁带宽度又比较宽，因此在不十分强的外电场作用下，价带中的电子难以跃迁到空带上去．在通常情况下，绝缘体不具有导电性．但是，在很强的外电场作用下，或者当绝缘体受到诸如热激发、光激发等作用时，少量电子也会从价带跃迁到空带上去，从而使绝缘体具有微弱的导电性.

然而，对半导体来说，虽然其价带亦为电子所填满，但由于其禁带的宽度比绝缘体小很多，在外界的热激发、光激发的情况下，价带中的电子较之绝缘体容易跃迁到空带上去．在这种情况下，满带和导带中的电子数密度分布都要发生变化，使半导体具有一定的导电性．半导体中掺以杂质，也会使它具有导电性，这将在下面作进一步介绍.

二、本征半导体和杂质半导体

半导体有两类，一类叫本征半导体，另一类叫杂质半导体.

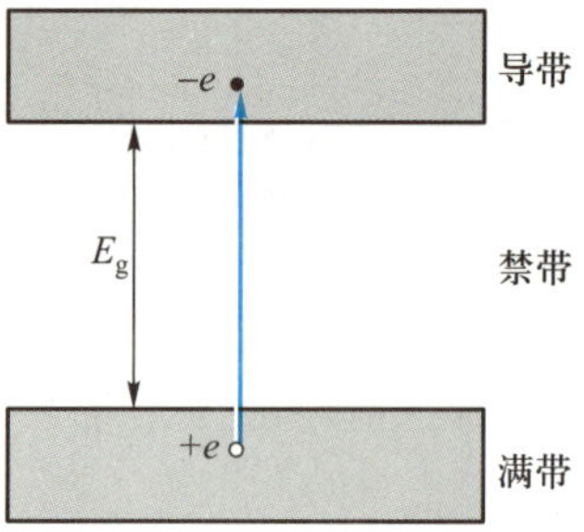

图 16-51 本征半导体

“·”表示电子，“∘”表示空穴

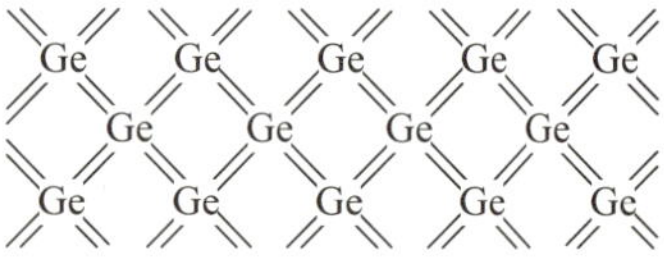

(a) 锗晶体中的正常键

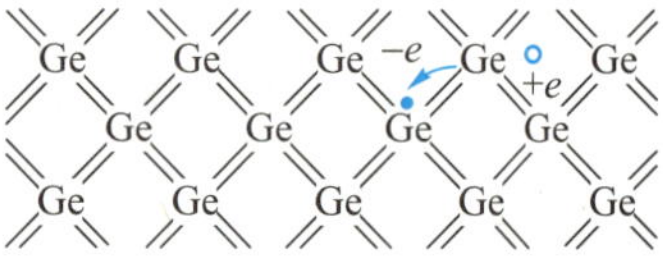

(b) 电子被激发，晶体中出现空穴

图 16-52 锗晶体平面示意图

“·”代表电子，“∘”代表空穴

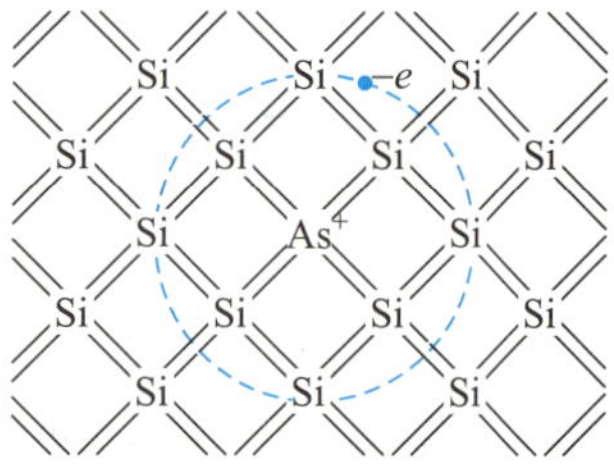

图 16-53 五价原子砷掺入四价硅中，多余的价电子环绕 As^+ 运动

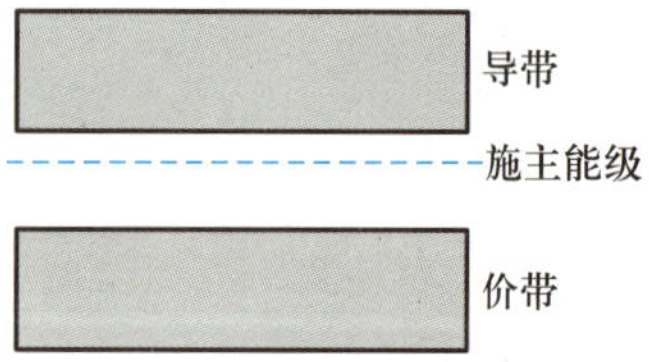

图 16-54 施主能级

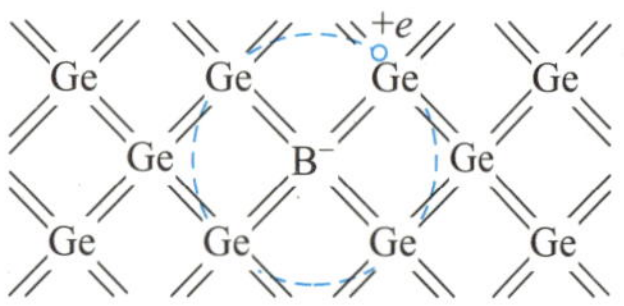

图 16-55 三价原子硼掺入四价锗中，空穴环绕 B^- 运动

1. 本征半导体

纯净的无杂质的半导体称为本征半导体.如图 16-51 所示，本征半导体的导电性，是由于满带中的价电子在热激发或光激发的作用下，由满带跃迁到导带中去而形成的.这时在导带中出现了电子，而原先充满价电子的满带，则出现了空状态，这种满带中的空状态，一般叫做空穴，空穴则等同于一个带 $+e$ 的电荷.

本征半导体中产生空穴，还可以用图 16-52 所表示的锗(Ge)晶体晶格结构的平面示意图来说明.在图(a)中，一个锗原子靠其四个价电子跟另外四个锗原子的各一个价电子，形成共价键而结合起来.当价电子由于激发而挣脱共价键的束缚时，在晶体中就留下一个带正电的空穴[图(b)].晶体中的空穴，可能被来自邻近锗原子的电子所占有，从而出现新的空穴，这个空穴又会被其他邻近锗原子的电子所占有，再出现新的空穴，依此类推.由于电子逐步向空穴转移，空穴在晶体中就发生了移动.因此我们可以说，由于价电子从满带中被激发到导带，所以在晶体中就出现了电子和空穴这两种载流子.它们在数量上是相等的，而且电荷值也相等，但符号相反.空穴为正载流子，电子为负载流子，在电场作用下，它们移动的方向相反.由导带中电子移动引起的导电性，叫做电子导电；由价带中空穴移动引起的导电性，叫做空穴导电.在本征半导体中，电子导电和空穴导电同时存在，它们统称为本征导电.

2. 杂质半导体

在半导体中掺入微量的杂质，将显著地改变半导体的特性.例如，在锗中掺有百万分之一的砷后，其电导率将提高数万倍.杂质半导体又分为空穴型(简称 p 型)半导体和电子型(简称 n 型)半导体.下面对它们的导电性分别作一些简要的说明.

如图 16-53 所示，五价杂质原子砷(As)掺入四价硅(Si)中，由于砷有五个价电子，其中四个价电子与相邻的硅原子形成共价键，第五个价电子所受的束缚较小，它可环绕带正电的砷离子(As^+)运动.计算表明，这个电子在 As^+ 的电场中的电离能约为 0.05 eV，它比硅的禁带宽度($E_g = 1.09$ eV)要小很多.这时，在半导体的价带和导带之间，产生一个离导带很近的附加能级(图 16-54)，这个能级也叫做施主能级，而砷这类五价杂质则称为施主杂质.因为施主能级很靠近导带，所以在施主能级上的电子，很容易受激发而跃迁到导带上去，参与导电.由于含有施主杂质半导体的载流子为电子，所以掺有施主杂质的半导体也叫做 n 型半导体.

下面来介绍 p 型半导体.如图 16-55 所示，三价杂质原子硼(B)掺入四价锗(Ge)中，由于硼有三个价电子，它和相邻的锗原子形成共价键时，缺少一个价电子，于是就存在一个带 $+e$ 电荷的空穴.这个空穴在带 $-e$ 电荷的硼离子的作用下，将环绕带负电的硼离子(B^-)运动.计算表明，空穴在 B^- 的电场中的电离能约为 0.01 eV，它比锗的禁带宽度($E_g = 0.72$ eV)要小很多.这时，在半导体的价带和导带之间，产生一个离价带很近的附加能级(图 16-56).这个能级的存在可为价带提供空穴，也可认为它接受来自价带的电子，故这个能级也叫做受主能级，而硼这类三价杂质则称为受主杂质.因为受主能级很靠近价带，所以价带中的电子很容易因激发而跃迁到受主能级上去，并在价带中留下空穴，而空穴在电场的作用下要发生移动，参与导电.由于含有受主杂质半导体的载流子为空穴，所以掺有受主杂质的半导体也叫做 p 型半导体.

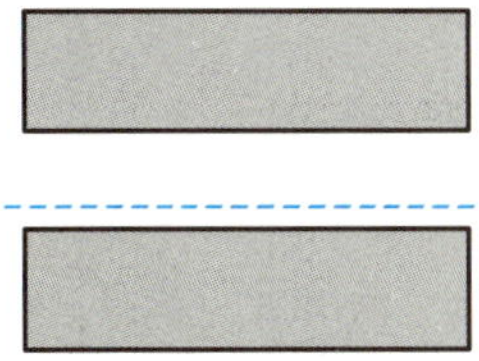

图 16-56 受主能级

三、pn 结

当 p 型半导体和 n 型半导体相接触时，在它们相接触的区域就形成了 pn 结.从实验中发现，当 pn 结两端没有加外电压时，半导体中没有电流；当 pn 结两端加上外电压时，半导体中就有电流通过，但电流的大小和方向跟外加电压有关.图 16-57 是从实验中得出的 pn 结伏安特性曲线.从曲线中可以看到，若 p 型接正极，n 型接负极，即电压 U 为正向电压时，则电流为正值 ($I>0$)，这个电流叫正向电流；而且随着正向电压的增加，正向电流亦随之呈指数上升.从曲线中还可以看到，若 p 型接负极，n 型接正极，即电压 U 为反向电压时，则电流为负值 ($I<0$)，这个电流叫反向电流；其绝对值较正向电流小，且随着反向电压的增加，反向电流很快达到饱和电流 I_s①.利用 pn 结的这个特性，人们可制成电子线路中常用的检波、整流和稳压二极管.下面对 pn 结的导电特性作一些说明.

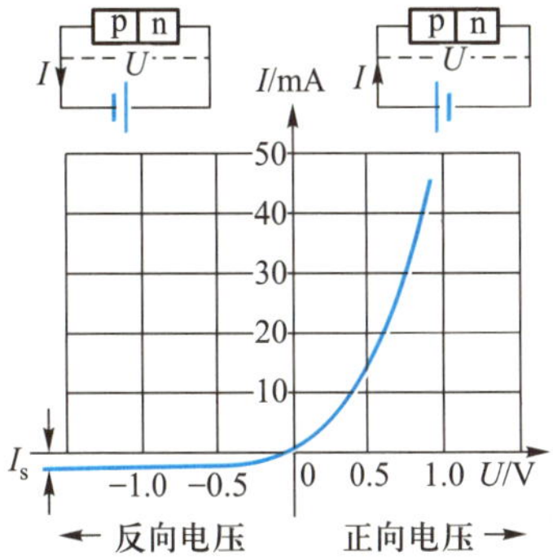

图 16-57 pn 结伏安特性曲线

当 p 型半导体与 n 型半导体相接触时，有电子从 n 型扩散到 p 型中去，同时也有空穴从 p 型扩散到 n 型中去[图16-58(a)].这样在 p 型和 n 型相接触的区域，就出现了偶电层[图 16-58(b)].由于这个偶电层的存在，在 p 型和 n 型相接触的区域内，也就存在由 n 指向 p 的电场，它要阻止空穴和电子的继续扩散，直至达到动态平衡为止.这时，在 p 型与 n 型接触区域就存在如图 16-58(c)所示的电势变化情况.图中 U_0为动态平衡时，p、n 之间势垒的高度.因此无论是空穴还是电子，都需克服高度为 U_0的势垒，才能通过偶电层进入到 n 型或 p 型中去.

然而，当 p 型接外电源正极，n 型接外电源负极，即 p、n 之间加正向电压 U 时，势垒高度便降低，于是 n 型中的电子和 p 型中的空穴将较容易通过 pn 结，从而在电路中形成电流.这就是图 16-57 中随正向电压增加，正向电流亦增加的原因.

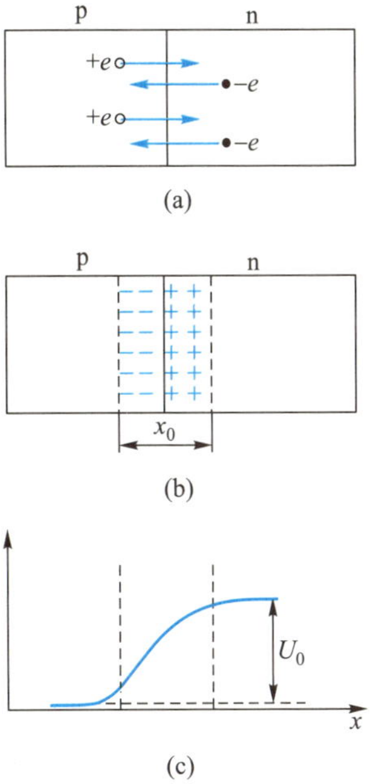

图 16-58 pn 结

"∘"为空穴，"·"为电子，x_0为偶电层的宽度，实验测得约为 10^{-7} m

四、光生伏打效应

pn 结还可制成光电池，其原理如下.

采用扩散方法，在 p 型表面上掺入 n 型的杂质，那么在 p 型表面上就形成了一个 n 型的薄层，从而构成 pn 结.当光照射到 pn 结时，光子会转换成

① 如果反向电压过大(1 000 V 左右)，pn 结就会被反向击穿，致使反向电流急剧增大.读者可参阅张礼主编《近代物理学进展》(第二版)(清华大学出版社，2009 年).

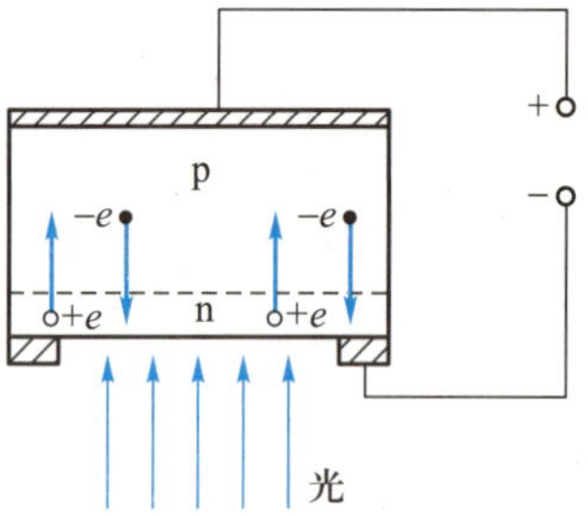

图 16-59 光生伏打效应

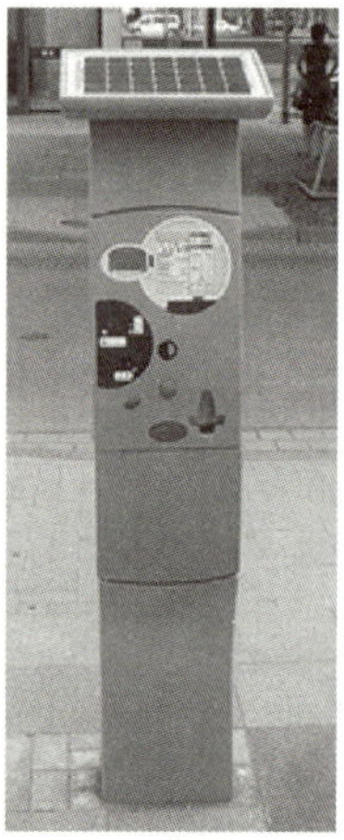
街边的太阳能电话亭

电子-空穴对，即

$$\gamma \to e^- + e^+$$

于是在 pn 结处偶电层内强电场的作用下，电子将移到 n 型中，而空穴将移到 p 型中，从而使 pn 结两边分别带上正、负电荷.这样，在光的照射下，pn 结就相当于一个电池(图 16-59).

这种由于光的照射，pn 结产生电动势的现象，叫做光生伏打效应.利用太阳光照射 pn 结产生电能的装置，称为太阳能光电池①.非晶硅太阳能光电池的光电转化效率只有 10%左右，而砷化镓(GaAs)晶体太阳能光电池的转化效率可达 25%.

自 1954 年第一块太阳能光电池在地球上问世以来，至今，无论是品种、应用范围，还是电池的模式等方面均发生了巨大变化.它从单晶硅发展到多晶硅，从单一晶体发展到碲化物、硒化物等多种稀土元素的化合物，厚度为 2~3 μm 的薄膜光电池被广泛应用.它的应用可从单块电池到电池阵列，据说哈勃望远镜上的太阳能电池板是由数十万块电池组成的阵列.它的应用极广，从地球到太空，在人们的生活中几乎无处不在，例如以太阳能为动力源的汽车、火车和船舶，利用太阳能供电的建筑物，以及街边的太阳能电话亭……据报道，自 2001 年至 2010 年间，平均每隔两年太阳能发电的装机容量就要翻一番.我国在太阳能电站建设上也取得了很大的进展，青海格尔木太阳能电站的装机容量已达 200 MW.可以预见，这种可再生的清洁的能源将会持续发展，且增长势头仍在持续，截至 2019 年 8 月我国的太阳能发电同比增长 13.9%.

*16-11 超导体

一、超导体的转变温度

超导电性的发现和发展过程，是和低温技术的发展密切相关的.1877 年，人们发现温度在 90 K 时，氧气被液化.不久，人们又在 77 K 时实现了氮气的液化.随后，1885 年，苏格兰物理学家杜瓦(J.Dewar，1842—1923)把氢气液化(其液化温度为 20K)，并随后制成能储存 1 kg 液态氢的容器，首开低温物理研究的先河.此后，1908 年荷兰物理学家卡末林-昂内斯(H. Kamerlingh-Onnes，1853—1926)在莱登大学实验室又实现了氦气的液化，把温度进一步降低到 4.25 K.这个 4.25 K 的极低温度，为他 3 年后发现超导电

① 参阅马文蔚等主编《物理学原理在工程技术中的应用》(第四版)之“光电池与太阳能电池”(高等教育出版社，2015 年).

光电池与太阳能电池

性奠定了基础.

也就在19世纪末期,人们从实验中已发现,温度在20 K以上时,金属的电阻率随温度的降低而减小.人们对此现象有不同的解释.有人认为,当温度降低到某一值后,电阻率会平缓地趋于零;也有人认为,在极低的温度下,随着温度的降低,金属的电阻率反而会升高;如此等等,众说纷纭.由于19世纪末、20世纪初低温技术取得了巨大的进展,特别是卡末林-昂内斯实现了4.25 K的低温.于是,他能对以真空蒸馏获取的纯汞进行电阻随温度变化的研究.这导致他于1911年发现,随着温度的降低,汞的电阻先是平稳地减小,直至温度降到4.20K附近时,汞的电阻突然降到零(图16-60).卡末林-昂内斯把金属电阻突然降为零的状态称为超导态,或称超导电性,把电阻发生突变的温度称为超导转变温度,或称临界温度,用T_c表示.为表彰他制成液态氦及发现超导电性,1913年昂内斯被授予诺贝尔物理学奖.此后,寻找新的高临界温度超导体材料的研究,一直受到世界上许多著名实验室和物理学家、化学家的关注,但进展很慢.直到1955年人们发现氮化铌(NbN)的$T_c=14.7$ K,1973年人们发现铌三锗(Nb_3Ge)的$T_c=23.2$ K.而到1986年以后,高温超导材料才相继被发现.在短短几年中,瑞士、美国、中国、日本等国科学家把T_c从35 K(镧钡铜氧化物)提高到125 K(铊钡钙铜氧化物),超导材料也从金属、合金、化合物扩展到氧化物陶瓷.人们把临界温度高于35 K的超导体称为高临界温度超导体,简称高温超导体.表16-7列出了几种超导材料的临界温度.表中$T_c=80$ K的Y-Ba-Cu-O超导材料是我国物理学家赵忠贤(1941—)和在休斯敦大学的朱经武(1941—)各自独立发现的.特别值得一提的是,人们从1986年发现$T_c=35$ K的La-Ba-Cu-O,到1989年发现Tl-Ba-Ca-Cu-O,只用了3年多一点的时间,而T_c却提高了近100 K.这在科学史上实乃一大奇迹,为超导技术的应用打下了扎实的基础.现在发现的高温超导体$HgBa_2Ca_2Cu_3O_8$的临界温度已达134 K.

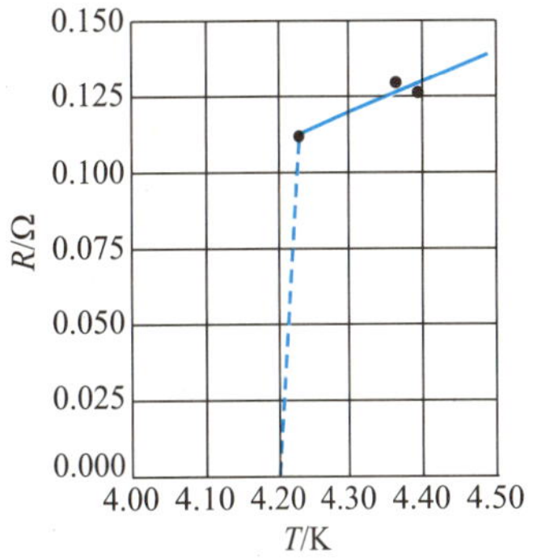

图 16-60 在4.20 K附近汞的电阻突然降为零

赵忠贤

朱经武

表 16-7 几种超导材料的临界温度

材料	T_c/K	材料	T_c/K
Zn	0.844	Nb_3Ge	23.2
Al	1.174	La-Ba-Cu-O	35
Sn	3.72	Y-Ba-Cu-O	80
Hg	4.15	Bi-Sr-Cu-O	110
Pb	7.201	Tl-Ba-Ca-Cu-O	125
Nb	9.26	$HgBa_2Ca_2Cu_3O_8$	134
NbN	14.7		

二、超导体的主要特性

1. 零电阻率

零电阻率是超导体的一个重要特性.当超导体的温度接近临界温度时,

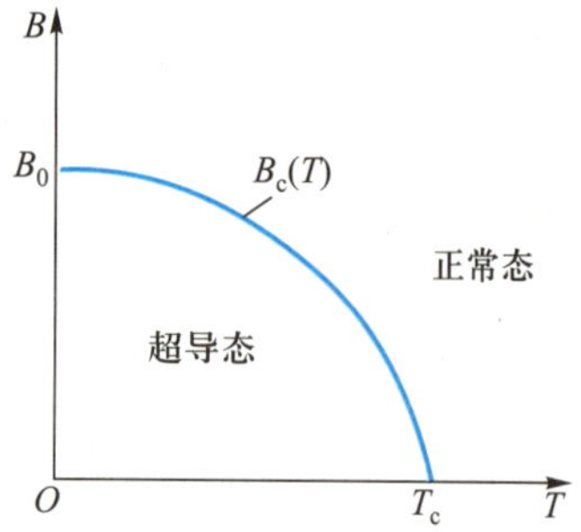

图 16-61 临界磁感强度与温度的关系

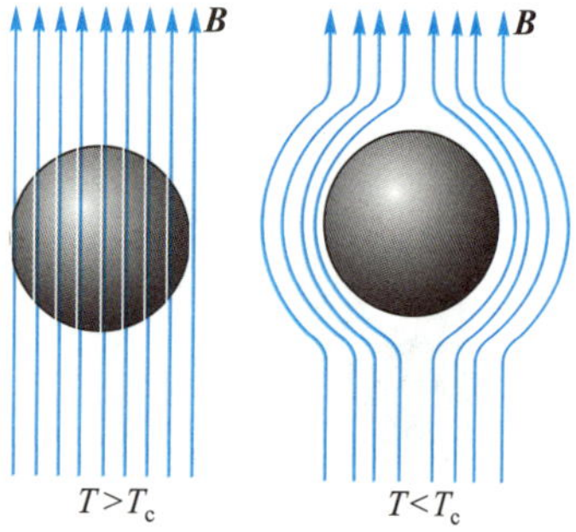

图 16-62 当 $T<T_c$ 时，超导体内磁感强度为零

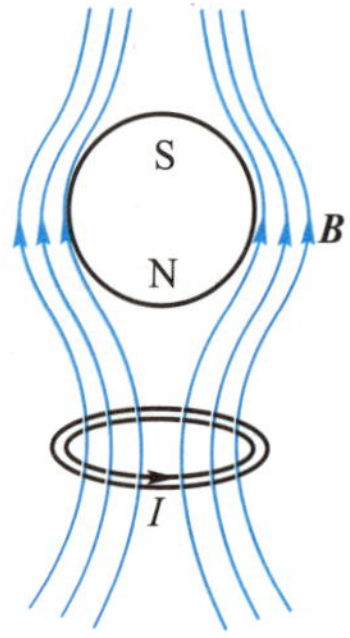

图 16-63 超导小球的抗磁性

迈斯纳

其电导率可视为无限大，因而可承载很大的电流．只要这个电流不超过临界电流 I_c，超导体内电流的流动就可看成是无阻的，热损耗也可略去不计．若用这样的超导体组成一闭合回路，一旦回路内激发起电流，则此回路内的电流将长久地维持下去．由于超导体的电阻为零，所以电流在超导体内流动时，导体内任意两点间没有电势差，整个超导体是一个等势体．为了显示零电阻现象，有人曾做过这样一个演示实验：把一个超导线圈放在磁场中，并把温度降至临界温度 T_c 以下，然后把磁场撤去，这时在线圈中便激起感应电流．由于该超导线圈是处于临界温度 T_c 以下的，所以线圈的电阻为零，线圈中的电流经过一年之久仍未有衰减的迹象．

2. 临界磁感强度

超导态不仅与导体的温度有关，还与外磁场的强度有关．即使超导体的温度 T 小于 T_c，若外磁场很强，也会破坏超导态．能破坏超导态的外磁场的临界值（磁感强度的最低值）称为临界磁感强度，用 B_c 表示．实验发现，B_c 是温度的函数，可用下式表示：

$$B_c=B_0\left[1-\left(\frac{T}{T_c}\right)^2\right]$$

式中 B_0 为 $T=0$ K 时的临界磁感强度，即临界磁感强度的最大值．当 $T=T_c$ 时，$B_c=0$．临界磁感强度 B_c 与温度 T 之间的关系可用图 16-61 来表示．

3. 迈斯纳效应

前面已指出，在超导态时，超导体内任意两点间的电势差为零．由此可知，在超导体内不存在电场．电磁感应定律为

$$\oint \boldsymbol{E}\cdot \mathrm{d}\boldsymbol{l}=-\frac{\mathrm{d}\Phi}{\mathrm{d}t}=-\frac{\mathrm{d}(\boldsymbol{B}\cdot \boldsymbol{S})}{\mathrm{d}t}$$

由于超导体的截面积是不变的，超导体内 $E=0$，所以由上式可以看出，$\mathrm{d}B/\mathrm{d}t=0$．这就是说，当超导体处于超导态时，其内部的磁场不随时间变化．当处于超导态的超导体置于外磁场中时，只要外磁场的磁感强度 B 小于临界磁感强度 B_c，超导体内的磁感强度仍为零．这就好像穿过超导体的磁感线被排斥出去了（图 16－62），这称为迈斯纳效应．这个效应是 1933 年迈斯纳（W.Meissner，1882—1974，德国物理学家）与奥克森菲尔德（R.Ochsenfeld，1901—1993）从实验中发现的．迈斯纳效应表明，处于超导态的超导体是一个具有完全抗磁性的抗磁体．超导体的抗磁性可用图 16-63 所示的演示实验表现出来．图中圆环有持久的稳定电流通过，小球是用处于超导态的超导材料做成的．由于超导材料的抗磁性，小球被悬浮于空中．这就是通常所说的磁悬浮．

三、超导电性的 BCS 理论

自 1911 年发现超导电性以来，人们一直在探求超导电性的微观理论．经典理论无法对超导体所表现出来的特性给予合理的解释．量子力学建立

以后，直到 1957 年，巴丁、库珀和施里弗①三人才共同创立了近代超导微观理论.这就是常称的超导 BCS 理论.下面简略予以介绍.

大家知道，金属中的原子可离解为带负电的自由电子和带正电的离子，离子排列成周期性的晶格.在金属的温度大于临界温度，即 $T>T_c$ 的情况下，自由电子在金属导体中运动时，它与金属晶格格点上的离子发生碰撞而散射.这就是金属导体具有电阻的原因.

当金属的温度小于临界温度，即 $T<T_c$ 时，导体具有超导电性.BCS 理论认为，自由电子在晶格中运动时，由于异号电荷间的吸引力作用影响了晶体晶格的振动，晶体内局部区域发生畸变(图16-64)，晶体内部的畸变可以像波动一样从一处传至另一处.从量子力学观点来看，光子是光波传播过程中的能量子；仿此，晶体中由晶格的振动产生畸变而传播的晶格波的能量子，称为声子，它可看作是一种和光子相类似的“准粒子”.声子可被晶体中的自由电子所吸收，于是两个自由电子通过交换声子而耦合起来.这就好像一个电子发射的声子，被另一个电子所吸收.于是两个电子之间彼此吸引，成为束缚在一起的电子对，这就是常称的库珀对.研究表明，组成库珀对的两个电子之间的距离约为 10^{-6} m，而晶体的晶格常量约为 10^{-10} m，即在晶体中库珀对要伸展到数千个原子的范围内.进一步的研究还表明，库珀对中的两个电子的自旋和动量均等值反向，因此每一个库珀对的动量之和为零.

由上述可知，当金属的温度 $T<T_c$ 时，金属内的库珀对开始形成，这时所有库珀对都以大小和方向均相同的动量运动，金属导体具有超导电性.由于超导体内库珀对的数量十分巨大，所以当这些数量巨大的库珀对都朝同一方向运动时，就形成了几乎没有电阻的超导电流.应当指出，上述讨论只是对直流电流而言的.当超导体中有交变电流通过时，还是有一定的电阻的.此外还应指出，当导体的温度 $T>T_c$ 时，热运动使库珀对分裂为单个电子，电子间吸引力不复存在，导体就失去其超导电性而成为正常导体.因此提高超导体的转变温度 T_c，无论在理论上还是应用上，都有十分重要的意义.

文档：迈斯纳

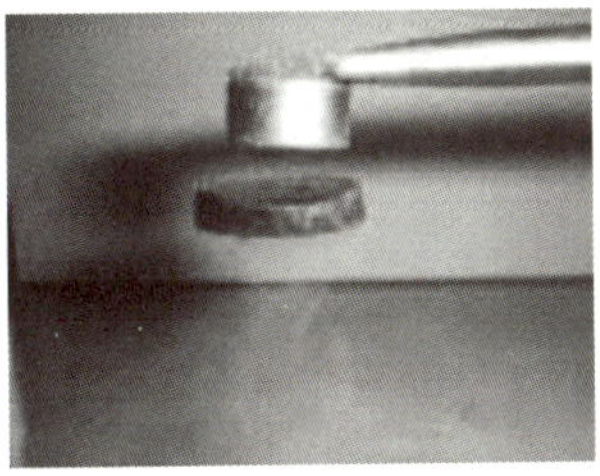

在磁场中超导体圆盘悬浮起来了

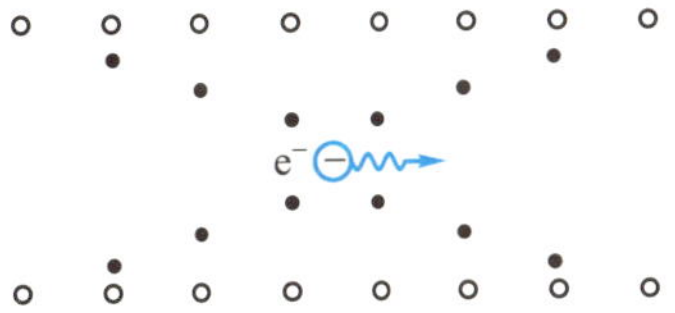

图 16-64　晶体内局部区域的畸变 “∘”为晶格正常位置，“·”为晶格畸变位置

巴丁

文档：巴丁

四、超导体的应用前景

利用超导体的零电阻和完全抗磁性等特性，超导技术将在科学技术和生产领域中发挥出巨大的优越性，同时也给人们带来了新课题.下面我们简略介绍超导体的几个应用方面.

1. 强磁场

由超导线圈做成的电磁体有很多用途.例如超导体能提高同步回旋加

① 巴丁(J.Bardeen，1908—1991，美国物理学家)，库珀(L.N.Cooper，1930—　，美国物理学家)，施里弗(J.R.Schrieffer，1931—　，美国物理学家)，他们由于提出 BCS 理论，而共获 1972 年的诺贝尔物理学奖.巴丁还与肖克莱(W.B.Shockley，1910—1989)一起，因发明半导体晶体管而获 1956 年的诺贝尔物理学奖.

速器带电粒子的功率,减小电磁铁的体积.此外,现在许多国家都有试验运行的超导发电机和电动机.超导发电机中的定子是用超导材料制成的,当定子处于超导态时,定子中电流很大,从而大大提高了发电机的输出功率,而且超导发电机的体积也有所减小.目前利用铋(Bi)线材绕制成的超导电磁体,在 4.2 K、20 K 和 77 K 时的磁感强度已分别达到 4 T、1 T 和 0.6 T.虽然这些超导电磁体的磁性很强,但由于其临界温度仍太低,投入实际使用仍需时日.

2. 低损耗电能传输

目前所用的电能传输线多由铜、铝材料制成.由焦耳定律知,输电线上的能量损耗功率为 I^2R,输电线路越长,能量损耗越多.通常长距离输电线路能量损失可达 20%~30%.而由超导材料制成的传输线,由于其电阻率趋于零,所以线路上的能量损耗可略去不计.因此,由超导材料制成的输电线可用于长距离的直流输电.目前长约为 1 000 m、电流密度约为 10 000 $A\cdot cm^{-2}$ 的铋系超导电缆已能制成,并已投入试运行,这方面的研究已进入实用化阶段.

3. 磁悬浮列车

利用超导体的抗磁性,人们可以把列车悬浮在轨道上.其原理是,在车厢下面靠近铁轨处安装有超导线圈,当列车达到一定速率时,轨道中的感应电流可使列车悬浮起来.目前日本、德国已有磁悬浮列车在运行,车速可达 550 $km\cdot h^{-1}$,悬浮高度为 10 mm.我国上海于 2003 年 10 月建成并正式投入运行的磁悬浮列车,行程为 31 km,速度可达 430 $km\cdot h^{-1}$.随着超导磁悬浮列车的研制成功,列车的速度会有更显著的提高.利用超导体的抗磁性,人们还可制成无摩擦轴承,这种轴承不仅可减少磨损,而且还可大大提高轴承的转速(达数十万转每分钟),这将对提高加工精度带来很大好处.

五、约瑟夫森效应简介

1962 年,约瑟夫森(B.D.Josephson,1940—)在研究库珀电子对时,他从量子力学的隧道效应出发预言,如果在两个高温超导体之间放一片厚度约为 1 nm 的绝缘体,由于隧道效应,库珀电子将从一块超导体穿过绝缘体到达另一块超导体,就好像在超导体和绝缘体之间有隧道一样.即使它们之间没有电压,两个超导体之间也会有弱电流产生.这个预言称为约瑟夫森效应.不久约瑟夫森的预言被贝尔实验室科学家的实验所证实.之后,人们利用约瑟夫森效应制成了许多测量仪器,如超导磁能计、超导核磁共振仪、心脑仪等,该效应应用前景十分广阔.由于他的预言成功,他于 1973 年获得诺贝尔物理学奖.

约瑟夫森

文档:约瑟夫森

*16-12 纳米材料

纳米是 nanometer 的译名，是长度的一种单位，用 nm 表示（1 nm = 10^{-9} m）. 纳米材料是指几何尺寸小于 100 nm 的晶体、非晶体、准晶体、晶体化合物以及界面层结构的材料，这些材料中有些就是纳米级微粒，有些是由微粒通过压力制备而成的. 由于纳米材料具有奇特的物理性能，所以它已成为 20 世纪 80 年代以来人们的一个研究热点，并已成为 21 世纪材料研究和应用的一个新领域.

一、纳米效应

纳米微粒尺度很小，微粒内包含的原子数仅为 $10^2 \sim 10^4$ 个，其中有 50% 左右为界面原子. 纳米微粒的微小尺寸和高比例的表面原子数导致它具有与相同材料的大尺度物体不同的物理特性.

1. 小尺寸效应

当纳米材料中的微粒尺寸小到与光波波长或德布罗意波波长比相当或更小时，纳米晶体的周期性的边界条件被破坏，非晶态纳米微粒的表面层附近原子数密度减小，使得材料的声学、光学、电学、磁学、热学、力学等特性发生改变而出现新的特性. 这种纳米微粒的小尺寸所引起的宏观物理性质的变化称为小尺寸效应.

例如，由于纳米微粒的尺寸比可见光的波长还小，光在纳米材料中传播的周期性被破坏，其光学性质就会呈现与普通材料不同的情形. 例如，金属由于光反射显现各种颜色，而金属纳米微粒的光反射能力却很低，金属纳米微粒都呈黑色，说明它们对光的吸收能力特别强. 由纳米微粒组成的纳米固体在较宽的频谱范围内显示出对光的均匀吸收性，吸收峰的位置和峰的半高宽都与微粒半径的倒数有关. 利用这一性质，人们可以通过控制微粒尺寸制造出具有一定频宽的微波吸收纳米材料.

又如，超小尺寸的纳米微粒磁性材料比大块材料磁性强很多倍，利用这一特性，人们可将纳米材料制成高存储密度的磁记录粉，应用于磁存储领域.

2. 表面与界面效应

纳米微粒结构的特点是表面原子比例大. 由表 16-8 可以看出，随着微粒尺寸减小，表面原子数占比迅速增加. 因此，纳米微粒具有很高的表面能.

表 16-8 纳米微粒尺寸与表面原子数的关系

纳米微粒尺寸/nm	包含总原子数	表面原子数所占比例
10	3×10^4	20%
4	4×10^3	40%
2	2.5×10^2	80%
1	30	99%

一些金属的纳米微粒在空气中极易氧化，甚至会燃烧，就连化学惰性的金属铂在制成纳米微粒后也变得不稳定，成为活性极好的催化剂. 为什么高比例的表面原子数会增加表面活性呢？我们可以通过下列情形作一说明.

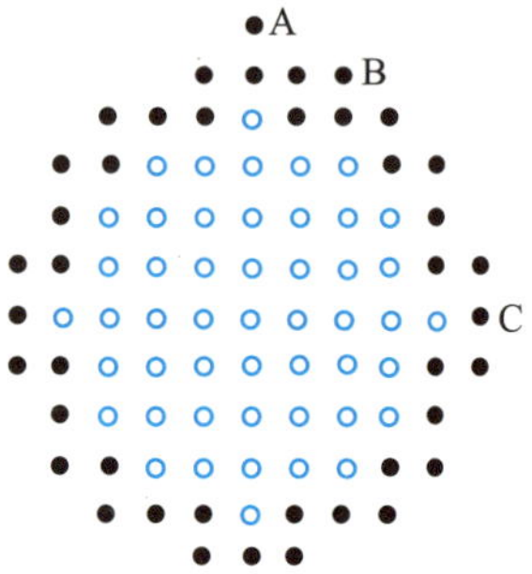

图 16-65　晶粒结构示意图

图 16-65 为一个简立方结构晶粒的二维平面图. 图中实心圆代表位于表面的原子，空心圆代表内部原子，位于表面的原子近邻配位不完全，图中 C 原子缺少一个近邻的原子，B 原子缺少两个近邻的原子，而 A 原子则缺少三个近邻的原子. A 原子由于受到其他原子的束缚少，所以极不稳定，很容易跑到附近的空位上，与其他原子结合形成较稳定的结构. 这种表面原子的活性不但引起表面原子的输运和构型的变化，而且也会引起表面电子自旋构象和电子能级的变化.

3. 量子尺寸效应

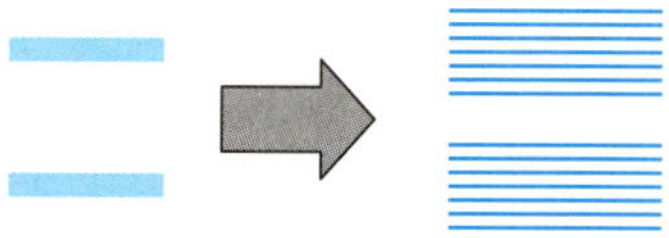
图 16-66　量子尺寸效应

量子尺寸效应是指微粒尺寸下降到极低值时，费米能级附近的电子能级由准连续变为不连续离散分布的现象以及由此引起的宏观表现. 我们知道，晶体中的电子能级为准连续能带（图 16-49）. 而理论研究指出，对于纳米微粒，由于总电子数少，准连续能带会变成分立的能级（图 16-66），当能级间距大于热能、电能、磁能或超导态的凝聚能时，就会出现明显的量子效应，导致纳米微粒的声、光、电、磁、热等特性与宏观材料的特性有明显的不同. 例如，纳米微粒对于红外吸收，表现出灵敏的能级跃迁结构；共振吸收的峰比普通材料尖锐得多；比热容与温度的关系也呈非线性关系. 此外，微粒的磁导率、电导率、电容率等参量也因此具有特有的变化规律. 例如，金属普遍是良导体（能量准连续），而金属纳米微粒在低温下却呈现电绝缘性（能量分立）；$PbTiO_3$、$BaTiO_3$ 和 $SrTiO_3$ 通常情况下是铁电体，但它们的纳米微粒是顺电体；无极性的氮化硅陶瓷在纳米态时，却会出现极性材料才有的压电效应，等等.

纳米材料除具有上述特有效应外，还有宏观量子隧道效应. 由于该效应与超导约瑟夫森结中的效应类似，此处就不再展开说了. 总之，由于纳米材料的微小尺寸，其量子特征尤为明显，所以研究纳米材料就离不开量子力学的理论基础.

二、纳米材料的制备

制备纳米固体材料，人们可采用物理、化学等方法进行. 对于碳纳米材料，人们还可应用微机械剥离法、催化裂解法等手段制备. 例如利用激光或等离子体的技术进行高温气相合成，可以得到纳米级的金属粉料或陶瓷粉料. 用化学沉积法、水热合成法也可获得纳米尺寸的陶瓷粉料，获得粉料后，再进行成型与烧结. 在超细粉末成型和烧结过程中所遇到的主要问题是团聚. 微粒间的静电力、范德瓦耳斯力、磁力都可能使它们产生团聚，人们通过加入适当的添加剂可以改善这种团聚现象.

目前制备纳米晶体或非晶体材料常用的方法是惰性气体沉积加上原位

加压法，即将初始材料在压强约为 1 kPa 的惰性气体中蒸发，蒸发后的原子与惰性气体原子相互碰撞，并沉积在低温的冷阱上形成尺寸为几个纳米的松散粉末，然后再在真空环境下压制成纳米晶体材料.

若从 20 世纪 80 年代算起（实际上 60 年代英国科学家就提出纳米概念了），纳米材料研究已有 40 多年历程，有关纳米材料的制备方法已日臻完善且方法多样，很难一语概之，以上论述也仅挂一漏万.为了使读者有一个大致的完整认识，在此我们罗列目前较为成熟的 10 种方法，有兴趣的同学可查阅专业书籍，以获取具体的细节内容.① 机械球磨、粉碎法；② 气相法；③ 溶胶-凝胶法；④ 分子束外延法；⑤ 激光沉积法；⑥ 静电纺丝法；⑦ 磁控溅射法；⑧ 水热法；⑨ 有机热熔法；⑩ 喷雾热解法.

三、碳纳米新材料——碳纳米管和石墨烯

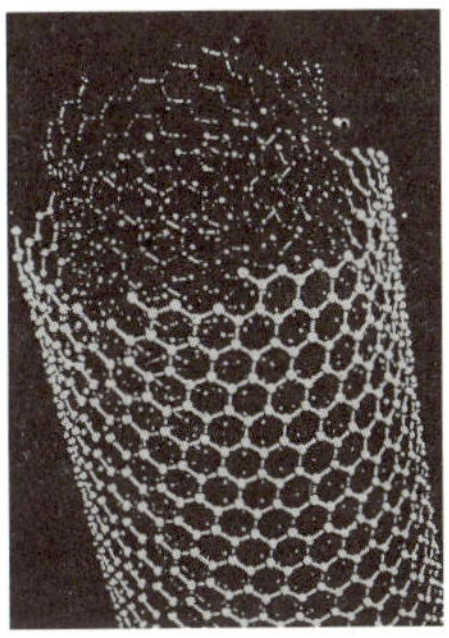

图 16-67　碳纳米管

1. 碳纳米管

1991 年 11 月，日本科学家宣布发现了一种新的碳结构.这种结构不同于 C_{60} 的球状结构，而是一种针状的碳管，碳管的直径大约在 1 nm 到 30 nm 之间，长度可达到 1 μm，图 16-67 所示即一个碳纳米管的模拟图.它由嵌套在一起的直径不同的多个柱状碳管组成，从而形成一碳针，每根碳针一般有 2~50 层.每层碳管可看成是由石墨片卷成圆筒状而成.这就是说，碳纳米管管壁由碳六边形环构成，每个碳原子与周围的三个碳原子相邻.但是，把石墨片卷成圆筒状的方式并不是唯一的.

海姆（A. Geim，1958—　）和诺沃肖洛夫（K. Novoselov，1974—　），英国曼彻斯特大学科学家，出生于俄罗斯，曾在俄罗斯和荷兰等地学习和研究，两人曾是师生，现为同事.2004 年，他们从石墨中剥离石墨片，最终得到了石墨烯.这种神奇材料的诞生使他们共同获得 2010 年的诺贝尔物理学奖.

研究表明，碳纳米管具有惊人的强度.据报道，单层碳纳米管能经受住约 10^{11} Pa 的压强，这一数值较其他可类比的纤维高 2 个数量级，它的韧度比其他纤维高 200 倍以上.碳纳米管之所以如此坚韧，是因为其碳-碳键十分稳定且缺陷很少.因此，碳纳米管有希望能被用于增强合成材料，具有广泛的应用前景.

科学家们还对碳纳米管的填充表现出很高的兴趣，因为在这种特殊结构的纳米材料内填充其他物质后，可进一步改变其性质和用途.例如，填充其他物质后的碳纳米管可看作极细的导线，这可能为超精细电子线路的制造开辟出一条道路.对于碳纳米管及其他纳米材料的研究，将对未来产生深远的影响.

2. 石墨烯

石墨烯是一种由碳原子构成的二维材料，为单层六角蜂窝状的晶格，其结构如图 16-68 所示.前面介绍过的碳纳米管可以看作卷成圆筒状的石墨烯. 2004 年，海姆和诺沃肖洛夫通过机械剥离的简单方法获得了石墨烯.

图 16-68　石墨烯的二维结构

尽管石墨烯在结构上很简单，可看作单原子层的石墨，但其许多性质与石墨截然不同.石墨烯结构非常稳定，人们极少发现石墨烯中有碳原子缺失的情况.石墨烯中各碳原子之间的连接非常柔韧，当施加外部机械力时，碳

原子面就弯曲变形，从而使碳原子不必重新排列来适应外力，这也就保持了结构的稳定.这种稳定的晶格结构使碳原子具有优秀的导电性.石墨烯中的电子在轨道中移动时，不会因晶格缺陷或引入外来电子而发生散射.由于原子间作用力十分强，在常温下，即使周围碳原子发生挤撞，石墨烯中的电子受到的干扰也非常小.其电子的运动速度可达到光速的 1/300，远远超过了电子在一般导体中的运动速度，这使得石墨烯中电子的性质和相对论性的中微子有些相似.石墨烯对可见光有较强的吸收性，在室温下可拥有很高的热导率.石墨烯还是强度很高的物质，比钻石还坚硬.石墨烯的这些优良特性为它的潜在应用奠定了重要的基础.

四、应用前景

纳米材料具有很多潜在的应用价值.下面是几个应用方面的简单介绍.

1. 在微电子器件方面的应用

当电子器件达到纳米尺寸时，量子效应将十分明显，因此，纳米材料应用在电子器件上，会出现普通材料所不能达到的效果.目前，对于纳米硅材料的研究和应用在国际上正逐步走向深入，例如，已有人尝试用纳米硅材料制作单电子隧穿二极管，也有人尝试制作纳米硅基超晶格. 另外，纳米磁性材料的发展也十分迅速，纳米尺寸的多层膜除了可在微电子器件方面应用外，还在磁光存贮、磁记录等方面具有优越的性能.

2. 在磁记录方面的应用

当今的信息社会要求记录材料高性能化和记录高密度化，例如每 1 cm^2 需要记录 1 000 万条以上的信息.这就要求每条信息记录在几 μm^2 中，甚至更小的面积内，而纳米微粒能为这种高密度记录提供有利条件.磁性纳米微粒由于尺寸小，具有单磁畴结构，矫顽力很高，用它制成的磁记录材料可提高信噪比和存贮密度，改善图像质量.

3. 在传感器上的应用

由于纳米微粒材料具有相对巨大的表面和界面，对外界环境如温度、湿度、光等十分敏感，外界环境的改变会迅速引起表面或界面离子价态和电子输运的变化，而且其响应速度快，灵敏度高.20 世纪 80 年代初，日本已研制出二氧化锡（SnO_2）纳米薄膜传感器.纳米陶瓷材料用于传感器也具有巨大潜力，例如利用纳米 $LiNbO_3$、$LiTiO_3$、PZT 和 $SrTiO_3$ 的热电效应，可制成红外检测传感器.

复习自测题

问题

16-1 为什么从远处看山洞的洞口总是黑的？人的瞳孔为什么也是黑的呢？用什么样的设备才能探测到洞中的物体？

16-2 若物体的温度增加两倍，则其辐射的能量增加多少？峰值波长变化多少？峰值升高还是降低？所有物体都能发射电磁辐射，为什么用肉眼看不见黑暗中的物体呢？

16-3 宇宙中的不同恒星有不同的颜色，代表它们具有不同的温度.据观测，织女星为白色，它的温度约为 9 700 K；心宿星为红色，约为 3 650 K.而太阳则为橙红色，它的温度与前两星相比，孰高孰低呢？

16-4 如果一表面对红色光的吸收率比对蓝色光的吸收率强，那么在下述三种情况下，该表面呈现出什么颜色呢？(1) 用太阳光照射表面；(2) 用红色白炽灯照射表面；(3) 用蓝色白炽灯照射表面.

16-5 你能否举一些在日常生活中，随着物体温度升高，其辐射强度最大的波长有所减小的例子？反之，也可以.这对理解维恩位移定律将会有所帮助.

16-6 在光的照射下，欲增大电子从金属表面逸出时的动能，下述情况能否实现？(1) 增加入射光的强度；(2) 延长照射时间；(3) 改变入射光的频率.

16-7 为什么人们把光电效应实验中存在截止频率这一事实，作为光的量子性的有力佐证？为什么用可见光不能观察到康普顿效应？

16-8 光电效应和康普顿效应都是光子与电子间的相互作用，你是怎样区别和认识它们的相互作用的过程的？

16-9 光子与电子相比较，它们之间有哪些异同？

16-10 在氢原子光谱中，最大的谱线频率是多少？它属于哪个光谱线系？

16-11 为什么在氢原子的玻尔理论中，忽略了原子内粒子间的万有引力作用？请作一些说明.

16-12 你怎样理解氢原子的能量为负值呢？$E_n=\frac{E_1}{n^2}, E_1=-\frac{me^4}{8\varepsilon_0^2h^2}$.

16-13 如果电子和光子具有下述情况：① 相同的速率，② 相同的动量，那么它们的德布罗意波长是怎样的呢？

16-14 我们在日常生活中，为什么觉察不到物体的波动性呢？

16-15 为什么说不确定关系指出了经典力学的适用范围？

16-16 有人说不确定关系与测量仪器的精确度和测量方法有关，你认为此说法对吗？

16-17 经典力学的确定论认为，如果已知粒子在某一时刻的位置和速度，那么我们就可以预言粒子未来的运动状态.从量子力学来看，这是否是可能的？请解释.

16-18 从不确定关系能得出“微观粒子的运动状态是无法确定的”吗？

16-19 如果电子与质子具有相同的动能，那么谁的德布罗意波长较短？

16-20 设想一个粒子被限制在 $0<x<a$ 的范围内，其波函数 $\psi(x)$ 如图所示.你知道粒子处于何处的概率最大吗？

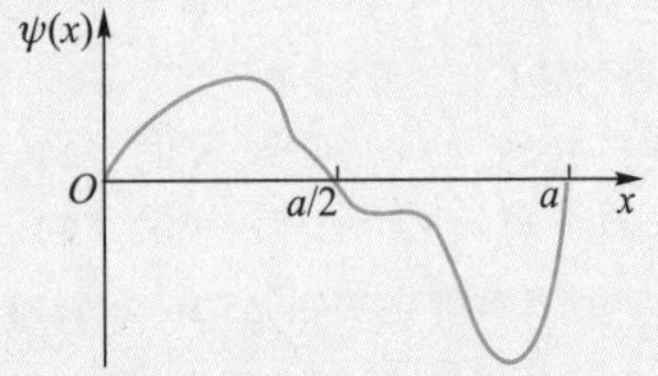

问题 16-20 图

*16-21 在一维无限深方势阱中，如减小势阱的宽度，其能级将如何变化？如增加势阱的宽度，其能级又将如何变化？

*16-22 为什么使粒子数反转是获得激光的一个重要前提？

*16-23 从能带观点来看，导体、半导体和绝缘体有些什么区别？

*16-24 当半导体形成 pn 结时，p 型中的空穴(或 n 型中的电子)为什么不能不受限制地迁移到 n 型(或 p 型)中去呢？

习题

16-1 下列物体中属于绝对黑体的是(　　).

(A) 不辐射可见光的物体

(B) 不辐射任何光线的物体

(C) 不能反射可见光的物体

(D) 不能反射任何光线的物体

16-2 光电效应和康普顿效应都是光子和物质原子中的电子相互作用的过程,其区别何在?在下面几种理解中,正确的是(　　).

(A) 两种效应中电子与光子组成的系统都服从能量守恒定律和动量守恒定律

(B) 光电效应是由于电子吸收光子能量而产生的,康普顿效应则是由于电子与光子弹性碰撞而产生的

(C) 两种效应都属于电子与光子的弹性碰撞过程

(D) 两种效应都属于电子吸收光子的过程

16-3 关于光子的性质,有以下几种说法:(1) 不论在真空中或在介质中的速度都是 c;(2) 它的静止质量为零;(3) 它的动量为 $h\nu/c$;(4) 它的总能量就是它的动能;(5) 它有动量和能量,但没有质量.其中正确的是(　　).

(A) (1)、(2)、(3)　　(B) (2)、(3)、(4)

(C) (3)、(4)、(5)　　(D) (3)、(5)

16-4 关于不确定关系 $\Delta x\Delta p_x \geqslant \hbar$,有以下几种理解:(1) 粒子的动量不可能确定,但坐标可以被确定;(2) 粒子的坐标不可能确定,但动量可以被确定;(3) 粒子的动量和坐标不可能同时确定;(4) 不确定关系不仅适用于电子和光子,也适用于其他粒子.其中正确的是(　　).

(A) (1)、(2)　　(B) (2)、(4)

(C) (3)、(4)　　(D) (4)、(1)

16-5 已知粒子在一维无限深方势阱中运动,其波函数为

$$\psi(x)=\sqrt{\frac{2}{a}}\sin\frac{3\pi}{a}x,\quad 0\leqslant x\leqslant a$$

那么粒子在 $x=a/6$ 处出现的概率密度为(　　).

(A) $\sqrt{2}/\sqrt{a}$　　(B) $1/a$

(C) $2/a$　　(D) $1/\sqrt{a}$

16-6 天狼星的温度大约是 11 000 ℃,试由维恩位移定律计算其辐射峰值的波长.

16-7 太阳可看作半径为 7.0×10^8 m 的球形黑体,试计算太阳表面的温度.设太阳在地球表面上的辐射照度为 $1.4\times10^3\ \mathrm{W\cdot m^{-2}}$,地球与太阳间的距离为 1.5×10^{11} m.

16-8 钾的截止频率为 4.62×10^{14} Hz,今以波长为 435.8 nm 的光照射,求钾放出的光电子的初速度.

16-9 钨的逸出功是 4.52 eV,钡的逸出功是 2.50 eV,请分别计算钨和钡的截止频率.哪一种金属可以用作可见光范围内的光电管阴极材料?

16-10 当钠光灯发出的黄光照射某一光电池时,为了遏止所有电子到达收集器,我们需要 0.30 V 的负电压.当用波长 400 nm 的光照射这个光电池时,若要遏止电子,则需要多高的电压?极板材料的逸出功为多少?

16-11 在康普顿效应中,入射光子的波长为 3.0×10^{-3} nm,反冲电子的速度为光速的 60%,求散射光子的波长及散射角.

16-12 一个具有 1.0×10^4 eV 能量的光子,与一个静止自由电子相碰撞,碰撞后光子的散射角为 60°.试问:(1) 光子的波长、频率和能量各改变多少?(2) 电子的动能、动量和运动方向又如何?

16-13 波长为 0.10 nm 的光子入射在碳上,从而产生康普顿效应.从实验中测量到,散射光子的方向与入射光子的方向相垂直.求:(1) 散射光子的波长;(2) 反冲电子的动能和运动方向.

16-14 试求波长为下列值的光子的能量、动量及质量:(1) 波长为 1 500 nm 的红外线;(2) 波长为 500 nm 的可见光;(3) 波长为 20 nm 的紫外线;(4) 波长为 0.15 nm 的 X 射线;(5) 波长为 1.0×10^{-3} nm 的 γ 射线.

16-15 计算氢原子光谱中莱曼系的最短和最长波长,并指出是否为可见光.

16-16 在氢原子的玻尔理论中,当电子由量子数 $n_i=5$ 的轨道跃迁到 $n_f=2$ 的轨道上时,对外辐射的光的波长为多少?若该电子再从 $n_f=2$ 的轨道跃迁到游离状态,则外界需要提供多少能量?

16-17 若用能量为 12.6 eV 的电子轰击氢原子，则将产生哪些谱线？

16-18 试证在基态氢原子中，电子运动时的等效电流为 1.05×10^{-3} A.在氢原子核处，这个电流产生的磁场的磁感强度为多大？

16-19 已知氢光谱的某一线系的极限波长为 364.7 nm，其中一谱线波长为 656.5 nm.试由氢原子的玻尔理论，求与该波长相应的始态与终态能级的能量.

16-20 已知 α 粒子的静质量为 6.64×10^{-27} kg.求速率为 5 000 $\text{km}\cdot\text{s}^{-1}$ 的 α 粒子的德布罗意波长.

16-21 求温度为 27 ℃时，对应于方均根速率的氧气分子的德布罗意波长.

16-22 若电子和光子的波长均为 0.20 nm，则它们的动量和动能各为多少？

16-23 用德布罗意波仿照弦振动的驻波公式，来求解一维无限深方势阱中自由粒子的动量与能量表达式.

16-24 当电子位置的不确定范围为 5.0×10^{-2} nm 时，其速率的不确定范围为多少？

16-25 已知铀核的线度为 7.2×10^{-15} m，求其中一个质子的动量和速度的不确定范围.

16-26 一质量为 40 g 的子弹以 1.0×10^{3} $\text{m}\cdot\text{s}^{-1}$ 的速率飞行.(1) 求其德布罗意波长；(2) 若测量出子弹位置的不确定范围为 0.10 mm，求其速率的不确定范围.

16-27 设一电子在宽为 0.20 nm 的一维无限深方势阱中.(1) 计算该电子在最低能级的能量；(2) 当电子处于第一激发态时，该电子在势阱何处出现的概率密度最小，其值为多少？

16-28 在线度为 1.0×10^{-5} m 的细胞中有许多质量为 $m=1.0\times10^{-17}$ kg 的生物粒子.若将生物粒子作为微观粒子处理，试估算该粒子的 $n=100$ 和 $n=101$ 的能级和能级差.

*16-29 一电子被限制在宽度为 1.0×10^{-10} m 的一维无限深方势阱中运动.(1) 欲使电子从基态跃迁到第一激发态，则需给它多少能量？(2) 在基态时，电子处于 $x_1=0.090\times10^{-10}$ m 与 $x_2=0.110\times10^{-10}$ m之间的概率为多少？(3) 在第一激发态时，电子处于 $x_1'=0$ 与 $x_2'=0.25\times10^{-10}$ m 之间的概率为多少？

16-30 在描述原子内电子状态的量子数 n,l,m_l 中：(1) 当 $n=5$ 时，l 的可能值是多少？(2) 当 $l=5$ 时，m_l 的可能值是多少？(3) 当 $l=4$ 时，n 的最小可能值是多少？(4) 当 $n=3$ 时，电子可能的状态数是多少？

16-31 氢原子中的电子处于 $n=4$、$l=3$ 的状态.问：(1) 该电子的角动量 $\boldsymbol{L}$ 的值为多少？(2) 角动量 $\boldsymbol{L}$ 在 z 轴上的分量有哪些可能的值？(3) 角动量 $\boldsymbol{L}$ 与 z 轴的夹角的可能值为多少？

16-32 α 粒子在一维无限深方势阱中运动，其波函数为

$$\psi(x)=\sqrt{\frac{1}{2}}\sin\frac{3\pi}{4}x$$

试问该 α 粒子应具有的能量为多少？

第十六章习题答案